PHP应用开发实例教程

卢守东　编著

清華大学出版社
北　京

内 容 简 介

本书以应用为导向，以实用为原则，以能力提升为目标，以典型实例与完整案例为依托，遵循程序设计与案例教学的基本思想，全面介绍基于 PHP 的 Web 应用开发的主要技术。全书共分 9 章，内容包括 PHP 概述、PHP 编程基础、PHP 交互设计、PHP 状态管理、PHP 内置函数、MySQL 数据库应用基础、PHP 数据库访问技术、PHP Ajax 编程技术与 PHP 应用案例，并附有相应的思考题与实验指导。

本书内容适度，面向应用，示例翔实，解析到位，编排合理，结构清晰，循序渐进，准确严谨，注重应用开发能力的培养，可作为各高校本科或高职高专计算机、电子商务、信息管理与信息系统及相关专业 PHP 程序设计、Web 程序设计、动态网站开发等课程的教材或教学参考书，也可作为 PHP 应用开发与维护人员的技术参考书及初学者的自学教程。

图书在版编目(CIP)数据

PHP 应用开发实例教程/卢守东编著. —北京：清华大学出版社，2022.5

ISBN 978-7-302-60243-9

Ⅰ. ①P… Ⅱ. ①卢… Ⅲ. ①PHP 语言—程序设计—教材 Ⅳ. ①TP312.8

中国版本图书馆 CIP 数据核字(2022)第 035951 号

责任编辑： 孟　攀
封面设计： 杨玉兰
责任校对： 李玉茹
责任印制： 曹婉颖
出版发行： 清华大学出版社

网　址：http://www.tup.com.cn, http://www.wqbook.com
地　址：北京清华大学学研大厦 A 座　　邮　编：100084
社 总 机：010-83470000　　邮　购：010-62786544
投稿与读者服务：010-62776969, c-service@tup.tsinghua.edu.cn
质量反馈：010-62772015, zhiliang@tup.tsinghua.edu.cn
课件下载：http://www.tup.com.cn, 010-62791865

印 装 者： 三河市君旺印务有限公司
经　销： 全国新华书店
开　本： 185mm×260mm　　**印　张：** 23　　**字　数：** 559 千字
版　次： 2022 年 5 月第 1 版　　**印　次：** 2022 年 5 月第 1 次印刷
定　价： 69.00 元

产品编号：090459-01

前　言

PHP 是目前 Web 应用开发领域的主流技术之一，其实际应用亦相当广泛。为满足社会不断发展的实际需求，并提高学生或学员的专业技能与就业能力，多数高校的计算机、电子商务、信息管理与信息系统等相关专业及各地的有关培训机构均开设了 PHP 程序设计、PHP Web 动态网站开发等 PHP 应用开发类课程。

本书以应用为导向，以实用为原则，以能力提升为目标，以典型实例与完整案例为依托，遵循程序设计与案例教学的基本思想，结合教学规律与开发需求，按照由浅入深、循序渐进的原则，精心设计，合理安排，全面介绍了基于 PHP 的 Web 应用开发的主要技术。全书示例翔实，解析到位，编排合理，结构清晰，共分 9 章，内容包括 PHP 概述、PHP 编程基础、PHP 交互设计、PHP 状态管理、PHP 内置函数、MySQL 数据库应用基础、PHP 数据库访问技术、PHP Ajax 编程技术与 PHP 应用案例。各章均设置有“本章要点”“学习目标”与“本章小结”，既便于读者抓住重点、明确目标，也利于其“温故而知新”。书中的诸多内容均设有相应的“说明”“提示”“注意”等知识点，以便于读者的理解与提高，并为其带来“原来如此”“豁然开朗”的美妙感觉。此外，各章均安排有相应的思考题，以利于读者及时回顾与检测。书末还附有相应的实验指导，以利于读者上机实践。

本书所有示例的代码均已通过调试，并能成功运行，其开发环境为 Windows 7、Dreamweaver CS6 与 XAMPP 2016。其中，XAMPP 2016 为 PHP 应用开发集成软件包，内含 Apache 2.4.18、PHP 5.3.29、MySQL 5.5.47 与 phpMyAdmin(phpStudy 2014)等。

本书的写作与出版，得到了作者所在单位及清华大学出版社的大力支持与帮助，在此表示衷心感谢。在紧张的写作过程中，自始至终得到了家人、同事的理解与支持，在此也一起深表谢意。

由于作者经验不足、水平有限，且时间较为仓促，书中难免有不足之处，恳请广大读者多加指正、不吝赐教。

编　者

目录

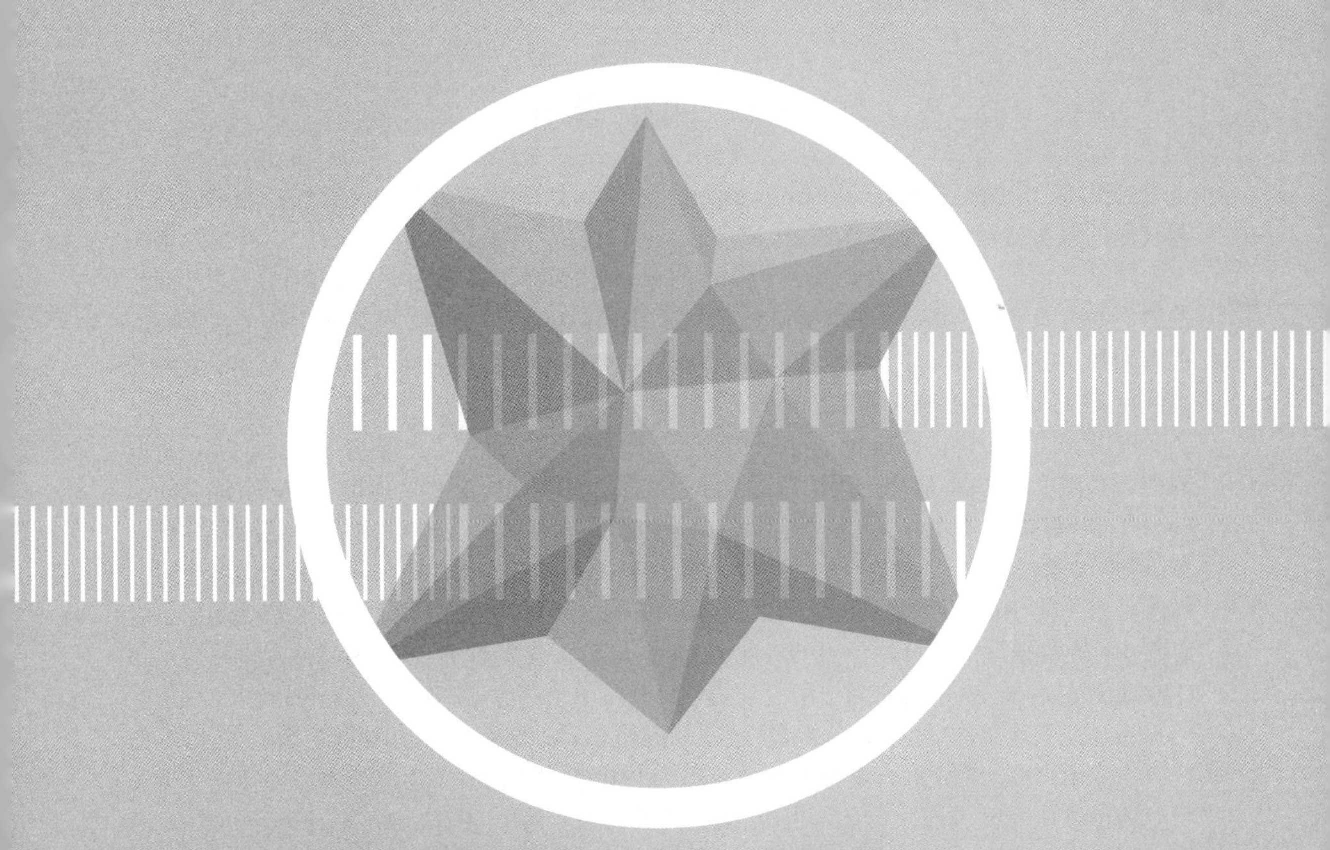

第 1 章

PHP 概述

PHP 是一种开放源代码的服务器端多用途脚本语言，也是目前 Web 应用开发的主流技术之一，其应用是相当普遍的。

本章要点：

PHP 简介；PHP 应用开发环境的搭建；PHP 应用开发工具的使用；PHP 应用程序的创建。

学习目标：

了解 PHP 的概况；掌握 PHP 应用开发环境的搭建方法；掌握 PHP 应用开发工具的基本用法；掌握创建 PHP 应用程序的基本方法与主要步骤。

1.1 PHP 简介

PHP 即“PHP: Hypertext Preprocessor(超文本预处理器)”，是一种被广泛应用的开放源代码的服务器端多用途脚本语言，可嵌入 HTML 中，尤其适合 Web 应用开发。事实上，PHP 类似于 ASP 与 JSP，是目前常用的 Web 应用开发技术之一。由于 PHP 是开源免费的，并可跨平台(包括 Linux、Windows 等系统平台)运行，同时支持各种主流的数据库，拥有为数众多的扩展库，且编程方式灵活(既可面向过程，也可面向对象，或混合使用两种方式)，能充分满足各种应用开发的需求，因此深受广大开发人员的青睐。

PHP 源自 1995 年 Rasmus Lerdorf 所创建的 PHP/FI。最初，PHP/FI 只是 Rasmus 所编写的一套简单的 Perl 脚本，用于跟踪其主页访问者的信息。其中，PHP 为 Personal Home Page Tools 的缩写，意为个人主页工具；而 FI 则为 Form Interpreter 的缩写，意为表单解释器。随后，Rasmus 于 1995 年 6 月 8 日发布了 PHP/FI 1.0 的源代码，以便大家均可使用，同时可修正其 Bug 并改进其源代码。后来，Rasmus 用 C 语言重写了 PHP/FI，添加了对 MySQL 等数据库的支持，于 1997 年 11 月 1 日正式发布了 PHP/FI 2.0。此后，Andi Gutmans 与 Zeev Suraski 在为一所大学的项目开发电子商务程序时，发现 PHP/FI 2.0 功能明显不足，于是便重写其代码。经过 Andi、Rasmus 与 Zeev 的持续努力，考虑到 PHP/FI 已存在的用户群，决定联合发布 PHP 3.0 作为 PHP/FI 2.0 的官方后继版本。1998 年 6 月 6 日，PHP 3.0 正式发布。自此，PHP 被正式改名为“PHP: Hypertext Preprocessor”，而 PHP 本身也成为一种递归的缩写。PHP 3.0 提供了面向对象的支持，并具有更强大与协调的语法结构。除此以外，PHP 3.0 还具有极强的可扩展性，从而吸引了大量的开发人员加入研发并提交新的模块。正因为如此，PHP 3.0 获得了巨大的成功，并得到了广泛的应用。2000 年 5 月 22 日，PHP 4.0 正式发布。PHP 4.0 使用了以 Zeev 与 Andi 的缩写命名的 Zend 引擎(Zend Engine)，从而有效地提高了复杂程序的运行性能。此外，PHP 4.0 在增加许多新特性的同时，还包含了诸多关键功能，如支持更多的 Web 服务器、支持 HTTP Session、支持输出缓存、提供更安全的处理用户输入的方法以及一些新的语言结构等。2004 年 7 月 13 日，作为一个里程碑式的版本，PHP 5.0 横空出世。PHP 5.0 以 Zend 引擎 2 代为核心，同时引入了新的对象模型和大量新功能。此后，经过长达十多年的不断发展，2015 年 12 月 3 日 PHP 7.0 闪亮登场。PHP 7.0 采用了性能更佳、功能更强的 Zend 引擎 3 代，并引入了一些新的语法与技术。2020 年 11 月 26 日，PHP 的最新版本 PHP 8.0 正式发布。PHP 8.0 引入了 JIT(Just-In-Time，即时编译)引擎，从而进一步提高了性能。此外，还包含了许多新功能与优化项，如命名参数、联合类型、注解、构造器属性提升、match 表达式、nullsafe 运算符，以及对类型系统、错误处理与语法一致性的改进等。

PHP 的用途很多，但主要目的就是让 Web 开发人员能够快速编写可动态生成的 Web 页面。从语法上看，PHP 类似于 C、Java 与 Perl，因此易于学习并掌握。例如：

```
<html>
    <head>
        <title>Hello,World!</title>
    </head>
```

```
    <body>
        <?php
        echo "Hello,World!";
        ?>
    </body>
</html>
```

该示例为一个 PHP 页面，其功能为输出“Hello,World!”，运行效果如图 1-1 所示。其实，PHP 页面就是 HTML 文档，只不过在其中嵌入了一些 PHP 代码来做一些事情(在本示例中则是输出内容为“Hello,World!”的信息)。PHP 代码由特殊的起始符(在此为“<?php”)与结束符 (在此为“?>”) 所包含，以便可以顺利进出“PHP 模式”。

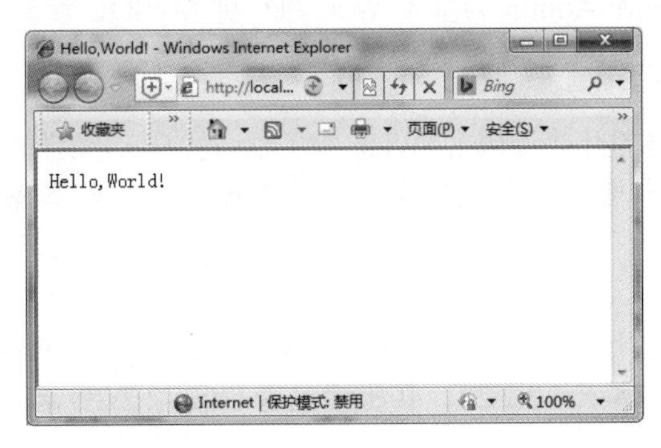

图 1-1　“Hello,World!”页面

与客户端的 JavaScript 脚本不同，PHP 代码是运行在服务器端的。访问部署在 Web 服务器上的 PHP 页面时，其中的 PHP 代码被解析执行后，相应的结果便返回给客户端，但用户无法获知其背后的代码是如何运作的。

对于初学者来说，PHP 的使用颇为简单。当然，PHP 也给专业的程序员提供了各种高级的特性，以便于各类 Web 应用系统的设计与实现。

尽管 PHP 的开发是以服务器端脚本为目的，但事实上其功能远不局限于此。如有必要，将 PHP 应用于命令行脚本或桌面应用程序的编写，是完全可行的。

1.2　PHP 应用开发环境

要开发基于 PHP 的 Web 应用，就必须搭建好相应的 PHP 应用开发环境。通常，Web 应用开发环境的搭建涉及操作系统、Web 服务器、Web 编程语言、数据库管理系统及其管理工具等。

一直以来，PHP 的首选应用运行环境均为 LAMP，即 Linux+Apache+MySQL+PHP。其中，Linux 为操作系统，Apache 为 Web 服务器，MySQL 为数据库管理系统，PHP 为服务器端脚本语言，且四者均为开源软件，堪称黄金组合。但对于 PHP 应用的开发来说，为方便起见，建议采用 Windows+Apache+MySQL+PHP 的 WAMP 模式，也就是在 Windows 操作系统上搭建开发环境。

目前，在 Windows 上搭建 PHP 应用开发环境主要有两种方式，即逐一安装与集成安装。其中，逐一安装是指按顺序分别安装 Apache、PHP、MySQL、phpMyAdmin 等各种组件，并进行相应的配置，较为复杂，但十分灵活，且有利于深入学习，通常又称为自定义安装；集成安装是指使用集成了 Apache、PHP、MySQL、phpMyAdmin 等组件的安装包(如 XAMPP、WampServer 等)进行安装，无须逐一进行配置，易于实现，但不够灵活，也不利于深入学习。

下面简要介绍一下在 Windows 7 中搭建 PHP 应用开发环境的基本步骤与关键配置。

1.2.1 逐一安装

PHP 应用开发环境的逐一安装方式主要涉及 Apache、PHP、MySQL、phpMyAdmin 的安装与配置。其中，phpMyAdmin 为基于 Web 的一种 MySQL 管理工具。

1. Apache 的安装与配置

Apache 是一种通用的开放源码的 Web 服务器，不但功能强大、性能优越，而且具有良好的可靠性、安全性与平台无关性，可在 Windows、Linux 等操作系统上运行，因此其应用是十分广泛的。

(1) 下载

Apache 的各种版本可从其官方网站(http://www.apachelounge.com)或其他有关网站免费下载。在此，下载的是 Apache 2.2.29，其压缩包为 httpd-2.2.29-win32-VC9.zip。

(2) 安装

Apache 的安装非常简单，只需将其压缩包解压至某个合适的路径即可。在此，将 Apache 2.2.29 安装到 E:/LuWeb/Apache2.2 路径中。

(3) 配置

Apache 安装完毕后，可根据需要对其进行相应的配置。为此，只需用“记事本”打开其配置文件并进行相应的修改即可。Apache 配置文件为 httpd.conf，置于其安装目录的 conf 子目录中。

Apache 的配置主要包括以下两项。

- 安装路径的修改。在此，应在配置文件 httpd.conf 中将 Apache 2.2.29 的默认安装路径“c:/Apache2”全部替换为“E:/LuWeb/Apache2.2”。
- 端口号的修改。Apache 默认的 HTTP 端口号为 80。若该端口号已被占用，就必须进行相应的修改，在此将其修改为 8080。为此，应在配置文件 httpd.conf 中将“Listen 80”修改为“Listen 8080”。

(4) 安装 Apache 服务

在“开始”菜单的“附件”中右击“命令提示符”菜单项，并在其快捷菜单中选择“以管理员身份运行”命令，打开“管理员：命令提示符”窗口，然后输入并执行以下命令(如图 1-2 所示)：

```
E:
cd E:\LuWeb\Apache2.2\bin
httpd.exe -k install
```

命令执行后，若显示“The Apache2.2 service is successfully installed.”，则说明 Apache 服务已安装成功。

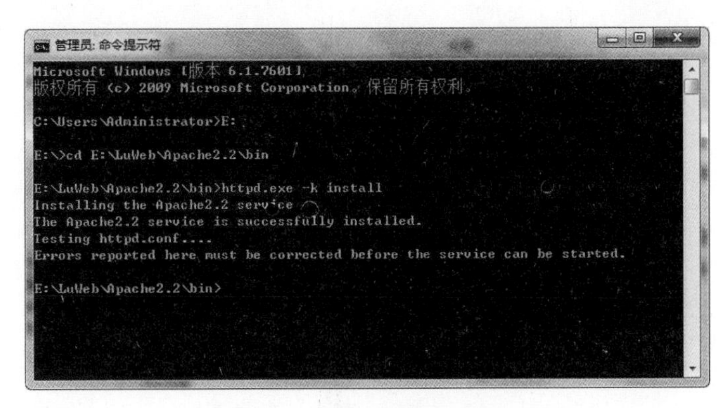

图 1-2　Apache 服务的安装

说明： 安装了 Apache 服务后，必要时也可将其卸载掉。为此，只需执行“httpd.exe -k uninstall”命令即可(如图 1-3 所示)。命令执行后，若显示“The Apache2.2 service has been removed successfully.”，则说明 Apache 服务已卸载成功。

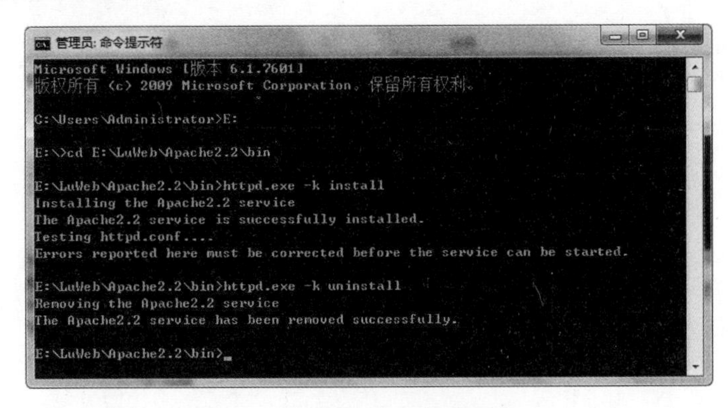

图 1-3　Apache 服务的卸载

(5) 启动 Apache 服务

安装了 Apache 服务后，即可将其启动。为此，可使用 Apache 所提供的服务监视工具 Apache Monitor。该工具用于管理 Apache 服务，程序为 ApacheMonitor.exe，置于 Apache 安装目录的 bin 子目录中。

运行 ApacheMonitor.exe 后，任务栏的通知区域将出现相应的 Apache HTTP server Monitor 小图标。为启动 Apache 服务，只需单击该图标并在菜单中选择 Start 命令即可。反之，若 Apache 服务已经启动，单击该图标并在菜单中选择 Stop 或 Restart 命令即可停止或重启服务。若右击该图标并在其快捷菜单中选择 Exit 命令，则可关闭 ApacheMonitor.exe 程序。

说明： 必要时，可右击 Apache HTTP server Monitor 小图标并在其快捷菜单中选择 Open Apache Monitor 命令，打开如图 1-4 所示的 Apache Service Monitor 对话框，并对 Apache 服务执行相应的操作。例如，单击 Start 按钮可启动 Apache 服务，单击 Stop 按钮可停止 Apache 服务，单击 Restart 按钮可重启 Apache 服务。

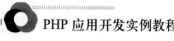

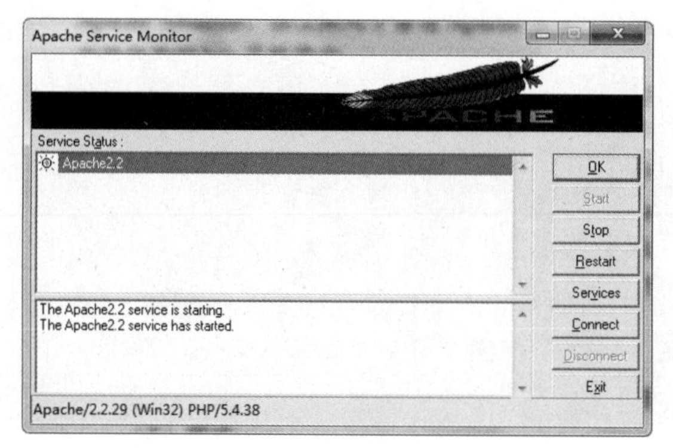

图 1-4　Apache Service Monitor 对话框

提示： 安装了 Apache 服务后，使用 Windows 的“服务”窗口(如图 1-5 所示)也可方便地对 Apache 服务进行管理，包括 Apache 服务的启动、停止、重启等。此外，也可以根据需要设定 Apache 服务的启动类型(包括自动、手动、禁用等)。

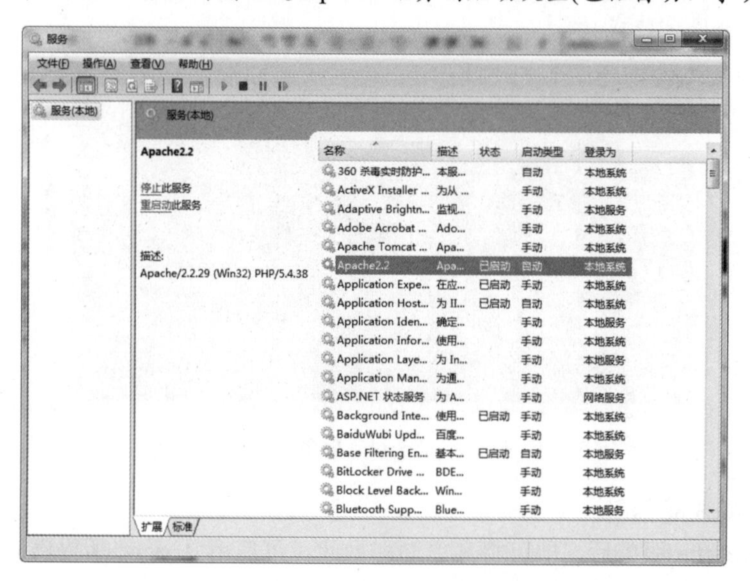

图 1-5　“服务”窗口

(6) 测试

为测试 Apache 是否正常，应先启动 Apache 服务，然后打开浏览器，在地址栏中输入“http://localhost:8080”并按 Enter 键。若能成功打开如图 1-6 所示的“It works!”页面，则表明 Apache 一切正常。

2. PHP 的安装与配置

作为一种通用的 Web 服务器，Apache 本身并不能解释并执行 PHP 脚本。为使 Apache 能正常解释并执行 PHP 脚本代码，还需要在 Apache 上安装相应的 PHP 解析器。

(1) 下载

与 Apache 一样，PHP 也是一种开源软件，其各种版本均可从其官方网站(http://www.php.net)或其他有关网站免费下载。在此，下载的是 PHP 5.4.38，其压缩包为

php-5.4.38-Win32-VC9-x86.zip。

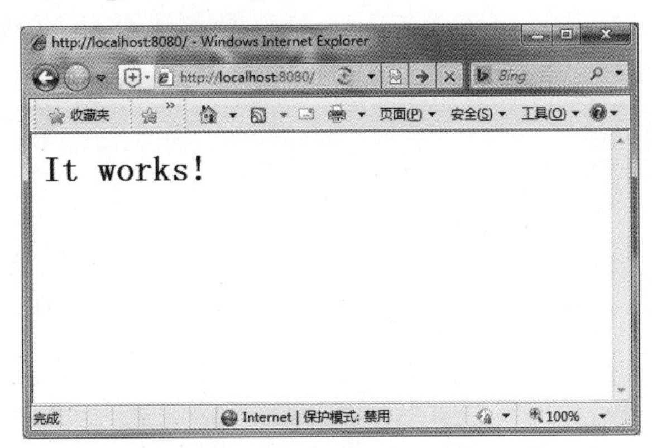

图 1-6　“It works!”页面

(2) 安装

PHP 的安装非常简单，只需将其压缩包解压至某个合适的路径即可。在此，将 PHP 5.4.38 安装到 E:\LuWeb\PHP5.4 路径中。

(3) 配置

PHP 安装完毕后，可根据需要对其进行相应的配置。为此，只需用“记事本”打开其配置文件并进行相应的修改即可。PHP 配置文件为 php.ini，置于其安装目录中。通常，只需将 PHP 安装目录中的 php.ini-development 拷贝为(或重命名为)php.ini，即可获取默认的 PHP 配置文件。

PHP 的配置主要包括：

- 指定扩展所在目录。在此，应将“; extension_dir = "ext"”修改为“extension_dir = "e:\LuWeb\PHP5.4\ext"”。
- 指定时区为中国时区(PRC)或协调世界时区(UTC)。在此，可将“;date.timezone =”修改为“date.timezone = PRC”。

PHP 配置完毕后，还要在 Apache 中引入 PHP 模块，以便使 Apache 支持 PHP。为此，需在 Apache 的配置文件 httpd.conf 中添加以下代码：

```
LoadModule php5_module "E:/LuWeb//PHP5.4/php5apache2_2.dll"
AddType application/x-httpd-php .php
PHPIniDir "E:/LuWeb//PHP5.4"
```

对于 Apachc 来说，其索引页面(即可以默认打开的页面)为 index.html。必要时，可适当添加相应的索引页面。例如，为将 index.php 添加为 Apache 的索引页面，须在 Apache 的配置文件 httpd.conf 中将“DirectoryIndex index.html”修改为“DirectoryIndex index.html index.php”。完整的代码为：

```
<IfModule dir_module>
   DirectoryIndex index.html index.php
</IfModule>
```

注意： 修改了 Apache 的配置后，应重启 Apache 服务，以使新配置生效。

(4) 测试

为测试 PHP 是否正常，可先在 Apache 服务器默认的网站根目录(在此为 E:\LuWeb\Apache2.2\htdocs)中创建一个 PHP 文件 test.php，代码如下：

```
<?php
    phpinfo();
?>
```

创建好 test.php 后，再启动 Apache 服务，然后打开浏览器，在地址栏中输入“http://localhost:8080/test.php”并按 Enter 键。若能打开如图 1-7 所示的 PHP 信息页面，则表明 PHP 一切正常。

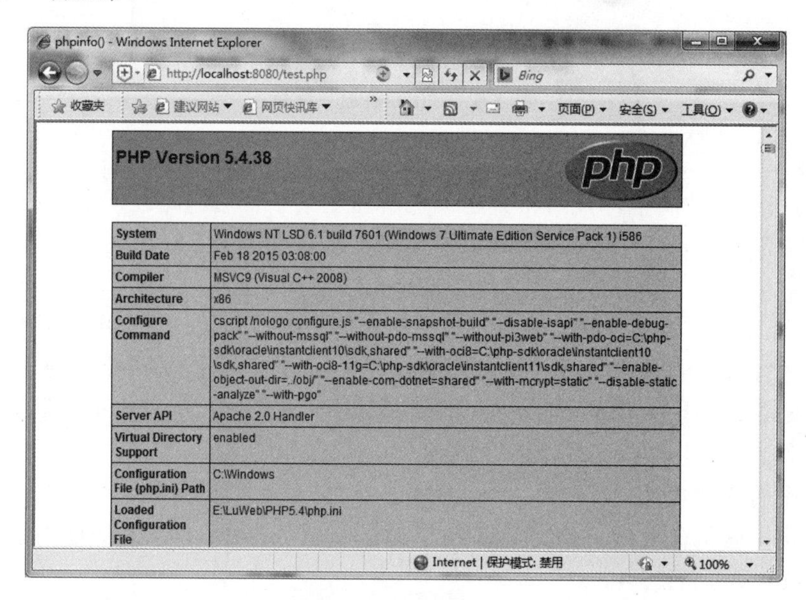

图 1-7　PHP 信息页面

3. MySQL 的安装与配置

MySQL 是一个基于客户机/服务器(C/S)体系结构的关系型数据库管理系统 (Relational Database Management System，RDBMS)，最初由瑞典的 MySQL AB 公司开发，目前属于 Oracle 旗下的产品。由于 MySQL 体积小、速度快，而且是一种开源软件，因此已成为中小型网站开发的首选，并与 Linux(操作系统)、Apache(Web 服务器)与 PHP(Web 编程语言)一起被业界称为经典的 LAMP 组合。

(1) 下载

MySQL 的各种版本可从其官方网站(http://dev.mysql.com)或其他有关网站免费下载。在此，下载的是 MySQL 5.6，其安装程序为 mysql-5.6-win32.msi。

(2) 安装

MySQL 的安装较为简单，只需启动其安装程序，并根据安装向导的提示完成相应的操作即可。对于 MySQL 5.6 来说，启动其安装程序，将打开如图 1-8 所示的欢迎对话框。单击 Next 按钮后，即可打开如图 1-9 所示的选择安装类型对话框。安装类型有三种，分别为 Typical(典型)、Custom(定制)与 Complete(完全)。在此，选择 Typical 安装类型，然后单击 Next 按钮，打开如图 1-10 所示的准备安装对话框。在此对话框中单击 Install 按钮后，即可打开如图 1-11 所示的安装对话框，以显示相应的安装状态与进度。安装完毕后，将显示如图 1-12 所示的完成对话框。此时，只需单击 Finish 按钮关闭对话框即可。至此，MySQL 的安装过程全部完成，并被安装到默认的目录(在此为 C:\Program Files (x86)\MySQL\MySQL Server 5.6)中。

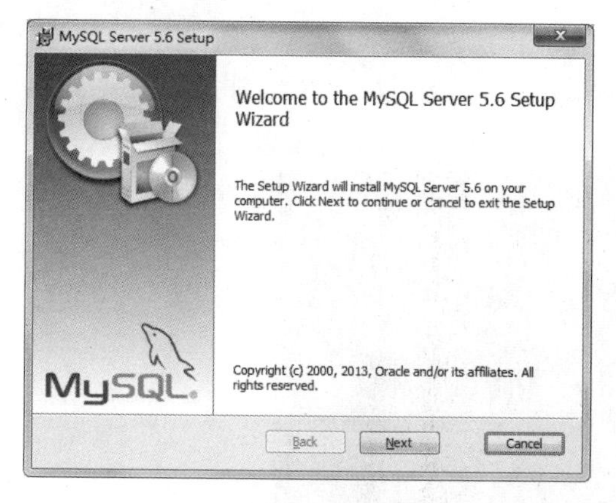

图 1-8　欢迎对话框

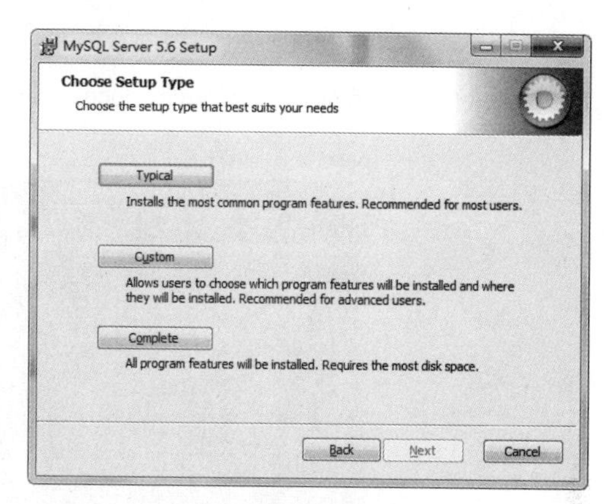

图 1-9　选择安装类型对话框

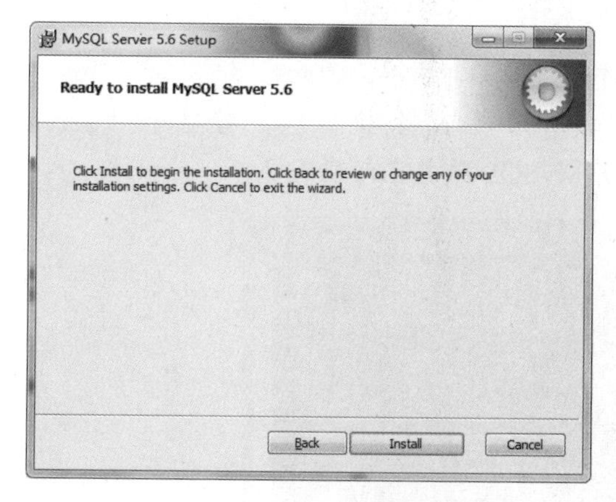

图 1-10　准备安装对话框

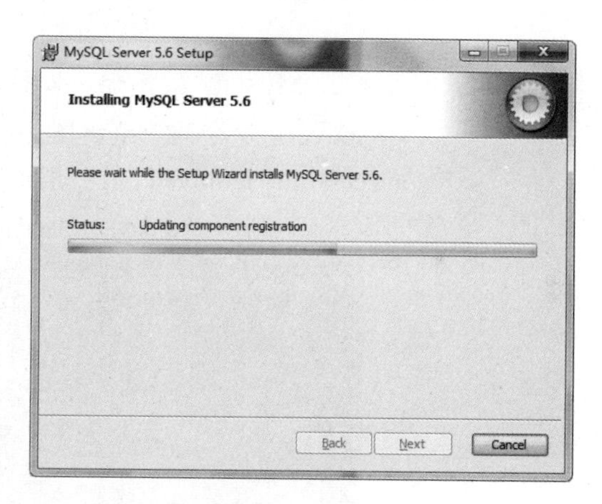

图 1-11　安装对话框

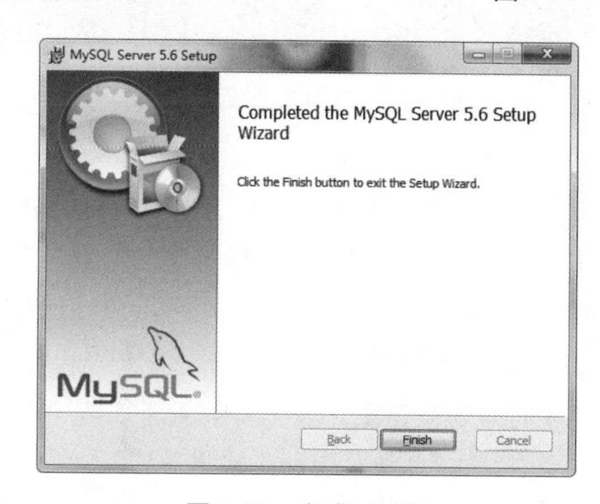

图 1-12　完成对话框

(3) 安装 MySQL 服务

在“开始”菜单的“附件”中右击“命令提示符”菜单项，并在其快捷菜单中选择“以管理员身份运行”命令，打开“管理员：命令提示符”窗口，然后输入并执行以下命令(如图 1-13 所示)：

```
cd C:\Program Files (x86)\MySQL\MySQL Server 5.6\bin
mysqld --install
```

命令执行后，若显示“Service successfully installed.”，则说明 MySQL 服务已安装成功。

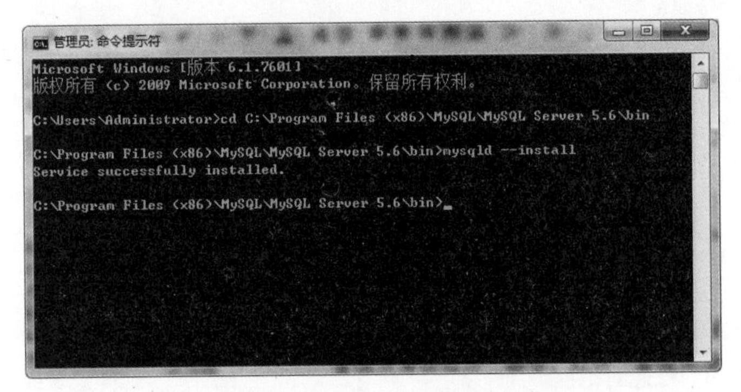

图 1-13　MySQL 服务的安装

说明： 安装了 MySQL 服务后，必要时也可将其卸载掉。为此，只需执行“mysqld --remove”命令即可(如图 1-14 所示)。命令执行后，若显示“Service successfully removed.”，则说明 MySQL 服务已卸载成功。

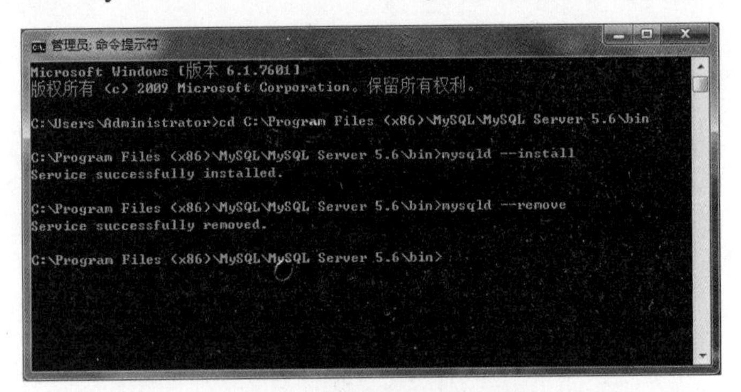

图 1-14　MySQL 服务的卸载

(4) 启动 MySQL 服务

安装了 MySQL 服务后，即可将其启动。为此，可打开 Windows 的“服务”窗口(如图 1-15 所示)，并在其中选中 MySQL 服务，然后再单击工具栏上的“启动服务”按钮。若 MySQL 服务的状态显示为“已启动”，则说明已成功启动了 MySQL 服务。

说明： 在 Windows 的“服务”窗口中，可方便地对 MySQL 服务进行管理，包括 MySQL 服务的启动、停止、重启等。此外，也可以根据需要设定 MySQL 服务的启动类型(包括自动、手动、禁用等)。

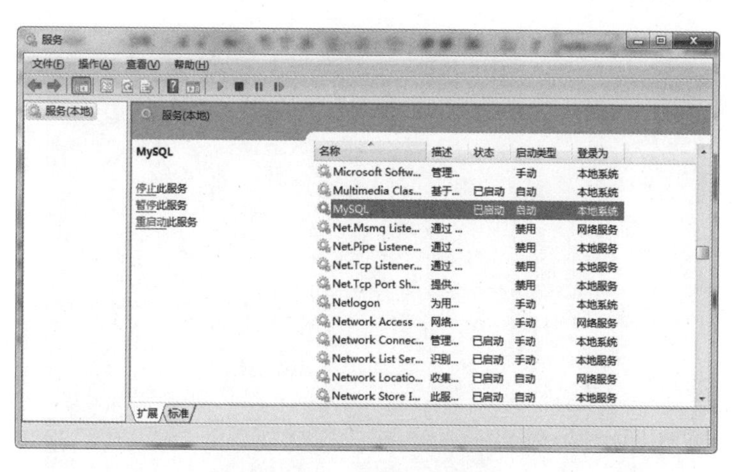

图 1-15　“服务”窗口

提示： 若无必要，也可以不安装 MySQL 服务。此时，为访问 MySQL 数据库，可在“Windows 资源管理器”中进入 MySQL 安装目录中的 bin 子目录，然后双击 mysqld.exe 应用程序以启动 MySQL 服务进程。

(5) 测试

为测试 MySQL 是否正常，应先启动 MySQL 服务，然后打开“管理员：命令提示符”窗口，输入并执行以下命令(如图 1-16 所示)：

```
cd C:\Program Files (x86)\MySQL\MySQL Server 5.6\bin
mysql -u root
```

命令执行后，若能成功进入 MySQL 命令行模式，则说明 MySQL 一切正常。

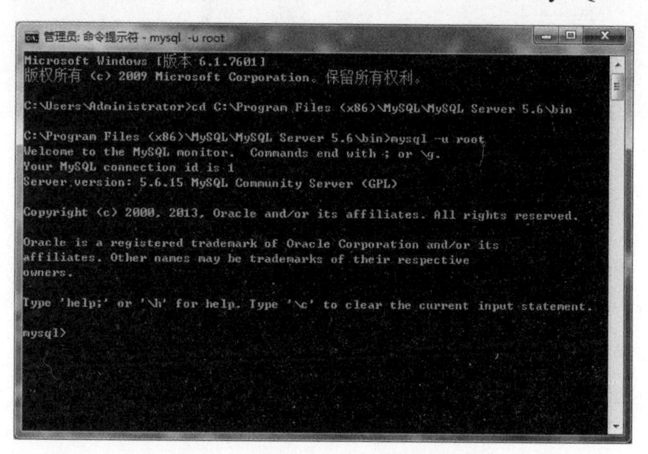

图 1-16　MySQL 命令行模式的进入

在 MySQL 命令行模式下，可输入并执行“status”命令，以查看 MySQL 服务器与客户端的有关信息与设置，如图 1-17 所示。

若要退出 MySQL 命令行模式，只需输入并执行“quit”或“exit”命令即可，如图 1-18 所示。

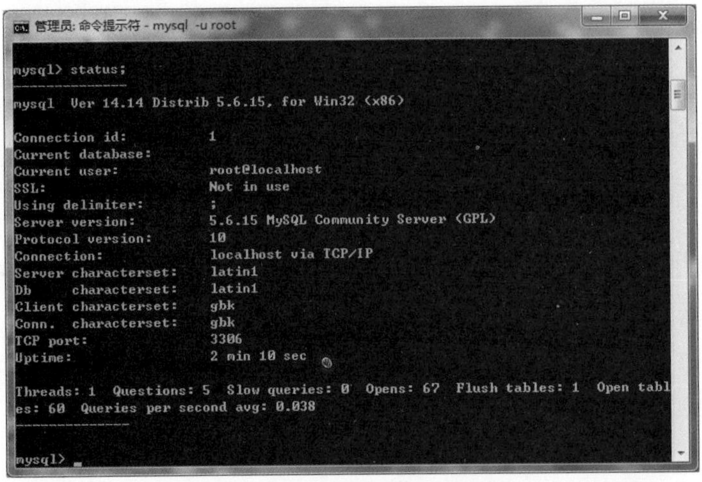

```
mysql> status;
--------------
mysql  Ver 14.14 Distrib 5.6.15, for Win32 (x86)

Connection id:          1
Current database:
Current user:           root@localhost
SSL:                    Not in use
Using delimiter:        ;
Server version:         5.6.15 MySQL Community Server (GPL)
Protocol version:       10
Connection:             localhost via TCP/IP
Server characterset:    latin1
Db     characterset:    latin1
Client characterset:    gbk
Conn.  characterset:    gbk
TCP port:               3306
Uptime:                 2 min 10 sec

Threads: 1  Questions: 5  Slow queries: 0  Opens: 67  Flush tables: 1  Open tabl
es: 60  Queries per second avg: 0.038
--------------

mysql>
```

图 1-17　MySQL 信息与设置的查看

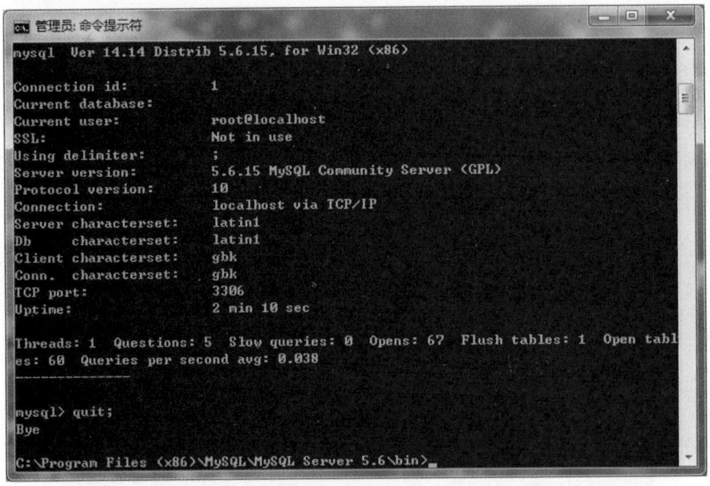

```
mysql  Ver 14.14 Distrib 5.6.15, for Win32 (x86)

Connection id:          1
Current database:
Current user:           root@localhost
SSL:                    Not in use
Using delimiter:        ;
Server version:         5.6.15 MySQL Community Server (GPL)
Protocol version:       10
Connection:             localhost via TCP/IP
Server characterset:    latin1
Db     characterset:    latin1
Client characterset:    gbk
Conn.  characterset:    gbk
TCP port:               3306
Uptime:                 2 min 10 sec

Threads: 1  Questions: 5  Slow queries: 0  Opens: 67  Flush tables: 1  Open tabl
es: 60  Queries per second avg: 0.038
--------------

mysql> quit;
Bye

C:\Program Files (x86)\MySQL\MySQL Server 5.6\bin>
```

图 1-18　MySQL 命令行模式的退出

(6) 设置 root 用户的密码

默认情况下，MySQL 服务器超级管理员用户 root 的密码是空的(也就是没有设置密码)。为安全起见，应及时设置好 root 用户的密码。为此，可在命令提示符状态下执行 mysqladmin 命令，其基本格式为：

```
mysqladmin -u root password "newpw"
```

或：

```
mysqladmin -u root password newpw
```

其中，newpw 即为要设置的密码。

例如，执行以下命令可将 root 用户的密码设置为“12345”(如图 1-19 所示)：

```
mysqladmin -u root password 12345
```

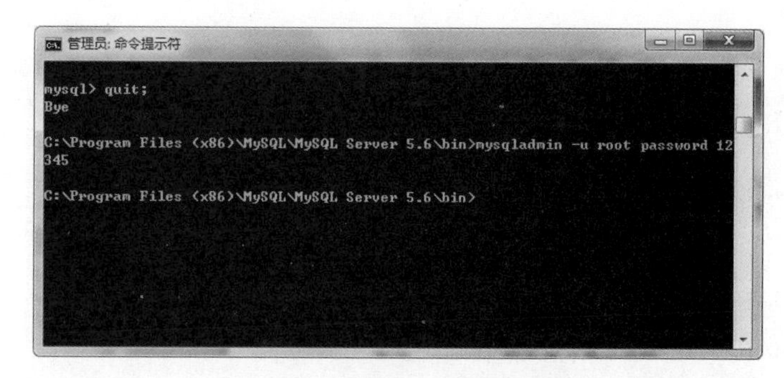

图 1-19　root 用户密码的设置

使用 mysqladmin 命令也可对 root 用户已设置好的密码进行修改，其基本格式为：

```
mysqladmin -u root -p"oldpw" password "newpw"
```

或：

```
mysqladmin -u root -poldpw password newpw
```

其中，oldpw 为原来已设置好的旧密码，newpw 则为修改以后的新密码。

例如，执行以下命令可将 root 用户的密码由“12345”修改为“abc123!”(如图 1-20 所示)：

```
mysqladmin -u root -p12345 password abc123!
```

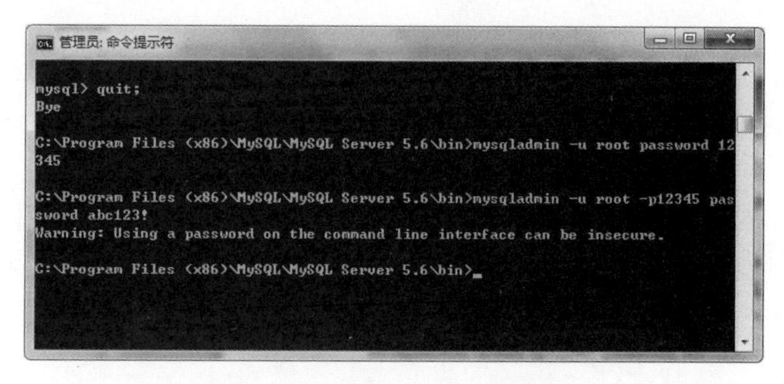

图 1-20　root 用户密码的修改

设置好 root 用户的密码后，要以 root 用户的身份进入 MySQL 命令行模式，可按以下格式执行 mysql 命令：

```
mysql -u root -p"rootpw"
```

或：

```
mysql -u root -prootpw
```

其中，rootpw 即为当前 root 用户的密码。

例如，目前已将 root 用户的密码设置为“abc123!”，因此可输入并执行以下命令进入 MySQL 命令行模式(如图 1-21 所示)：

```
mysql -u root -pabc123!
```

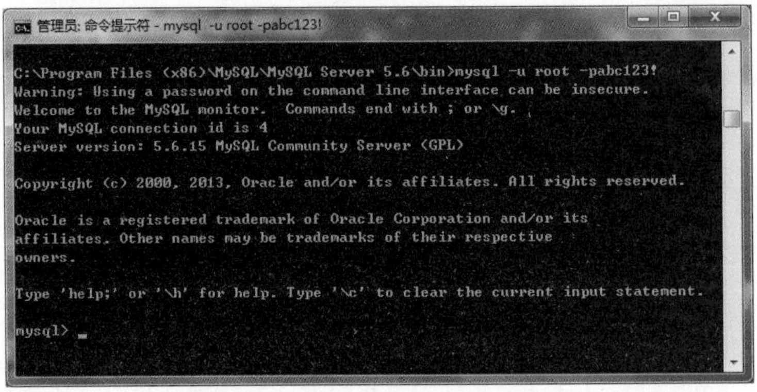

```
管理员: 命令提示符 - mysql -u root -pabc123!
C:\Program Files (x86)\MySQL\MySQL Server 5.6\bin>mysql -u root -pabc123!
Warning: Using a password on the command line interface can be insecure.
Welcome to the MySQL monitor.  Commands end with ; or \g.
Your MySQL connection id is 4
Server version: 5.6.15 MySQL Community Server (GPL)

Copyright (c) 2000, 2013, Oracle and/or its affiliates. All rights reserved.

Oracle is a registered trademark of Oracle Corporation and/or its
affiliates. Other names may be trademarks of their respective
owners.

Type 'help;' or '\h' for help. Type '\c' to clear the current input statement.

mysql>
```

图 1-21　MySQL 命令行模式的进入

4. phpMyAdmin 的安装与配置

phpMyAdmin 是目前常用的一款开源的基于 Web 的 MySQL 数据库管理工具，其本身是用 PHP 开发的，功能十分强大，并提供了良好的操作界面，因此使用起来颇为方便。

(1) 下载

phpMyAdmin 的各种版本可从其官方网站(http://www.phpmyadmin.net)或其他有关网站免费下载。在此，下载的是 phpMyAdmin 4.4.0，其压缩包为 phpMyAdmin-4.4.0-all-languages.zip。

(2) 安装

phpMyAdmin 的安装非常简单，只需将其压缩包解压至 Apache 默认的网站根目录的 phpMyAdmin 子目录即可。在此，安装路径为 E:\LuWeb\Apache2.2\htdocs\phpMyAdmin。

(3) 配置

phpMyAdmin 安装完毕后，为使其能正常运行，应对 PHP 进行相应的配置，主要是开启运行成熟项目所必需的常用扩展。为此，只需用“记事本”打开 PHP 的配置文件 php.ini，并确保以下设置有效，然后再重启 Apache 服务即可。

```
extension=php_curl.dll
extension=php_gd2.dll
extension=php_mbstring.dll
extension=php_mysql.dll
extension=php_mysqli.dll
extension=php_pdo_mysql.dll
```

(4) 运行

打开浏览器，然后在地址栏中输入“http://localhost:8080/phpMyadmin”并按 Enter 键，即可打开如图 1-22 所示的 phpMyAdmin 登录页面。

在 phpMyAdmin 登录页面中，输入用户名 root 及其密码(在此为“abc123!”)，然后单击“执行”按钮，即可打开如图 1-23 所示的 phpMyAdmin 管理主页面，其中显示有当前所使用的 MySQL、Apache、PHP 与 phpMyAdmin 的版本信息(在此分别为 MySQL 5.6.15、Apache 2.2.29、PHP 5.4.38 与 phpMyAdmin 4.4.0)。

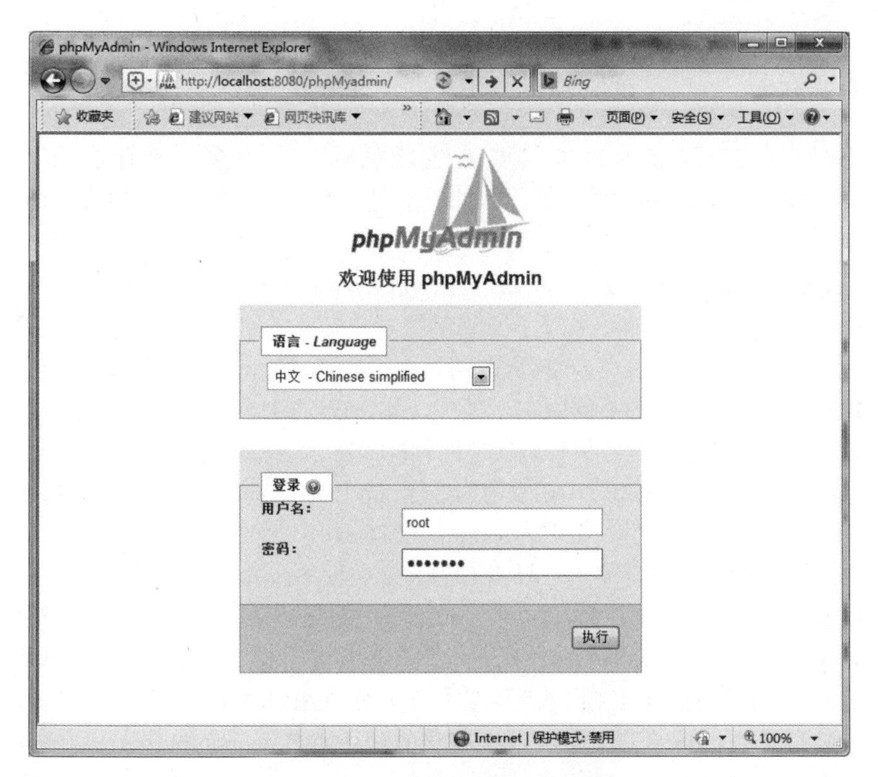

图 1-22　phpMyAdmin 登录页面

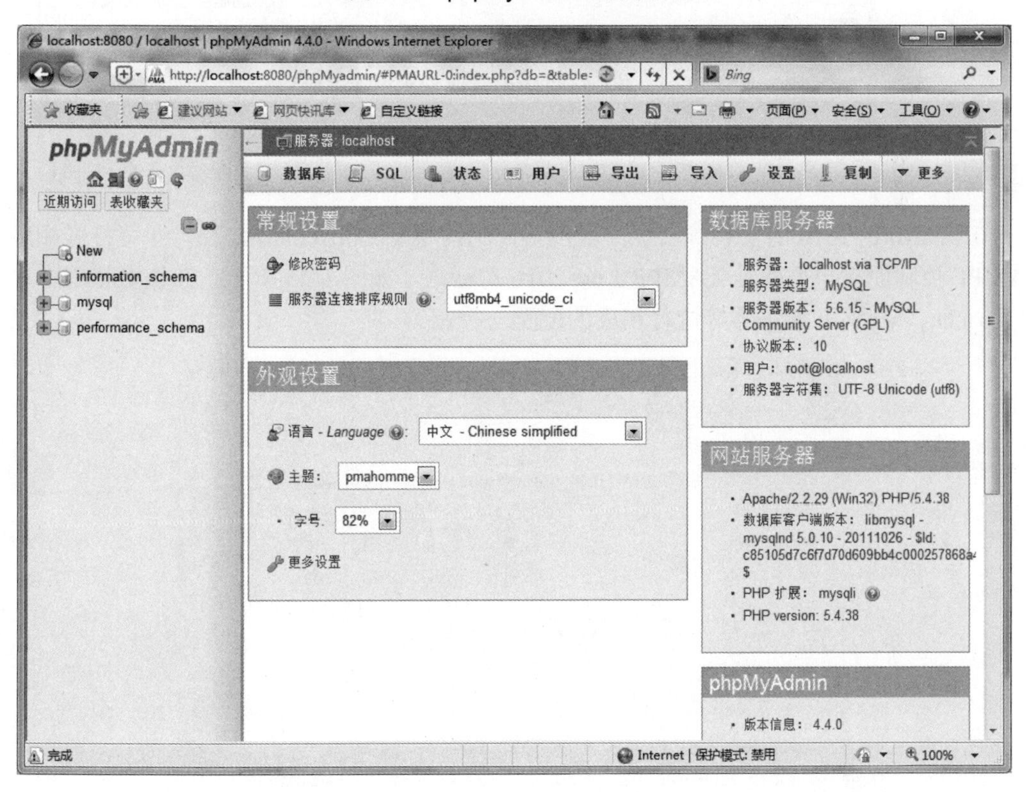

图 1-23　phpMyAdmin 管理主页面

1.2.2 集成安装

PHP 应用开发环境的集成安装包或集成软件包有很多，常用的有 XAMPP、AppServer、WampServer、PHPnow 等。为简单起见，在此选用的是 XAMPP 2016。

XAMPP 是目前流行的 PHP 应用开发环境，也是一个功能极为强大的建站集成软件包，内含 Apache、MySQL、PHP、Perl 与 phpMyAdmin 等，可在 Windows、Linux、Solaris、Mac OS X 等多种操作系统下安装使用，并支持多种语言(包括英文、简体中文、繁体中文、韩文、俄文、日文等)，其官方网站为“http://www.apachefriends.org”。时至今日，XAMPP 已有为数众多的不同版本。其中，XAMPP 2016 是一个完全免费且特别容易安装使用的 Apache 发行版，可从有关软件网站(如绿软下载站 http://www.itmop.com 等)直接下载。从网上下载的 XAMPP 2016 通常为一个 zip 压缩包，如 xampp_itmop.com.zip 等。解压后，即可找到其安装程序，通常为 xampp_2016.exe。

XAMPP 2016 的安装非常简单，只需双击其安装程序，并在随之打开的如图 1-24 所示的“xampp(phpStudy 编译版)自解压文件”对话框中设定相应的解压目标文件夹(即安装目录，在此为 C:\xampp)，然后再单击“确定”按钮解压文件即可，如图 1-25 所示。待文件解压完毕，XAMPP 2016 的安装也就顺利完成了。在 XAMPP 中，Apache 服务器的站点根目录为其安装目录的 htdocs 子目录(在此，完整的路径为 C:\xampp\htdocs)。

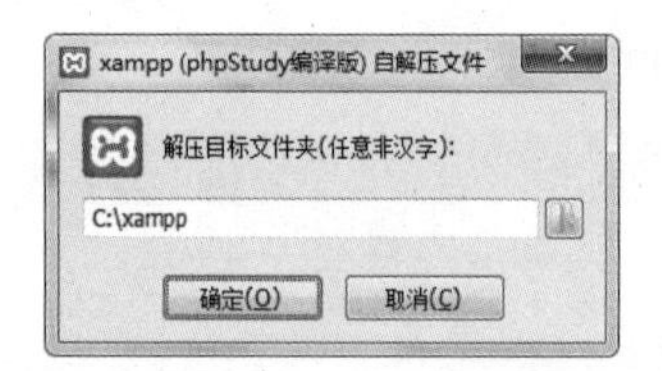

图 1-24 “xampp(phpStudy 编译版)自解压文件”对话框

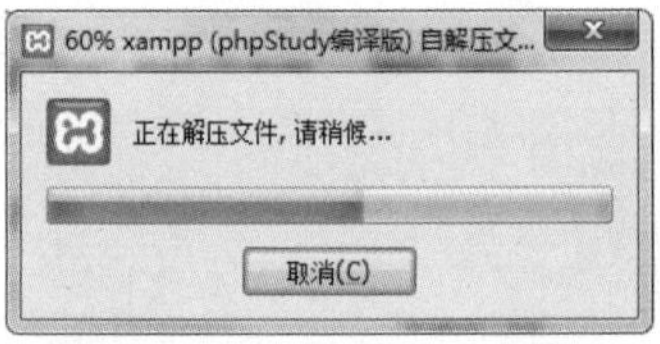

图 1-25 正在解压文件对话框

在 XAMPP 2016 的安装目录中，双击其控制程序 xampp_control.exe，即可打开相应的 XAMPP 控制面板，也就是 XAMPP Lite 2016 对话框，如图 1-26 所示。在该对话框中，可对 Apache、MySQL 服务器等进行相应的配置与控制。

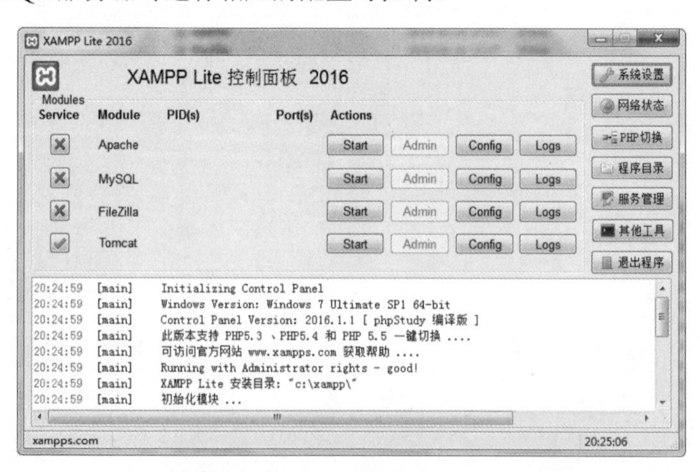

图 1-26 XAMPP Lite 2016 对话框(XAMPP 控制面板)

Apache 服务器的默认端口号为 80。若该端口号已被占用，则 Apache 服务器是不能成功启动的。为此，可适当修改 Apache 服务器的端口号，在此将其修改为 8090。具体方法如下。

(1) 在 XAMPP 控制面板中单击 Apache 右侧的 Config 按钮，并在随之打开的列表中选择 Apache(httpd.conf)，用“记事本”打开 Apache 的配置文件 httpd.conf。

(2) 在配置文件 httpd.conf 中查找“Listen 80”，并将其修改为“Listen 8090”，如图 1-27 所示。

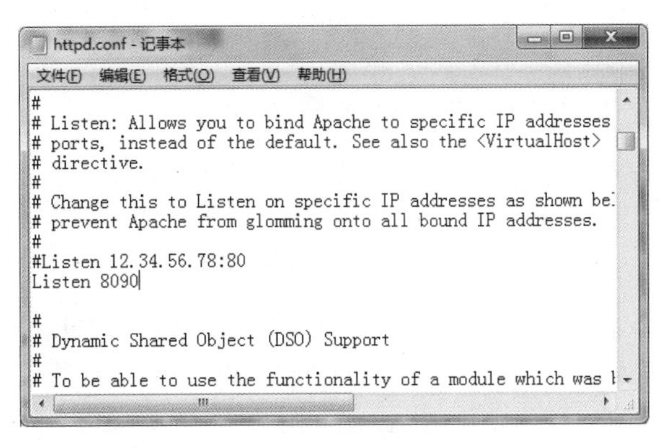

图 1-27　“httpd.conf-记事本”窗口

(3) 保存对 httpd.conf 的修改，然后关闭“httpd.conf-记事本”窗口。

为启动 Apache 服务器，只需在 XAMPP 控制面板中单击 Apache 右侧的 Start 按钮即可。启动成功后，Start 按钮将变为 Stop 按钮，如图 1-28 所示。单击 Stop 按钮，即可关闭当前已启动的 Apache 服务器。

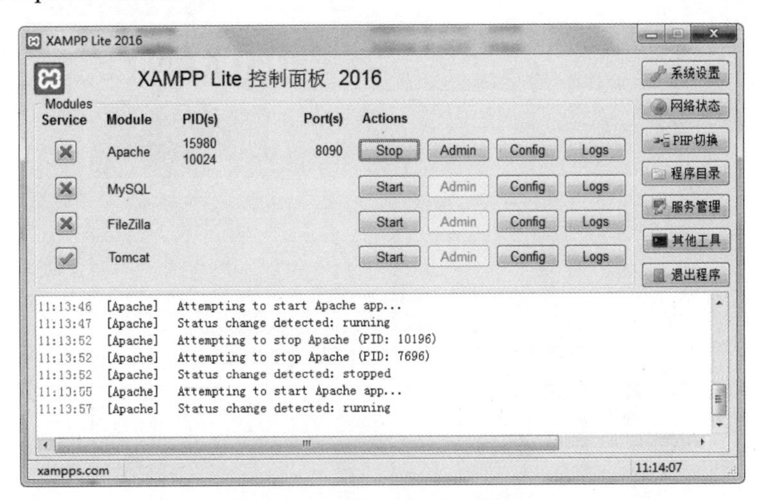

图 1-28　启动 Apache 服务器

为启动 MySQL 服务器，只需在 XAMPP 控制面板中单击 MySQL 右侧的 Start 按钮即可。启动成功后，Start 按钮将变为 Stop 按钮，如图 1-29 所示。单击 Stop 按钮，即可关闭当前已启动的 MySQL 服务器。对于 MySQL 服务器来说，其默认端口号为 3306。

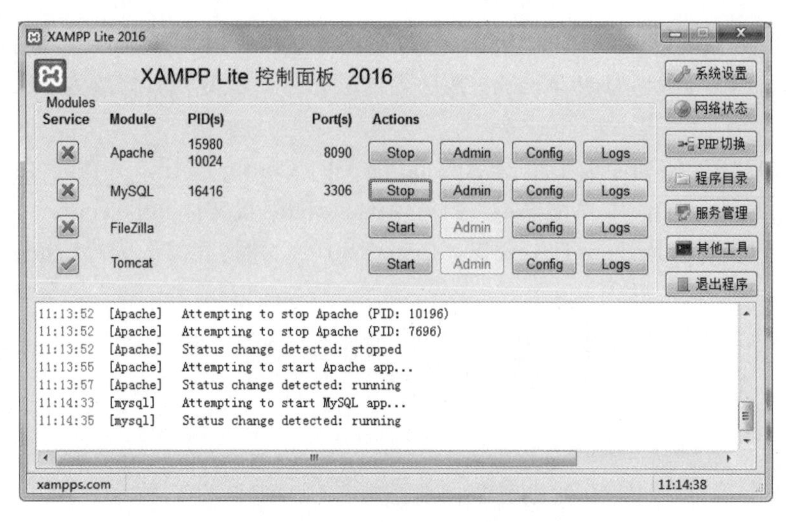

图 1-29　启动 MySQL 服务器

启动 Apache 服务器后，打开浏览器，在地址栏中输入“http://localhost:8090/”并按 Enter 键，若能打开如图 1-30 所示的“xampp(phpStudy 重新编译版)”页面，则表明一切正常。在此页面中，显示有当前所使用的 Apache 与 PHP 的有关信息以及 phpMyAdmin 的账号与密码。对于 XAMPP 2016 来说，所使用的 Apache 版本为 2.4.18，默认使用的 PHP 版本为 5.3.29，且 MySQL 服务器 root 用户的初始密码为 root。必要时，可在 XAMPP 控制面板中单击“PHP 切换”按钮以另外选定所需要的 PHP 版本(PHP 5.6.16 或 PHP 7.0.1)。

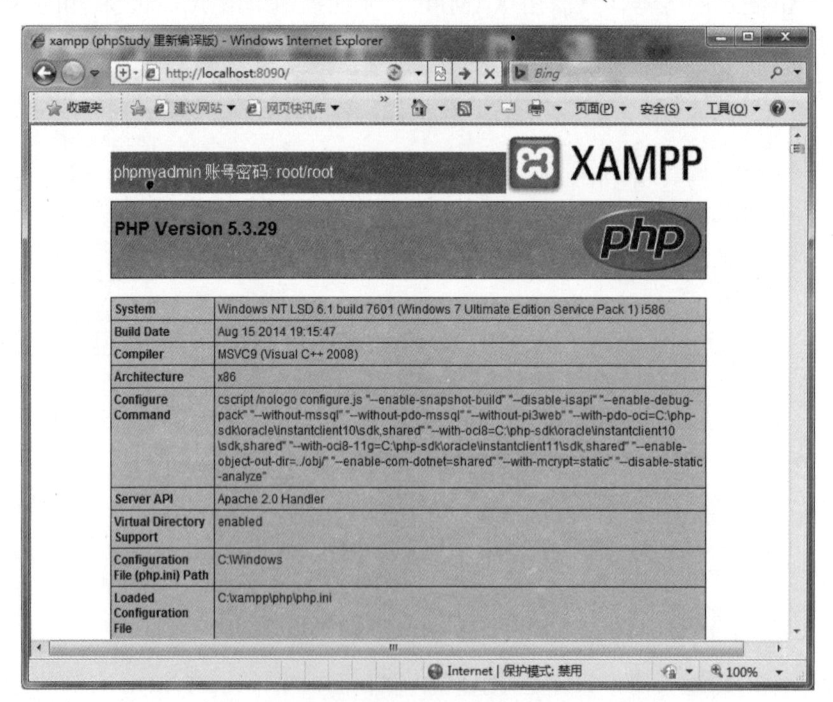

图 1-30　“xampp(phpStudy 重新编译版)”页面

启动 Apache 与 MySQL 服务器后，若在浏览器的地址栏中输入“http://localhost:8090/

phpmyadmin”并按 Enter 键，则可打开如图 1-31 所示的 phpMyAdmin 登录页面。在此页面中输入用户名 root 与相应的密码，然后单击“执行”按钮，即可打开如图 1-32 所示的 phpMyAdmin 管理主页面，其中显示有当前所使用的 MySQL、Apache 与 PHP 的版本信息(在此分别为 MySQL 5.5.47、Apache 2.4.18 与 PHP 5.3.29)。

图 1-31　phpMyAdmin 登录页面

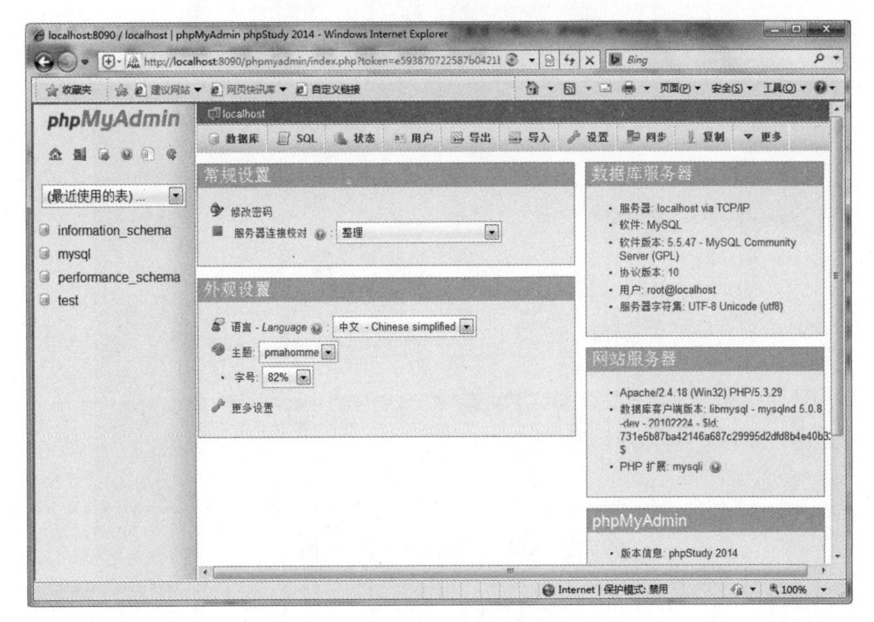

图 1-32　phpMyAdmin 管理主页面

为安全起见，应及时修改 MySQL 数据库服务器 root 用户的密码。为此，可在 phpMyAdmin 中按以下步骤进行相应的操作。

(1) 单击 phpMyAdmin 主页面工具栏中的“用户”按钮，打开“用户概况” 页面，如图 1-33 所示。

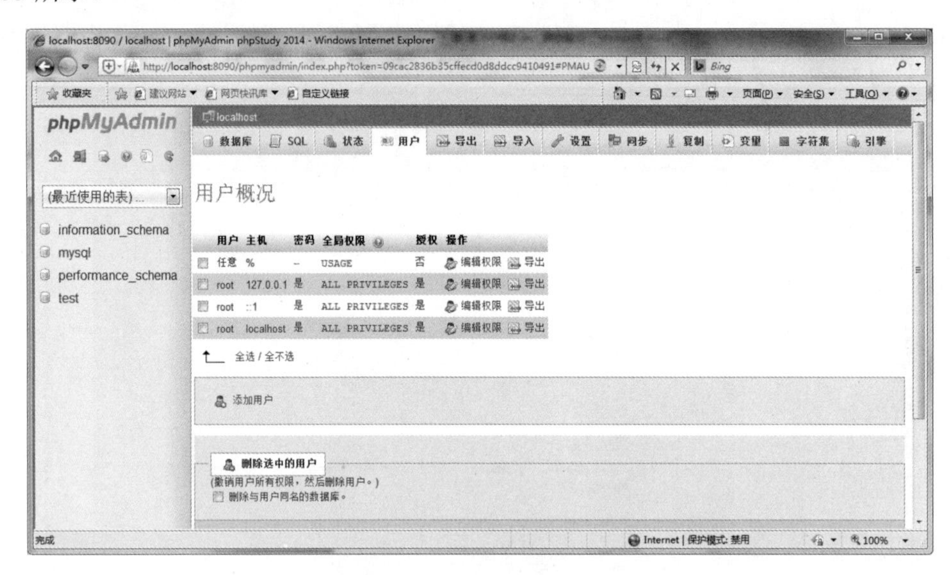

图 1-33 “用户概况”页面

(2) 选中主机名为 localhost 的 root 用户记录，并单击其“编辑权限”链接，打开相应的“编辑权限”页面，如图 1-34 所示。

图 1-34 “编辑权限”页面

(3) 在“编辑权限”页面的“修改密码”区域选中“密码”单选按钮，然后输入新的密码(在此为“abc123!”)，并在“重新输入”文本框中输入同样的密码，同时在“密码加密方式”处选中 MySQL 4.1+单选按钮(如图 1-35 所示)，最后单击“执行”按钮，即可完成密码的修改，如图 1-36 所示。

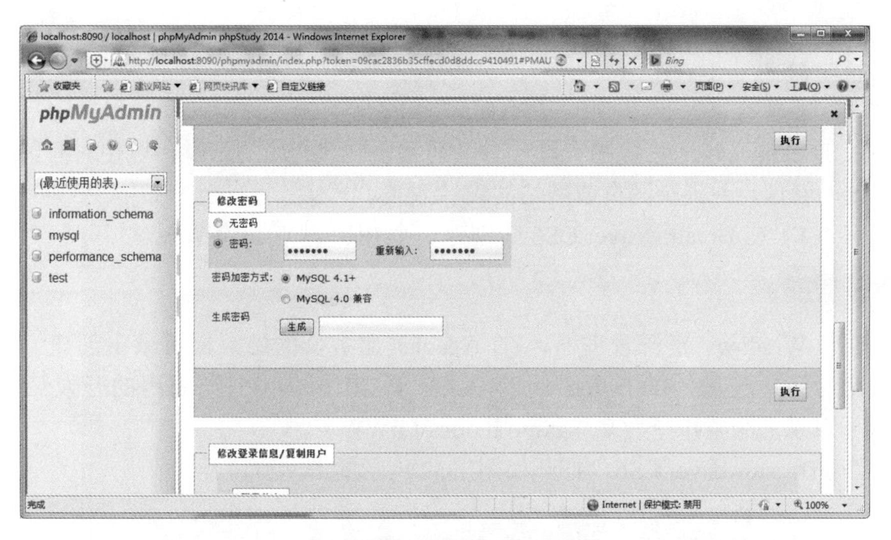

图 1-35　“修改密码”区域

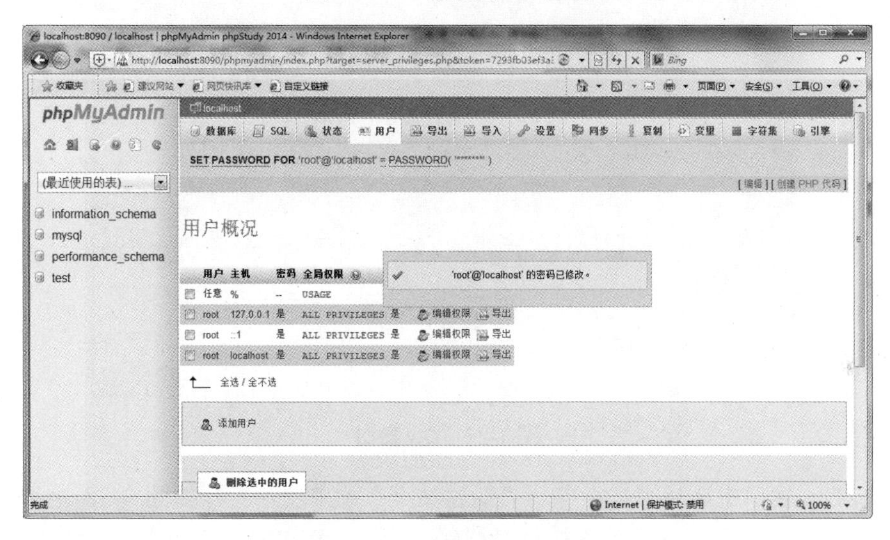

图 1-36　“用户概况”页面

1.3　PHP 应用开发工具

PHP 代码是包含在 HTML 文档之中的，因此任何文本编辑器(如记事本等)均可用于 PHP 应用的开发。不过，为便于 PHP 代码的编写并提高应用的开发效率，最好使用相应的集成开发环境(IDE)，如 Dreamweaver、EditPlus、phpDesigner、PHP Coder、Zend Studio 等。

从本质上看，PHP 程序设计只是网页设计的一个方面。就网页设计而言，目前最为常用的工具就是 Dreamweaver。作为专业的可视化网页设计工具，Dreamweaver 对 PHP 也提供了良好的支持。考虑到本书的主要内容是 PHP 的有关技术及其基本应用，因此选用 Dreamweaver 作为 PHP 程序的开发工具，所用版本为 CS6。在此，仅简要介绍 Dreamweaver CS6 的常用操作与基本用法。

1.3.1 创建站点

在使用 Dreamweaver 进行网页设计时，通常要创建相应的站点，以便对有关的各种文件进行有效的管理，并提高网页或网站的设计效率。

【实例 1-1】在 Dreamweaver CS6 中创建一个 PHP 站点 LuWWW。

基本步骤：

(1) 打开 Windows 资源管理器，在 Apache 服务器的站点根目录中创建一个子目录 LuWWW。为简单起见，本书后面均以 XAMPP 2016 为 PHP 应用的开发环境，因此 LuWWW 子目录的完整路径为 C:\xampp\htdocs\LuWWW。

(2) 启动 Dreamweaver CS6，打开如图 1-37 所示的 Dw 窗口。

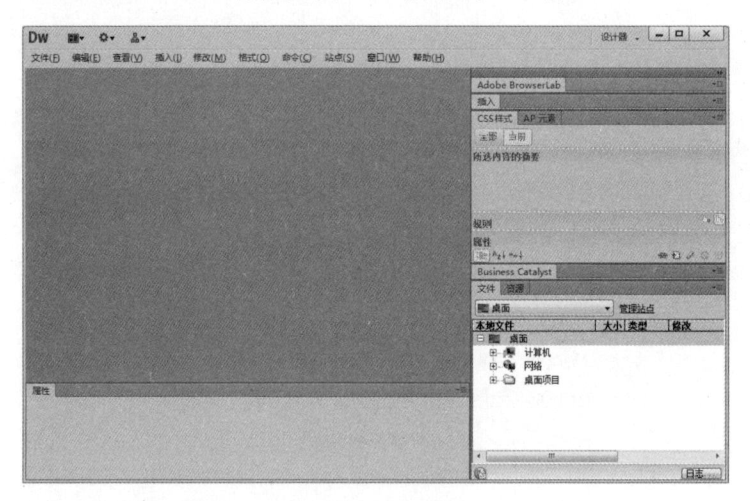

图 1-37　Dw 窗口

(3) 在 Dw 窗口中选择“站点”→“新建站点”菜单项，打开如图 1-38 所示的“站点设置对象”对话框，并在其中输入站点名称(在此为 LuWWW)，同时设定相应的本地站点文件夹(在此为 C:\xampp\htdocs\LuWWW\)。

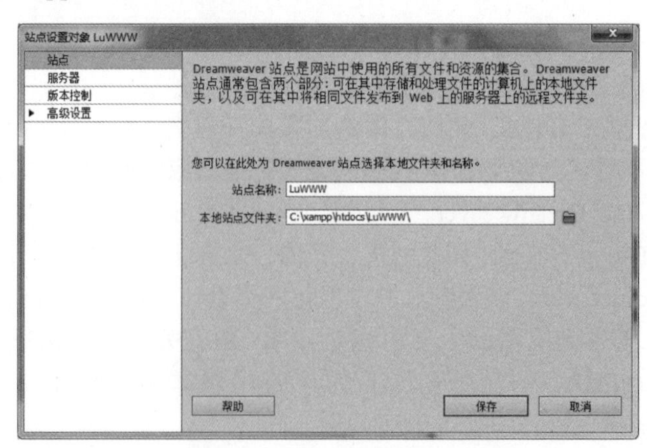

图 1-38　“站点设置对象”对话框

(4) 切换至“服务器”选项卡，如图 1-39 所示。

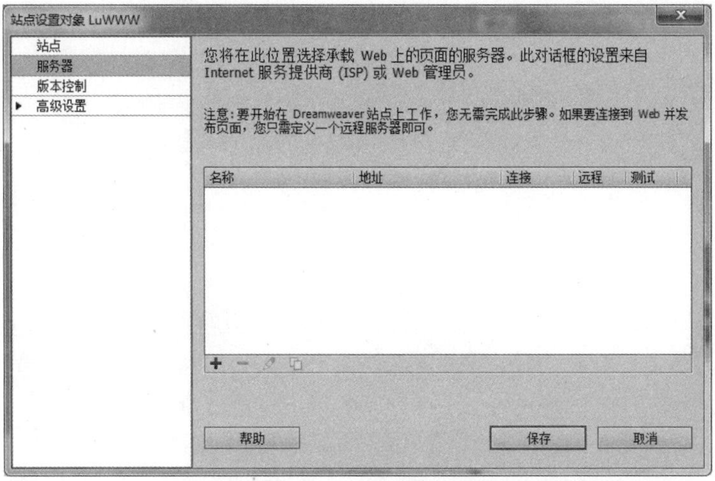

图 1-39　“站点设置对象”对话框的“服务器”选项卡

(5) 单击“服务器”列表框左下角的“添加新服务器”按钮，打开如图 1-40 所示的“服务器设置(基本)”对话框，并在其中指定服务器名称(在此为 LuWWW)、连接方法(在此为“本地/网络”)、服务器文件夹(在此为 C:\xampp\htdocs\LuWWW)与 Web URL(在此为 http://localhost:8090/LuWWW/)。

(6) 切换至如图 1-41 所示的“服务器设置(高级)”对话框，并在其中的“测试服务器”处选定服务器类型(在此为 PHP MySQL)。

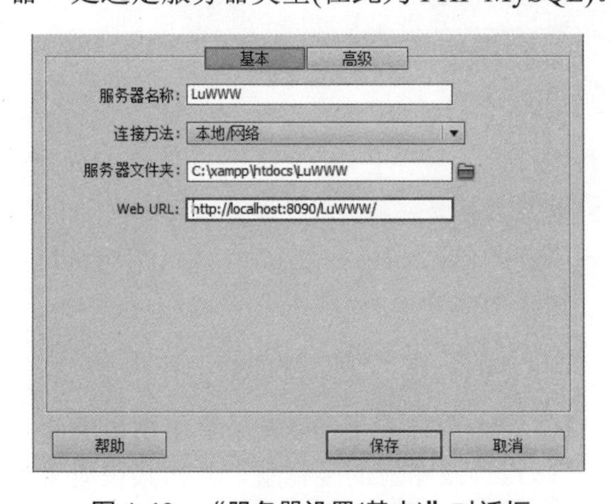

图 1-40　“服务器设置(基本)”对话框

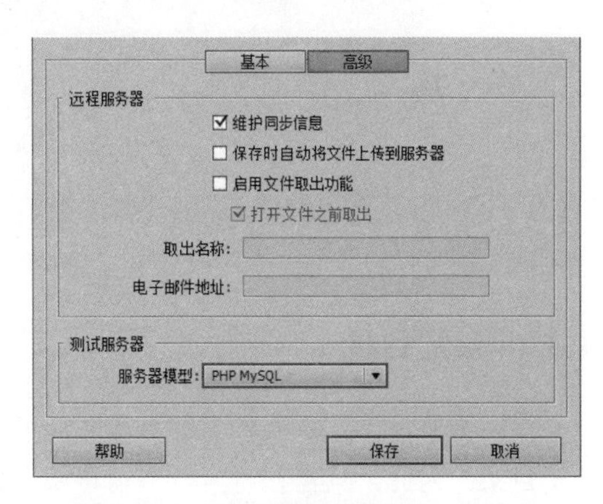

图 1-41　“服务器设置(高级)”对话框

(7) 单击“保存”按钮关闭“服务器设置”对话框，返回“服务器”选项卡，并在“服务器”列表框中选中相应服务器(在此为 LuWWW)的“测试”复选框，如图 1-42 所示。

(8) 单击“保存”按钮，关闭“站点设置对象”对话框。至此，站点创建完毕，结果如图 1-43 所示。

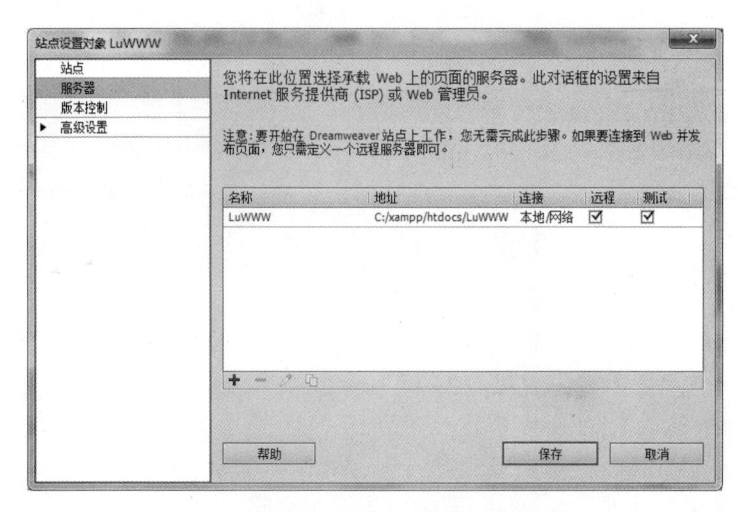

图 1-42 “站点设置对象”对话框的“服务器”选项卡

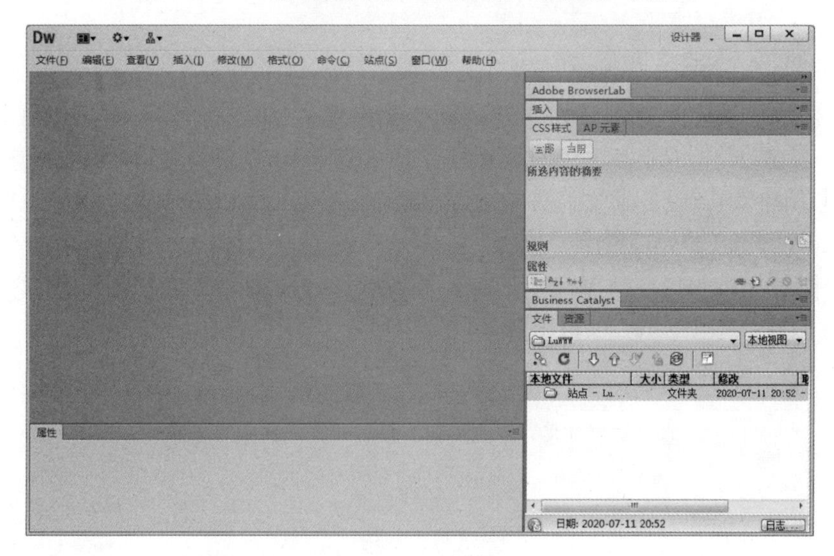

图 1-43 Dw 窗口

1.3.2 新建目录

在一个站点中，可根据需要创建相应的子目录。必要时，还可以在子目录中再创建其他子目录。为此，只需在“文件”窗格中右击“站点”或相应的子目录，并在其快捷菜单中选择“新建文件夹”菜单项，然后再输入相应的名称并加以确认即可。

1.3.3 删除目录

对于站点中不再需要的目录，可随时将其删除掉。为此，只需在“文件”窗格中右击目录，并在其快捷菜单中选择“编辑”→“删除”菜单项，然后再确认删除即可。此外，也可以先选中目录，然后直接按 Delete 键，再确认删除。

1.3.4 新建页面

一个站点往往是由一系列的页面构成的。对于 PHP 站点来说，页面包括 HTML 页面(*.html)与 PHP 页面(*.php)。在网站的设计过程中，可根据需要逐一添加相应的页面。为此，只需在“文件”窗格中右击“站点”或相应的子目录，并在其快捷菜单中选择“新建文件”菜单项，然后再输入相应的文件名并加以确认即可。此外，选择“文件”→“新建”菜单项，打开“新建文档”对话框(如图 1-44 所示)，并在“页面类型”列表框中选中 HTML 或 PHP 选项，然后再单击“创建”按钮，也可直接创建一个新的 HTML 页面或 PHP 页面(其文件名与存放位置可在保存时加以指定)。

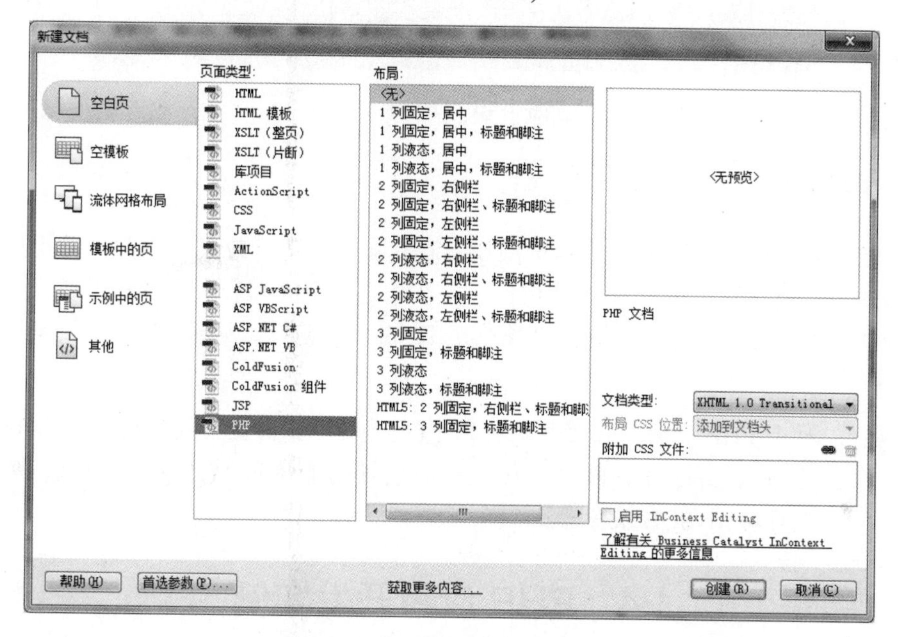

图 1-44 “新建文档”对话框

1.3.5 删除页面

对于不再需要的页面，可随时将其删除掉。为此，只需在“文件”窗格中右击页面，并在其快捷菜单中选择“编辑”→“删除”菜单项，然后再确认删除即可。此外，也可以先选中页面，然后直接按 Delete 键，再确认删除。

1.3.6 设计页面

在“文件”窗格中直接双击相应的页面，即可将其打开，如图 1-45 所示。为顺利完成页面的设计，可根据需要在“代码”“拆分”与“设计”等视图之间进行切换。为此，只需在文档工具栏中单击相应的按钮即可。

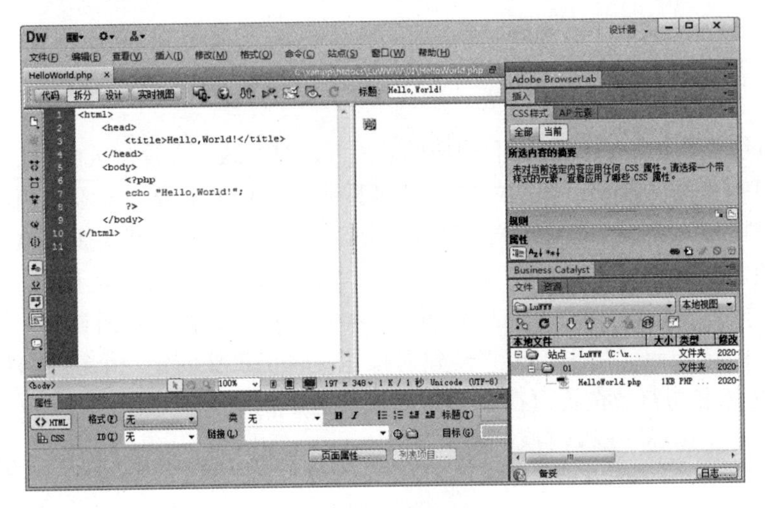

图 1-45　Dw 窗口

1.3.7　预览页面

对于当前打开的页面，可通过预览操作查看其实际的运行效果。为此，只需在文档工具栏中单击“在浏览器中预览/调试”按钮，并在随之打开的列表中选择与所要使用的浏览器相对应的选项即可。例如，若选择“预览在 IExplore”选项，则会使用 IE 浏览器打开当前页面。

注意： 对于 PHP 页面，在对其进行预览(或通过浏览器直接对其进行访问)前，应先启动 Apache 服务器。如果该 PHP 页面需要访问 MySQL 数据库，那么还要先启动 MySQL 服务器。

1.4　PHP 应用开发实例

下面通过两个具体的实例，简要说明在 Dreamweaver CS6 中创建 PHP 应用程序的基本方法与主要步骤。

【实例 1-2】创建一个可显示当前日期与时间的 HelloWorld 页面，如图 1-46 所示。

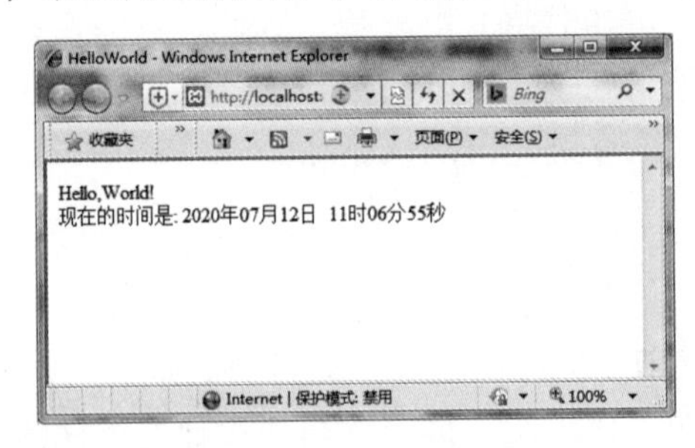

图 1-46　HelloWorld 页面

基本步骤：

(1) 在 PHP 站点 LuWWW 中创建文件夹 01。

(2) 在文件夹 01 中创建 PHP 页面 Time.php。其代码如下：

```
<html>
<head>
<meta http-equiv="Content-Type" content="text/html; charset=utf-8" />
<title>HelloWorld</title>
</head>
<body>
  Hello,World! <br>
  现在的时间是：
  <?php
  $now=time();
  echo date("Y 年 m 月 d 日 H 时 i 分 s 秒",$now)."<br>";
  ?>
</body>
</html>
```

访问方法：

在浏览器中输入地址“http://localhost:8090/LuWWW/01/Time.php”并按 Enter 键，结果如图 1-46 所示。

代码解析：

(1) 在本页面中，先调用 time()函数获取当前日期与时间的 Unix 时间戳，并将其保存至变量$now 中。然后再调用 date()函数按“年月日 时分秒”的格式对变量$now 中的 Unix 时间戳进行格式化，并通过 echo 语句加以输出。

(2) 在本实例的 echo 语句中，“.”为字符串连接运算符，用于将前面的日期时间字符串与后面的换行标记字符串“
”连接起来。

【实例 1-3】计算圆的面积。“圆半径”页面如图 1-47 所示。输入半径值后，再单击“提交”按钮，即可打开“圆面积”页面显示相应的面积值，如图 1-48 所示。

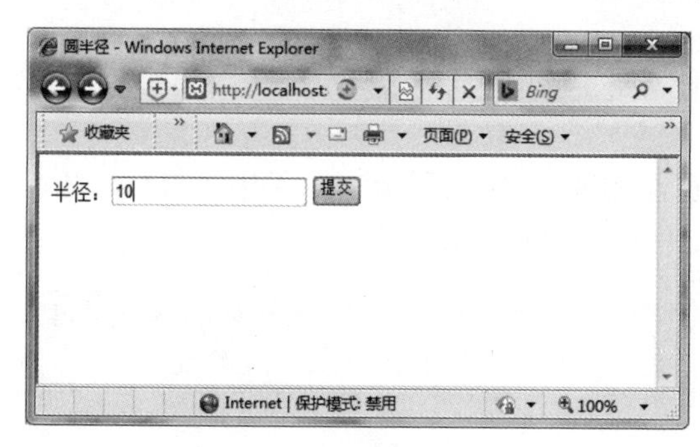

图 1-47　“圆半径”页面

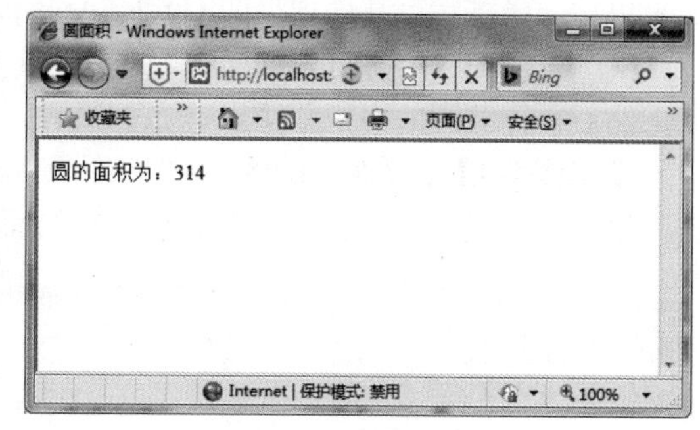

图 1-48　“圆面积”页面

基本步骤：

(1) 在文件夹 01 中创建 PHP 页面 Circle_Radius.php。其代码如下：

```
<html>
<head>
<meta http-equiv="Content-Type" content="text/html; charset=utf-8" />
```

```
<title>圆半径</title>
</head>
<body>
<form action="Circle_Area.php" method="post">
    半径：<input name="radius" type="text" />
    <input name="OK" type="submit" value="提交" />
</form>
</body>
</html>
```

(2) 在文件夹 01 中创建 PHP 页面 Circle_Area.php。其代码如下：

```
<html>
<head>
<meta http-equiv="Content-Type" content="text/html; charset=utf-8" />
<title>圆面积</title>
</head>
<body>
<?php
    $radius=$_POST["radius"];
    $area=3.14*$radius*$radius;
    echo "圆的面积为：".$area;
?>
</body>
</html>
```

访问方法：

在浏览器中输入地址“http://localhost:8090/LuWWW/01/Circle_Radius.php”并按 Enter 键，即可打开如图 1-47 所示的“圆半径”页面。

代码解析：

(1) Circle_Radius.php 页面为一个表单页面，用于输入圆的半径。单击“提交”按钮提交表单后，将跳转至其处理页面 Circle_Area.php。

(2) 在 Circle_Area.php 页面中，先通过$_POST["radius"]获取以 POST 方式提交的半径值，然后再计算圆的面积并输出。

【实例 1-4】计算圆的面积。“圆面积”页面如图 1-49(a)所示。输入半径值后，再单击“提交”按钮，即可在其下方显示相应的面积值，如图 1-49(b)所示。

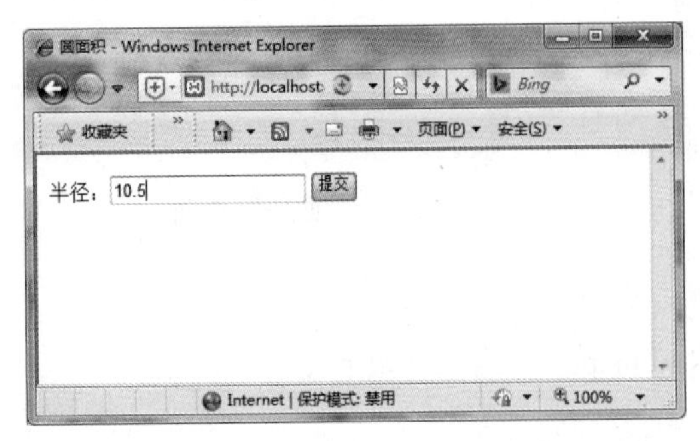

(a)

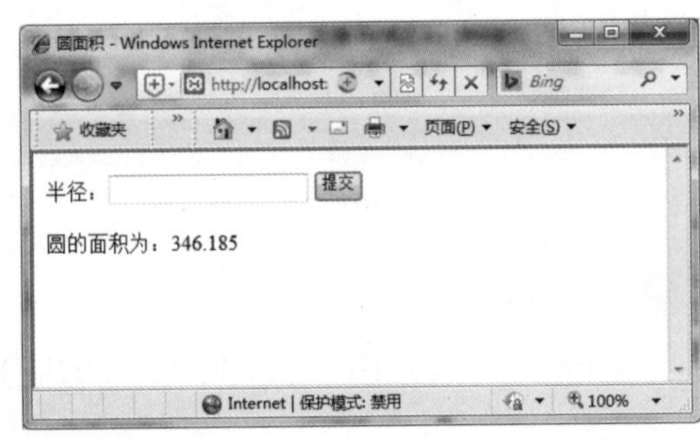

(b)

图 1-49 “圆面积”页面

基本步骤：

(1) 在文件夹 01 中创建 PHP 页面 CircleArea.php。

(2) 编写页面 CircleArea.php 的代码。

```
<html>
<head>
<meta http-equiv="Content-Type" content="text/html; charset=utf-8" />
<title>圆面积</title>
</head>
<body>
<form action="" method="post">
    半径：<input name="radius" type="text" />
    <input name="OK" type="submit" value="提交" />
</form>
<?php
if (isset($_POST["OK"])) {
    $radius=$_POST["radius"];
    $area=3.14*$radius*$radius;
    echo "圆的面积为：".$area;
}
?>
</body>
</html>
```

访问方法：

在浏览器中输入地址“http://localhost:8090/LuWWW/01/CircleArea.php”并按 Enter 键，即可打开如图 1-49(a)所示的“圆面积”页面。

代码解析：

在 CircleArea.php 页面中，既包含有表单，又包含有处理代码。在首次打开该页面时，由于尚未单击“提交”按钮，因此 isset($_POST["OK"])的返回值为 FALSE(假)，无须执行计算并输出圆面积的 PHP 代码。反之，单击“提交”按钮提交表单后，isset($_POST["OK"])的返回值为 TRUE(真)，因此会执行计算并输出圆面积的 PHP 代码。

提示： 实例 1-3 与实例 1-4 分别为圆面积计算功能的双页面与单页面版本，其实这也是 PHP 页面设计的两种基本方式，大家可根据需要选择使用。

本 章 小 结

本章简要介绍了 PHP 的概况，详细讲解了 PHP 应用开发环境的搭建方法与 PHP 应用开发工具的基本用法，并通过具体实例说明了创建 PHP 应用程序的基本方法与主要步骤。通过本章的学习，应熟练掌握 PHP 应用开发环境的搭建方法、Dreamweaver CS6 开发工具的基本用法以及 PHP 应用程序的创建方法与访问方式。

思 考 题

1. 目前常用的 Web 应用开发技术主要有哪些？与其他 Web 应用开发技术相比，PHP 有何优点？

2. 请简述以逐一安装方式搭建 PHP 应用开发环境的基本步骤与关键配置。

3. 请简述以集成安装方式搭建 PHP 应用开发环境的基本步骤与关键配置(以 XAMPP 2016 为例)。

4. 请简述 Dreamweaver CS6 的常用操作与基本用法。

5. 请简述 PHP 应用程序的创建方法与访问方式。

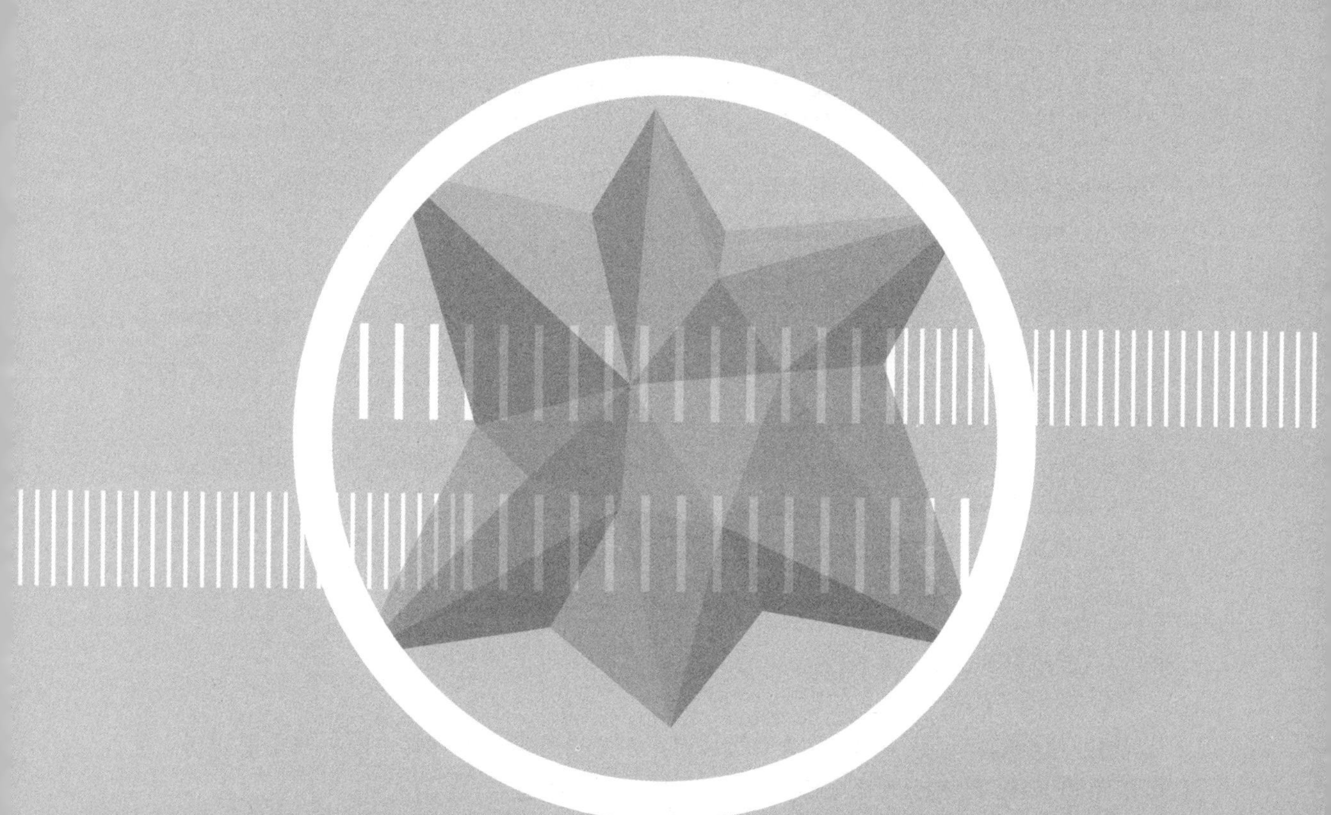

第 2 章

PHP 编程基础

作为一种可嵌入 HTML 文档中的服务器端脚本语言，PHP 有其相应的语法与用法。为顺利开发基于 PHP 的 Web 应用，就必须了解并掌握 PHP 编程的基础知识。

本章要点：

基本语法；数据类型；变量与常量；运算符与表达式；类型转换；流程控制；函数使用；文件包含；错误控制。

学习目标：

了解 PHP 的基本语法与数据类型；熟悉 PHP 变量与常量的基本用法；熟悉 PHP 各类运算符与表达式的基本用法以及数据类型转换的基本方法；掌握 PHP 各种流程控制语句的基本用法；掌握 PHP 函数定义与调用的有关方法；掌握 PHP 文件包含的基本用法；掌握 PHP 错误控制的基本技术。

2.1 基本语法

从语法的角度来看，PHP 类似于 C 语言与 Java 语言，但也有其独特之处。为开发基于 PHP 的 Web 应用，首先必须掌握其基本语法。

2.1.1 标记风格

PHP 标记用于告知 Web 服务器 PHP 代码从何处开始、至何处结束。实际上，在 PHP 页面中，PHP 标记就是用来隔离 PHP 代码与 HTML 代码的。

PHP 的标记风格共有 4 种，分别为 XML 风格、简短风格、脚本风格与 ASP 风格。

(1) XML 风格

XML 风格的 PHP 标记以“<?php”开始、以“?>”结束。其基本格式为：

```
<?php
    //PHP 代码
    …
?>
```

XML 风格的标记是 PHP 最常用的标记，也是推荐使用的标记，服务器不能禁用，而且可以用于 XML 与 XHTML 文档。

(2) 简短风格

简短风格的 PHP 标记以“<?”开始、以“?>”结束。其基本格式为：

```
<?
    //PHP 代码
    …
?>
```

简短风格的标记是 PHP 最简单的标记。为使用简短风格的 PHP 标记，需在 php.ini 中将 short_open_tag 选项设置为 on，即“short _open_tag=on”。

(3) 脚本风格

脚本风格的 PHP 标记需使用<script>标记，其基本格式为：

```
<script language="php">
    //PHP 代码
    …
</script>
```

可见，脚本风格的 PHP 标记类似于 JavaScript 脚本的标记。

(4) ASP 风格

ASP 风格的 PHP 标记以“<%”开始、以“%>”结束。其基本格式为：

```
<%
    //PHP 代码
    …
%>
```

ASP 风格的 PHP 标记类似于 ASP 的标记风格。为使用 ASP 风格的 PHP 标记，需在 php.ini 中将 asp_tags 选项设置为 on，即“asp_tags=on”。

2.1.2　语句格式

在 PHP 中，以分号(;)分隔语句。换言之，PHP 中的每条语句都是以分号结尾的。例如：

```
<?php
    $x=1;
    $y=2;
    $sum=$x+$y;
    echo "Sum=".$sum;
?>
```

注意： PHP 语句应置于 PHP 的开始标记与结束标记之间。此外，对于结束标记前的那条 PHP 语法，可以省略结尾的“;”。

2.1.3　间隔字符

在 PHP 程序代码中，可以使用各种间隔字符，包括空格、回车符、换行符与制表符(Tab)等。不过，这些间隔字符都会被认为是空格，而且连续的多个空格在显示时只会显示一个空格。例如：

```
<?php
   echo "Hello      ";
   echo "World";
?>
```

在以上代码中，“Hello”后面是有 6 个空格的，但在浏览器中输出的结果为：

```
Hello World
```

在此，“Hello”与“World”之间只有一个空格。

2.1.4　注释方式

注释是程序中的一些说明性的文字。在 PHP 中，注释分为两种，即单行注释与多行注释。

(1) 单行注释以“//”或“#”开始，至行末结束。其中，后者为 Unix Shell 风格的单行注释。例如：

```
<?php
   echo "Hello,";   //注释内容……
   echo "World!";   #注释内容……
?>
```

(2) 多行注释以“/*”开始、以“*/”结束。例如：

```
<?php
    /*
    注释内容……
    注释内容……
    */
    echo "Hello,";
    echo "World!";
?>
```

2.1.5 输出方法

在 PHP 中，输出数据或信息的常用方法就是使用 echo()或 print()函数。其实，这两个函数的用法是类似的，既可采用带圆括号的形式，也可采用不带圆括号的形式。例如：

```
<?php
    echo("Hello,");
    echo "World!<br>";
    print("Hello,");
    print "World!<br>";
?>
```

必要时，可在 HTML 中嵌入相应的 PHP 代码，以动态输出有关的信息，并在浏览器中加以呈现。

【实例 2-1】TextBox 页面如图 2-1 所示，内含两个文本框，其中的值是通过 PHP 代码设置的。

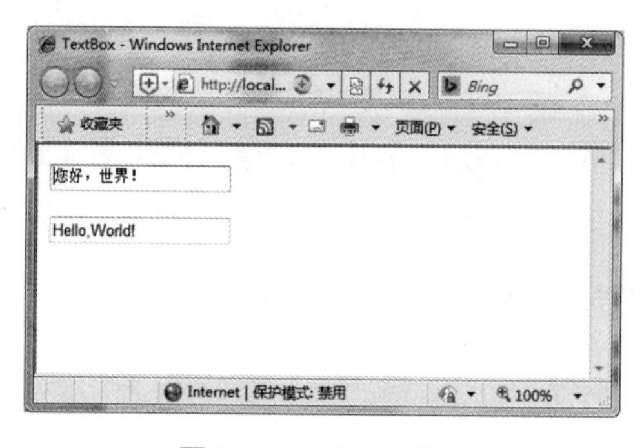

图 2-1　TextBox 页面

基本步骤：

(1) 在 PHP 站点 LuWWW 中创建文件夹 02。

(2) 在文件夹 02 中创建 PHP 页面 TextBox.php。其代码如下：

```
<html>
<head>
<meta http-equiv="Content-Type" content="text/html; charset=utf-8" />
<title>TextBox</title>
</head>
<body>
<?php
```

```
    $msg1="您好，世界！";
    $msg2="Hello,World!";
?>
<input name="tb01" type="text" value="<?php echo $msg1; ?>"><br /><br />
<input name="tb02" type="text" value="<?php echo $msg2; ?>">
</body>
</html>
```

访问方法：

在浏览器中输入地址“http://localhost:8090/LuWWW/02/TextBox.php”并按 Enter 键，结果如图 2-1 所示。

代码解析：

在本实例中，通过“echo $msg1;”语句输出变量$msg1 值(即“您好，世界！”)，并将其作为第一个文本框 tb01 的 value 属性值；通过“echo $msg2;”语句输出变量$msg2 值(即“Hello,World!”)，并将其作为第二个文本框 tb02 的 value 属性值。

说明： Web 服务器在解析 PHP 文件时，一旦遇到 PHP 标记，就将其中的代码作为 PHP 代码进行解析。在 HTML 中嵌入 PHP 代码正是通过使用相应的 PHP 标记来完成的。

【实例 2-2】HelloWorld 页面如图 2-2 所示。在打开该页面时，将自动打开一个内容为“您好，世界！”的对话框，如图 2-3 所示。

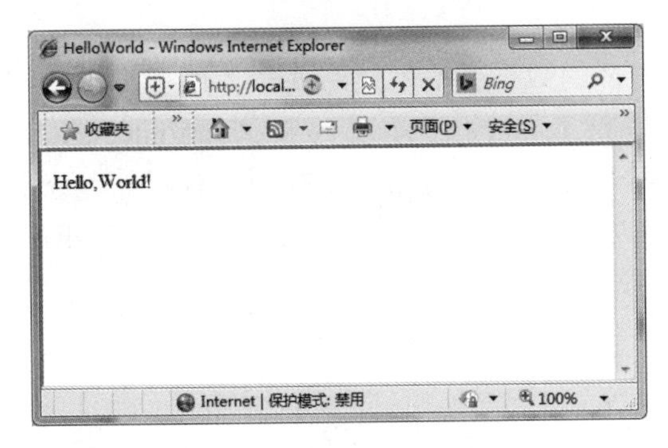

图 2-2　HelloWorld 页面

图 2-3　“您好，世界！”对话框

基本步骤：

(1) 在文件夹 02 中创建 PHP 页面 HelloWorld.php。

(2) 编写页面 HelloWorld.php 的代码。

```
<html>
<head>
<meta http-equiv="Content-Type" content="text/html; charset=utf-8" />
<title>HelloWorld</title>
</head>
<body>
Hello,World!
```

```
<?php
    echo "<script>";
    echo "alert('您好，世界！');";
    echo "</script>";
?>
</body>
</html>
```

访问方法：

在浏览器中输入地址“http://localhost:8090/LuWWW/02/HelloWorld.php”并按 Enter 键，结果如图 2-2 与图 2-3 所示。

代码解析：

在本实例中，通过 PHP 代码输出 JavaScript 脚本“<script>alert('您好，世界！');</script>”，其功能就是调用 alert()函数打开一个内容为“您好，世界！”的对话框。

说明： 在 JavaScript 中，alert(msg)函数用于打开一个对话框，所显示的内容由参数 msg 指定。

提示： 通过 PHP 代码输出 JavaScript 脚本，可在一定程度上强化 PHP 的功能，其应用是较为广泛的。

2.2 数据类型

PHP 的数据处理能力十分强大，所支持的数据类型可分为 3 类，即标量类型、复合类型与特殊类型。其中，标量数据类型共有 4 种，分别为整型(int/integer)、浮点型(float/double)、布尔型(boolean/bool)与字符串(string)；复合数据类型共有两种，分别为数组(array)与对象(object)；特殊数据类型共有两种，分别为资源(resource)与空值(null)。在各类数据类型中，标量数据类型是最为基本的，只能描述单一的某种数据。

2.2.1 整型

整型用于表示整数，包括正整数、负整数与 0，其字长与操作系统有关。例如，在 32 位操作系统中，整型的取值范围为-2 147 483 648～2 147 483 647；在 64 位操作系统中，整型的取值范围为-9×10^{18}～9×10^{18}。

在 PHP 中，整数可以用十进制、八进制、十六进制或二进制(PHP 5.4.0 及以上版本)形式表示。其中，八进制数以 0 开头，十六进制数以 0x 开头，二进制数以 0b 开头。例如：

```
0               //整数零
168             //正的十进制整数
-100            //负的十进制整数
0126            //八进制整数
0x3C            //十六进制整数
0b100101        //二进制整数
```

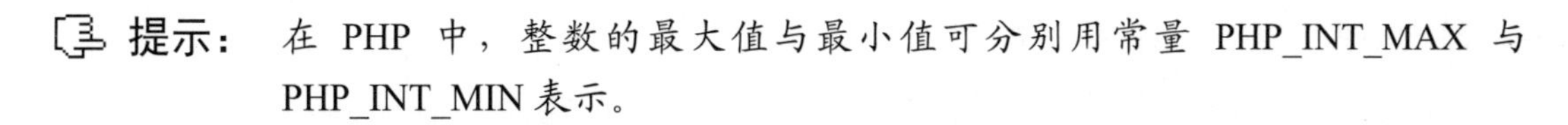

提示：在 PHP 中，整数的最大值与最小值可分别用常量 PHP_INT_MAX 与 PHP_INT_MIN 表示。

2.2.2　浮点型

浮点型用于表示浮点数(即小数或实数)，其字长也与操作系统有关。在 PHP 中，浮点数可以用定点格式(又称为标准格式)或科学记数法格式表示。例如：

```
3.1415926
-0.25889
1.5e5        //即：1.5×10^5
-2.5e6       //即：-2.5×10^6
8.38e-10     //即：8.3×10^-10
-9.69e-10    //即：-9.69×10^-10
```

2.2.3　布尔型

布尔型通常又称为逻辑型，用于表示逻辑值，即 TRUE(真)或 FALSE(假)。在 PHP 中，TRUE 与 FALSE 大小写均可，不作区分。另外，在直接输出时，TRUE 的结果为“1”，而 FALSE 的结果则为空字符串(即没有任何内容)。例如：

```
<?php
    echo "TRUE:".TRUE."!<br>";      //输出：TRUE:1!
    echo "FALSE:".FALSE."!<br>";    //输出：FALSE:!
?>
```

2.2.4　字符串

字符串用于表示字符序列(即一连串字符)。在 PHP 中，对于字符串没有任何限制，因此无须担心长度过长的问题。

对于 PHP 来说，字符串的使用较为灵活，其定义方式共有 4 种。

(1) 使用单引号

定义字符串最常用、最简单的方式就是使用单引号“'”将一系列的字符括起来。如果字符串中包含有单引号“'”本身，那么就要用相应的转义字符“\'”表示。类似地，如果字符串中包含有反斜线“\”本身，那么也要用相应的转义字符“\\”表示。例如：

```
<?php
   echo '这是单引号\'';  //输出：这是单引号'
   echo '这是反斜线\\';  //输出：这是反斜线\
?>
```

说明： 作为转义符，反斜线“\”用于对单引号“'”、双引号“"”、反斜线“\”等特殊字符进行转义，以便将其作为普通字符处理。

使用单引号定义字符串时，若字符串中包含变量，则在显示或输出时，其中的变量不会被解析(即不会被变量的值所替代)。例如：

```
<?php
    $str="加油";
    echo '中国$str!';          //输出：中国$str!
?>
```

(2) 使用双引号

定义字符串的另外一种常用方式是使用双引号“"”将一系列的字符括起来。如果字符串中包含有双引号“"”本身，那么也要用相应的转义字符“\"”表示。例如：

```
<?php
    echo "这是双引号\"";        //输出：这是双引号"
?>
```

使用双引号定义字符串时，若字符串中包含变量，则在显示或输出时，其中的变量会被变量的值所替代。如果变量名后面还有其他可作为变量名的字符，那么就应该使用花括号“{}”将变量名括起来，以便正确识别变量并进行解析(即用变量的值代替)。例如：

```
<?php
    $str="加油";
    echo "中国$str!";          //输出：中国加油!
    echo "<br>";
    $str="123";
    echo "abc${str}ok!";     //输出：abc123ok!
    echo "<br>";
    echo "abc{$str}ok!";     //输出：abc123ok!
?>
```

(3) 使用 heredoc 结构

除了单引号与双引号以外，还可以使用 heredoc 结构定义字符串，具体方法是在“<<<”后面指定一个标识符(该标识符也可以用双引号括起来)，然后另起一行接上需要定义的字符串，最后再用前面指定的标识符结束。其中，结束标识符也必须另起一行，并从第一列开始。在 PHP 中，一个合法的标识符，只能包含字母、数字与下划线“_”，且必须以字母或下划线开始。例如：

```
<?php
$name="ABC";
echo <<<LSD
    My name is $name
LSD;
?>
```

该段代码的运行结果为：

```
My name is ABC
```

由此可见，使用 heredoc 结构定义字符串，其效果类似于用双引号将一系列的字符括起来，在显示或输出字符串时会对其中所包含的变量进行解析。

(4) 使用 nowdoc 结构

除了 heredoc 结构以外，还可以使用 nowdoc 结构定义字符串。二者所采用的方式其实是类似的，只是要求在使用 nowdoc 结构时必须将“<<<”后面所指定的标识符用单引号括起来。例如：

```
<?php
$name="ABC";
echo <<<'LSD'
   My name is $name
LSD;
?>
```

该段代码的运行结果为：

```
My name is $name
```

由此可见，使用 nowdoc 结构定义字符串，其效果类似于用单引号将一系列的字符括起来，在显示或输出字符串时不会对其中所包含的变量进行解析。

2.2.5　数组

数组是一组数据的集合，其中的每个数据均称为数组元素。实际上，在 PHP 中，数组是一种把 values (值)关联到 keys (键)的有序映射。换言之，每个数组元素均由键(key)和值(value)构成。其中，元素的键又称为索引，只能是整数或字符串；而元素的值则可以是任意类型，即在同一个数组中各元素值的数据类型可以是并不相同的各种类型。为访问数组中的元素，只需指定数组的名称及相应元素的键名即可。

数组可分为一维数组与多维数组两种。顾名思义，一维数组就是只有一个维度的数组，多维数组就是具有多个维度的数组。其中，一维数组是最基本的数组，其应用是十分广泛的。而在多维数组中，最为简单且最为常用的就是二维数组。对于二维数组来说，其各个元素的值均为一个一维数组。

为定义数组，可使用 array()函数。array()函数的语法格式为：

```
array([key1=>]value1, [key2=>]value2, [key3=>]value3,…)
```

其中，key1、key2、key3 等为元素的键，value1、value2、value3 等为元素的值。在定义数组时，若未指定键名，则默认为 0、1、2、…。例如：

```
<?php
   $array1=array(1,2,3,4,5,6,7,8,9,"aa","bb","cc");
   $array2=array("animal"=>"dog", "color"=>"yellow", "number"=>12);
    print_r($array1);
    print("<br>");
    print_r($array2);
?>
```

在此，先定义数组$array1 与$array2，然后调用 print_r()函数以易于理解的格式显示这两个数组的信息。该段代码的运行结果为：

```
Array ( [0] => 1 [1] => 2 [2] => 3 [3] => 4 [4] => 5 [5] => 6 [6] => 7
[7] => 8 [8] => 9 [9] => aa [10] => bb [11] => cc )
Array ( [animal] => dog [color] => yellow [number] => 12 )
```

自 PHP 5.4 起，定义数组时可以用方括号“[]”代替 array()函数，即使用所谓的短数组定义语法。例如：

```
<?php
   $array11=[1,2,3,4,5,6,7,8,9,"aa","bb","cc"];
   $array22=["animal"=>"dog", "color"=>"yellow", "number"=>12];
   var_dump($array11);
   print("<br>");
   var_dump($array22);
?>
```

在此，先定义数组$array11 与$array22，然后调用 var_dump()函数以更加详细的格式显示这两个数组的信息。该段代码的运行结果为：

```
array(12) { [0]=> int(1) [1]=> int(2) [2]=> int(3) [3]=> int(4) [4]=>
int(5) [5]=> int(6) [6]=> int(7) [7]=> int(8) [8]=> int(9) [9]=>
string(2) "aa" [10]=> string(2) "bb" [11]=> string(2) "cc" }
array(3) { ["animal"]=> string(3) "dog" ["color"]=> string(6) "yellow"
["number"]=> int(12) }
```

除了使用 array()函数以外，也可以通过逐一指定数组元素的方式创建数组，其基本格式为：

```
数组名[]=value;
数组名[key]=value;
```

其中，key 为元素的键，value 为元素的值。未指定键名时，若当前数组尚无元素，则相应元素的键值为 0，否则为当前数组的最大数值索引+1。例如：

```
<?php
   $student[]= "z3";
   $student["a"]= "l4";
   $student[2]= "w5";
   $student["b"]= "z1";
   $student[]= "z2";
   print_r($student);
?>
```

在此，创建了一个数组 student，并调用 print_r()函数显示其信息。该段代码的运行结果为：

```
Array ( [0] => z3 [a] => l4 [2] => w5 [b] => z1 [3] => z2 )
```

提示： 通过逐一指定数组元素的方式创建数组是最为灵活的数组创建方式，特别适合数组大小未知或允许动态调整的情况。

在定义数组时，若多个元素使用了相同的键名，则只有最后一个是有效的，而此前的均会被覆盖。例如：

```
<?php
   $array = array(
   1    => "aaa",
```

```
    "1" => "bbb",
    1.5 => "ccc",
    true    => "ddd",
    );
    var_dump($array);
?>
```

在此，所有的键名都被强制转换为 1，因此每一个新元素都会覆盖前一个值，最终剩下的只有最后一个元素，其值为"ddd"。该段代码的运行结果为：

```
array(1) { [1]=> string(3) "ddd" }
```

注意： 在 PHP 中定义数组时，数组与对象是不能作为键名使用的。另外，对于所指定的非整数或非字符串键名，会自动进行如下的强制转换：

(1) 包含有合法整型值的字符串会被转换为整型值。例如，键名 "9" 会被转换为 9，而"09" 则不会被强制转换(因其并非一个合法的十进制数值)。

(2) 浮点数会被转换为整数(即舍去其小数部分)。例如，键名 9.9 会被转换为 9。

(3) 布尔值会被转换成整数，即键名 true 与 false (或 TRUE 与 FALSE)会被转换为 1 与 0。

(4) 空值(NULL)会被转换为空字符串，即键名 NULL(大小写均可) 会被转换为 ""。

2.2.6　对象

对象是类的实例。在 PHP 中，类是通过关键字 class 定义的。定义好类后，即可通过关键字 new 对其进行实例化，即为其创建相应的对象。借助于所创建的对象，可进一步访问对象的有关属性与方法。例如：

```
<?php
    class person                        //类
    {
        var $name="";                   //属性
        function setinfo($name)         //方法
        {
            $this->name=$name;
        }
        function getinfo()              //方法
        {
            echo "Name: ".$this->name."<br>";
        }
    }
    $myperson=new person();             //创建对象
    $myperson->getinfo();               //访问对象的方法
    $myperson->name="Ying";             //访问对象的属性
    $myperson->getinfo();               //访问对象的方法
    $myperson->setinfo("Ming");         //访问对象的方法
```

```
    echo "Name: ".$myperson->name."<br>";  //访问对象的属性
?>
```

在此，先定义了一个 person 类，其成员包括一个属性与两个方法。然后，创建 person 类的一个对象$myperson，并进一步访问其有关属性与方法。该段代码的运行结果为：

```
Name:
Name: Ying
Name: Ming
```

2.2.7 资源

资源是 PHP 中的一种特殊数据类型，用于表示外部资源的一个引用，如文件指针、数据库连接等。一般来说，资源是通过专门的函数建立与使用的。对于已创建的资源，在不再使用时应及时加以释放。不过，对于未释放的已不再使用的资源，PHP 的垃圾回收机制也会自动回收。例如：

```
<?php
    $fp=fopen("Test.txt","w");
    var_dump($fp);
?>
```

在此，通过调用 fopen()函数以写入方式打开文件 Test.txt，并返回资源类型的文件指针$fp。该段代码的运行结果为：

```
resource(3) of type (stream)
```

2.2.8 空值

在 PHP 中，空值是一种特殊的数据类型，表示没有任何值。对于空值类型来说，其唯一的值就是 NULL(不区分大小写)。

对于一个变量来说，以下三种情况均被认为是 NULL。

- 尚未被赋值。
- 被直接赋值为 NULL。
- 被 unset()函数销毁。

例如：

```
<?php
    $var;                        //未赋值
    var_dump(@$var);             //输出：NULL
    $var=null;                   //直接赋值为 NULL
    var_dump($var);              //输出：NULL
    $var=100;                    //赋值为 100
    var_dump($var);              //输出：int(100)
    unset($var);                 //被销毁
    var_dump(@$var);             //输出：NULL
?>
```

提示：除了如前所述的数据类型以外，PHP 还支持一些伪类型，以提高代码的可读性。其实，伪类型并不是 PHP 中的基本数据类型。作为一种弱类型语言，PHP 允许某些函数的某个参数接受多种类型的数据，或接受别的函数作为回调函数使用。在这种情况下，通常就需要借助伪类型进行说明。常用的伪类型如下。

- mixed：说明一个函数参数可以是多种不同的(但不一定是所有的)类型。
- number：说明一个函数参数可以是 integer 或者 float。
- void：作为返回值类型意味着函数没有返回值(或返回值是无用的)，作为参数列表意味着函数不接受任何参数。
- callback：自 PHP 5.4 起可用于指定回调类型。

2.3　变　　量

变量是指在程序运行过程中其值可以改变的量。在 PHP 中，变量可分为 3 种，分别为普通变量、可变变量与预定义变量。

2.3.1　普通变量

PHP 的普通变量就是由用户自行定义的一般变量，其名称以美元符“$”开始，后跟一个有效的标识符。在 PHP 中，变量名是区分大小写的。至于标识符的命名规则，也较为简单，就是以字母或下划线“_”开头，后跟任意数量的字母、数字或下划线。

PHP 是一种弱类型语言，在使用变量时无须声明其类型。实际上，PHP 变量的类型会根据其赋值情况而自动改变。在 PHP 中，变量的赋值方式有 3 种，即直接赋值、传值赋值与引用赋值。

(1) 变量的直接赋值就是直接将一个某种类型的具体值赋给变量。例如：

```
<?php
$var="abc123";        //$var 的类型为字符串
$var=TRUE;            //$var 的类型为布尔型
$var=123;             //$var 的类型为整型
$var=123.123;         //$var 的类型为浮点型
?>
```

(2) 变量的传值赋值就是将一个变量的值赋给另外一个变量。例如：

```
<?php
   $var1=100;         //$var1 的值为 100(直接赋值)
   $var2=$var1;       //$var2 的值为 100(传值赋值)
?>
```

(3) 变量的引用赋值就是将一个变量的地址赋给另外一个变量。为获取变量的地址，只需在变量名的前面添加一个取址运算符“&”即可。通过将原始变量的地址赋给一个新变量，即可让新变量引用原始变量。在这种情况下，改变新变量的值将影响原始变量，反之亦然。例如：

```
<?php
    $var1=100;                  //$var1 的值为 100
    $var2=&$var1;               //$var2 引用$var1
    echo $var2."<br>";          //输出：100
    $var1=200;                  //将$var1 的值改变为 200
    echo $var2."<br>";          //输出：200
    $var2="abc";                //将$var2 的值改变为"abc"
    echo $var1."<br>";          //输出：abc
?>
```

注意： 在 PHP 中，$this 是一个特殊的变量，是不能被赋值的。

2.3.2 可变变量

可变变量就是其名称可以动态设置的变量。在 PHP 中，在普通变量前再添加一个“$”，即可将其定义为可变变量。实际上，可变变量就是将一个普通变量的值作为其变量名。例如：

```
<?php
    $year=1996;
    $month=6;
    $day=26;
    $name="year";
    echo $$name."<br>";       //输出：1996
    $name="month";
    echo $$name."<br>";       //输出：6
    $name="day";
    echo "${$name}"."<br>"; //输出：26
?>
```

在此，$$name 即为可变变量。当$name 的值为"year"、"month"、"day"时，$$name 其实就是变量$year、$month、$day，其值分别为 1996、6、26。若要用双引号将$$name 括起来时，需使用花括号“{}”将其表示为${$name}。

提示： 若结合数组使用可变变量，为避免产生歧义，可使用花括号“{}”进行相应的标识或界定。例如，${$sz[i]}表示以数组元素$sz[i]的值作为变量名并获取该变量的值，而${$sz}[i]则表示以变量$sz 的值作为数组名并获取该数组索引为 i 的元素的值。若不使用花括号“{}”，而采用$$sz[i]的写法，是难以明确表示这两种情况的。其实，$$sz[i]与${$sz[i]}是等价的，但采用花括号“{}”的写法，可读性更佳，更易于理解。例如：

```
<?php
    $year=1996;
    $month=6;
    $day=26;
    $sz[]="year";
    $sz[]="month";
    $sz[]="day";
```

```
    echo $$sz[0]."<br>";          //输出：1996
    echo ${$sz[1]}."<br>";        //输出：6
    echo "${$sz[2]}"."<br>";      //输出：26
?>
```

2.3.3　预定义变量

PHP 的预定义变量通常又称为内置变量。为便于应用的开发，PHP 提供了一系列的预定义变量，包括$_COOKIE、$_ENV、$_FILES、$_GET、$_POST、$_REQUEST、$_SERVER、$_SESSION 与$GLOBALS。由于预定义变量的作用域是全局有效的，可在脚本中的任何地方随时访问，因此又称为超全局变量或自动全局变量。

PHP 的预定义变量其实就是 PHP 预设的一些数组，其内容包括运行环境的信息、服务器的信息以及用户输入的数据等。例如，$_SERVER 就是一个包含了头(header)、路径(path)以及脚本位置(script locations)等信息的数组，其中的元素均由 Web 服务器创建，常用的元素如下。

- $_SERVER["SERVER_NAME"]：当前运行脚本所在的服务器的主机名。
- $_SERVER["SERVER_ADDR"]：当前运行脚本所在的服务器的 IP 地址。
- $_SERVER["SERVER_PORT"]：Web 服务器所使用的端口号。
- $_SERVER["REMOTE_ADDR"]：浏览当前页面的客户机的 IP 地址。
- $_SERVER["REMOTE_HOST"]：浏览当前页面的客户机的主机名。
- $_SERVER["REMOTE_PORT"]：客户机连接 Web 服务器所使用的端口号。
- $_SERVER["DOCUMENT_ROOT"]：当前运行脚本所在的文档根目录(或站点根目录)。
- $_SERVER["SCRIPT_NAME"]：当前运行脚本的文件名(包含相对于文档根目录的路径)。
- $_SERVER["PHP_SELF"]：当前运行脚本的文件名(包含相对于文档根目录的路径)。

【实例 2-3】“预定义变量示例”页面如图 2-4 所示，其中的内容是通过相应的预定义变量输出的。

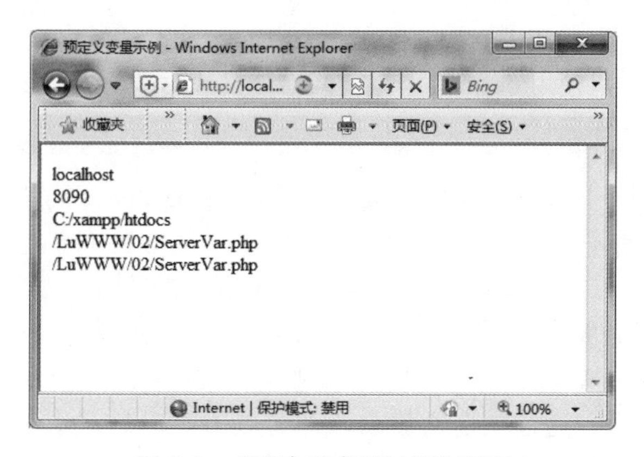

图 2-4　“预定义变量示例”页面

基本步骤：

(1) 在文件夹 02 中创建 PHP 页面 ServerVar.php。

(2) 编写页面 ServerVar.php 的代码。

```
<html>
<head>
<meta http-equiv="Content-Type" content="text/html; charset=utf-8" />
<title>预定义变量示例</title>
</head>
<body><?php
   echo $_SERVER["SERVER_NAME"]."<br>";
   echo $_SERVER["SERVER_PORT"]."<br>";
   echo $_SERVER["DOCUMENT_ROOT"]."<br>";
    echo $_SERVER["SCRIPT_NAME"]."<br>";
    echo $_SERVER["PHP_SELF"]."<br>";
?>
</body>
</html>
```

访问方法：

在浏览器中输入地址“http://localhost:8090/LuWWW/02/ServerVar.php”并按 Enter 键，结果如图 2-4 所示。

2.4 常 量

常量是指在程序运行过程中其值保持不变的量。在 PHP 中，常量可分为两种，即自定义常量与预定义常量。

2.4.1 自定义常量

自定义常量即用户根据需要自行定义的常量。在 PHP 中，一个常量一旦被定义，就不能再改变、重新定义或取消定义。此外，PHP 常量的作用域是全局的，可在任何地方定义与访问。

(1) 为定义常量，可使用 define()函数，其语法格式为：

```
bool define(string $name , mixed $value [, bool $case_insensitive])
```

参数：$name 用于指定常量名，其类型为 string；$value 用于指定常量值，其类型为 mixed(即可以接受多种不同的类型)，通常为某种标量值(在 PHP 7 中还允许是一个数组)；$case_insensitive(可选，自 PHP 7.3.0 起废弃)用于指定常量名是否大小写不敏感，其类型为 bool，值为 TRUE 时大小写不敏感，未指定或值为 FALSE(默认值)时大小写敏感。

返回值：bool 型。成功时返回 TRUE，失败时返回 FALSE。

(2) 定义好常量后，通过指定常量名，即可获取相应的常量值，此外，也可以通过 constant()函数获取指定常量的值，其语法格式为：

```
mixed constant(string $name)
```

参数：$name 用于指定常量名，其类型为 string。

返回值：mixed 型。若常量已定义，则返回该常量的值，否则返回 NULL。

(3) 在某些情况下，需要判断某个常量是否已经存在。为此，可使用 defined()函数，其语法格式为：

```
bool defined(string $name)
```

参数：$name 用于指定常量名，其类型为 string。

返回值：bool 型。若常量已存在(即已定义)，则返回 TRUE，否则返回 FALSE。

(4) 除了使用 define()函数定义常量以外，自 PHP 5.3.0 起还可以使用 const 关键字在类定义之外定义常量。其基本的语法格式为：

```
const constname=constvalue;
```

其中，constname 为常量名，constvalue 为常量值。使用 const 关键字定义常量时，在 PHP 5.6 之前只能使用标量值作为常量值，但从 PHP 5.6 开始则可以使用数组或数组元素作为常量值。

【实例 2-4】“常量示例”页面如图 2-5 所示，其中的内容 100 与“中华人民共和国”都是通过相应的常量输出的。

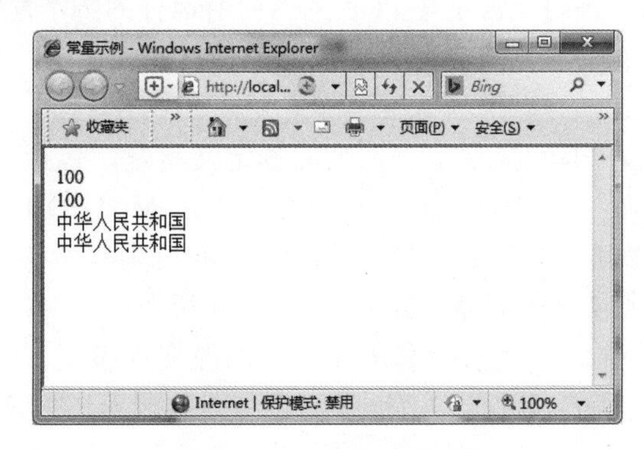

图 2-5　“常量示例”页面

基本步骤：

(1) 在文件夹 02 中创建 PHP 页面 Constant.php。

(2) 编写页面 Constant.php 的代码。

```
<html>
<head>
<meta http-equiv="Content-Type" content="text/html; charset=utf-8" />
<title>常量示例</title>
</head>
<body>
<?php
    define("OK",100);
    echo OK."<br>";
    echo constant("OK")."<br>";
```

```
    const CN='中华人民共和国';
    if(defined("CN")) {
        echo CN."<br>";
        echo constant("CN")."<br>";
    }
?>
</body>
</html>
```

访问方法：

在浏览器中输入地址“http://localhost:8090/LuWWW/02/Constant.php”并按 Enter 键，结果如图 2-5 所示。

代码解析：

在本实例中，定义了两个常量，即 OK 与 CN，其值分别为 100 与“中华人民共和国”。

注意： 与变量名不同，常量名前面没有美元符“$”。

2.4.2 预定义常量

与自定义常量不同，预定义常量是 PHP 为当前所运行的脚本程序所提供的，其名称并不区分大小写。不过，很多预定义常量是由不同的扩展库定义的，只有加载了相应的扩展库后才能使用。

为便于应用的开发，PHP 提供了一系列的预定义常量，包括__LINE__、__FILE__、__DIR__、__FUNCTION__、__CLASS__、__TRAIT__、__METHOD__与__NAMESPACE__。其中，__LINE__的值为其所在行的行号，__FILE__的值为其所在文件的完整路径与文件名，__DIR__的值为其所在文件的存放目录(PHP 5.3.0 新增)。

预定义常量较为特殊，其值会随着所在位置的改变而改变，因此通常又称为魔术常量。例如，__LINE__的值为当前行号，因此具体的值是依赖于其在脚本文件中所处的行的。

【实例 2-5】“预定义常量示例”页面如图 2-6 所示，其中的内容是通过相应的预定义常量输出的。

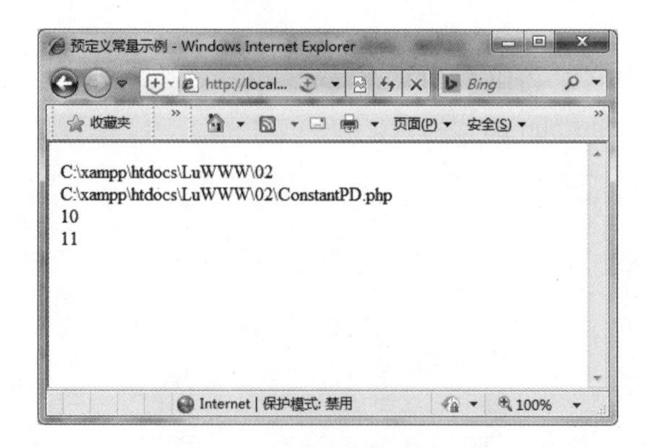

图 2-6 “预定义常量示例”页面

基本步骤：

(1) 在文件夹 02 中创建 PHP 页面 ConstantPD.php。

(2) 编写页面 ConstantPD.php 的代码。

```
<html>
<head>
<meta http-equiv="Content-Type" content="text/html; charset=utf-8" />
<title>预定义常量示例</title>
</head>
<body>
<?php
    echo __DIR__."<br>";
    echo __FILE__."<br>";
    echo __LINE__."<br>";
    echo __LINE__."<br>";
?>
</body>
</html>
```

访问方法：

在浏览器中输入地址“http://localhost:8090/LuWWW/02/ConstantPD.php”并按 Enter 键，结果如图 2-6 所示。

2.5 运 算 符

PHP 的数据处理功能十分强大，所支持的运算类型为数众多，常用的有算术运算、递增/递减运算、连接运算、赋值运算、关系运算、逻辑运算、条件运算、执行运算、位运算等。针对各种运算，PHP 均提供了相应的运算符(又称为操作符)。运算符其实是一些特定的符号，用于按照一定的规则对有关数据进行相应的运算。各类运算符按其运算量(又称为操作数)个数的不同，可分为单目运算符、双目运算符与三目运算符 3 种。关于各种运算符的具体用法，可查看 PHP 的参考手册，在此仅对 PHP 中常用的各类运算符进行简要的介绍。

2.5.1 算术运算符

算术运算主要用于实现数值量的计算。在 PHP 中，算术运算符包括两个只连接一个运算量的单目运算符与 6 个需连接两个运算量的双目运算符，如表 2-1 所示。

表 2-1　算术运算符

运 算 符	名　称	示　例	示例结果
+	正	+$a	根据情况将$a 转换为整数(int)或浮点数(float)
-	负(取反)	-$a	$a 的负值
+	加法	$a + $b	$a 与$b 的和

续表

运算符	名称	示例	示例结果
-	减法	$a - $b	$a 与$b 的差
*	乘法	$a * $b	$a 与$b 的积
/	除法	$a / $b	$a 除以$b 的商
%	取模(求余)	$a % $b	$a 除以$b 的余数(其正负号与$a 的符号相同)
**	求幂(乘方)	$a ** $b	$a 的$b 次方的值(PHP 7 新增)

在 PHP 中进行算术运算时，若运算量的类型为当前运算所允许的非数值类型，则会自动将相应的运算量转换为数值型的值，然后再进行运算。其中，NULL 转换为 0，TRUE 转换为 1，FALSE 转换为 0。对于字符串，如果其最前面的部分是数值字符串，那么就将数值字符串部分转换为相应的数值，否则整个字符串就转换为 0。例如：

```
<?php
    $x=10+2.5+NULL;
    $y=10+2.5/TRUE+FALSE;
    $z=10+2.5+"3.5+1abc5.5"+"100*2YES200"+"OK";
    echo $x."<br>";        //输出：12.5
    echo $y."<br>";        //输出：12.5
    echo $z."<br>";        //输出：116
?>
```

PHP 中的除法运算较为特殊，只有在两个运算量都是整数(或由其他类型数据转换而成的整数)并且刚好能整除时，其结果方为整数。除此以外，PHP 除法运算的结果均为浮点数。例如：

```
<?php
    $x=10/"2";
    $y=10/"4";
    echo $x."<br>";        //输出：5
    echo $y."<br>";        //输出：2.5
    var_dump($x);          //输出：int(5)
    var_dump($y);          //输出：float(2.5)
?>
```

PHP 的取模运算也较为特殊，其运算量在运算之前均会转换为整数(即除去小数部分)，运算结果的符号(即正负号)与被除数的符号相同。例如：

```
<?php
    $x=8%3;
    $y=-8%3;
    $z=8%-3;
    echo $x."<br>";        //输出：2
    echo $y."<br>";        //输出：-2
    echo $z."<br>";        //输出：2
?>
```

2.5.2　递增/递减运算符

递增/递减运算用于递增/递减有关变量的值，其运算符为++(递增)与--(递减)，如表 2-2 所示。

表 2-2　递增/递减运算符

运 算 符	名　称	示　例	示例结果
++	递增	++$a	前加，$a 的值加 1，然后返回$a
		$a++	后加，返回$a，然后将$a 的值加 1
--	递减	--$a	前减，$a 的值减 1，然后返回$a
		$a--	后减，返回$a，然后将$a 的值减 1

在 PHP 中，递增、递减运算符既可写于变量名之前，也可写于变量名之后，分别称之为前缀运算与后缀运算。单独对一个变量进行前缀或后缀的递增、递减运算时，结果是一样的。例如，当$i=5 时，执行语句“$i++;”或“++$i;”后，$i 的值均为 6。其实，“$i++;”与“++$i;”均相当于“$i=$i+1;”。不过，如果变量的递增或递减运算出现在表达式中，那么前缀与后缀运算是有区别的。其中，前缀运算是先对变量进行递增或递减运算，然后再取其值参加其他运算，即“先变化，后取值(参加运算)”；而后缀运算则刚好相反，也就是先取变量的值参加其他运算，然后再对其进行递增或递减运算，即“先取值(参加运算)，后变化”。例如：

```
<?php
    $a=5;
    $aa=++$a;            //前缀运算，$a 先自增 1，值为 6，再赋给$aa
    echo $a."<br>";      //输出:6
    echo $aa."<br>";     //输出:6
    $b=5;
    $bb=$b++;            //后缀运算，先将$b 的当前值 5 赋给$bb，再将其值增加 1
    echo $b."<br>";      //输出:6
    echo $bb."<br>";     //输出:5
?>
```

提示：(1)　在 PHP 中，还可以对字符串变量进行递增运算(对字符串变量进行递减运算则没有任何效果)，但其规则较为特殊。特别地，对于纯字母(a～z 与 A～Z)字符串，PHP 沿袭了 Perl 的习惯，而非 C 的。例如，若变量的值为字符'Z'，则执行一次递增运算后，其值在 PHP 中为'AA'，而在 C 中则为'['('Z'的 ASCII 值为 90，'['的 ASCII 值为 91)。例如：

```
<?php
    $c='A';
    echo ++$c."<br>";        //输出:B
    $c='B';
    echo --$c."<br>";        //递减无效果，输出:B
    $c='Z';
```

```
    echo ++$c."<br>";        //输出:AA
     $c='ZZ';
    echo ++$c."<br>";        //输出:AAA
     $c='Z1';
    echo ++$c."<br>";        //输出:Z2
     $c='Z9';
    echo ++$c."<br>";        //输出:AA0
     $c='Z1Z';
    echo ++$c."<br>";        //输出:Z2A
     $c='Z9Z';
    echo ++$c."<br>";        //输出:AA0A
     $c='*Z9Z';
    echo ++$c."<br>";        //输出:*A0A
?>
```

(2) 递增/递减运算符不影响布尔值。例如:

```
<?php
    $b=TRUE;
    echo ++$b."!<br>";       //输出:1!
    $b=TRUE;
    echo --$b."!<br>";       //输出:1!
    $b=FALSE;
    echo ++$b."!<br>";       //输出:!
    $b=FALSE;
    echo --$b."!<br>";       //输出:!
?>
```

(3) 递增 NULL 值的结果为 1，但递减 NULL 值没有效果。例如:

```
<?php
    $n=NULL;
    echo ++$n."!<br>";       //输出:1!
    $n=NULL;
    echo --$n."!<br>";       //输出:!
?>
```

2.5.3 连接运算符

连接运算用于实现两个字符串连接，其运算符为“.”，属于二目运算符。例如：

```
<?php
    $a="Hello, ";
    $b="World!";
    $c=$a.$b;
    echo $c;    //输出: Hello, World!
?>
```

2.5.4 赋值运算符

赋值运算用于为变量赋值。在 PHP 中，赋值运算符可分为两类，即简单赋值运算符与复合赋值运算符。其中，简单赋值运算符是最基本的赋值运算符，只有一个，即“=”；而复合赋值运算符则是由其他运算符与“=”组合在一起而构成的，数量较多，如“+=”“-=”“*=”“/=”“%=”“**=”即为与算术运算相关的复合赋值运算符，而“.=”则为与连接运算相关的复合赋值运算符。常用的赋值运算符如表 2-3 所示。

表 2-3　常用的赋值运算符

运 算 符	名　称	示　例	示例结果
=	赋值	$a = $b	将$b 的值赋给$a
+=	加后赋值	$a += $b	等同于$a = $a + $b
-=	减后赋值	$a -= $b	等同于$a = $a - $b
*=	乘后赋值	$a *= $b	等同于$a = $a * $b
/=	除后赋值	$a /= $b	等同于$a = $a / $b
%=	取模后赋值	$a %= $b	等同于$a = $a % $b
**=	求幂后赋值	$a **= $b	等同于$a = $a ** $b
.=	连接后赋值	$a .= $b	等同于$a = $a . $b

赋值运算符属于二目运算符，其左边是一个变量，右边则是一个合法的表达式。特别地，对于复合赋值运算符，其右边的表达式应作为一个整体看待。例如：

```
<?php
    $i=10;
    $x=20;
    $y=20;
    $x*=$i;                //相当于：$x=$x*$i;
    $y*=$i+1;              //相当于：$y=$y*($i+1);
    echo $x."<br>";        //输出：200
    echo $y."<br>";        //输出：220
    $i="World!";
    $z="Hello, ";
    $z.=$i;                //相当于：$z= $z.$i;
    echo $z."<br>";        //输出：Hello, World!
?>
```

2.5.5　关系运算符

关系运算通常又称为比较运算，用于对两个值进行比较。PHP 中的关系运算符较为丰富，且均为二目运算符，如表 2-4 所示。

表 2-4　关系运算符

运 算 符	名　称	示　例	示例结果
<	小于	$a < $b	若$a 小于$b，则结果为 TRUE，否则为 FALSE
>	大于	$a > $b	若$a 大于$b，则结果为 TRUE，否则为 FALSE
<=	小于或等于	$a <= $b	若$a 小于或等于$b，则结果为 TRUE，否则为 FALSE

续表

运 算 符	名 称	示 例	示例结果
>=	大于或等于	$a >= $b	若$a 大于或等于$b，则结果为 TRUE，否则为 FALSE
==	等于	$a == $b	若类型转换后$a 等于$b，则结果为 TRUE，否则为 FALSE
===	全等	$a === $b	若$a 等于$b，且其类型亦相同，则结果为 TRUE，否则为 FALSE
!=	不等于	$a != $b	若类型转换后$a 不等于$b，则结果为 TRUE，否则为 FALSE
<>	不等于	$a <> $b	若类型转换后$a 不等于$b，则结果为 TRUE，否则为 FALSE
!==	不全等	$a !== $b	若$a 不等于$b，或者其类型不同，则结果为 TRUE，否则为 FALSE
<=>	组合比较	$a <=> $b	$a 小于、等于、大于$b 时结果分别为-1、0、1(PHP 7 新增)

在 PHP 中，除了组合比较以外，其他关系运算的结果均为 TRUE(比较成立时)或 FALSE(比较不成立时)。在进行关系运算时，若所使用的运算符是“===”(全等)或“!==”(不全等)，则不会进行类型转换，因为不仅要对比数值，还要对比类型。除此以外，如果两个运算量是数字字符串，或一个是数字另一个是数字字符串，那么就会自动按照数值进行比较。例如：

```
<?php
    $i=100;
    $j="100abc";
    $x=$i==$j;
    $y=$i===$j;
    var_dump($x);         //输出：bool(true)
    var_dump($y);         //输出：bool(false)
    $i="90";
    $j="100";
    $x=$i<$j;
    var_dump($x);         //输出：bool(true)
    $i=90;
    $j="100abc";
    $x=$i<$j;
    var_dump($x);         //输出：bool(true)
    $i="90";
    $j="100abc";
    $x=$i<$j;
    var_dump($x);         //输出：bool(false)
?>
```

注意： PHP 的关系运算较为复杂，适用于各种类型不同的运算量，其比较规则按顺序如表 2-5 所示。

表 2-5　关系运算的比较规则

运算量 1 的类型	运算量 2 的类型	比较规则
null 或 string	string	将 null 转换为""，进行数字或词汇比较
bool 或 null	任何其他类型	转换为 bool，FALSE<TRUE
object	object	内置类可以定义自己的比较，不同类的对象不能比较，相同类的对象则比较属性。比较的基本原则为：在使用等于运算符“==”比较两个对象变量时，若两个对象的属性与属性值均相等，且均为同一个类的实例，则这两个对象变量相等；而使用全等运算符“===”进行比较时，两个对象变量一定要指向某个类的同一个实例(即同一个对象)，二者才相等
string、resource、int、float	string、resource、int、float	将字符串和资源转换成数字，按普通数字比较
array	array	具有较少成员的数组较小，若运算量 1 中的键不存在于运算量 2 中，则无法比较，否则逐个值比较
object	任何其他类型	object 总是更大
array	任何其他类型	array 总是更大

2.5.6　逻辑运算符

在 PHP 中，逻辑运算共有 4 种，分别为逻辑非、逻辑与、逻辑或、逻辑异或。至于逻辑运算符，则一共有 6 种，如表 2-6 所示。其中，逻辑非(!)为单目运算符，逻辑与(&&、and)、逻辑或(||、or)、逻辑异或(xor)为双目运算符。

表 2-6　逻辑运算符

<table>
<tr><th>运 算 符</th><th>名　称</th><th>示　例</th><th>示例结果</th></tr>
<tr><td>!</td><td>逻辑非</td><td>!$a</td><td>若$a 为 TRUE，则结果为 FALSE，否则为 TRUE</td></tr>
<tr><td>&&</td><td>逻辑与</td><td>$a&&$b</td><td>若$a 与$b 均为 TRUE，则结果为 TRUE，否则为 FALSE</td></tr>
<tr><td>||</td><td>逻辑或</td><td>$a||$b</td><td>若$a 与$b 均为 FALSE，则结果为 FALSE，否则为 TRUE</td></tr>
<tr><td>and</td><td>逻辑与</td><td>$a and $b</td><td>若$a 与$b 均为 TRUE，则结果为 TRUE，否则为 FALSE</td></tr>
<tr><td>xor</td><td>逻辑异或</td><td>$a xor $b</td><td>若 $a 与 $b 均为 TRUE 或均为 FALSE，则结果为 FALSE，否则为 TRUE</td></tr>
<tr><td>or</td><td>逻辑或</td><td>$a or $b</td><td>若$a 与$b 均为 FALSE，则结果为 FALSE，否则为 TRUE</td></tr>
</table>

说明： 逻辑与、逻辑或均有两种不同形式的运算符，其优先级是不同的。PHP 所提供的 6 种逻辑运算符的优先级由高到低依次为!、&&、||、and、xor、or。

在 PHP 中，逻辑运算的运算结果为 TRUE 或 FALSE。例如：

```
<?php
    $i=60;
    $x=$i>=0&&$i<=100;
```

```
    $y=!($i>=0&&$i<=100);
    var_dump($x);         //输出: bool(true)
    var_dump($y);         //输出: bool(false)
    $x=($i>=0 and $i<=100);
    $y=($i>=0 xor $i<=100);
    var_dump($x);         //输出: bool(true)
    var_dump($y);         //输出: bool(false)
?>
```

提示： 根据逻辑与的运算规则，若第一个运算量为 FALSE，则无须计算第二个运算量，即可知其最终结果亦为 FALSE。根据逻辑或的运算规则，若第一个运算量为 TRUE，则无须计算第二个运算量，即可知其最终结果亦为 TRUE。因此，在对逻辑表达式进行求解时，并非所有的运算量都要被计算。换言之，逻辑表达式的有关运算量只有在必需时才会被计算。例如：

```
<?php
    $i=60;
    $j=60;
    $k=60;
    //因$i<60 为 FALSE，故“&&”运算结果为 FALSE(无须再执行$j++>60)
    $x=$i<60&&$j++>60;
    //因$i>=60 为 TRUE，故“||”运算结果为 TRUE(无须再执行++$k>60)
    $y=$i>=60||++$k>60;
    var_dump($x);         //输出: bool(false)
    var_dump($y);         //输出: bool(true)
    echo "<br>";
    echo $i."<br>";       //输出: 60
    echo $j."<br>";       //输出: 60
    echo $k."<br>";       //输出: 60
    //因$i>=60 为 TRUE，故需继续执行$j++>60，方可知“and”运算的结果
    $x=($i>=60 and $j++>60);
    //因$i<60 为 FALSE，故需继续执行++$k>60，方可知“or”运算的结果
    $y=($i<60 or ++$k>60);
    var_dump($x);         //输出: bool(false)
    var_dump($y);         //输出: bool(true)
    echo "<br>";
    echo $i."<br>";       //输出: 60
    echo $j."<br>";       //输出: 61
    echo $k."<br>";       //输出: 61
?>
```

2.5.7 条件运算符

PHP 支持条件运算，其运算符由“?”(问号)与“:”(冒号)组成，属于三目运算符。由条件运算符连接 3 个表达式，即可构成条件表达式。基本格式为：

```
表达式 1?表达式 2:表达式 3
```

该条件表达式的功能为：若“表达式 1”的结果为 TRUE，则将“表达式 2”的值作为

整个条件表达式的值；反之，若“表达式 1”的结果为 FALSE，则将“表达式 3”的值作为整个条件表达式的值。例如：

```
<?php
    $a=10;
    $b=20;
    $x=$a>$b?$a+$b:$a-$b;
    $y=$a-$b<0?$a*$b:$a*3;
    echo $x."<br>";      //输出：-10
    echo $y."<br>";      //输出：200
?>
```

必要时，在条件表达式中可省略“?”与“:”之间的表达式。基本格式为：

```
表达式 1?:表达式 3
```

该条件表达式的功能为：若“表达式 1”的结果为 TRUE，则将“表达式 1”的值作为整个条件表达式的值，否则将“表达式 3”的值作为整个条件表达式的值。例如：

```
<?php
    $a=10;
    $b=20;
    $x=$a>$b?:$a-$b;
    $y=$a-$b<0?:$a*3;
    var_dump($x);        //$x 值为-10，故输出：int(-10)
    var_dump($y);        //$y 值为 TRUE，故输出：bool(true)
?>
```

2.5.8 执行运算符

PHP 支持执行运算，其运算符只有一个，即“``”(反引号)。借助执行运算，可通过 PHP 脚本执行外部命令，并返回该外部命令执行后的输出信息。为此，只需将要执行的外部命令置于执行运算符之中即可。

提示： 执行运算符的作用与 shell_exec()函数相同。通过调用 shell_exec()函数，也可执行指定的外部命令，并返回该外部命令执行后的输出信息。

【实例 2-6】“执行运算符示例”页面如图 2-7 所示，其中的日期是通过相应的执行运算返回的。

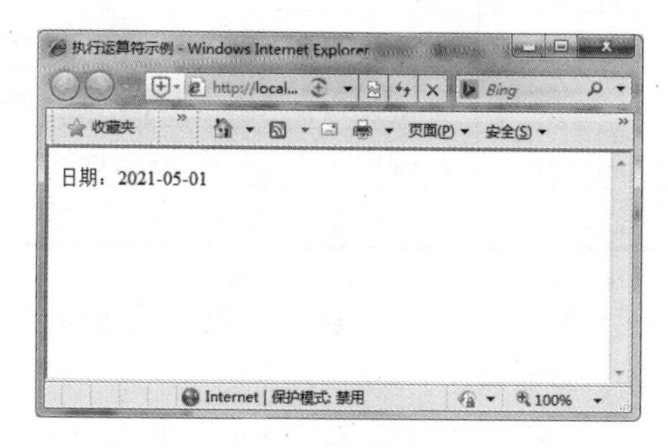

图 2-7　“执行运算符示例”页面

基本步骤：

(1) 在文件夹 02 中创建 PHP 页面 ExecuteOP.php。

(2) 编写页面 ExecuteOP.php 的代码。

```
<html>
<head>
<meta http-equiv="Content-Type" content="text/html; charset=utf-8" />
<title>执行运算符示例</title>
</head>
<body>
<?php
   $result='date /t';
   echo "日期: ".$result;
?>
</body>
</html>
```

访问方法：

在浏览器中输入地址“http://localhost:8090/LuWWW/02/ExecuteOP.php”并按 Enter 键，结果如图 2-7 所示。

代码解析：

在本实例中，通过执行运算执行外部命令“date /t”以获取当前的系统日期。

提示： 本实例中的“$result='date /t';”语句可用“$result=shell_exec('date /t');”代替。

2.5.9 位运算符

位运算较为特殊，用于将有关数据按二进制位进行处理。PHP 全面支持位运算，并提供了相应的位运算符，包括 1 个单目运算符与 5 个双目运算符，如表 2-7 所示。

表 2-7 位运算符

运算符	名称	示例	示例结果
&	按位与	$a & $b	将$a 与$b 中均为 1 的位设为 1
		按位或	$a	$b	将$a 与$b 中任何一个为 1 的位设为 1
^	按位异或	$a ^ $b	将$a 与$b 中一个为 1 另一个为 0 的位设为 1
~	按位取反	~ $a	将$a 中为 0 的位设为 1，反之亦然
<<	左移	$a << $b	将$a 中的位向左移动$b 次(每一次移动均表示“乘以 2”)
>>	右移	$a >> $b	将$a 中的位向右移动$b 次(每一次移动均表示“除以 2”)

说明： 位运算符的优先级分为 5 级，由高到低依次为按位取反、左移与右移、按位与、按位异或、按位或。

各种位运算的运算法则如下。

- 按位与(&)：0&0=0，0&1=0，1&0=0，1&1=1。
- 按位或(|)：0|0=0，0|1=1，1|0=1，1|1=1。
- 按位异或(^)：0^0=0，0^1=1，1^0=1，1^1=0。
- 按位取反(~)：~0=1，~1=0。
- 左移(<<)：将数据按二进制位左移指定的位数，左边移出的位被丢弃，右边空出的位以 0 填充。
- 右移(>>)：将数据按二进制位右移指定的位数，右边移出的位被丢弃，左边空出的位以符号位填充(正数以 0 填充，负数以 1 填充)。

注意： 左移时符号位被移走，意味着正负号不被保留。右移时左侧以符号位填充，意味着正负号可以被保留下来。

除了按位取反运算符(~)以外，其他 5 个双目的位运算符还可与赋值运算符(=)一起结合为相应的复合赋值运算符，即：&=(按位与后赋值)、|=(按位或后赋值)、^=(按位异或后赋值)、<<=(左移后赋值)、>>=(右移后赋值)。

位运算是一种特殊的运算，其运算量只能是整数或字符串。在具体进行运算时，各有关运算量其实是以二进制补码的形式进行的。例如：

```
<?php
    $x=5&7;
    echo $x."<br>"; //输出：5
    $x=5|7;
    echo $x."<br>"; //输出：7
    $x=5^7;
    echo $x."<br>"; //输出：2
    $x=~5;
    echo $x."<br>"; //输出：-6
    $x=5<<2;
    echo $x."<br>"; //输出：20
    $x=5>>2;
    echo $x."<br>"; //输出：1
?>
```

在此，计算并输出 5&7、5|7、5^7、~5、5<<2、5>>2 的结果，分别为 5、7、-6、20、1。各算式如下：

(1) 按位与	(2) 按位或	(3) 按位异或
00000101	00000101	00000101
& 00000111	| 00000111	^ 00000111
00000101	00000111	00000010

(4) 按位取反	(5) 左移 2 位	(6) 右移 2 位
~ 00000101	<<2 00000101	>>2 00000101
11111010	00010100	00000001

其中，5 的补码为 00000101，7 的补码为 00000111，2 的补码为 0000010，-6 的补码为 11111010，20 的补码为 00010100，1 的补码为 00000001。

说明： 正数的补码与其原码(即该数的二进制形式)相同，负数的补码则为其绝对值的原码逐位取反后再加 1。例如，10 的补码为 00001010(其原码为 00001010)，-10 的补码为 11110110(其绝对值 10 的原码为 00001010，逐位取反后则为反码 11110101，再加 1 即为-10 的补码 11110110)。

提示： (1) 对于按位取反(~)来说，若其运算量为字符串，则对构成字符串的各个字符的 ASCII 值执行该操作，结果为字符串。除此以外，运算量与结果均被视为整数。

(2) 对于按位与(&)、按位或(|)与按位异或(^)来说，若其两个运算量均为字符串，则对构成字符串的各个字符的 ASCII 值执行相应的操作，结果为字符串。除此以外，两个运算量均将转换为整数，结果亦为整数。

(3) 对于左移(<<)与右移(>>)来说，其运算量与结果始终被视为整数。

2.6 表 达 式

程序的主要功能就是处理数据，为此需对数据进行相应的运算。使用运算符连接有关的运算量，即可构成各种不同的表达式。通过表达式，即可对有关数据进行指定的运算。由此可见，对于 PHP 来说，表达式是其最重要的基石。

表达式一个既简单又精确的定义就是“任何有值的东西”。因此，一个常量、一个变量或者一个函数，都是一个最基本的表达式。

在一个表达式中，通常会包含各种不同的运算符。因此，必须熟知各种运算符的优先级与结合性。其实，从本质上来看，优先级与结合性都是运算顺序的问题。

优先级用于确定不同运算符的运算先后次序。在一个表达式中，优先级高的运算会先被执行。例如，表达式 1+2*3 的结果是 7，而不是 9，原因是乘号(“*”)的优先级比加号(“+”)高。必要时，可在表达式中使用圆括号“()”强制改变运算的顺序(表达式中圆括号中的部分是优先执行的)。例如，表达式(1+2)*3 的结果就是 9，而不是 7。

结合性用于确定优先级相同的运算符的结合方向，即其运算顺序是自左向右还是自右向左。例如，“-”是左联的，因此 1-2-3 等同于(1-2)-3，按从左到右的顺序进行运算，结果为-4。又如，“=”是右联的，因此$a=$b=0 等同于$a=($b=0)，按从右到左的顺序进行运算，结果$a 与$b 的值均为 0。需要注意的是，没有结合性的相同优先级的运算符是不能连在一起使用的(但优先级不同的非结合的运算符则可以连在一起使用)。例如，在 PHP 中，$a<$b>$c 是不合法的(因为“<”与“>”优先级相同且为非结合的)，而$a<$b1==$c 则是合法的(因为“==”的优先级低于“<”)。

为便于查阅，现将 PHP 中常用的各类运算符按照优先级从高到低的顺序逐一列出，如表 2-8 所示。在表中，处于同一行的运算符具有相同优先级，其运算顺序由结合方向决定。

表 2-8　PHP 常用运算符的优先级与结合性

运 算 符	结 合 性	说　明
**	右	算术运算符
++、--、~	无	递增/递减运算符与位运算符
!	无	逻辑运算符
*、/、%	左	算术运算符
+、-、.	左	算术运算符与连接运算符
<<、>>	左	位运算符
<、<=、>、>=	无	关系运算符
==、!=、<>、===、!==、<=>	无	关系运算符
&	左	位运算符与引用
^	左	位运算符
|	左	位运算符
&&	左	逻辑运算符
||	左	逻辑运算符
? :	左	条件运算符
=、+=、-=、*=、/=、%=、**=、.=、&=、|=、^=、<<=、>>=	右	赋值运算符
and	左	逻辑运算符
xor	左	逻辑运算符
or	左	逻辑运算符

提示： 为提高表达式的可读性，并确保表达式能按正确的顺序进行运算，可以在表达式中使用圆括号明确有关运算的顺序。这样，即可有效避免出现运算顺序不符合设计要求的情况。例如，$a/$b-$c 的运算顺序是先执行$a 除以$b 的运算，然后再将结果减去$c。而$a/($b-$c)的运算顺序是先执行$b 减去$c 的运算，然后再用结果去除$a。

2.7　类 型 转 换

PHP 在定义变量时无须指定变量的类型，这是 PHP 的特色之一。实际上，PHP 变量的类型是根据其具体赋值来决定的。

在 PHP 中对表达式进行求值时，有关的运算量会按照一定的规则自动进行类型的转换。例如，在进行加法运算时，如果一个运算量是浮点数，那么其他所有的运算量都会被转换为浮点数，运算结果也是一个浮点数；否则，所有参与加法运算的运算数都会转换为整数，运算结果也是一个整数。例如：

```
<?php
    $num1=1.0+"abc"+"5kb";
```

```
    $num2=1+"abc"+"5kb";
    $num3="1"+"abc"+"5kb";
    var_dump($num1);          //输出: float(6)
    var_dump($num2);          //输出: int(6)
    var_dump($num3);          //输出: int(6)
?>
```

除了支持自动类型转换以外，PHP 还支持强制类型转换，其语法格式与 C 语言的相同，即：

```
(datatype)(expression)
```

其中，datatype 为目标数据类型，expression 为表达式。通过使用圆括号将目标数据类型括起来，即可将其后表达式的值转换为指定的目标类型值。若表达式只是一个变量或常量，则无须用圆括号将其括起来。

在 PHP 中，所允许的强制类型转换如表 2-9 所示。

表 2-9 PHP 的强制类型转换

强制类型转换	说　明
(int), (integer)	转换为整型(integer)
(float), (double), (real)	转换为浮点型(float)
(bool), (boolean)	转换为布尔型(boolean)
(string)	转换为字符串(string)
(array)	转换为数组(array)
(object)	转换为对象(object)
(unset)	转换为 NULL(空值)
(binary), b 前缀	转换为二进制字符串(PHP 5.2.1 新增)。对于字符串常量，也可在其前面使用前缀 b 转换为二进制字符串

例如：

```
<?php
    $var=(int)"abc123";
    var_dump($var);           //输出: int(0)
    $var=(int)TRUE;
    var_dump($var);           //输出: int(1)
    $var=(int)FALSE;
    var_dump($var);           //输出: int(0)
    $var=(int)12.56;
    var_dump($var);           //输出: int(12)
    $var=(string)12.56;
    var_dump($var);           //输出: string(5) "12.56"
    $var=(bool)1.1;
    var_dump($var);           //输出: bool(true)
    $var=(boolean)0;
    var_dump($var);           //输出: bool(false)
    $var=(boolean)"0";
```

```
    var_dump($var);            //输出：bool(false)
    $var=(binary)"abc123";
    var_dump($var);            //输出：string(6) "abc123"
    $var=b"abc123";
    var_dump($var);            //输出：string(6) "abc123"
?>
```

说明： 在转换为布尔型时，若被转换的是布尔值 FALSE 本身、整型值 0(零)及-0(零)、浮点型值 0.0(零)及-0.0(零)、空字符串("")及字符串 "0"、不包括任何元素的数组、空值 NULL(包括尚未赋值的变量)或者从空标记生成的 SimpleXML 对象，则结果均为 FALSE。除此以外，所有其他值(包括任何资源与 NAN)均被认为是 TRUE。特别地，-1 与其他非零值(不论正负)一样，被认为是 TRUE。

提示： 在 PHP 中，还可以分别使用 intval()、floatval()、boolval()与 strval()函数将指定表达式的值转换为整数、浮点数、布尔值与字符串。其中，floatval()函数自 PHP 4.2.0 起新增，boolval()函数自 PHP 5.5.0 起新增。此外，还可以使用 settype()函数设置指定变量的类型，从而将该变量的值转换为相应类型的值。例如：

```
<?php
    $var=intval("abc123");
    var_dump($var);            //输出：int(0)
    settype($var, "bool");
    var_dump($var);            //输出：bool(false)
    settype($var, "string");
    var_dump($var);            //输出：string(0) ""
    $var=true;
    settype($var, "string");
    var_dump($var);            //输出：string(1) "1"
?>
```

2.8　流程控制

程序的流程控制，就是控制程序的执行流程。对于程序来说，其流程控制是至关重要的，可通过相应的流程控制语句来实现。

根据其作用的不同，PHP 中的流程控制语句可分为分支语句、循环语句、跳转语句等类型。

与 C 语言类似，在 PHP 中，一条语句通常是以分号“;”结束的。此外，还可以根据需要用花括号“{}”将多条语句封装为一条复合语句(即一个语句块或语句组)。

2.8.1　分支语句

在 PHP 中，分支语句有 if 语句与 switch 语句两种。

1. if 语句

if 语句的使用可分为 3 种情况，其基本格式分别如下。

(1) 格式 1：

```
if (表达式) {
    语句序列
}
```

其替代语法为：

```
if (表达式):
    语句序列
endif;
```

(2) 格式 2：

```
if (表达式) {
    语句序列 1
} else {
    语句序列 2
}
```

其替代语法为：

```
if (表达式):
    语句序列 1
else:
    语句序列 2
endif;
```

(3) 格式 3：

```
if (表达式 1) {
    语句序列 1
} elseif (表达式 2) {
    语句序列 2
}
…
elseif (表达式 n) {
    语句序列 n
} [else {
    语句序列 n+1
}]
```

其替代语法为：

```
if (表达式 1):
    语句序列 1
elseif (表达式 2):
    语句序列 2
…
elseif (表达式 n):
    语句序列 n
```

```
[else:
    语句序列 n+1]
endif;
```

格式 1 为单分支条件语句，其功能为当“表达式”值为 TRUE 时(即条件成立时)执行“语句序列”(即 if 分支)，否则不执行任何操作。

格式 2 为双分支条件语句，其功能为当“表达式”值为 TRUE 时(即条件成立时)执行“语句序列 1”(即 if 分支)，否则执行“语句序列 2”(即 else 分支)。

格式 3 为多分支条件语句，其功能为依次判断各个表达式的值，若某个表达式的值为 TRUE，则执行相应的 if 分支或 elseif 分支。若所有表达式的值均为 FALSE 且带有 else 分支，则执行 else 分支，否则不执行任何操作。

说明： 在 if 语句中，若作为分支的语句序列只包含一条简单语句，则可以省略花括号“{}”。此外，对于多分支条件语句，若未使用替代语法，则其中的 elseif 也可以隔开来写成 else if(即以空格将 else 与 if 分开)。

【实例 2-7】将百分制成绩转换为等级。如图 2-8(a)所示，为“成绩等级”页面。输入百分制成绩后，再单击“提交”按钮，即可在其下显示相应的等级，如图 2-8(b)所示。其中，90 分以上(含 90)为“优”，80 分以上(含 80)、90 分以下为“良”，70 分以上(含 70)、80 分以下为“中”，60 分以上(含 60)、70 分以下为“及格”，60 分以下为“不及格”。

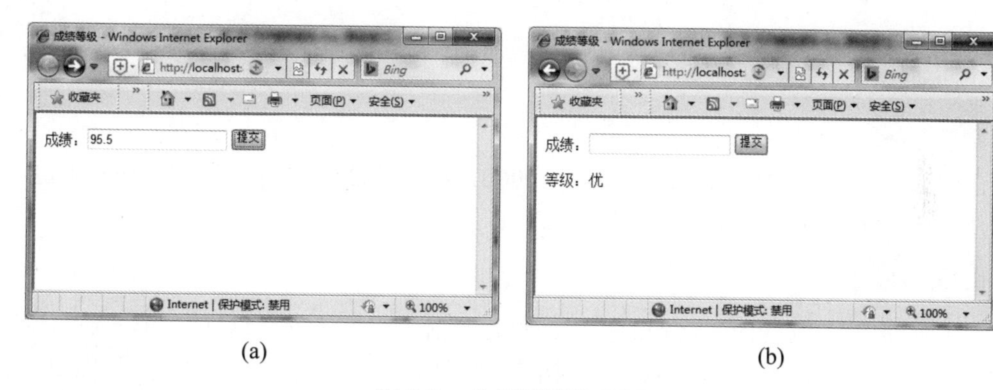

(a)　　(b)

图 2-8　“成绩等级”页面

基本步骤：

(1) 在文件夹 02 中创建 PHP 页面 Grade.php。

(2) 编写页面 Grade.php 的代码。

```
<html>
<head>
<meta http-equiv="Content-Type" content="text/html; charset=utf-8" />
<title>成绩等级</title>
</head>
<body>
<form action="" method="post">
    成绩：<input name="cj" type="text" />
```

```
    <input name="OK" type="submit" value="提交" />
</form>
<?php
if (isset($_POST["OK"])){
    $cj=$_POST["cj"];
    $dj="";
    if ($cj<0||$cj>100){
        echo "成绩不在 0~100 之间！";
        exit();
    }
    if ($cj>=90) {
        $dj="优";
    } elseif ($cj>=80){
        $dj="良";
    } elseif ($cj>=70){
        $dj="中";
    } elseif ($cj>=60){
        $dj="及格";
    } else {
        $dj="不及格";
    }
    echo "等级：".$dj;
}
?>
</body>
</html>
```

访问方法：

在浏览器中输入地址“http://localhost:8090/LuWWW/02/Grade.php”并按 Enter 键，即可打开如图 2-8(a)所示的“成绩等级”页面。

代码解析：

在本页面中，“exit();”语句的作用是终止当前脚本的执行。这样，当输入的成绩不在 0～100 时，即可执行该语句而直接退出当前脚本。在此，该语句也可以用“die();”语句代替。

说明： 本实例 Grade.php 页面的多分支条件语句也可以改写为：

```
if ($cj>=90):
    $dj="优";
elseif ($cj>=80):
    $dj="良";
elseif ($cj>=70):
    $dj="中";
elseif ($cj>=60):
    $dj="及格";
else:
    $dj="不及格";
endif;
```

2. switch 语句

switch 语句与 if…elseif…else 多分支条件语句类似，也是一种多分支结构，但其用法更加简洁明了。switch 语句的基本格式为：

```
switch (控制表达式)
{
    case 常量表达式 1:
        语句序列 1
    case 常量表达式 2:
        语句序列 2
    …
    [default:
    语句序列 n+1]
}
```

其替代语法为：

```
switch (控制表达式):
    case 常量表达式 1:
        语句序列 1
    case 常量表达式 2:
        语句序列 2
    …
    [default:
    语句序列 n+1]
endswitch;
```

其中，“控制表达式”与各常量表达式的值的类型只能是整型或字符串。此外，各个常量表达式的值必须各不相同。

对于 switch 语句，先计算出“控制表达式”的值，然后依次与各个 case 标记中的常量表达式的值进行比较。若相等，则执行相应 case 标记后的语句序列(若某个 case 块为空，则会从该 case 块直接跳转到下一个 case 块)，直至 switch 语句结束或遇到 break 语句为止；若“控制表达式”的值与任何一个 case 标记中指定的值都不相等，则执行 default 标记后的语句序列(若无 default 标记，则不执行任何操作)。

说明： 在一个 switch 语句中，case 标记的个数是没有限制的。此外，各个 case 标记后的语句序列的最后一个语句通常是 break 语句。

在实例 2-7 中，可将 Grade.php 页面的多分支条件语句修改为以下 switch 语句：

```
switch ((int)($cj/10)) {
    case 10:
    case 9:
        $dj="优";
        break;
    case 8:
        $dj="良";
        break;
```

```
    case 7:
        $dj="中";
        break;
    case 6:
        $dj="及格";
        break;
    case 5:
    case 4:
    case 3:
    case 2:
    case 1:
    case 0:
        $dj="不及格";
        break;
}
```

在此，“(int)($cj/10)”用于将百分制的成绩 cj 划分为 11 种不同的情况，以便于在 switch 语句中进行相应的判断。

2.8.2 循环语句

在 PHP 中，循环语句有 while 语句、do…while 语句、for 语句与 foreach 语句 4 种。

1. while 语句

while 语句的基本格式为：

```
while (表达式) {
    语句序列
}
```

其替代语法为：

```
while (表达式):
    语句序列
endwhile;
```

while 语句的功能是：当“表达式”(即循环条件)值为 TRUE 时，重复执行其中的“语句序列”(即循环体)，直至“表达式”值为 FALSE 为止。显然，该语句的特点是“先判断(循环条件)，后执行(循环体)”。如果循环条件一开始就不成立，那么循环体一次也不会被执行。

说明： 在 while 语句中，若作为循环体的“语句序列”只包含有一条简单语句，则可以省略花括号“{}”。

【实例 2-8】计算累加和。如图 2-9 所示，为“累加和”页面，其功能为输出 s 的值(当 s>10000 时停止输出)。其中：s=1+2+3+…

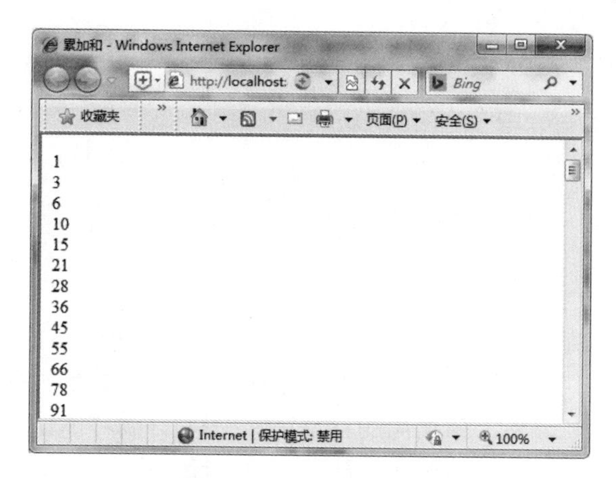

图 2-9　“累加和”页面

基本步骤：

(1) 在文件夹 02 中创建 PHP 页面 Sum.php。

(2) 编写页面 Sum.php 的代码。

```
<html>
<head>
<meta http-equiv="Content-Type" content="text/html; charset=utf-8" />
<title>累加和</title>
</head>
<body>
<?php
    $i=1;
    $s=0;
    while ($s<=10000){
        $s=$s+$i;
        $i=$i+1;
        echo $s."<br>";
    }
?>
</body>
</html>
```

访问方法：

在浏览器中输入地址“http://localhost:8090/LuWWW/02/Sum.php”并按 Enter 键，即可打开如图 2-9 所示的“累加和”页面。

说明： 本实例 Sum.php 页面的 while 语句也可以改写为：

```
while ($s<=10000):
    $s=$s+$i;
    $i=$i+1;
    echo $s."<br>";
endwhile;
```

2. do…while 语句

do…while 语句的基本格式为：

```
do
{
    语句序列
} while (表达式);
```

do…while 语句的功能是：先执行一次“语句序列”(即循环体)，然后再判断“表达式”(即循环条件)的值。当“表达式”的值为 TRUE 时，就继续执行循环体，直至“表达式”值为 FALSE 为止。显然，该语句的特点是“先执行(循环体)，后判断(循环条件)”。因此，不管循环条件是否成立，其循环体至少会被执行一次。

说明： 在 do…while 语句中，若作为循环体的“语句序列”只包含一条简单语句，则可以省略花括号“{}”。

在实例 2-8 中，可将 Sum.php 页面的 while 语句修改为以下 do…while 语句：

```
do
{
    $s=$s+$i;
    $i=$i+1;
    echo $s."<br>";
} while ($s<=10000);
```

3. for 语句

for 语句的基本格式为：

```
for (表达式 1; 表达式 2; 表达式 3) {
    语句序列
}
```

其替代语法为：

```
for (表达式 1; 表达式 2; 表达式 3):
    语句序列
endfor;
```

for 语句的功能是：先计算“表达式 1”(通常为赋值表达式，用于对循环变量等赋初值)，然后判断“表达式 2”(即循环条件)的值。当“表达式 2”值为 TRUE 时，重复执行其中的“语句序列”(即循环体)，并计算“表达式 3”(通常亦为赋值表达式，用于修改循环变量等的当前值)，直至“表达式 2”值为 FALSE 为止。显然，该语句的特点是“先判断(循环条件)，后执行(循环体)”。如果循环条件一开始就不成立，那么循环体一次也不会被执行。

说明： 在 for 语句中，若作为循环体的“语句序列”只包含有一条简单语句，则可以省略花括号“{}”。

注意： 在 for 语句中，for 后的圆括号“()”是必需的，且其中必须包含有两个分号“;”(即“表达式 2”前后的分号“;”是必需的)。

提示： 在 for 语句中，“表达式 1”“表达式 2”与“表达式 3”均可为空，或者是以逗号分隔的多个表达式。若“表达式 2”为空，则意味着循环条件永远成立。若“表达式 2”中包含有多个以逗号分隔的表达式，则各个表达式均会被计算，但只会取最后一个表达式的计算结果。

【实例 2-9】输出九九乘法表。“九九乘法表”页面如图 2-10 所示，其功能为输出相应的九九乘法表。

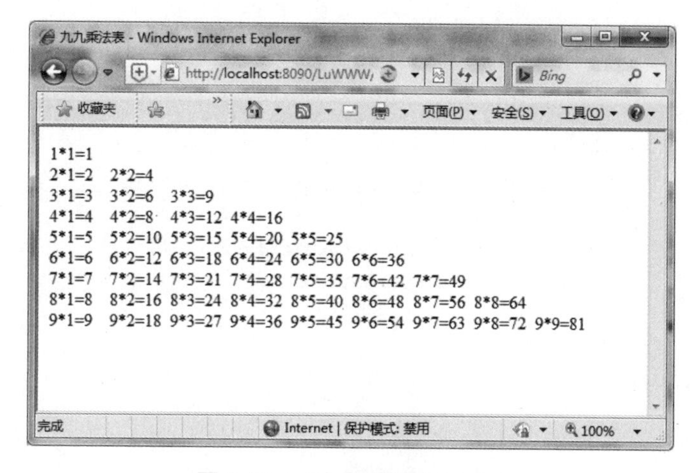

图 2-10　“九九乘法表”页面

基本步骤：

(1) 在文件夹 02 中创建 PHP 页面 MultiplicationTable.php。

(2) 编写页面 MultiplicationTable.php 的代码。

```
<html>
<head>
<meta http-equiv="Content-Type" content="text/html; charset=utf-8" />
<title>九九乘法表</title>
</head>
<body>
<?php
    for($i=1;$i<=9;$i++) {
        for($j=1;$j<=$i;$j++) {
              $result=$i*$j;
              $expression="$i*$j=".$result;
              if ($result<10)
                   $space="    ";
              else
                   $space="  ";
              echo $expression.$space;
        }
        echo "<br>";
```

```
    }
?>
</body>
</html>
```

访问方法：

在浏览器中输入地址“http://localhost:8090/LuWWW/02/MultiplicationTable.php”并按Enter键，即可打开如图2-10所示的“九九乘法表”页面。

说明： 本实例MultiplicationTable.php页面的双重for循环语句也可以改写为：

```
for($i=1;$i<=9;$i++):
    for($j=1;$j<=$i;$j++):
        $result=$i*$j;
        $expression="$i*$j=".$result;
        if ($result<10)
            $space="    ";
        else
            $space="  ";
        echo $expression.$space;
    endfor;
    echo "<br>";
endfor;
```

4. foreach 语句

foreach语句主要用于对数组进行遍历，其基本格式分别如下。

(1) 格式1：

```
foreach ($array as $value) {
    语句序列
}
```

其替代语法为：

```
foreach ($array as $value) :
    语句序列
endforeach;
```

(2) 格式2：

```
foreach ($array as $key => $value) {
    语句序列
}
```

其替代语法为：

```
foreach ($array as $key => $value) :
    语句序列
endforeach;
```

格式1用于遍历指定的数组$array。每次循环时，均将数组$array当前元素的值赋给变量$value，然后执行“语句序列”(即循环体)。

格式 2 与格式 1 类似，同样用于遍历指定的数组$array。每次循环时，均将数组$array当前元素的键名与值分别赋给变量$key 与$value，然后执行“语句序列”(即循环体)。

说明： 在 foreach 语句中，若作为循环体的“语句序列”只包含一条简单语句，则可以省略花括号“{}”。

【实例 2-10】遍历数组。“数组元素”页面如图 2-11 所示，其功能为输出相应数组中的各个元素。

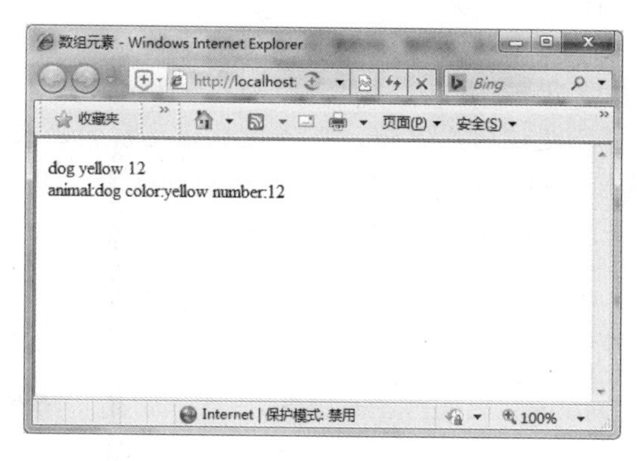

图 2-11 “数组元素”页面

基本步骤：

(1) 在文件夹 02 中创建 PHP 页面 ArrayElement.php。

(2) 编写页面 ArrayElement.php 的代码。

```
<html>
<head>
<meta http-equiv="Content-Type" content="text/html; charset=utf-8" />
<title>数组元素</title>
</head>
<body>
<?php
    $array = array("animal"=>"dog", "color"=>"yellow", "number"=>12);
    foreach ($array as $value) {
    echo $value." ";
    }
    echo "<br>";
    foreach ($array as $key => $value) {
    echo $key.":".$value." ";
    }
?>
</body>
</html>
```

访问方法：

在浏览器中输入地址“http://localhost:8090/LuWWW/02/ArrayElement.php”并按 Enter

键，即可打开如图 2-11 所示的“数组元素”页面。

说明： 本实例 ArrayElement.php 页面的 foreach 语句也可以改写为：

```
foreach ($array as $value):
   echo $value." ";
endforeach;
echo "<br>";
foreach ($array as $key => $value):
   echo $key.":".$value." ";
endforeach;
```

提示： 在使用 foreach 语句时，也可进行引用赋值。为此，只需在$value之前加上“&”即可。通过引用赋值，可实现数组元素的修改。不过，在 foreach 循环之后，数组最后一个元素的$value 引用依然会保留下来，因此最好使用 unset()及时将其销毁掉。例如：

```
<?php
    $array = array(1, 2, 3, 4, 5);
    foreach ($array as &$value) {
        $value = $value * 2;
    }
    unset($value);
    print_r($array)
?>
```

该段代码的运行结果为：

```
Array ( [0] => 2 [1] => 4 [2] => 6 [3] => 8 [4] => 10 )
```

可见，通过引用赋值，已将数组各元素的值修改为原来的 2 倍。

注意： 除了遍历数组以外，foreach 语句还可以用于遍历对象(即遍历对象的所有可见属性)。实际上，foreach 语句只能应用于数组与对象。若将其应用于其他类型的变量，或者应用于一个尚未初始化的变量，均将产生错误。

2.8.3 跳转语句

在 PHP 中，跳转语句包括 break 语句、continue 语句、goto 语句、return 语句与 exit 语句等。

1. break 语句

break 语句的基本格式为：

```
break;
```

该语句的功能是强行退出所在的循环语句(包括 while、do…while、for 与 foreach 语句)或 switch 语句。

在各种循环语句的循环体中，均可根据需要使用 break 语句。一旦 break 语句被执行，那么其所在的循环语句的执行便立即被终止了。因此，break 语句具有无条件退出所在循环的作用，通常又称为中途退出语句或循环终止语句。

【实例 2-11】计算奇数累加和。“奇数累加和”页面如图 2-12 所示，其功能为输出 s 的值(当 s>10000 时停止输出)。其中：s=1+3+5+…

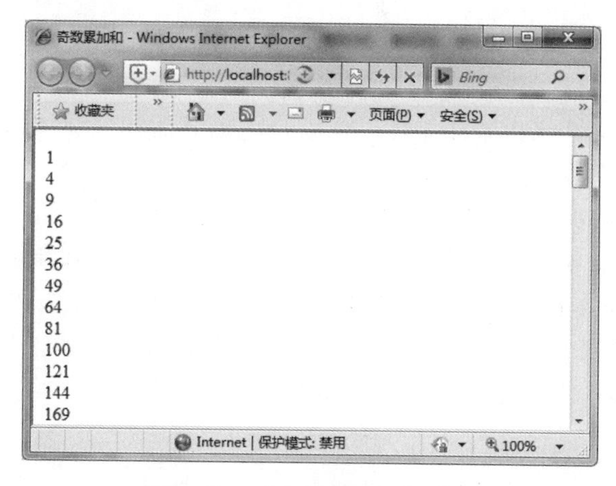

图 2-12　“奇数累加和”页面

基本步骤：

(1) 在文件夹 02 中创建 PHP 页面 OddSum.php。

(2) 编写页面 OddSum.php 的代码。

```
<html>
<head>
<meta http-equiv="Content-Type" content="text/html; charset=utf-8" />
<title>奇数累加和</title>
</head>
<body>
<?php
    $i=1;
    $s=0;
    while (TRUE){
        $s=$s+$i;
        $i=$i+2;
        echo $s."<br>";
        if ($s>10000)
            break;
    }
?>
</body>
</html>
```

访问方法：

在浏览器中输入地址“http://localhost:8090/LuWWW/02/OddSum.php”并按 Enter 键，即可打开如图 2-12 所示的“奇数累加和”页面。

提示：在 PHP 中，break 语句还可以用来直接退出指定的第几层循环。为此，只需在 break 之后指定相应的一个数字即可。特别地，“break 1;”相当于“break;”。

2. continue 语句

continue 语句的基本格式为：

```
continue;
```

该语句的功能是立即结束本次循环，也就是跳过其后的循环体语句而直接进入下一次循环(但能否继续循环则取决于循环条件的成立与否)。

在各种循环语句的循环体中，均可根据需要使用 continue 语句。一旦 continue 语句被执行，那么就立即停止执行位于其后的循环体语句，直接转去判断是否继续执行下一次循环过程。因此，continue 语句通常又称为中途复始语句或循环短路语句。

【实例 2-12】计算偶数累加和。“偶数累加和”页面如图 2-13 所示，其功能为输出 s 的值(当 s>10000 时停止输出)。其中：s=2+4+6+…

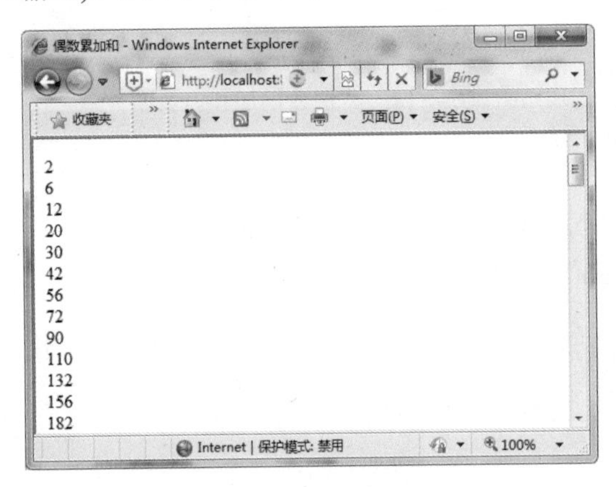

图 2-13 “偶数累加和”页面

基本步骤：

(1) 在文件夹 02 中创建 PHP 页面 EvenSum.php。

(2) 编写页面 EvenSum.php 的代码。

```
<html>
<head>
<meta http-equiv="Content-Type" content="text/html; charset=utf-8" />
<title>偶数累加和</title>
</head>
<body>
<?php
    $i=0;
    $s=0;
    while ($s<=10000){
        $i=$i+1;
        if ($i%2==1)
            continue;
```

```
        $s=$s+$i;
        echo $s."<br>";
    }
?>
</body>
</html>
```

访问方法：

在浏览器中输入地址“http://localhost:8090/LuWWW/02/EvenSum.php”并按 Enter 键，即可打开如图 2-13 所示的“偶数累加和”页面。

提示： 在 PHP 中，continue 语句还可以用来直接跳过指定的第几层循环的尾部代码(即跳到指定的第几层循环的末尾)。为此，只需在 continue 之后指定相应的一个数字即可。特别地，“continue 1;”相当于“continue;”。

3. goto 语句

goto 语句的语法格式为：

```
goto 标号;
```

该语句的功能是直接跳转到“标号”处并执行其后的语句。其中，“标号”是在程序中用于标识位置的标识符。为在程序中定义一个标号，只需在作为标号的标识符后加上一个冒号“:”即可。

goto 语句通常又称为无条件跳转语句，主要用于以下 3 种场合：

(1) 跳出 switch 语句。

(2) 跳出循环，即从循环体内跳转到循环体外，特别是在多重循环中从内层循环的循环体内直接跳转到外层循环的循环体外。

(3) 与 if 语句一起构成循环结构。

例如：

```
<?php
    $i=1;
    $s=0;
    while (TRUE){
        $s=$s+$i;
        $i=$i+1;
        if ($i>100)
            goto end;
    }
    end:
    echo $s."<br>";
?>
```

该段代码的功能是计算 1～100 的自然数之和，其运行结果为：

```
5050
```

注意：goto 语句仅在 PHP 5.3 及以上版本有效。在 PHP 中，goto 语句的使用具有一定的限制，其跳转的目标位置只能位于同一个文件和作用域内，而且不能跳入任何循环或 switch 结构，不能跳出/跳入一个函数或类方法。

提示：滥用 goto 语句会严重降低程序的可读性。因此，对于 goto 语句的使用，一定要慎重。

4. return 语句

return 语句即返回语句，其基本格式为：

```
return;
```

该语句的功能是终止当前脚本的执行并返回。
例如：

```
<?php
    for($i=1;$i<=10;$i++){
        if($i>5){
            return;
            echo $i."|";
        }
        echo $i."|";
    }
?>
```

该段代码的运行结果为：

```
1|2|3|4|5|
```

在此，当$i 值为 6 时，将执行“return;”语句，从而结束当前脚本的运行。

其实，在实例 2-7 的 Grade.php 页面中，“exit();”语句也可用“return;”语句代替。这样，当输入的成绩不在 0～100 时，即可执行该语句，从而直接退出当前脚本。

提示：return 语句还可以用于函数之中，以便结束函数的执行(必要时可同时返回相应的函数值)。

5. exit 语句

exit 语句即退出语句，其基本格式为：

```
exit;
```

该语句的功能是退出当前脚本(也就是终止当前脚本的执行)。
例如：

```
<?php
    echo "PHP"."<br>";
    echo "JSP"."<br>";
    exit;
    echo "ASP"."<br>";
    echo "ASP.NET"."<br>";
?>
```

该段代码的运行结果为：

```
PHP
JSP
```

提示：“exit;”语句也可用“die;”语句代替，二者的作用是一样的。此外，“exit;”语句与“exit();”语句是等价的。同样，“die;”语句与“die();”语句也是等价的。

2.9 函数使用

在 PHP 中，可直接调用有关的系统函数完成特定的功能。除此以外，还可以根据需要自行定义相应的函数，即用户自定义函数。

一个函数其实就是一个程序模块，用于完成特定的功能，可在需要时重复调用。可见，函数是实现模块化程序设计与代码重用的一种有效手段。

2.9.1 函数的定义

在 PHP 语言中，函数定义的一般格式为：

```
function 函数名([形式参数列表]){
    语句序列
}
```

其中，function 为定义函数的关键字；“函数名”即函数的名称，由用户自行指定，且必须符合标识符的命名规则，不区分大小写，不能与系统函数或用户已定义的函数重名；“函数名”后圆括号中的“形式参数列表”为可选项，如果有多个形式参数，那么各个参数之间应以逗号“,”作为分隔；花括号中的“语句序列”为函数体，实际上就是用于实现函数预定功能的语句集合，可以包含任何有效的 PHP 代码，甚至是其他函数与类的定义。

形式参数通常又简称为形参。当函数被调用时，形式参数将接收相应的实际参数值，以达到数据传递的目的。实际参数通常又简称为实参。

根据函数在定义时是否具有形式参数，可将函数分为有参函数与无参函数两类。其中，有参函数是带有参数的函数，无参函数是不带参数的函数。对于无参函数，在定义时其“函数名”后的圆括号内只需保留为空即可。

一个函数可以有返回值，也可以没有返回值。若函数具有返回值，则其返回值由 return 语句返回。其基本格式为：

```
return 表达式;
```

其中，“表达式”的值即为函数的返回值，其类型可以是任意类型，包括数组与对象。例如：

```
return 0;        //返回 0
return $x;       //返回$x 的值
```

```
return $x+$y;   //返回$x+$y 的值
```

执行带表达式的 return 语句后，其所在的函数将结束执行并返回相应的函数值。对于没有返回值的函数，必要时也可使用不带表达式的 return 语句结束执行并返回。

在一个函数中可以包含多条 return 语句，但任何时候只能执行其中之一。另外，一个函数不能同时返回多个值。不过，可以通过返回一个数组的方式来达到类似的效果。

例如：

```
<?php
function hello(){
    echo "Hello,World!";
    echo "<br>";
}
function helloto($name){
    echo "Hello,$name!";
    echo "<br>";
}
function sum($n){
    $s=0;
    for($i=1;$i<=$n;$i++){
        $s=$s+$i;
    }
    return $s;
}
?>
```

在此，一共定义了 3 个函数，分别为 hello()、helloto()与 sum()。其中，hello()函数是一个无参函数，没有返回值，其功能为显示信息“Hello,World!”；helloto()函数是一个有参函数，没有返回值，其功能亦为显示信息，但所显示的信息与参数$name 的值有关(若参数$name 值为“LSD”，则所显示的信息为“Hello,LSD!”)；而 sum()函数则是一个具有返回值的有参函数，其功能为计算并返回从 1 到指定参数$n 之间的自然数之和(若参数$n 值为 10，则函数的返回值为 55)。

2.9.2 函数的调用

函数在定义完毕后，并不会自动执行，而只有在被调用时方可执行。函数的调用主要是通过函数名来实现的，即函数名调用。其一般格式为：

```
函数名([实际参数列表])
```

对于具有返回值的函数，其调用可出现在表达式中或函数的实际参数列表中。对于没有返回值的函数，则只能作为调用语句单独出现。

例如：

```
<?php
    hello();
    helloto("LSD");
    $s=sum(10);
    echo $s."<br>";
```

```
    echo sum(100)."<br>";
?>
```

在此，分别调用前面已定义好的 hello()、helloto()与 sum()函数，其运行结果为：

```
Hello,World!
Hello,LSD!
55
5050
```

【实例 2-13】输出整数的各位数字。“整数数字”页面如图 2-14(a)所示。输入一个整数后，再单击“提交”按钮，即可在其下显示该整数各位上的数字，如图 2-14(b)所示。

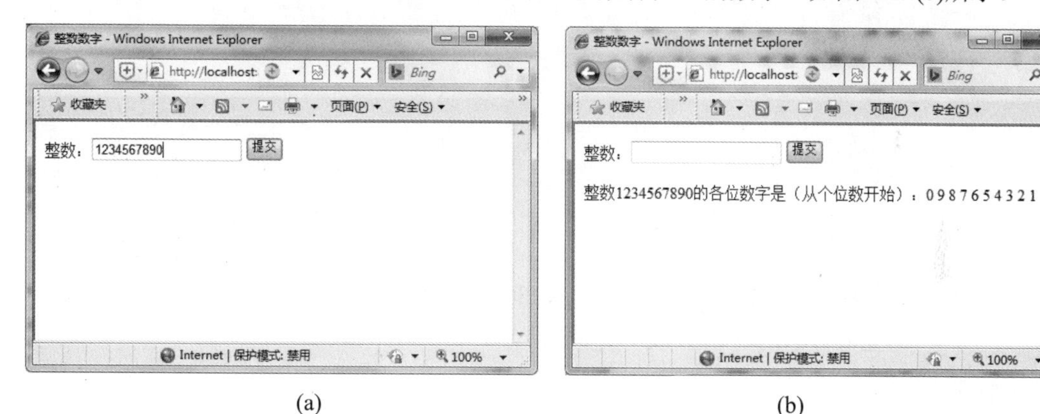

(a)　　　　　　(b)

图 2-14　“整数数字”页面

基本步骤：

(1) 在文件夹 02 中创建 PHP 页面 IntDigit.php。

(2) 编写页面 IntDigit.php 的代码。

```
<html>
<head>
<meta http-equiv="Content-Type" content="text/html; charset=utf-8" />
<title>整数数字</title>
</head>
<body>
<form action="" method="post">
    整数：<input name="zs" type="text" />
    <input name="OK" type="submit" value="提交" />
</form>
<?php
if (isset($_POST["OK"])){
    $zs=(int)$_POST["zs"];
    function digits($n){
        if ($n<0){
            $n=-$n;
        }
        if ($n==0){
            $digit[0]=0;
```

```
        }else{
            for($i=0;$n>=1;$i++){
                $digit[$i]=$n%10;
                $n=$n/10;
            }
        }
        return $digit;
    }
    $zssz=digits($zs);
    echo "整数".$zs."的各位数字是(从个位数开始)：";
    foreach ($zssz as $value) {
    echo $value." ";
    }
}
?>
</body>
</html>
```

访问方法：

在浏览器中输入地址“http://localhost:8090/LuWWW/02/IntDigit.php”并按 Enter 键，即可打开如图 2-14(a)所示的“整数数字”页面。

代码解析：

在本页面中，定义了一个函数 digits()，其功能为返回包含参数$n 所指定的整数的各位数字的数组。

提示： (1) 在 PHP 中，函数无须在调用之前被定义，除非要调用的函数是有条件被定义的。例如：

```
<?php
hello();
function hello(){
    echo "Hello,World!";
    echo "<br>";
}
//不能在此处调用 helloto()函数，因为此时该函数尚未存在
//helloto("LSD");
$defhelloto=TRUE;
if ($defhelloto){
    function helloto($name){
        echo "Hello,$name!";
        echo "<br>";
    }
}
if ($defhelloto)
    helloto("LSD");
?>
```

(2) 在 PHP 中，所有函数与类都具有全局作用域，可以定义在一个函数之内而在之外调用，反之亦然。例如:

```
<?php
function abc(){
    function sum($n){
        $s=0;
        for($i=1;$i<=$n;$i++){
            $s=$s+$i;
        }
        return $s;
    }
}
//不能在此处调用 sum()函数，因为此时该函数尚未存在
//echo sum(100)."<br>";
abc();
echo sum(100)."<br>";
?>
```

2.9.3 函数的参数传递

在 PHP 中，函数的参数传递方式有两种，即传值方式与传址方式。二者的区别在于定义函数时是否在形式参数前加上符号“&”。若形式参数前没加“&”，则为传值方式，否则为传址方式。

对于传值方式，在调用函数时，会将实际参数的值赋给相应的形式参数。此时，实际参数与相应形式参数所使用的内存单元是不同的。因此，函数内形式参数值的改变不会影响函数外相应的实际参数，即不会修改实际参数的值。例如：

```
<?php
   function setcolor($color)
   {
      $color="green";
   }
   $mycolor="red";
   setcolor($mycolor);
   echo $mycolor;
?>
```

该段代码的运行结果为：

```
red
```

在此，调用 setcolor()函数后，变量$mycolor 的值依然为原来的“red”。

对于传址方式，在调用函数时，会将实际参数的地址赋给相应的形式参数。此时，形式参数所引用的内存单元与相应实际参数所使用的内存单元是一样的。因此，函数内形式参数值的改变会影响函数外相应的实际参数，即会同时修改实际参数的值。例如：

```
<?php
   function setcolor(&$color)
```

```
    {
        $color="green";
    }
    $mycolor="red";
    setcolor($mycolor);
    echo $mycolor;
?>
```

该段代码的运行结果为：

```
green
```

在此，调用 setcolor()函数后，变量$mycolor 的值已由原来的“red”改变为“green”。

注意： 对于采用传址方式的形式参数，在调用函数时，相应的实际参数应为某个变量。

2.9.4 函数的默认参数

在 PHP 中，还可以使用默认参数。所谓默认参数，就是在定义函数时为其指定了默认值的参数。在调用函数时，对于默认参数，如果为其指定了相应的实际参数，那么就使用实际参数的值，否则就自动使用定义时所指定的默认值。例如：

```
<html>
<head>
<meta http-equiv="Content-Type" content="text/html; charset=utf-8" />
<title>Hello</title>
</head>
<body>
<?php
function hello($who,$occupation="老师",$message="您好"){
    echo "$who${occupation},${message}! <br>";
}
hello("卢");
hello("刘","医生");
hello("各位","同学","大家好");
?>
</body>
</html>
```

该页面的运行结果为：

```
卢老师，您好!
刘医生，您好!
各位同学，大家好!
```

在此，所定义的 hello()函数共有 3 个参数，分别为$who、$occupation 与$message。其中，$occupation 与$message 为默认参数，其默认值分别为“老师”与“您好”。

注意： 在定义函数时，所有的默认参数都必须放在非默认参数的右侧。此外，为默认参数所指定的默认值必须是常量表达式，而不能是变量、类成员或者函数调用等。

2.9.5　函数的嵌套调用

PHP 允许函数之间进行嵌套调用，即在一个函数中又调用另外一个或多个函数。例如，函数 a()调用函数 b()，而函数 b()又调用函数 c1()与函数 c2()。

【实例 2-14】计算累加和。“累加和”页面如图 2-15 所示，其功能为输出 s 的值。其中：$s = 1^2! + 2^2! + 3^2!$。

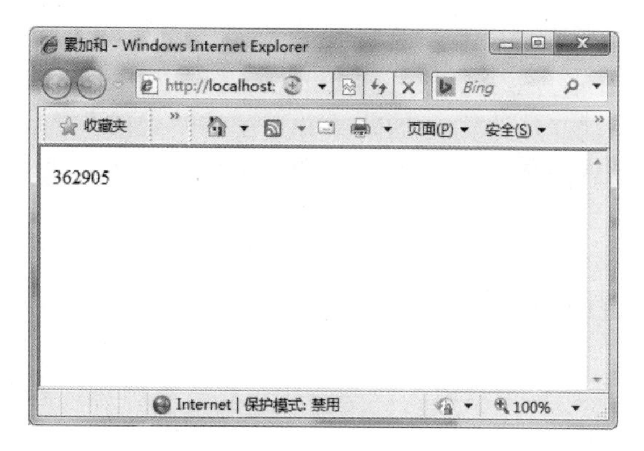

图 2-15　“累加和”页面

基本步骤：

(1) 在文件夹 02 中创建 PHP 页面 Sum1.php。

(2) 编写页面 Sum1.php 的代码。

```
<html>
<head>
<meta http-equiv="Content-Type" content="text/html; charset=utf-8" />
<title>累加和</title>
</head>
<body>
<?php
function fun1($n){
    $p=$n*$n;
    $q=fun2($p);
    return($q);
}
function fun2($n){
    $m=1;
    for ($i=1;$i<=$n;$i++)
        $m=$m*$i;
    return($m);
}
$s=0;
for ($i=1;$i<=3;$i++)
    $s=$s+fun1($i);
echo $s;
?>
```

```
</body>
</html>
```

访问方法：

在浏览器中输入地址“http://localhost:8090/LuWWW/02/Sum1.php”并按 Enter 键，结果如图 2-15 所示。

代码解析：

(1) 在本页面中，定义了两个函数，即 fun1()与 fun2()，并在 fun1()中调用了 fun2()。

(2) 函数 fun2($n)的功能是计算$n 的阶乘并返回该阶乘值。

(3) 函数 fun1($n)的功能是返回$n 的平方的阶乘值，而该值其实是通过调用函数 fun2()来获取的。

2.9.6 函数的递归调用

函数的递归调用是指函数直接或间接地调用自己。相应地，直接或间接地调用自己的函数称为递归函数。例如：

```
function fun($n) {
    …
    $j=fun($i);
    …
}
```

在此，函数 fun()调用了其自己，因此是一个递归函数。

在编写递归函数时，一般要根据某一条件是否成立来决定是否停止继续调用。否则，容易造成错误。

【实例 2-15】计算阶乘值。“阶乘值”页面如图 2-16 所示，其功能为通过调用递归函数计算并输出 5!。

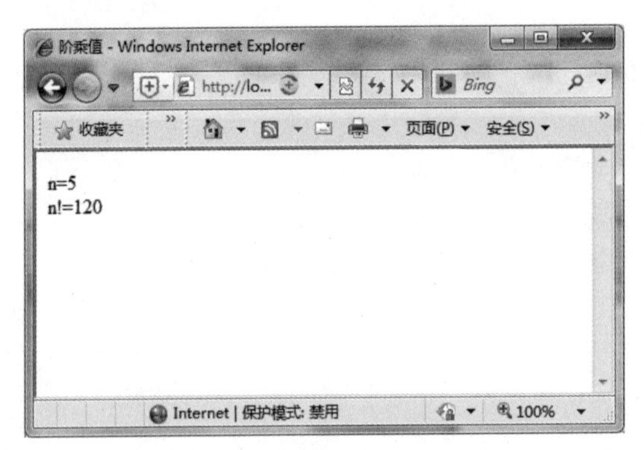

图 2-16 “阶乘值”页面

编程思路：

对于 n!=1*2*3*…*n，可用递归的形式重新定义为：

$$n! = \begin{cases} n*(n-1)! & n>1 \\ 1 & n=0,1 \end{cases}$$

以函数 fac($n)表示 n!，则 fac($n)=$n*fac($n−1)。特别地，fac(1)=fac(0)=1。

基本步骤：

(1) 在文件夹 02 中创建 PHP 页面 Fac.php。

(2) 编写页面 Fac.php 的代码。

```
<html>
<head>
<meta http-equiv="Content-Type" content="text/html; charset=utf-8" />
<title>阶乘值</title>
</head>
<body>
<?php
function fac($n){
    if ($n==1||$n==0)
        $f=1;   //当$n=1 或$n=0 时
    else
        $f=$n*fac($n-1);  //当$n>1 时
  return($f);
}
$n=5;
echo "n=$n"."<br>";
echo "n!=".fac($n);
?>
</body>
</html>
```

访问方法：

在浏览器中输入地址“http://localhost:8090/LuWWW/02/Fac.php”并按 Enter 键，结果如图 2-16 所示。

【实例 2-16】 计算累加和。“累加和”页面如图 2-17 所示，其功能为通过调用递归函数计算并输出 1～100 的自然数序列之和。

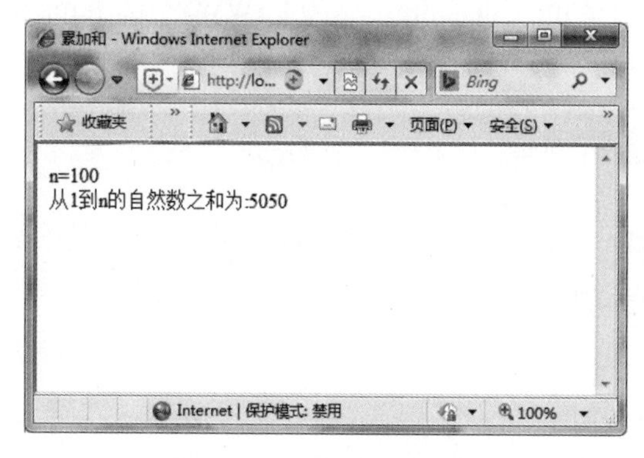

图 2-17　“累加和”页面

编程思路：

令：

$$f(n)=1+2+3+\cdots+n$$

则：

$$f(n)=\begin{cases}n+f(n-1) & n>1\\1 & n=1\end{cases}$$

基本步骤：

(1) 在文件夹 02 中创建 PHP 页面 Sum2.php。

(2) 编写页面 Sum2.php 的代码。

```
<html>
<head>
<meta http-equiv="Content-Type" content="text/html; charset=utf-8" />
<title>累加和</title>
</head>
<body>
<?php
function sum($n){
    if ($n==1)
        $s=1;   //当$n=1 时
    else
        $s=$n+sum($n-1);  //当$n>1 时
  return($s);
}
$n=100;
echo "n=$n"."<br>";
echo "从 1 到 n 的自然数之和为:".sum($n);
?>
</body>
</html>
```

访问方法：

在浏览器中输入地址“http://localhost:8090/LuWWW/02/Sum2.php”并按 Enter 键，结果如图 2-17 所示。

2.9.7 可变函数与匿名函数

PHP 支持可变函数，即函数名为变量的函数。在一个变量的后面加上圆括号“()”，即可构成一个可变函数。例如：

```
$fun()
```

实际上，可变函数类似于可变变量。借助于可变函数，可通过改变变量的值来实现对不同函数的调用。例如：

```
<?php
function hello(){
    echo "Hello,World!";
    echo "<br>";
}
function helloto($name){
    echo "Hello,$name!";
    echo "<br>";
}
$myfun="hello";
$myfun();
$myfun="helloto";
$myfun("LSD");
?>
```

该段代码的运行结果为：

```
Hello,World!
Hello,LSD!
```

在此，$myfun()即为可变函数。

提示： 在调用可变函数时，若与变量值同名的函数并不存在，则会产生错误。为防止此类错误的发生，可在调用可变函数前先使用系统函数 function_exists()来判断与变量值同名的函数是否存在，如果存在就执行，否则就不执行。函数 function_exists()在指定的函数存在时返回 TRUE，否则返回 FALSE。例如：

```
<?php
function helloto($name){
    echo "Hello,$name!";
    echo "<br>";
}
$myfun="helloto";
if (function_exists($myfun))
    $myfun("LSD");
$myfun="hellotoabc";
if (function_exists($myfun))
    $myfun("LSDabc");
?>
```

该段代码的运行结果为：

```
Hello,LSD!
```

在此，语句“$myfun("LSDabc");”是不会执行的，即不会调用并不存在的 hellotoabc()函数。

注意： 可变函数不能用于语言结构，即可变函数的变量值不能是 echo、print、isset、unset、empty、include、require 等。

PHP 5.3.0 及以上版本也支持匿名函数。所谓匿名函数，就是没有名称的函数，通常又称为闭包函数。一般情况下，可在定义匿名函数时将其赋给一个变量，然后通过调用可变函数的形式调用匿名函数。例如：

```
<?php
$myfun=function ($name){
    echo "Hello,$name!";
    echo "<br>";
};
$myfun("China");
$myfun("World");
?>
```

该段代码的运行结果为：

```
Hello,China!
Hello,World!
```

提示：在 PHP 中，有些函数的某些参数为回调函数。在调用这些函数时，通常将匿名函数作为相应回调函数参数的值。

2.9.8 函数与变量

在 PHP 中，函数外的变量通常称为全局变量，其作用域是全局的，但只在函数外有效，而不能在函数内直接对其进行访问。至于函数内的变量，默认情况下均为局部变量，其作用域都是局部的，即只在函数内有效，而不能在函数外直接对其进行访问。如果要扩大有关变量的作用域，即在函数内使用函数外的变量，或在函数外使用函数内的变量，那么就必须在函数内使用 global 关键字对其进行声明。例如：

```
<?php
$n1=1;
function abc(){
    global $n1,$n2;
    echo '$n1='.$n1."<br>";
    $n2=2;
}
abc();
echo '$n2='.$n2."<br>";
?>
```

该段代码的运行结果为：

```
$n1=1
$n2=2
```

在此，变量$n1 是在函数外定义的，$n2 是在函数内定义。由于已经在函数内使用“global $n1,$n2;”语句将$n1 与$n2 声明为全局变量，因此可以在函数内访问函数外的$n1，在函数外访问函数内的$n2。如果将“global $n1,$n2;”语句注释掉(或删除)，那么就会显示出变量$n1 与$n2 未定义的错误信息。

默认情况下，函数内的变量为动态变量，其生存期仅为函数的运行期，一旦函数执行完毕就不再存在了。若要延长其生存期，可使用 static 关键字将其声明为静态变量。作为静态变量，函数执行完毕后将继续存在，而且在下次调用该函数时，其值就是上次调用函数时所赋的值。例如：

```
<?php
function counter(){
    static $n=0;
    $n++;
    echo $n. "<br/>";
}
counter();
counter();
counter();
?>
```

该段代码的运行结果为：

```
1
2
3
```

在此，函数 counter()中的变量$n 被定义为静态变量，初值为 0。第一次调用该函数时，$n 值为初值 0，增加 1 后变为 1，输出结果为 1；第二次调用该函数时，$n 值为上次调用时所赋的值 1，增加 1 后变为 2，输出结果为 2；第三次调用该函数时，$n 值为上次调用时所赋的值 2，增加 1 后变为 3，输出结果为 3。如果将“static $n=0;”语句修改为“$n=0;”，那么$n 就是动态变量，每次调用时其初值均为 0，增加 1 后变为 1，因此输出结果均为 1。

提示： 必要时，也可使用超全局变量$GLOBALS 在函数内访问全局变量(即全局作用域内可用的全部变量)。$GLOBALS 其实是一个包含了所有全局变量(全局作用域内所有变量)的数组，数组元素的键名就是相应的变量名。因此，可通过“$GOLBAL["变量名"]”的方式访问相应的全局变量。例如：

```
<?php
$n1=1;
$n2=2;
$s=0;
function sum(){
    $GLOBALS['s']=$GLOBALS['n1']+$GLOBALS['n2'];
}
sum();
echo $s."<br>";
?>
```

该段代码的运行结果为：

```
3
```

2.10 文件包含

文件包含是指在当前文件中将指定的文件包含进来，也就是引入并执行指定文件中的代码。其实，在 PHP 中，文件包含是实现代码重用的一种有效手段。对于一些需要重复使用的代码，可将其单独保存到一个文件中。这样，当需要这些代码时，只需将相应的文件包含进来即可。

为实现文件包含，可使用相应的文件包含语句。PHP 所提供的文件包含语句共有 4 种，其语法格式分别为：

```
include "filename";
require "filename";
include_once "filename";
require_once "filename";
```

其中，filename 为要包含的文件的文件名，需用单引号或双引号括起来。

(1) 使用 include 语句包含文件时，只在程序执行到该语句时才将指定文件包含进来。若发生错误(如要包含的文件不存在)，系统会输出警告信息，并继续执行程序。多次使用该语句包含相同的文件时，程序也会多次包含指定的文件。

(2) 使用 require 语句包含文件时，一旦程序开始运行就会将指定文件包含进来。若发生错误(如要包含的文件不存在)，系统会输出错误信息，并停止执行程序。多次使用该语句包含相同的文件时，程序也会多次包含指定的文件。

(3) include_once 语句的使用方法与 include 语句相同，区别在于多次使用该语句包含相同的文件时，程序只会包含指定的文件一次。

(4) require_once 语句的使用方法与 require 语句相同，区别在于多次使用该语句包含相同的文件时，程序只会包含指定的文件一次。

在进行文件包含时，从文件包含语句开始，被包含文件中所有可用的变量在当前程序中均可直接使用。此外，所有在包含文件中定义的函数与类都具有全局作用域。

【实例 2-17】“文件包含示例”页面如图 2-18 所示，其中的“Hello,World!”都是通过被包含的文件输出的。

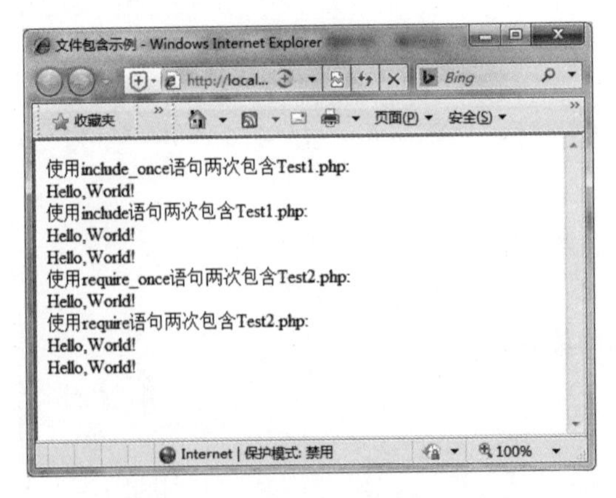

图 2-18 “文件包含示例”页面

基本步骤：

(1) 在文件夹 02 中创建 PHP 页面 Include.php，并编写其代码。

```
<html>
<head>
<meta http-equiv="Content-Type" content="text/html; charset=utf-8" />
<title>文件包含示例</title>
</head>
<body>
<?php
echo "使用 include_once 语句两次包含 Test1.php:<br>";
include_once "Test1.php";
include_once "Test1.php";
echo "使用 include 语句两次包含 Test1.php:<br>";
include "Test1.php" ;
include "Test1.php";
echo "使用 require_once 语句两次包含 Test2.php:<br>";
require_once "Test2.php";
require_once "Test2.php";
echo "使用 require 语句两次包含 Test2.php:<br>";
require "Test2.php";
require "Test2.php";
?>
</body>
</html>
```

(2) 在文件夹 02 中创建 PHP 页面 Test1.php，并编写其代码。

```
<?php
   echo "Hello,World!<br>";
?>
```

(3) 在文件夹 02 中创建 PHP 页面 Test2.php，并编写其代码。

```
<?php
   echo "Hello,World!<br>";
?>
```

访问方法：

在浏览器中输入地址“http://localhost:8090/LuWWW/02/Include.php”并按 Enter 键，结果如图 2-18 所示。

注意： 在进行文件包含时，如果在被包含文件中执行 exit 语句，那么当前程序中包含文件语句后面的代码将不再被执行；如果在被包含文件中执行 return 语句，那么当前程序中包含文件语句后面的代码会继续被执行。例如，IncludeAbc.php 的代码为：

```
<?php
echo "Include...<br>";
```

```
include "TestAbc.php";
echo "OK!";
?>
```

在此，通过“include "TestAbc.php";”语句包含文件 TestAbc.php，其代码为：

```
<?php
echo "Yes!<br>";
exit;
echo "No!";
?>
```

在浏览器中访问 IncludeAbc.php，结果为：

```
Include...
Yes!
```

若将 TestAbc.php 中的“exit;”语句替换为“return;”语句，则结果为：

```
Include...
Yes!
OK!
```

2.11 错误控制

在程序运行过程中，若某个表达式存在错误，PHP 将输出相应的错误信息，从而影响页面的显示效果。必要时，可在表达式之前添加错误控制运算符“@”，以忽略(即不再输出)该表达式可能产生的任何错误信息。

【实例 2-18】“错误控制示例”页面如图 2-19 所示，其中的 Notice 信息表明程序因使用未定义的变量$a 而导致错误。

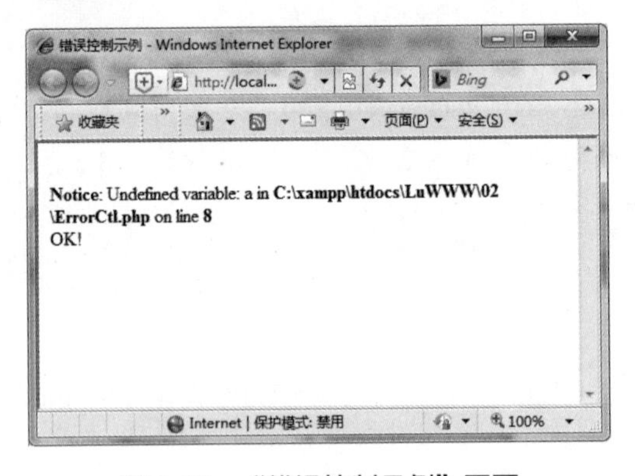

图 2-19 “错误控制示例”页面

基本步骤：

(1) 在文件夹 02 中创建 PHP 页面 ErrorCtl.php。

(2) 编写页面 ErrorCtl.php 的代码。

```
<html>
<head>
```

```
<meta http-equiv="Content-Type" content="text/html; charset=utf-8" />
<title>错误控制示例</title>
</head>
<body>
<?php
   echo $a;
   echo @$b;
   $c="OK!";
   echo $c;
   @test();
?>
</body>
</html>
```

访问方法：

在浏览器中输入地址“http://localhost:8090/LuWWW/02/ErrorCtl.php”并按 Enter 键，结果如图 2-19 所示。

代码解析：

(1) 图 2-19 中的 Notice 信息是在执行“echo $a;”语句时产生的，因为变量$a 未定义，且未使用@进行控制。

(2) 在执行“echo @$b;”语句时，虽然变量$b 亦未定义，但因使用了@进行控制，故不会显示相应的 Notice 信息。

(3) 在执行“@test();”语句时，虽然函数 test()未定义，但因使用了@进行控制，故不会显示相应的 Fatal error 信息(Fatal error: Call to undefined function test() in C:\xampp\htdocs\LuWWW\02\ErrorCtl.php on line 12)。

说明： 错误控制运算符“@”与递增运算符“++”、递减运算符“--”等具有同样的优先级，且相互之间不能连在一起使用(即不具备结合性)。

注意： 错误控制运算符只对表达式有效，可放在变量名、常量名、函数名等之前，而不能用于函数定义或类定义。

提示： 使用错误控制运算符，可屏蔽导致脚本终止的严重错误信息。例如，在调用某个不存在的函数或类型错误的函数时，若将“@”置于函数名前，则在运行时不会显示任何出错信息，这对于程序的调试是极为不利的。因此，要慎重使用错误控制运算符。

本 章 小 结

本章简要地介绍了 PHP 的基本语法与数据类型，并通过典型代码讲解了 PHP 变量、常量、运算符、表达式、数据类型转换的基本用法，同时通过具体实例讲解了 PHP 各种流程控制语句的基本用法、函数定义与调用的有关方法、文件包含的基本用法以及错误控制的基本技术。通过本章的学习，应熟练掌握 PHP 编程的各种基础知识，能够针对一些较为简单的问题，编写出正确无误的 PHP 程序代码。

思 考 题

1. 如何在 HTML 文档中嵌入 PHP 代码？
2. PHP 的标记风格分为哪几种？请简述其基本格式。
3. 请简述 PHP 语句的基本格式。
4. PHP 的注释分为哪几种？请简述其基本格式。
5. 在 PHP 中，如何输出数据或信息？
6. PHP 的数据类型可分为哪几类？
7. PHP 的标量数据类型有哪些？
8. PHP 的复合数据类型有哪些？
9. PHP 的数组分为哪几种？在 PHP 中，如何定义或创建数组？如何访问数组元素？
10. PHP 的特殊数据类型有哪些？
11. PHP 的变量可分为哪几种？
12. PHP 变量的赋值方式分为哪几种？
13. 请简述 PHP 可变变量的基本用法。
14. PHP 的预定义变量主要有哪些？
15. PHP 的常量可分为哪几种？
16. 请简述 PHP 中定义常量的基本方法。
17. PHP 的预定义常量主要有哪些？
18. PHP 的运算符主要分为哪几种？各有哪些运算符？
19. 请简述 PHP 运算符的优先级与结合性。
20. 在 PHP 中，如何进行数据类型的强制转换？
21. PHP 的分支语句有哪些？请简述其基本用法。
22. PHP 的循环语句有哪些？请简述其基本用法。
23. PHP 的跳转语句有哪些？请简述其基本用法。
24. 请简述 PHP 中函数定义与调用的基本方法。
25. 在 PHP 中，函数的参数传递方式分为哪几种？各有何特点？
26. 在 PHP 中，如何定义函数的默认参数？
27. 何为递归函数？请简述其设计要点。
28. 请简述可变函数与匿名函数的基本用法。
29. 请简述 PHP 中全局变量、局部变量与静态变量的使用要点。
30. 在 PHP 中，如何实现文件包含？
31. 在 PHP 中，如何实现错误控制？

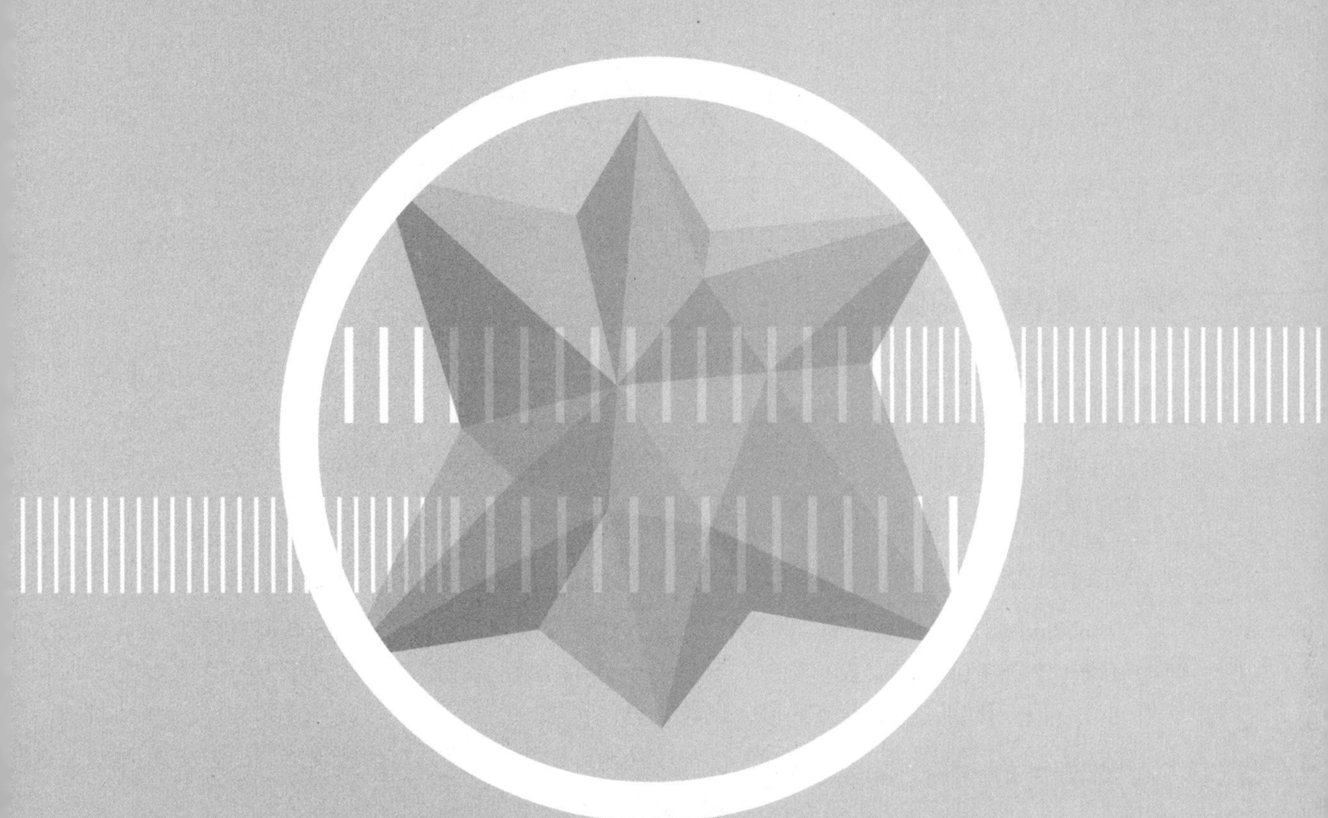

第3章

PHP 交互设计

用户使用 Web 应用系统的过程中，往往会存在着大量的交互操作。因此，在开发 Web 应用系统时，对于有关的交互过程，应进行合理的设计，并采用适当的技术加以实现。

本章要点：

表单处理；URL 处理；页面跳转；文件上传与下载。

学习目标：

掌握 PHP 的表单处理技术；掌握 PHP 的 URL 处理技术；掌握 PHP 的页面跳转技术；掌握 PHP 的文件上传与下载技术。

3.1 表 单 处 理

在 Web 应用中，用户的输入主要是通过 HTML 表单来完成的。提交表单后，即可在其处理程序中接收表单数据并完成后续的处理过程。

3.1.1 表单数据的提交

表单数据的提交方式主要有两种，即 GET 方式与 POST 方式。在表单标记<form>中，通过 method 属性指定表单数据的提交方式，通过 action 属性指定表单处理程序的 URL(未指定时则表示由表单所在的页面进行处理)。<form>标记的基本格式为：

```
<form method="get|post" action="URL">
…
</form>
```

当 method 属性值为 get 时，将采用 GET 方式提交表单数据；当 method 属性值为 post 时，将采用 POST 方式提交表单数据。其实，method 属性为可选属性，未指定时其值为默认值 get，即采用默认的 GET 方式提交表单数据。例如：

```
<form method="get" action="test.php">
…
</form>
```

在此，表单将以 GET 方式提交，提交后则由 test.php 页面进行处理。

说明： 表单提交的 GET 方式与 POST 方式有着本质的不同，适用于不同的应用场景。以 GET 方式提交表单时，表单数据会附加在 URL 之后，并显示在浏览器的地址栏中；而以 POST 方式提交表单时，表单数据是嵌入 HTTP 请求体之中的，并不会显示在浏览器的地址栏中。因此，对于机密数据(如密码等)的提交来说，POST 方式比 GET 方式更加安全一些。另外，GET 方式所能提交的数据量是有一定限制的，而 POST 方式则没有限制，因此更适用于大量数据的提交。

3.1.2 表单数据的接收

在表单处理程序(或页面)中，首先要解决的一个重要问题就是如何正确接收通过表单提交过来的数据。接收到有关数据后，即可根据需要对其进行相应的处理。

一般来说，表单中的各个元素均有其各自的名称(通过其 name 属性指定)。在 PHP 中，根据表单的提交方式与表单元素的名称，使用$_GET、$_POST 或$_REQUEST 超全局变量，即可获取相应的表单数据。其基本格式为：

```
$_GET['表单元素名']
$_POST['表单元素名']
$_REQUEST ['表单元素名']
```

其中，$_GET 用于获取以 GET 方式提交的表单数据，$_POST 用于获取以 POST 方式提交的表单数据，而$_REQUEST 则用于获取以 GET 方式或 POST 方式提交的表单数据。

说明： 在 PHP 中，超全局变量$_GET、$_POST 与$_REQUEST 其实是由 PHP 预定义的数组。在使用过程中，$_GET 与$_POST 均可用$_REQUEST 代替。

【实例 3-1】系统登录。“系统登录”页面 LoginGet.php 如图 3-1(a)所示。在其中输入用户名与密码并选定用户类型后，再单击“确定”按钮，即可以 GET 方式提交表单，并在其处理页面 LoginGetResult.php 中显示相应的信息，如图 3-1(b)所示。

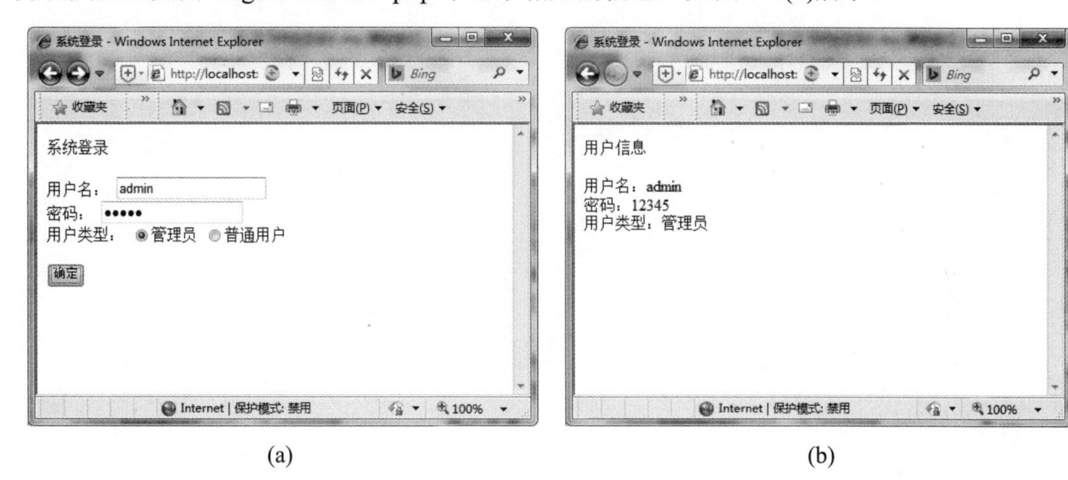

(a)　　(b)

图 3-1　系统登录

基本步骤：

(1) 在 PHP 站点 LuWWW 中创建文件夹 03。

(2) 在文件夹 03 中创建 PHP 页面 LoginGet.php。其代码如下：

```
<html>
<head>
<meta http-equiv="Content-Type" content="text/html; charset=utf-8" />
<title>系统登录</title>
</head>
<body>
系统登录<br>
<form action="LoginGetResult.php" method="get">
用户名：
<input type="text" name="username" id="username"><br>
密码：
<input type="password" name="password" id="password"><br>
用户类型：
<input type="radio" name="usertype" value="管理员">管理员
<input type="radio" name="usertype" value="普通用户" checked>普通用户
<br><br>
<input type="submit" name="submit" id="submit" value="确定">
</form>
```

```
</body>
</html>
```

(3) 在文件夹 03 中创建 PHP 页面 LoginGetResult.php。其代码如下：

```
<html>
<head>
<meta http-equiv="Content-Type" content="text/html; charset=utf-8" />
<title>系统登录</title>
</head>
<body>
<?php
$username=$_GET["username"];
$password=$_GET["password"];
$usertype=$_GET["usertype"];
echo "用户信息<br><br>";
echo "用户名: ".$username."<br>";
echo "密码: ".$password."<br>";
echo "用户类型: ".$usertype."<br>";
?>
</body>
</html>
```

访问方法：

在浏览器中输入地址“http://localhost:8090/LuWWW/03/LoginGet.php”并按 Enter 键，结果如图 3-1(a)所示。

代码解析：

在本实例中，用户名通过文本框输入，密码通过密码域输入，用户类型通过单选按钮选定(预先选中“管理员”单选按钮)。由于表单是以 GET 方式提交的，因此在其处理页面中使用$_GET 以获取相应的表单数据，包括用户名、密码与用户类型。

说明： 对于本实例来说，提交表单后，浏览器地址栏中的 URL 地址类似于：

http://localhost:8090/LuWWW/03/LoginGetResult.php?username=admin&password=12345&usertype=%E7%AE%A1%E7%90%86%E5%91%98&submit=%E7%A1%AE%E5%AE%9A

可见，以 GET 方式提交表单时，有关的表单数据会附加到表单处理程序的 URL 之后，并显示在浏览器的地址栏中。在此，用户名(username)为“admin”，密码(password)为“12345”，用户类型(usertype)为“%E7%AE%A1%E7%90%86%E5%91%98”(即“管理员”的 URL 编码形式)。

【实例 3-2】系统登录。“系统登录”页面 LoginPost.php 如图 3-2(a)所示。在其中输入用户名与密码并选定用户类型后，再单击“确定”按钮，即可以 POST 方式提交表单，并在其处理页面 LoginPostResult.php 中显示相应的信息，如图 3-2(b)所示。

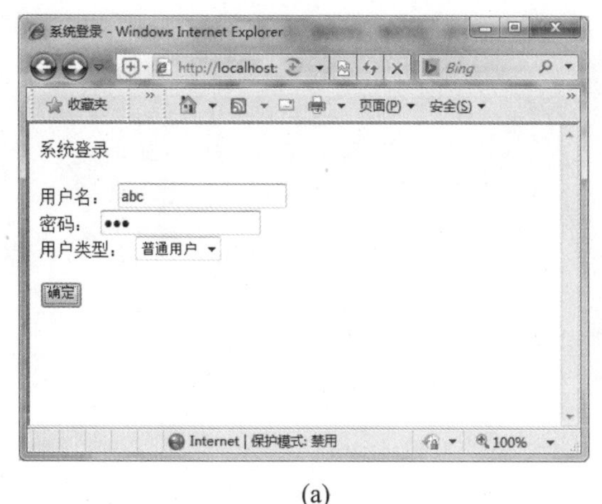

(a)

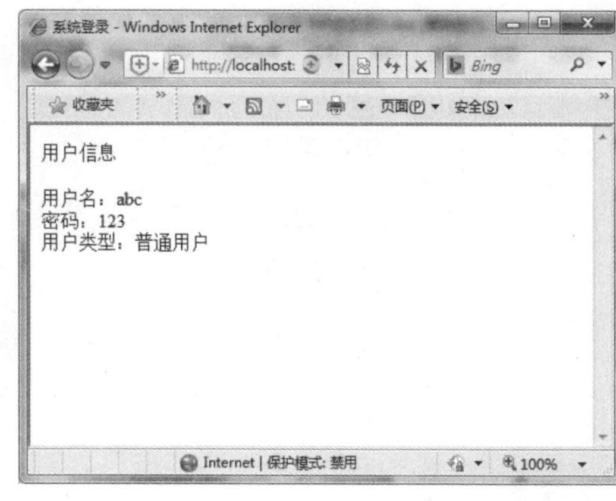

(b)

图 3-2　系统登录

基本步骤：

(1) 在文件夹 03 中创建 PHP 页面 LoginPost.php。其代码如下：

```
<html>
<head>
<meta http-equiv="Content-Type" content="text/html; charset=utf-8" />
<title>系统登录</title>
</head>
<body>
系统登录<br>
<form action="LoginPostResult.php" method="post">
用户名：
<input type="text" name="username" id="username"><br>
密码：
<input type="password" name="password" id="password"><br>
用户类型：
<select name="usertype" id="usertype">
<option value="管理员">管理员</option>
<option value="普通用户" selected>普通用户</option>
</select>
<br><br>
<input type="submit" name="submit" id="submit" value="确定">
</form>
</body>
</html>
```

(2) 在文件夹 03 中创建 PHP 页面 LoginPostResult.php。其代码如下：

```
<html>
<head>
<meta http-equiv="Content-Type" content="text/html; charset=utf-8" />
<title>系统登录</title>
</head>
<body>
```

```
<?php
$username=$_POST["username"];
$password=$_POST["password"];
$usertype=$_POST["usertype"];
echo "用户信息<br><br>";
echo "用户名：".$username."<br>";
echo "密码：".$password."<br>";
echo "用户类型：".$usertype."<br>";
?>
</body>
</html>
```

访问方法：

在浏览器中输入地址“http://localhost:8090/LuWWW/03/LoginPost.php”并按 Enter 键，结果如图 3-2(a)所示。

代码解析：

在本实例中，用户名通过文本框输入，密码通过密码域输入，用户类型通过下拉列表框选定(预先选中“普通用户”选项)。由于表单是以 POST 方式提交的，因此在其处理页面中使用$_POST 以获取相应的表单数据，包括用户名、密码与用户类型。

说明： 对于本实例来说，提交表单后，浏览器地址栏中的 URL 地址为：

http://localhost:8090/LuWWW/03/LoginPostResult.php

可见，以 POST 方式提交表单时，有关的表单数据并不会显示在浏览器的地址栏中。

【实例 3-3】课程信息。“课程信息”页面 Course.php 如图 3-3(a)所示。在其中输入课程的名称、学时、学分与简介，并选定课程的类别后，再单击“提交”按钮，即可在其处理页面 CourseResult.php 中显示相应的信息，如图 3-3(b)所示。

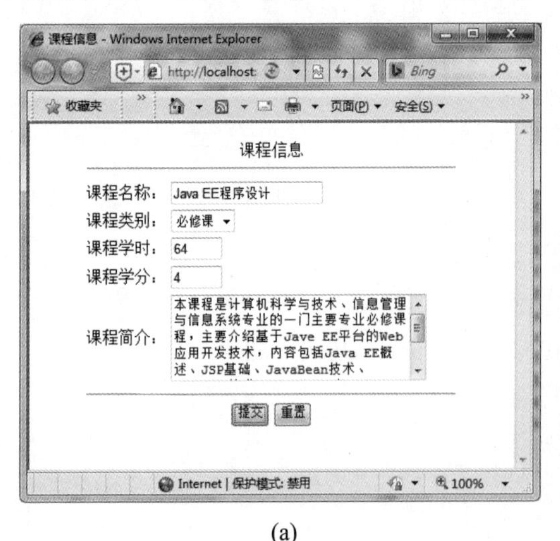

(a)

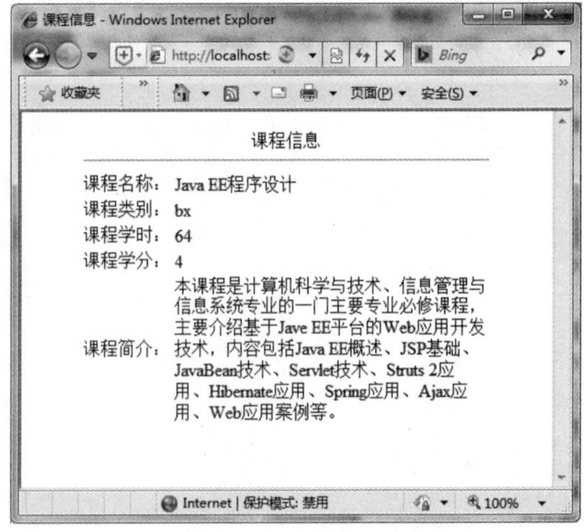

(b)

图 3-3　课程信息

基本步骤：

(1) 在文件夹 03 中创建 PHP 页面 Course.php。其代码如下：

```
<html>
<head>
<meta http-equiv="Content-Type" content="text/html; charset=utf-8" />
<title>课程信息</title>
</head>
<body>
<form action="CourseResult.php" method="post">
<table width="380" border="0" align="center">
  <tr>
    <td colspan="2" align="center">课程信息<hr></td>
    </tr>
  <tr>
    <td align="right" width="80">课程名称：</td>
    <td><input name="kcmc" type="text" id="kcmc" size="20" maxlength="30"></td>
  </tr>
  <tr>
    <td align="right">课程类别：</td>
    <td><select name="kclb" id="kclb">
     <option value="bx" selected>必修课</option>
     <option value="xx">限选课</option>
    <option value="rx">任选课</option>
     </select></td>
  </tr>
  <tr>
    <td align="right">课程学时：</td>
    <td><input name="kcxs" type="text" id="kcxs" size="3" maxlength="3"></td>
  </tr>
  <td align="right">课程学分：</td>
    <td><input name="kcxf" type="text" id="kcxf" size="3" maxlength="3"></td>
  </tr>
  <td align="right">课程简介：</td>
    <td><textarea name="kcjj" id="kcjj" rows="5" cols="30"></textarea></td>
  </tr>
  <tr>
    <td colspan="2" align="center"><hr><input type="submit" name="submit"
id="submit" value="提交">
    <input type="reset" name="reset" id="reset" value="重置"></td>
    </tr>
</table>
</form>
</body>
</html>
```

(2) 在文件夹 03 中创建 PHP 页面 CourseResult.php。其代码如下：

```
<html>
<head>
```

```
<meta http-equiv="Content-Type" content="text/html; charset=utf-8" />
<title>课程信息</title>
</head>
<body>
<?php
$kcmc=$_POST["kcmc"];
$kclb=$_POST["kclb"];
$kcxs=$_POST["kcxs"];
$kcxf=$_POST["kcxf"];
$kcjj=$_POST["kcjj"];
?>
<table width="380" border="0" align="center">
  <tr>
    <td colspan="2" align="center">课程信息<hr></td>
    </tr>
  <tr>
    <td align="right" width="80">课程名称：</td>
    <td><?php echo $kcmc;?></td>
  </tr>
  <tr>
    <td align="right">课程类别：</td>
    <td><?php echo $kclb;?></td>
  </tr>
  <tr>
    <td align="right">课程学时：</td>
    <td><?php echo $kcxs;?></td>
  </tr>
  <td align="right">课程学分：</td>
    <td><?php echo $kcxf;?></td>
  </tr>
  <td align="right">课程简介：</td>
    <td><?php echo $kcjj;?></td>
  </tr>
</table>
</body>
</html>
```

访问方法：

在浏览器中输入地址“http://localhost:8090/LuWWW/03/Course.php”并按 Enter 键，结果如图 3-3(a)所示。

代码解析：

在本实例中，课程名称、课程学时与课程学分通过文本框输入，课程类别通过下拉列表框选定(预先选中“必修课”选项)，课程简介通过文本域输入。由于表单是以 POST 方式提交的，因此在其处理页面中使用$_POST 以获取相应的表单数据。

【实例 3-4】学生信息。“学生信息”页面 Student.php 如图 3-4(a)所示。在其中输入学生的学号与姓名，并选定学生的性别、入学年份与喜欢的运动后，再单击“提交”按钮，即可在其处理页面 StudentResult.php 中显示相应的信息，如图 3-4(b)所示。

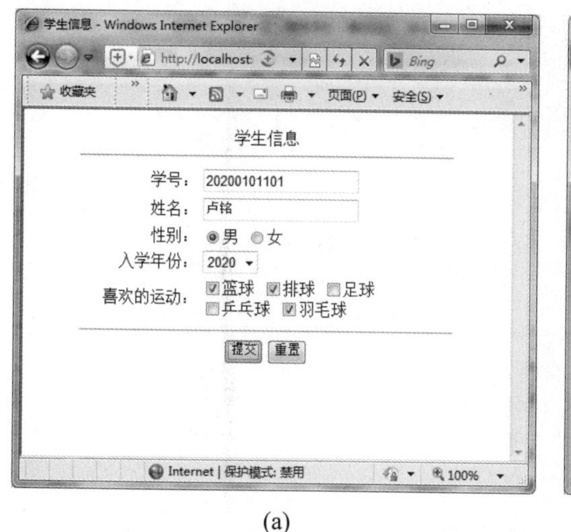

(a)

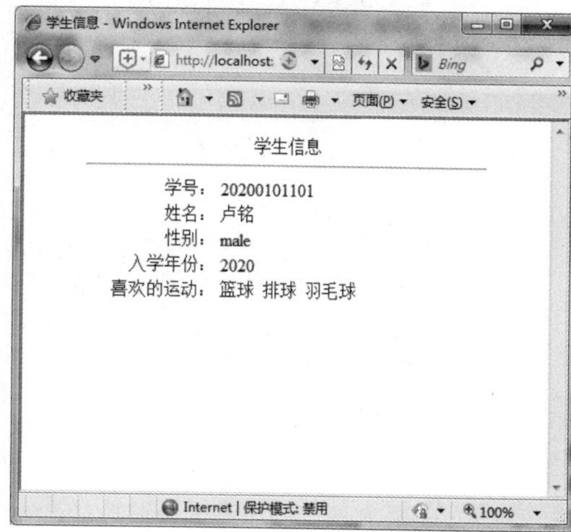

(b)

图 3-4　学生信息

基本步骤：

(1) 在文件夹 03 中创建 PHP 页面 Student.php。其代码如下：

```
<html>
<head>
<meta http-equiv="Content-Type" content="text/html; charset=utf-8" />
<title>学生信息</title>
</head>
<body>
<form action="StudentResult.php" method="post">
<table width="380" border="0" align="center">
  <tr>
    <td colspan="2" align="center">学生信息<hr></td>
    </tr>
  <tr>
    <td align="right" width="120">学号：</td>
    <td><input name="xh" type="text" id="xh"></td>
  </tr>
  <tr>
    <td align="right">姓名：</td>
    <td><input name="xm" type="text" id="xm"></td>
  </tr>
  <tr>
    <td align="right">性别：</td>
    <td><input name="xb" type="radio" value="male" checked>男
    <input name="xb" type="radio" value="female">女</td>
  </tr>
  <tr>
    <td align="right">入学年份：</td>
    <td><select name="nf" id="nf">
```

```
    <?php
    for ($i=2000;$i<=2030;$i++){
    ?>
    <option><?php echo $i;?></option>
    <?php
    }
    ?>
    </select></td>
  </tr>
  <td align="right">喜欢的运动：</td>
    <td><input name="yd[]" type="checkbox" value="篮球" checked>篮球
    <input name="yd[]" type="checkbox" value="排球" checked>排球
    <input name="yd[]" type="checkbox" value="足球">足球<br>
    <input name="yd[]" type="checkbox" value="乒乓球">乒乓球
    <input name="yd[]" type="checkbox" value="羽毛球" checked>羽毛球</td>
  </tr>
  <tr>
    <td colspan="2" align="center"><hr><input type="submit" name="submit"
id="submit" value="提交">
    <input type="reset" name="reset" id="reset" value="重置"></td>
    </tr>
</table>
</form>
</body>
</html>
```

(2) 在文件夹 03 中创建 PHP 页面 StudentResult.php。其代码如下：

```
<html>
<head>
<meta http-equiv="Content-Type" content="text/html; charset=utf-8" />
<title>学生信息</title>
</head>
<body>
<?php
$xh=$_POST["xh"];
$xm=$_POST["xm"];
$xb=$_POST["xb"];
$nf=$_POST["nf"];
$yd=@$_POST["yd"];  //使用@进行错误控制
$yd0="";
for($i=0;$i<count($yd);$i++){
    $yd0=$yd0.$yd[$i]." ";
}
?>
<table width="380" border="0" align="center">
  <tr>
    <td colspan="2" align="center">学生信息<hr></td>
    </tr>
  <tr>
    <td align="right" width="120">学号：</td>
```

```
    <td><?php echo $xh;?></td>
  </tr>
  <tr>
    <td align="right">姓名：</td>
    <td><?php echo $xm;?></td>
  </tr>
  <tr>
    <td align="right">性别：</td>
    <td><?php echo $xb;?></td>
  </tr>
  <tr>
    <td align="right">入学年份：</td>
    <td><?php echo $nf;?></td>
  </tr>
  <td align="right">喜欢的运动：</td>
    <td><?php echo $yd0;?></td>
  </tr>
</table>
</body>
</html>
```

访问方法：

在浏览器中输入地址“http://localhost:8090/LuWWW/03/Student.php”并按 Enter 键，结果如图 3-4(a)所示。

代码解析：

(1) 在本实例中，学号与姓名通过文本框输入，性别通过单选按钮选定，入学年份通过下拉列表框选定，喜欢的运动通过复选框选定。由于表单是以 POST 方式提交的，因此在其处理页面中使用$_POST 以获取相应的表单数据。

(2) 在表单页面 Student.php 中，“入学年份”下拉列表框的选项是通过 PHP 代码在运行时动态添加的。另外，性别方面的单选按钮共有两个(预先选中“男”单选按钮)，其值(value)是各不相同的，但名称(name)是一样的，在此为“xb”；喜欢的运动方面的复选框共有 5 个(预先选中“篮球”“排球”与“羽毛球”复选框)，其值(value)是各不相同的，但名称(name)是一样的，且应为数组形式，在此为“yd[]”(其中的方括号“[]”是必需的)。

(3) 在处理页面 StudentResult.php，通过“$yd=@$_POST["yd"];”语句获取所选定的运动，并将其存放至数组$yd 中。然后，通过 for 循环遍历该数组，生成以一个空格作为分隔符的运动项目字符串，并将其存放至变量$yd0 中。在“$yd=@$_POST["yd"];”语句中使用了错误控制运算符“@”，以防止在未选中任何运动复选框时提交表单而出现错误信息。

3.2 URL 处 理

3.2.1 URL 参数获取

在 PHP 中，使用超全局变量$_GET 可以获取以 GET 方式提交的表单数据，而以 GET 方式提交的表单数据其实是以查询字符串的形式附加在表单处理页面 URL 的后面的。因此，使用$_GET 也可以获取直接通过 URL 传递过来的数据。

通过 URL 向指定页面传递数据的基本格式为：

```
URL?参数名 1=参数值 1&参数名 2=参数值 2&参数名 3=参数值 3[&…]
```

其中，“?”后面的内容即为查询字符串，所包含的每项数据均为“参数名=参数值”的形式，并以“&”作为分隔符。

相应地，在目标页面中通过$_GET 获取查询字符串中有关数据的基本格式为：

```
$_GET["参数名"]
```

【实例 3-5】参数传递。“参数传递”页面 URLParam.php 如图 3-5(a)所示，单击其中的链接后可在目标页面 URLParamResult.php 中显示所传递的数据，如图 3-5(b)所示。

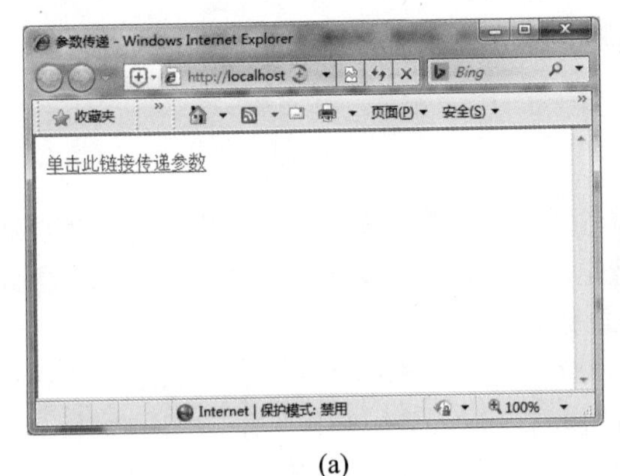

(a)

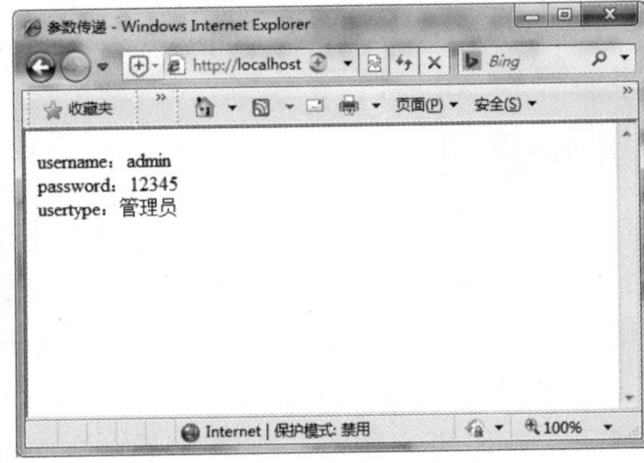

(b)

图 3-5 “参数传递”页面

基本步骤：

(1) 在文件夹 03 中创建 PHP 页面 URLParam.php。其代码如下：

```
<html>
<head>
<meta http-equiv="Content-Type" content="text/html; charset=utf-8" />
<title>参数传递</title>
</head>
<body>
<a href="URLParamResult.php?username=admin&password=12345&usertype=管理员">
单击此链接传递参数</a>
</body>
</html>
```

(2) 在文件夹 03 中创建 PHP 页面 URLParamResult.php。其代码如下：

```
<html>
<head>
<meta http-equiv="Content-Type" content="text/html; charset=utf-8" />
<title>参数传递</title>
</head>
<body>
<?php
$username=$_GET["username"];
$password=$_GET["password"];
$usertype=$_GET["usertype"];
?>
username: <?php echo $username;?><br>
password: <?php echo $password;?><br>
usertype: <?php echo $usertype;?><br>
</body>
</html>
```

访问方法：

在浏览器中输入地址“http://localhost:8090/LuWWW/03/URLParam.php”并按 Enter 键，结果如图 3-5(a)所示。

3.2.2　URL 解析

一个 URL 实际上是由各个部分按照一定的规则组成的。在 PHP 中，必要时可以使用 parse_url()函数来解析一个 URL。其语法格式为：

```
mixed parse_url ( string $url [, int $component = -1 ] )
```

参数：$url 用于指定要解析的 URL；$component(可选，自 PHP 5.1.2 起增加)用于指定要返回的 URL 组成部分，其值为 PHP_URL_SCHEME、PHP_URL_HOST、PHP_URL_PORT、PHP_URL_USER、PHP_URL_PASS、PHP_URL_PATH、PHP_URL_QUERY 或 PHP_URL_FRAGMENT。

返回值：若指定的 URL 严重不合格，则返回 FALSE；否则，在指定$component 参数时返回相应的 URL 组成部分(除指定为 PHP_URL_PORT 时返回一个整数外，其他情况均返回一个字符串)，未指定$component 参数时返回包含 URL 各个组成部分的一个关联数组(其可能的键包括 scheme、host、port、uscr、pass、path、query 与 fragment，相应元素的值为协议、主机域名或 IP 地址、端口号、用户名、密码、路径、查询字符串与符号“#”后面的内容)。

例如：

```
<?php
$url='http://username:password@www.php.net/index.php?arg=value#anchor';
print_r(parse_url($url));
echo "<br/>";
echo "PHP_URL_PATH:".parse_url($url, PHP_URL_PATH);
```

```
echo "<br/>";
echo "PHP_URL_QUERY:".parse_url($url, PHP_URL_QUERY);
?>
```

该段代码的运行结果为：

```
Array ( [scheme] => http [host] => www.php.net [user] => username [pass]
=> password [path] => /index.php [query] => arg=value [fragment] => anchor )
PHP_URL_PATH:/index.php
PHP_URL_QUERY:arg=value
```

注意： parse_url()函数并非用于验证给定 URL 的合法性，而只是将其分解为相应的组成部分。因此，不完整的 URL 也会被 parse_url()函数接受，并尝试尽量正确地将其解析。

3.2.3 URL 编码解码

为确保能够通过 URL 进行可靠的 HTTP 传输，有时候需要对有关的内容进行 URL 编码。反之，对于已被 URL 编码过的内容，通常也需要进行解码，以还原为编码前的样子。在 PHP 中，可使用 urlencode()与 urldecode()函数进行相应的 URL 编码与解码。

urlencode()函数的语法格式为：

```
string urlencode(string $str)
```

参数：$str 用于指定需要进行 URL 编码的字符串。

返回值：经过 URL 编码后的字符串。

例如：

```
<?php
$url="http://www.php.net";
$url0=urlencode($url);
echo $url0."<br>";
$url="中国";
$url0=urlencode($url);
echo $url0."<br>";
?>
```

该段代码的运行结果为：

```
http%3A%2F%2Fwww.php.net
%E4%B8%AD%E5%9B%BD
```

说明： URL 编码就是将字符串中除了“-”“_”“.”以外的所有非字母或数字字符都替换为相应的“%##”序列(“##”为两位十六进制数)，而空格则被替换为加号“+”。实际上，URL 编码与 WWW 表单的 POST 数据编码方式以及 application/x-www-form-urlencoded 媒体类型编码方式是一样的。

urldecode()函数的语法格式为：

```
string urldecode(string $str)
```

参数：$str 用于指定需要进行 URL 解码的字符串。

返回值：经过 URL 解码后的字符串。

例如：

```
<?php
$url0="http%3A%2F%2Fwww.php.net";
$url00=urldecode($url0);
echo $url00."<br>";
$url0="%E4%B8%AD%E5%9B%BD";
$url00=urldecode($url0);
echo $url00."<br>";
?>
```

该段代码的运行结果为：

```
http://www.php.net
中国
```

说明： URL 解码就是将字符串中的任何“%##”序列(“##”为两位十六进制数)替换为相应的字符，而加号“+”则被替换为一个空格字符。

注意： 超全局变量$_GET 与$_REQUEST 中的各个元素均已被 URL 解码，因此无须再对其使用 urldecode()函数。

【实例 3-6】数据传递。“数据传递”页面 URLCode.php 如图 3-6(a)所示，单击其中的链接后可在目标页面 URLCodeResult.php 中显示所传递的数据，如图 3-6(b)所示。

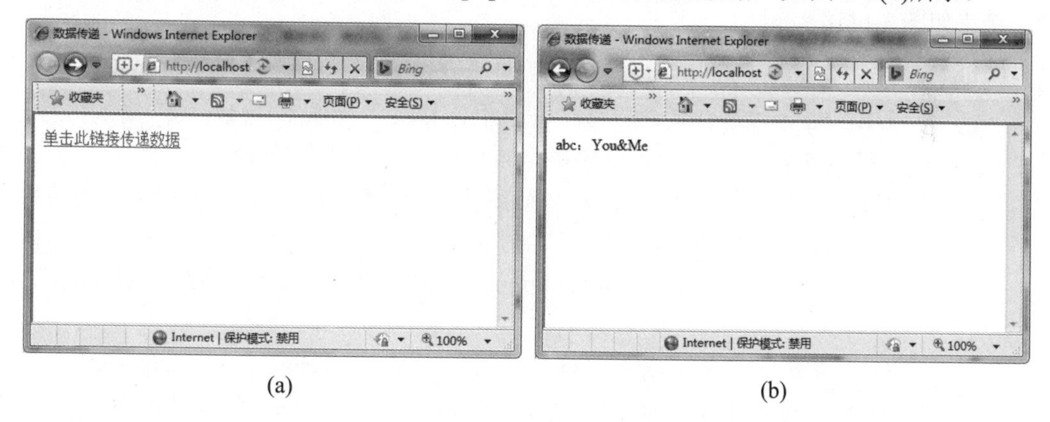

(a)　　(b)

图 3-6　“数据传递”页面

基本步骤：

(1) 在文件夹 03 中创建 PHP 页面 URLCode.php。其代码如下：

```
<html>
<head>
<meta http-equiv="Content-Type" content="text/html; charset=utf-8" />
<title>数据传递</title>
</head>
<body>
```

```
<?php
    $s="You&Me";
    $s=urlencode($s);
?>
<a href="URLCodeResult.php?abc=<?php echo $s;?>">单击此链接传递数据</a>
</body>
</html>
```

(2) 在文件夹 03 中创建 PHP 页面 URLCodeResult.php。其代码如下：

```
<html>
<head>
<meta http-equiv="Content-Type" content="text/html; charset=utf-8" />
<title>数据传递</title>
</head>
<body>
<?php
    $abc=$_GET["abc"];
    //$abc=urldecode($abc);
?>
abc: <?php echo $abc;?><br>
</body>
</html>
```

访问方法：

在浏览器中输入地址“http://localhost:8090/LuWWW/03/URLCode.php”并按 Enter 键，结果如图 3-6(a)所示。

说明： (1) urlencode()函数用于对字符串进行 URL 编码，以便使其能正确地通过 URL 进行传递。因此，当字符串中包括某些特殊字符(如“&”等)时，应先调用 urlencode()函数进行编码，然后再通过 URL 进行传递。

(2) 若要对已进行 URL 编码的字符串进行解码，可调用 urldecode()函数。由于 PHP 的超全局变量$_GET 的各个元素均已自动被 URL 解码，因此在本实例中，可将 URLCodeResult.php 页面中的语句“$abc=urldecode($abc);”注释掉。

(3) 在本实例中，若将 URLCode.php 页面中的语句“$s=urlencode($s);”注释掉，则在单击链接后打开的 URLCodeResult.php 页面中显示的结果为“abc: You”(未能正确接收传递过来的数据“You&Me”)。

3.3 页 面 跳 转

一个 Web 应用系统通常是由一系列页面构成的。在系统的运行过程中，经常需要从一个页面跳转到另一个页面，这就是所谓的页面跳转问题。

在 PHP 中，实现页面跳转的常用方法主要有两种，即使用 header()函数与使用 JavaScript 脚本。

1. 使用 header()函数

在 PHP 中，可使用 header()函数跳转到指定的 URL，从而实现页面的自动跳转。其语法格式为：

```
header("Location: URL");
```

其中，URL 为要跳转到的页面的地址。例如：

```
header("Location: http://www.baidu.com");
```

执行该语句后，将自动跳转至百度主页(http://www.baidu.com)。

2. 使用 JavaScript 脚本

在 PHP 中，通过输出相应的客户端 JavaScript 脚本代码，也可以实现页面的自动跳转。有关脚本代码的格式为：

```
window.location='URL'
location.href='URL'
```

其中，URL 为要跳转到的页面的地址。例如：

```
<?php
echo "<script>";
echo "if(confirm('确定跳转到百度吗?'))";
echo "window.location='http://www.baidu.com'";
//echo "location.href='http://www.baidu.com'";
echo "</script>";
?>
```

说明： 在 PHP 页面中，还可以直接使用<a>、<meta>、<input>、<form>等 HTML 标记实现页面的跳转。以跳转至 test.php 页面为例，各 HTML 标记的示例代码如下：

```
<a href='test.php'>跳转至测试页面</>
<meta http-equiv="refresh" content="3;url=test.php">
<input type="button" name="go" value="跳转至测试页面"
onclick="location=\'test.php\'">
    <form method="post" action="test.php">
    …
</form>
```

其中，<meta>标记的作用是在 3s 之后跳转到 test.php 页面。若要立即进行跳转，可将 content 属性中的 3 修改为 0。若要跳转到当前页面(即实现页面的自动刷新)，则无须指定 content 属性中的 url 选项，代码如下：

```
<meta http-equiv="refresh" content="3">
```

另外，使用<input>按钮实现页面跳转的基本方法是利用单击事件。为此，需用其 onclick 属性指定单击按钮后要执行的代码。在以上<input>标记的示例中，所指定的要执行的代码为“location='test.php'”。

【实例 3-7】系统登录。“系统登录”页面如图 3-7(a)所示。在其中输入用户名与密码后，再单击“确定”按钮，即可将其提交至服务器对用户的身份进行验证。若该用户为系统的合法用户(在此假定合法用户的用户名与密码分别为“abc”与“123”)，则跳转至“登录成功”页面，如图 3-7(b)所示；反之，则跳转至“登录失败”页面，如图 3-7(c)所示。

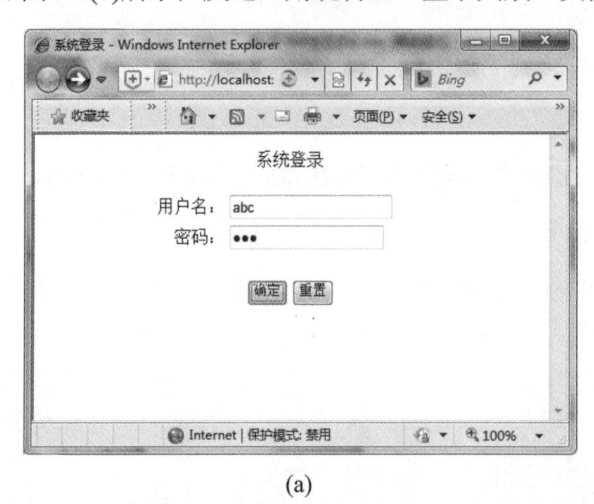

(a)

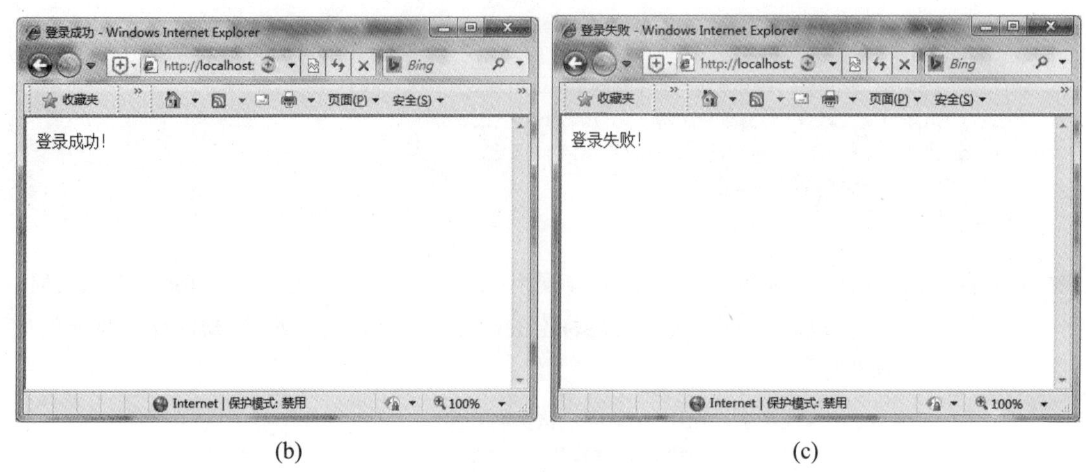

(b) (c)

图 3-7　系统登录

基本步骤：

(1) 在文件夹 03 中创建 PHP 页面 login.php。其代码如下：

```
<html>
<head>
<meta http-equiv="Content-Type" content="text/html; charset=utf-8" />
<title>系统登录</title>
</head>
<body>
<center>系统登录</center>
<form action="login_check.php" method="post">
<table width="300" border="0" align="center">
  <tr>
```

```
    <td align="right">用户名：</td>
    <td><input type="text" name="username" id="username"></td>
  </tr>
  <tr>
    <td align="right">密码：</td>
    <td><input type="password" name="password" id="password"></td>
  </tr>
  <tr>
    <td align="right"> </td>
    <td> </td>
  </tr>
  <tr>
    <td colspan="2" align="center"><input type="submit" name="submit" id=
"submit" value="确定">
    <input type="reset" name="reset" id="reset" value="重置"></td>
  </tr>
</table>
</form>
</body>
</html>
```

(2) 在文件夹 03 中创建 PHP 页面 login_check.php。其代码如下：

```
<?php
$username=$_POST["username"];
$password=$_POST["password"];
if ($username=="abc" && $password=="123")
    header("Location:login_success.php");
else
    header("Location:login_error.php");
?>
```

(3) 在文件夹 03 中创建 PHP 页面 login_success.php。其代码如下：

```
<html>
<head>
<meta http-equiv="Content-Type" content="text/html; charset=utf-8" />
<title>登录成功</title>
</head>
<body>
登录成功！
</body>
</html>
```

(4) 在文件夹 03 中创建 PHP 页面 login_error.php。其代码如下：

```
<html>
<head>
<meta http-equiv="Content-Type" content="text/html; charset=utf-8" />
<title>登录失败</title>
</head>
```

```
<body>
登录失败!
</body>
</html>
```

访问方法：

在浏览器中输入地址“http://localhost:8090/LuWWW/03/login.php”并按 Enter 键，即可打开如图 3-7(a)所示的“系统登录”页面。

代码解析：

在本实例的 login_check.php 页面中，先使用$_POST 获取通过系统登录表单输入的用户名与密码，然后再进行检验。若为合法用户，则调用 header()函数跳转至“登录成功”页面 login_success.php；否则，就调用 header()函数跳转至“登录失败”页面 login_error.php。

3.4 文件上传与下载

文件上传与文件下载是 Web 应用的常用功能。在 PHP 中，可轻松实现所需要的文件上传与文件下载功能。

3.4.1 文件的上传

文件上传可分为单文件上传与多文件上传两种情形。其中，单文件上传就是一次只上传一个文件，而多文件上传则是一次可同时上传多个文件。

在 PHP 中实现单文件上传功能较为简单，其基本步骤如下。

(1) 在页面中创建一个表单，并将表单<form>标记的 method 与 enctype 属性分别设置为“post”与“multipart/form-data” (该编码方式表示以二进制流的方法处理表单数据)。

(2) 在表单中添加一个相应的文件域(即 type 属性值为“file”的<input>元素)，并指定其名称(即 name 属性值)。

(3) 提交表单后，在其处理页面中通过超全局变量$_FILES 获取上传文件的信息以及上传过程中的错误信息。实际上，$_FILES 是一个多维数组。对于单文件上传来说，若相应文件域的名称为“myFile”，则可使用$_FILES['myFile']来获取当前上传文件的信息以及上传过程中的错误信息。此时，$_FILES['myFile']是一个一维数组。而$_FILES 则是一个二维数组。$_FILES['myFile']的各个元素均存放了与上传文件有关的信息，分别如下。

- $_FILES['myFile']['name']：客户端上传文件的名称(即文件名，不包括路径)。
- $_FILES['myFile']['type']：上传文件的 MIME 类型，如 image/bmp、image/gif、image/jpeg、image/pjpeg、text/plain、application/msword、application/vnd.ms-excel、application/vnd.ms-powerpoint 等。
- $_FILES['myFile']['size']：已上传文件的大小(单位为字节)。

- $_FILES['myFile']['tmp_name']：文件被上传后在服务器端保存的临时文件名(包括路径)。
- $_FILES['myFile']['error']：与文件上传相关的错误代码(整数)，其可能取值如下。
    - ◆ 0(或 UPLOAD_ERR_OK)：表示没有错误发生，即文件上传成功。
    - ◆ 1(或 UPLOAD_ERR_INI_SIZE)：表示上传文件的大小超过了配置文件 php.ini 中 upload_max_filesize 选项限定的值。
    - ◆ 2(或 UPLOAD_ERR_FORM_SIZE)：表示上传文件的大小超过了 HTML 表单中 MAX_FILE_SIZE 隐藏域指定的值。
    - ◆ 3(或 UPLOAD_ERR_PARTIAL)：表示文件只有部分被上传(如上传过程中网络中断了)。
    - ◆ 4(或 UPLOAD_ERR_NO_FILE)：表示没有文件被上传(如没有选定文件就提交表单)。
    - ◆ 6(或 UPLOAD_ERR_NO_TMP_DIR)：表示找不到临时文件夹(自 PHP 5.0.3 起新增)。
    - ◆ 7(或 UPLOAD_ERR_CANT_WRITE)：表示临时文件写入失败，原因通常是权限不够(自 PHP 5.1.0 起新增)。
    - ◆ 8(或 UPLOAD_ERR_EXTENSION)：表示上传的文件被 PHP 扩展程序中断了(自 PHP 5.2.0 起新增)。

(4) 使用 move_uploaded_file()函数将上传的文件从临时文件夹按指定的名称移动到指定的位置。该函数的语法格式为：

```
bool move_uploaded_file(string $filename, string $destination)
```

参数：$filename 用于指定要移动的上传文件的路径与文件名，$destination 用于指定移动后文件的路径与文件名。

返回值：若移动成功，则返回 TRUE，否则返回 FALSE(若要移动的文件是合法的上传文件，但出于某种原因无法移动，或者要移动的文件并不是合法的上传文件，均返回 FALSE)。

说明： move_uploaded_file()函数包含了 is_uploaded_file()函数的功能，其主要目的是提高 Web 应用或网站的安全性。is_uploaded_file()函数用于判断指定的文件是否为合法的上传文件(即通过 HTTP POST 机制上传的文件)，如果是的话，就返回 TRUE，否则就返回 FALSE。

【实例 3-8】图片上传。“图片上传”页面如图 3-8(a)所示。在其中选定一个图片文件后，再单击“上传”按钮，即可显示成功上传的图片及其有关信息，如图 3-8(b)所示。

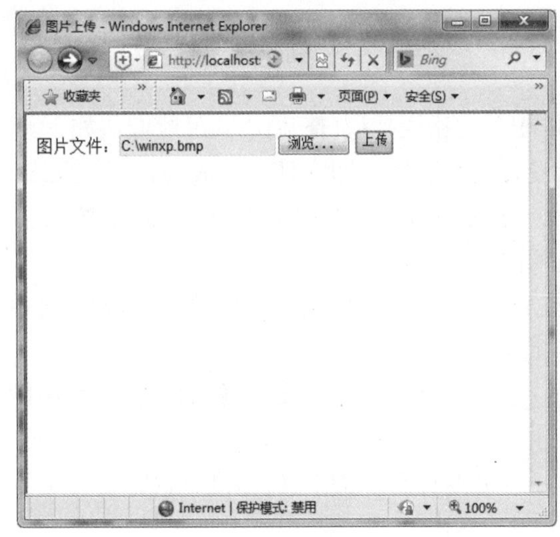

(a)

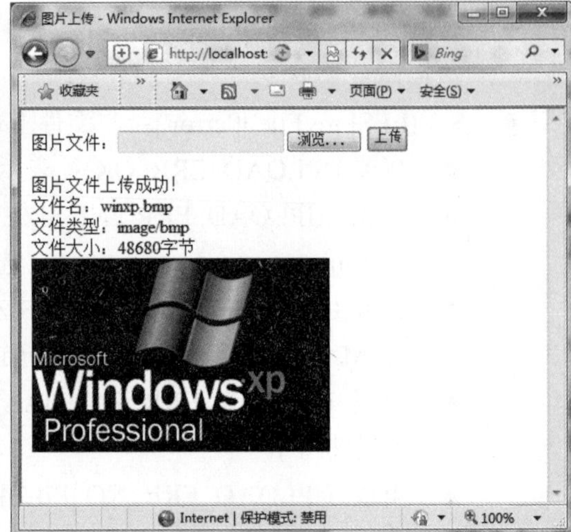

(b)

图 3-8 “图片上传”页面

基本步骤：

(1) 在文件夹 03 中创建子文件夹 upload。

(2) 在文件夹 03 中创建 PHP 页面 pictureupload.php。

(3) 编写页面 pictureupload.php 的代码。

```
<html>
<head>
<meta http-equiv="Content-Type" content="text/html; charset=utf-8" />
<title>图片上传</title>
</head>
<body>
<form enctype="multipart/form-data" action="" method="post">
    图片文件：<input type="file" name="myFile">
    <input type="submit" name="submit" value="上传">
</form>
<?php
    if(isset($_POST['submit'])){
        $filetype=@$_FILES['myFile']['type'];
        if($filetype=="image/bmp" || $filetype=="image/gif" ||
$filetype=="image/jpeg" || $filetype=="image/pjpeg"){  //判断文件类型
            if($_FILES['myFile']['error']>0)  //判断文件上传是否出错
                echo "错误：".$_FILES['myFile']['error'];      //输出错误信息
            else{
                $filename_tmp=$_FILES['myFile']['tmp_name'];  //临时文件名
                $filename=$_FILES['myFile']['name'];  //上传文件的文件名
                $path="./upload/";  //上传文件的存放路径
                //上传并移动文件
                if(move_uploaded_file($filename_tmp, "$path$filename")){
                    echo "图片文件上传成功！";
                    //输出文件信息
```

```
                echo "<br>文件名: ".$filename;
                echo "<br>文件类型: ".$filetype;
                echo "<br>文件大小: ".$_FILES['myFile']['size']."字节";
                echo '<br><img src="'.$path.$filename.'">';
            }else{
                echo "图片上传文件失败! ";
            }
        }
    }else{
        echo "图片文件类型不对! 只能上传 bmp、gif 或 jpg 类型的图片文件! ";
    }
}
?>
</body>
</html>
```

访问方法：

在浏览器中输入地址“http://localhost:8090/LuWWW/03/pictureupload.php”并按 Enter 键，即可打开如图 3-8(a)所示的“图片上传”页面。

说明： 本实例将文件上传至站点当前目录的 upload 子文件夹中。为确保文件上传的成功实现，程序中对可能出现的有关情况进行了相应的判断。其中，上传文件的类型是通过其 MIME 类型来判断的。通常情况下，文件的类型也可通过其扩展名来判断。

提示： 在实际应用中，通常要限制上传文件的大小。为此，可在表单文件域的前面添加一个名称为 MAX_FILE_SIZE 的隐藏域，并指定其值为所需要的大小(以字节为单位)。例如：

```
<input name="MAX_FILE_SIZE" type="hidden" value="104857600">
```

在此，将上传文件的最大大小设置为 100MB。

在 PHP 中，多文件上传功能的实现并不复杂，只需对单文件上传功能的实现方式稍加修改即可。

一方面，在文件上传表单中应同时提供多个文件域，且各个文件域的名称(即 name 属性值)均应指定为同一个数组(如“myFile[]”)。

另一方面，提交表单后，在其处理页面中通过超全局变量$_FILES 获取所有上传文件的信息以及上传过程中的错误信息。此时，$_FILES 已成为一个三维数组。若各文件域的名称为“myFile[]”，则$_FILES['myFile']就是一个二维数组，其各个元素则是一个一维数组，分别存放了各个上传文件某个方面的信息，具体如下。

- $_FILES['myFile']['name']：各个客户端上传文件的名称(即文件名，不包括路径)。
- $_FILES['myFile']['type']：各个上传文件的 MIME 类型。
- $_FILES['myFile']['size']：各个已上传文件的大小(单位为字节)。
- $_FILES['myFile']['tmp_name']：各个文件被上传后在服务器端保存的临时文件名(包括路径)。

● $_FILES['myFile']['error']：与各个文件上传相关的错误代码(整数)。

可见，基于$_FILES['myFile']数组的有关元素，结合循环结构，即可逐一实现各个文件的上传操作。

【实例 3-9】文件上传。“文件上传”页面如图 3-9(a)所示。在其中选定相应的文件(在此最多为 3 个文件)后，再单击“上传文件”按钮，即可同时将其上传到 Web 服务器中，并显示如图 3-9(b)所示的结果。

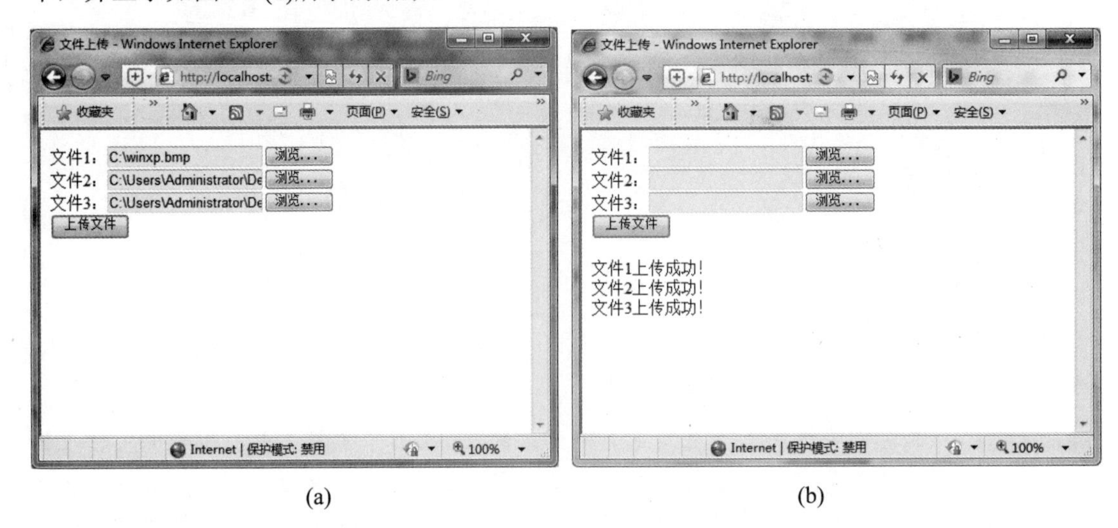

(a) (b)

图 3-9 “文件上传”页面

基本步骤：

(1) 在文件夹 03 中创建 PHP 页面 filesupload.php。

(2) 编写页面 filesupload.php 的代码。

```
<html>
<head>
<meta http-equiv="Content-Type" content="text/html; charset=utf-8" />
<title>文件上传</title>
</head>
<body>
<form enctype="multipart/form-data" action="" method="post">
    文件 1：<input type="file" name="myFile[]"><br>
    文件 2：<input type="file" name="myFile[]"><br>
    文件 3：<input type="file" name="myFile[]"><br>
     <input type="submit" name="submit" value="上传文件">
</form>
<?php
    if(isset($_POST['submit'])){
        foreach ($_FILES["myFile"]["error"] as $key => $error) {
        if ($error==UPLOAD_ERR_OK) {
            $filename_tmp=$_FILES["myFile"]["tmp_name"][$key];
            $filename=$_FILES["myFile"]["name"][$key];
            if (@move_uploaded_file($filename_tmp, "./upload/$filename"))
                    echo "文件".($key+1)."上传成功！<br>";
```

```
                else
                    echo "文件".($key+1)."上传失败！！！<br>";
            }
        }
    }
?>
</body>
</html>
```

访问方法：

在浏览器中输入地址“http://localhost:8090/LuWWW/03/filesupload.php”并按 Enter 键，即可打开如图 3-9(a)所示的“文件上传”页面。

说明：　本实例将文件上传至站点当前目录的 upload 子文件夹中。

3.4.2　文件的下载

要实现文件的下载，通常只需创建一个指向欲下载文件的超链接即可。除此以外，在 PHP 中，可通过结合使用 header()、filesize()与 readfile()函数来实现安全性更高的文件下载功能。其中，header()函数用于向浏览器发送 HTTP 报头(HTTP 报头指定了网页内容的类型、页面的属性等信息)，filesize()函数用于获取指定文件的大小，readfile()函数用于读取指定文件的内容。

【实例 3-10】文件下载。下载站点当前目录 download 子文件夹中的 Abc.txt 文件。

基本步骤：

(1) 在文件夹 03 中创建子文件夹 download，并在其中创建文本文件 Abc.txt，然后在 Abc.txt 中输入并保存相应的内容。

(2) 在文件夹 03 中创建 PHP 页面 filedownload.php。

(3) 编写页面 filedownload.php 的代码。

```
<?php
    $filename="./download/Abc.txt";  //源文件
    $newfilename="MyAbc.txt";  //新文件名
    //设置下载文件的类型
    header("Content-type: text/plain");
    //设置下载文件的大小
    header("Content-Length:" .filesize($filename));
    //设置文件下载后所使用的文件名
    header("Content-Disposition: attachment; filename=$newfilename");
    readfile($filename);  //读取文件
?>
```

访问方法：

在浏览器中输入地址“http://localhost:8090/LuWWW/03/filedownload.php”并按 Enter 键，即可打开如图 3-10 所示的“文件下载”对话框。此时，再单击其中的“保存”按钮并完成后续的有关操作，即可将 Abc.txt 文件下载到本地指定的路径中(文件名为“MyAbc.txt”)。

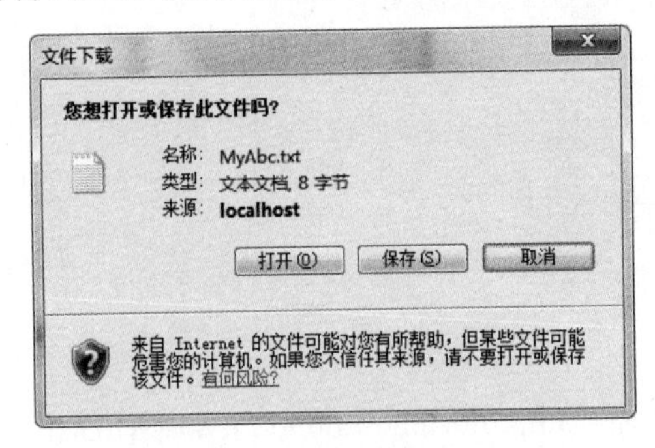

图 3-10 “文件下载”对话框

本 章 小 结

本章通过具体实例讲解了 PHP 中常用的一些交互编程技术，包括表单处理技术、URL 处理技术、页面跳转技术以及文件上传与下载技术。通过本章的学习，应熟练掌握 PHP 的各种常用交互编程技术，并能在 Web 应用系统的开发中灵活地加以应用，以更好地实现用户所需要的有关功能。

思 考 题

1. 表单数据的提交方式主要有哪两种？如何指定？各有何特点？
2. 如何指定表单的处理程序或处理页面？
3. 在 PHP 中，如何获取以 GET 方式提交的表单数据？
4. 在 PHP 中，如何获取以 POST 方式提交的表单数据？
5. 在 PHP 中，如何通过 URL 传递数据？
6. 在 PHP 中，如何获取通过 URL 传递的数据？
7. 在 PHP 中，如何对 URL 进行解析？
8. 在 PHP 中，如何进行 URL 编码？
9. 在 PHP 中，如何进行 URL 解码？
10. 在 PHP 中，如何实现页面的自动跳转？
11. 在 PHP 中，如何实现单文件上传功能？
12. 在 PHP 中，如何实现多文件上传功能？
13. 在 PHP 中，如何实现文件的安全下载？

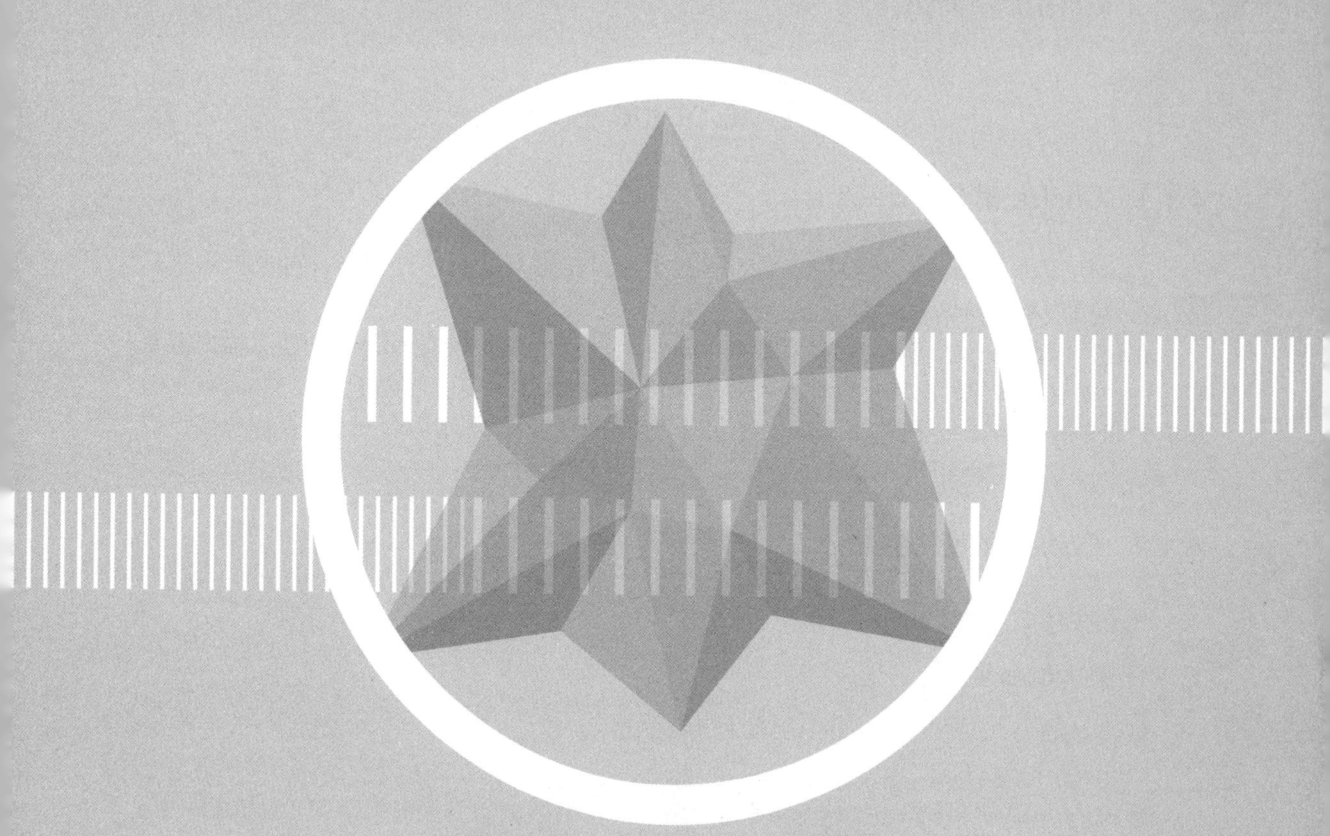

第4章

PHP状态管理

对于Web应用来说，客户端使用者的状态通常需要在不同的页面之间进行传递。所谓状态管理，就是采用适当的技术对客户端使用者的状态进行管理，以便在不同的页面中能够保留并访问使用者的状态信息，从而支持Web应用的正常运行。

本章要点：

Cookie技术；Session技术。

学习目标：

掌握PHP的Cookie技术；掌握PHP的Session技术。

4.1 Cookie 技术

4.1.1 Cookie 简介

Cookie 是服务器端保存到客户端的信息文本。在访问页面的过程中，可根据需要从 Cookie 中读取相应的信息。

在使用 Cookie 时，应注意其有效期。实际上，Cookie 的有效期是在创建时根据需要设定的。如果在创建时未指定有效期，那么相应的 Cookie 就是临时性的会话 Cookie(存储在客户机的内存中)，会在关闭浏览器后立即失效；反之，就是永久 Cookie(存放在客户机的硬盘上)，即使关闭了浏览器，也会在其有效期内一直可用。

4.1.2 Cookie 的使用方法

在 PHP 中，使用 Cookie 的基本方法与步骤如下。

1. 创建 Cookie

创建 Cookie 可使用 setcookie()函数。其语法格式为：

```
bool setcookie(string $name, string $value[, int $expire[, string $path[,
string $domain[, bool $secure[, bool $httponly]]]]])
```

参数：

(1) $name：Cookie 的名称。

(2) $value：Cookie 的值。该值保存在客户端，因此最好不要通过 Cookie 存放敏感信息(如密码等)。

(3) $expire(可选)：Cookie 的过期时间。该时间值是一个 Unix 时间戳，即 Unix 纪元(格林尼治时间 1970 年 1 月 1 日 00:00:00)以来的秒数。通常，可将该参数设置为 time()+n 的形式。其中，time()函数用于获取当前系统时间的 Unix 时间戳，n 则为 Cookie 的有效时间所对应的秒数。例如，time()+30*24*60*60 表示 Cookie 的有效时间为 30 天，即在 30 天后过期(或失效)。如果未指定该参数，或将其设置为 0，那么所创建的 Cookie 即为会话 Cookie，将在会话结束时(也就是关闭浏览器时)过期。

(4) $path(可选)：Cookie 有效的服务器路径，未指定时则默认为设置 Cookie 时的当前目录。若将该参数设置为“/”，则所创建的 Cookie 对整个域名均有效；若设置为“/abc/”，则只对域名下的 abc 目录及其子目录(如/abc/123/等)有效。

(5) $domain(可选)：Cookie 的有效域名/子域名。例如，现有域名“abc.com”及其子域名“www.abc.com”，若将该参数设置为域名“abc.com”(或“.abc.com”)，则所创建的 Cookie 对整个域名及其全部子域名均有效；若将该参数设置为子域名“www.abc.com”，则只对该子域名及其下级域名(如“w0.www.abc.com”)有效。

(6) $secure(可选)：Cookie 是否仅通过安全的 HTTPS 连接传给客户端。该参数的默认值为 FALSE，若将其设置为 TRUE，则只有在安全连接存在时才会创建 Cookie(可通过 $_SERVER["HTTPS"]判断)。

(7) $httponly(可选)：Cookie 是否仅可通过 HTTP 协议访问。该参数的默认值为 FALSE，若将其设置为 TRUE，则 Cookie 只能通过 HTTP 协议访问，而无法通过类似 JavaScript 这样的脚本语言访问。

返回值：成功时返回 TRUE，失败时返回 FALSE。

例如：

```
<?php
setcookie("status", "OK");
setcookie("username", "admin", time()+7*24*60*60);
setcookie("password", "12345", time()+7*24*60*60);
?>
```

在此，创建了 3 个 Cookie。其中，名为 status 的 Cookie 为会话 Cookie，其值为“OK”；名为 username 与 password 的 Cookie 为永久 Cookie，其值分别为“admin”与“12345”，过期时间则均为 1 周(即 7 天)。

创建好 Cookie 之后，若要对其进行修改，只需以同样的名称再次调用 setcookie()函数即可。例如：

```
<?php
setcookie("status", "OK");
setcookie("status", "YES");
?>
```

在此，将名为 status 的 Cookie 的值由“OK”修改为“YES”。

必要时，还可以创建 Cookie 数组。为此，只需在调用 setcookie()函数创建 Cookie 时，以数组元素作为 Cookie 的名称即可。例如：

```
<?php
setcookie("user[username]", "admin");
setcookie("user[password]", "12345");
setcookie("user[usertype]", "管理员");
?>
```

在此，创建了一个名为 user 的 Cookie 数组。该 Cookie 数组共有 3 个元素，其键名分别为 username、password 与 usertype。

注意： 在调用 setcookie()函数创建 Cookie 数组时，数组元素的键名可以是整数或字符串，但不要在两边加引号，因为 setcookie()函数会自动给数组元素的键名加上引号。例如，user[username]不能写成 user['username']，否则在所创建的 Cookie 数组 user 中，该元素的键名就是“'username'”，而不是“username”。

2. 访问 Cookie

在 PHP 中，使用超全局变量$_COOKIE，即可实现对有关 Cookie 的访问，即获取相应 Cookie 的值。其基本格式为：

```
$_COOKIE["CookieName"]
```

其中，CookieName 为相应 Cookie 的名称。另外，双引号也可用单引号代替。例如：

```
<?php
echo $_COOKIE["username"]."<br>";
echo $_COOKIE['password']."<br>";
?>
```

对于 Cookie 数组，也是使用$_COOKIE 进行访问的。其基本格式为：

```
$_COOKIE["CookieArrayName"]
$_COOKIE["CookieArrayName"]["KeyName"]
```

其中，CookieArrayName 为相应 Cookie 数组的名称，KeyName 为相应元素的键名。另外，双引号也可用单引号代替。例如：

```
<?php
header("content-type:text/html;charset=utf-8");
echo $_COOKIE["user"]["username"]."<br>";
echo $_COOKIE['user']['password']."<br>";
echo $_COOKIE["user"]['usertype']."<br>";
?>
```

提示： *在访问 Cookie 时，也可用超全局变量$_REQUEST 代替$_COOKIE。*

3. 删除 Cookie

过期的 Cookie 会自动失效并被删除。对于尚未过期的 Cookie，若要及时将其删除，只需使用 setcookie()函数将其值设置为空字符串或将其过期时间设置为过去的某个时间即可。例如：

```
<?php
setcookie("username", "admin", time()+7*24*60*60);  //创建 Cookie
setcookie("password", "12345", time()+7*24*60*60);  //创建 Cookie
setcookie("username", "");  //删除 Cookie
setcookie("password", "12345", time()-3600);  //删除 Cookie
?>
```

注意： *由于将值设置为 FALSE 也会导致相应的 Cookie 被删除，因此 Cookie 的值应避免使用布尔值。通常，可用 0 表示 FALSE，用 1 表示 TRUE。*

【实例 4-1】 Cookie 使用示例。

基本步骤：

(1) 在 PHP 站点 LuWWW 中创建文件夹 04。

(2) 在文件夹 04 中创建 PHP 页面 CookieExample.php。其代码如下：

```
<html>
<head>
<meta http-equiv="Content-Type" content="text/html; charset=utf-8" />
<title>Cookie 示例</title>
</head>
```

```
<body>
<?php
setcookie("username", "admin", time()+7*24*60*60);
setcookie("password", "12345");
setcookie("usertype", "管理员");
setcookie("user[name]", "abc", time()+7*24*60*60);
setcookie("user[pwd]", "123");
setcookie("user[type]", "普通用户");
?>
<a href='CookieExample0.php'>[OK]</a>
</body>
</html>
```

在此，创建了 3 个 Cookie(其名称分别为 username、password 与 usertype)与一个 Cookie 数组 user(其 3 个元素的键名分别为 name、pwd 与 type)。其中，名为 username 的 Cookie 与 Cookie 数组 user 中键名为 name 的元素属于永久 Cookie(其过期时间为 1 周)，其他 Cookie 与 Cookie 数组元素则属于会话 Cookie。

(3) 在文件夹 04 中创建 PHP 页面 CookieExample0.php。其代码如下：

```
<html>
<head>
<meta http-equiv="Content-Type" content="text/html; charset=utf-8" />
<title>Cookie 示例</title>
</head>
<body>
<?php
echo "username: ".@$_COOKIE["username"]."<br>";
echo "password: ".@$_COOKIE["password"]."<br>";
echo "usertype: ".@$_COOKIE["usertype"]."<br>";
echo "user[name]: ".@$_COOKIE["user"]["name"]."<br>";
echo "user[pwd]: ".@$_COOKIE["user"]["pwd"]."<br>";
echo "user[type]: ".@$_COOKIE["user"]["type"]."<br>";
foreach ($_COOKIE["user"] as $key=>$value)
    echo "user[".$key."]: ".$value."<br>";
setcookie("password", "");
setcookie("user[pwd]", "123", time()-1);
?>
<a href='CookieExample00.php'>[OK]</a>
</body>
</html>
```

在此，先输出名为 username、password 与 usertype 的 Cookie 的值，然后逐一输出 Cookie 数组 user 的各个元素的值，接着再对该数组进行遍历以输出各个元素的键名与值，最后通过不同的方法删除名为 password 的 Cookie 与 Cookie 数组 user 中键名为 pwd 的元素。

(4) 在文件夹 04 中创建 PHP 页面 CookieExample00.php。其代码如下：

```
<html>
<head>
<meta http-equiv="Content-Type" content="text/html; charset=utf-8" />
<title>Cookie 示例</title>
```

```
</head>
<body>
<?php
print_r($_COOKIE);
?>
</body>
</html>
```

在此，通过调用 print_r()函数输出当前有效的所有 Cookie 与 Cookie 数组的信息。

访问方法：

在浏览器中输入地址“http://localhost:8090/LuWWW/04/CookieExample.php”并按 Enter 键，打开 CookieExample.php 页面，结果如图 4-1(a)所示。单击其中的“[OK]”链接跳转至 CookieExample0.php 页面，结果如图 4-1(b)所示。再单击其中的“[OK]”链接跳转至 CookieExample00.php 页面，结果如图 4-1(c)所示(名为 password 的 Cookie 与 Cookie 数组 user 中键名为 pwd 的元素已经被删除了，因此不再显示)。关闭 CookieExample00.php 页面后，若再次直接打开该页面，结果如图 4-1(d)所示(名为 usertype 的 Cookie 与 Cookie 数组 user 中键名为 type 的元素均属于会话 Cookie，此时已被清除，故不再显示)。

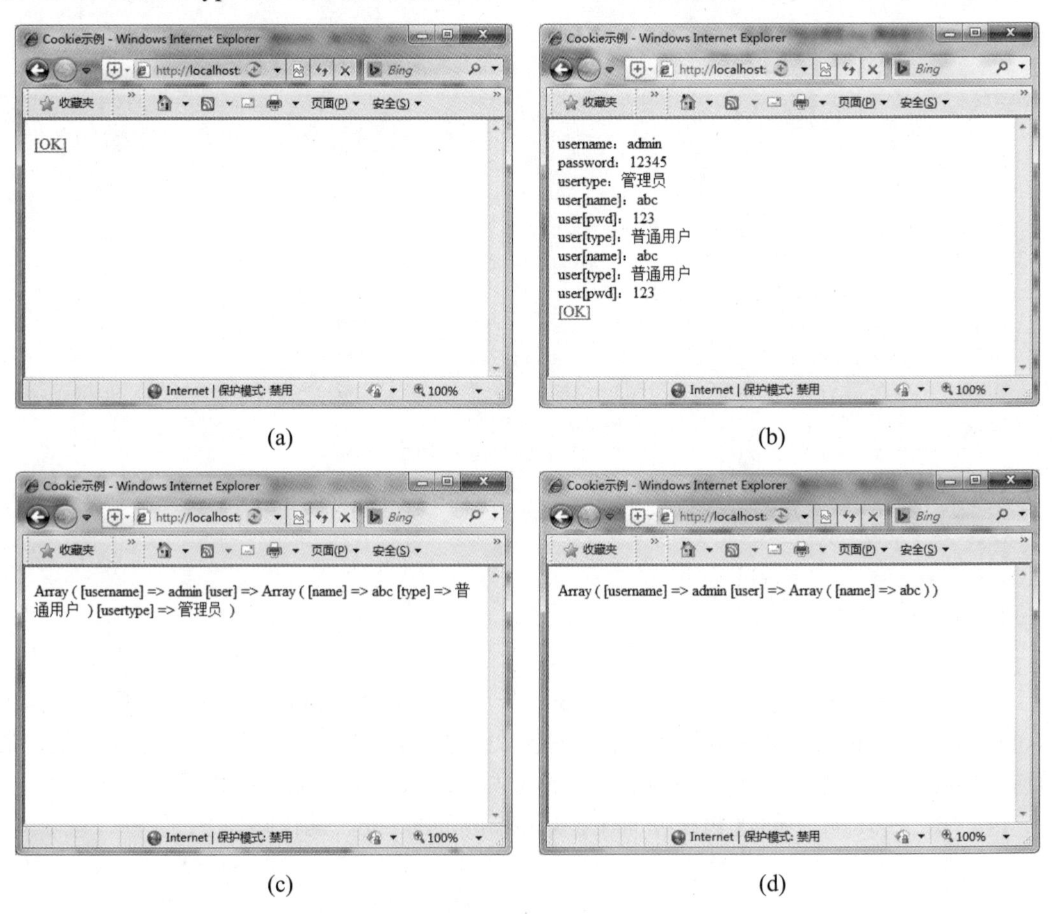

图 4-1　Cookie 示例

注意： 对于当前页面来说，在其中所创建、修改或删除的 Cookie 在页面下次刷新前是不会生效的。若要测试 Cookie 是否已经成功设置，需在下次页面加载时(或打开另外一个页面时)与 Cookie 过期前进行检测。通常，为对 Cookie 进行检测，可执行“print_r($_COOKIE);”或“var_dump($_COOKIE);”语句查看其运行结果。

4.1.3　Cookie 的应用实例

下面通过一个具体的应用实例，说明 Cookie 技术的应用场景与编程要点。

【实例 4-2】自动登录(假定合法用户的用户名与密码分别为“admin”与“12345”)。在首次打开基于 Cookie 的“系统登录”页面 cookie_login.php 时，将显示如图 4-2(a)所示的“系统登录”表单。在其中输入用户名与密码，同时选定 Cookie 的保存选项，然后单击“确定”按钮进行登录。若所输入的用户名或密码存在错误，将打开如图 4-2(b)所示的对话框提示登录失败(单击“确定”按钮关闭该对话框后，将自动重新打开“系统登录”页面 cookie_login.php)。反之，若用户名与密码均正确无误，则打开“系统主页”页面 cookie_index.php，并显示相应的欢迎信息，如图 4-2(c)所示。关闭浏览器后，若此前成功登录系统时选定了保存 Cookie 的选项(保存 1 分钟、保存 15 分钟、保存 30 分钟、保存 1 小时、保存 12 小时或保存 24 小时)，则在 Cookie 的有效期内再次打开“系统登录”页面 cookie_login.php 时，可自动登录系统，即自动跳转至“系统主页”页面 cookie_index.php 并显示相应的欢迎信息；反之，若 Cookie 已经过期，或此前选定的 Cookie 保存选项是“不保存”，则再次打开“系统登录”页面 cookie_login.php 时就会显示“系统登录”表单。此时，若直接打开“系统主页”页面 cookie_index.php，将显示如图 4-2(d)所示的无法使用系统的信息，表明未登录用户是不能直接访问系统主页的。

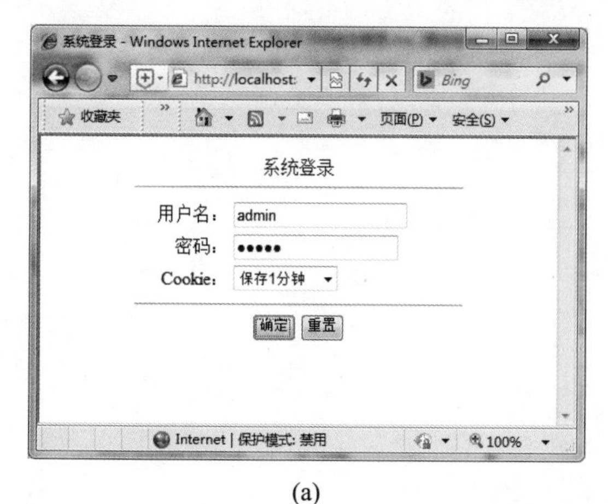

(a)

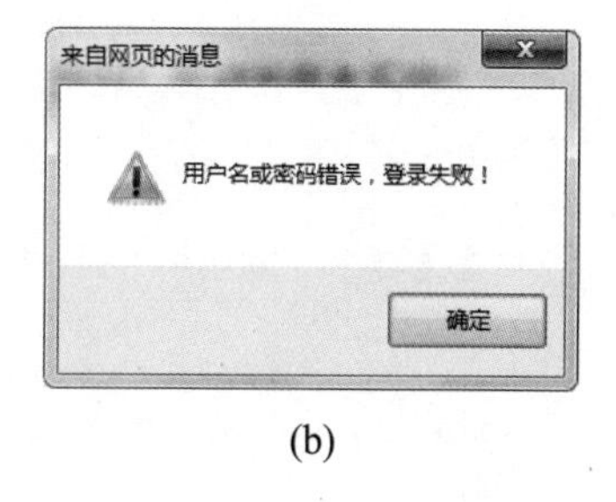

(b)

图 4-2　系统登录

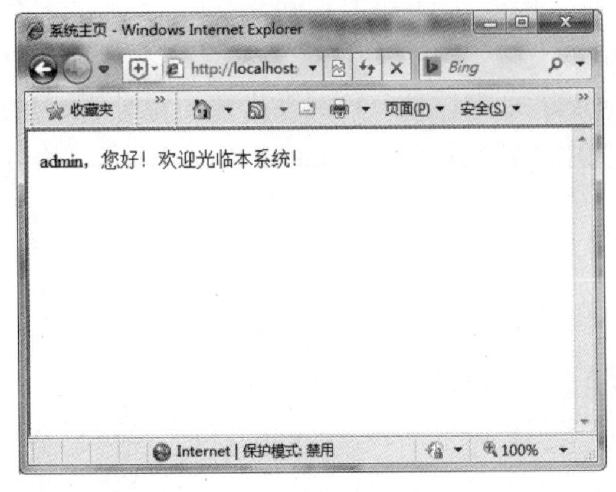

(c)

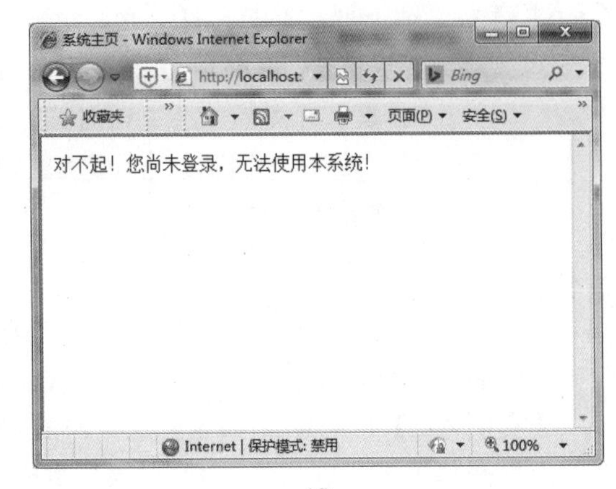

(d)

图 4-2　系统登录(续)

基本步骤：

(1) 在文件夹 04 中创建 PHP 页面 cookie_login.php。其代码如下：

```
<html>
<head>
<meta http-equiv="Content-Type" content="text/html; charset=utf-8" />
<title>系统登录</title>
</head>
<body>
<form action="" method="post">
<table width="300" border="0" align="center">
  <tr>
    <td colspan="2" align="center">系统登录<hr></td>
  </tr>
  <tr>
    <td align="right">用户名：</td>
    <td><input type="text" name="username" id="username"></td>
  </tr>
  <tr>
    <td align="right">密码：</td>
    <td><input type="password" name="password" id="password"></td>
  </tr>
  <tr>
    <td align="right">Cookie：</td>
    <td>
    <select name="saveoption">
     <option value="0" selected>不保存</option>
     <option value="1">保存 1 分钟</option>
     <option value="2">保存 15 分钟</option>
     <option value="3">保存 30 分钟</option>
    <option value="4">保存 1 小时</option>
    <option value="5">保存 12 小时</option>
    <option value="6">保存 24 小时</option>
```

```
    </select>
    </td>
  </tr>
  <tr>
    <td colspan="2" align="center"><hr><input type="submit" name="submit"
id="submit" value="确定">
    <input type="reset" name="reset" id="reset" value="重置"></td>
  </tr>
</table>
</form>
<?php
if(isset($_COOKIE['username'])){
    header("location:cookie_index.php");
}else{
    setcookie("username","");
    if(isset($_POST['submit'])){
        $username=$_POST['username'];
        $password=$_POST['password'];
        $saveoption=$_POST['saveoption'];
        if($username=="admin"&&$password=="12345"){
            switch($saveoption){
                case 0:
                    setcookie("username",$username);
                    break;
                case 1:
                    setcookie("username",$username,time()+60);
                    break;
                case 2:
                    setcookie("username",$username,time()+15*60);
                    break;
                case 3:
                    setcookie("username",$username,time()+30*60);
                    break;
                case 4:
                    setcookie("username",$username,time()+60*60);
                    break;
                case 5:
                    setcookie("username",$username,time()+12*60*60);
                    break;
                case 6:
                    setcookie("username",$username,time()+24*60*60);
                    break;
            }
            header("location:cookie_index.php");
        }else{
            echo "<script>alert('用户名或密码错误，登录失败！');
location.href='cookie_login.php';</script>";
        }
    }
}
```

```
?>
</body>
</html>
```

在此页面中，用户登录成功时，通过名为 username 的 Cookie 存放用户的用户名，并根据用户所选定的 Cookie 保存选项为其设定相应的过期时间。

(2) 在文件夹 04 中创建 PHP 页面 cookie_index.php。其代码如下：

```
<html>
<head>
<meta http-equiv="Content-Type" content="text/html; charset=utf-8" />
<title>系统主页</title>
</head>
<body>
<?php
if(isset($_COOKIE['username'])){
    $username=$_COOKIE['username'];
    echo "$username".", 您好! 欢迎光临本系统! ";
}else{
    echo "对不起! 您尚未登录，无法使用本系统! ";
}
?>
</body>
</html>
```

在此页面中，通过调用 isset()函数检测名为 username 的 Cookie 是否已被设置来判断用户是否已经成功登录过了。页面中的 PHP 代码也可修改为：

```
<?php
$username=@$_COOKIE['username'];
if($username<>"")
    echo "$username".", 您好! 欢迎光临本系统! ";
else
    echo "对不起! 您尚未登录，无法使用本系统! ";
?>
```

在此，先获取名为 username 的 Cookie 的值(即用户名)，然后再进行判断。若值不是空字符串，则说明用户已经成功登录；反之，若值为空字符串，则说明用户尚未成功登录。

4.2 Session 技术

4.2.1 Session 简介

Session 即会话。在 Web 应用领域，一次会话自用户打开浏览器访问页面时开始，至用户关闭浏览器或销毁会话时结束。

当用户打开浏览器访问 Web 站点中的任意一个页面时，Web 服务器会自动为其创建一个 Session 对象(即会话对象)，并为该 Session 对象分配一个唯一的 SessionID(即会话 ID 或会话标识)。可见，各个用户的 Session 对象是各不相同的，可通过其 SessionID 加以区分。至于 SessionID，默认情况下是保存到 Cookie 中的，必要时也可以通过 URL 进行传输。为此，需将 PHP 配置文件 php.ini 中 session.use_cookies 选项的值由 1(默认值)修改为 0。

在 Session 对象中，用户可根据需要注册或创建一些特殊的变量，通常称之为 Session 变量(即会话变量)。借助于 Session 变量，可存放相应的数据，并保存在服务器端。在访问页面的过程中，服务器可根据客户端发送过来的 SessionID 查找到相应的 Session 对象，并进一步访问其中的 Session 变量。Session 变量所存放的数据其实就是通常所说的会话数据，默认情况下是保存到服务器上相应的会话文件中的。会话文件名以“sess_”开头，后跟由 26 个字符构成的唯一的 SessionID，因此易于相互区分与识别。

利用 Session 对象可存放与用户密切相关的某些信息。当用户在页面之间跳转时，存储在 Session 对象中的信息是不会被清除的。因此，借助于 Session 对象，也可以实现页面之间的信息共享或数据传递。例如，当用户登录成功后，可将其用户名、密码、用户类型等信息保存到 Session 对象中，供有关页面在需要时加以利用并实现相关功能(如登录状态的判断、操作权限的检查等)。

注意： 在 PHP 中，Session 对象的有效期(或超时时间)默认为 1440 秒(即 24 分钟)。必要时，可通过 PHP 配置文件 php.ini 中 session.gc_maxlifetime 选项另行设置。在会话期间，若用户未进行任何操作，则 Session 对象在超过有效期时将自动失效。

提示： 与 Cookie 技术相比，使用 Session 技术时，除了 SessionID 需在浏览器与服务器之间进行传递或保存到客户端以外，所有的会话数据都存储在服务器端，因此安全性更高。

4.2.2　Session 的使用方法

在 PHP 中，使用 Session 的基本方法与步骤如下。

1. 开启会话

PHP 较为特殊，在实现 Session 功能前必须先开启会话。为此，可使用 session_start() 函数。其基本的语法格式为：

```
bool session_start()
```

返回值：成功开启会话时返回 TRUE，否则返回 FALSE。

session_start()函数会根据具体情况创建新的会话或重用现有的会话。每个会话都有一个相应的会话 ID 与名称，可通过调用 session_id()与 session_name()函数获取。例如：

```
<?php
session_start();
echo "SessionID:".session_id()."<br>";
echo "SessionName:".session_name()."<br>";
?>
```

该段代码的一个运行实例如图 4-3 所示。在此，会话名称为 PHPSESSID(即会话名称的默认值)。

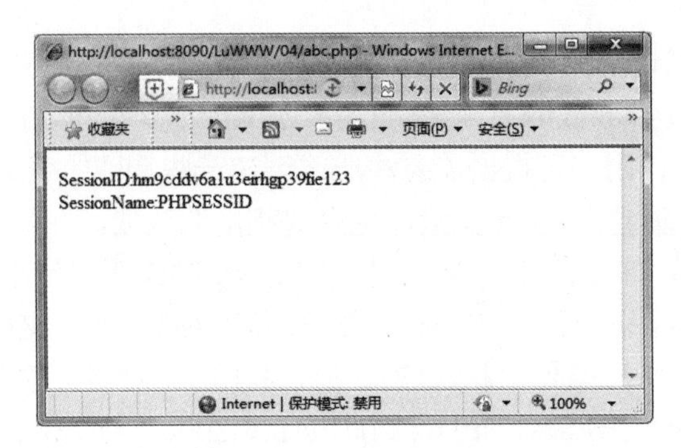

图 4-3　会话 ID 与名称

提示：必要时，可自行设置会话的 ID 与名称。为此，可在调用 session_start()函数开启会话前，先以指定的 ID 作为参数调用 session_id()函数，以指定的名称作为参数调用 session_name()函数。

2. 注册会话变量

成功开启会话后，为注册(或创建)会话变量并存放相应的信息，需使用超全局变量 $_SESSION。其基本格式为：

```
$_SESSION["SessionVarName"]=SessionVarValue;
```

其中，SessionVarName 为会话变量名，SessionVarValue 为会话变量值(可以是常量或变量)。

例如：

```
<?php
session_start();
$username="abc";
$_SESSION["username"]=$username;
?>
```

在此，注册了一个会话变量 username，其值为“abc”。

对于已存在的会话变量，可按照同样的方式随时对其进行重新赋值(即修改其值)。例如：

```
<?php
session_start();
$_SESSION["username"]="abc";
$_SESSION["username"]="admin";
?>
```

3. 访问会话变量

成功开启会话后，为访问会话变量并获取其中存放的相应信息，同样要使用超全局变量$_SESSION。其基本格式为：

```
$_SESSION["SessionVarName"]
```

其中，SessionVarName 为相应会话变量的名称。

例如：

```
<?php
header("content-type:text/html;charset=utf-8");
$username="abc";
if(isset($_SESSION["username"]))
    echo "会话变量 username 已经注册，其值为：".$_SESSION["username"]."。<br>";
else
    echo "会话变量 username 尚未注册！<br>";
session_start();
$_SESSION["username"]=$username;
if(isset($_SESSION["username"]))
    echo "会话变量 username 已经注册，其值为：".$_SESSION["username"]."。<br>";
else
    echo "会话变量 username 尚未注册！<br>";
?>
```

该段代码的运行结果如图 4-4 所示。

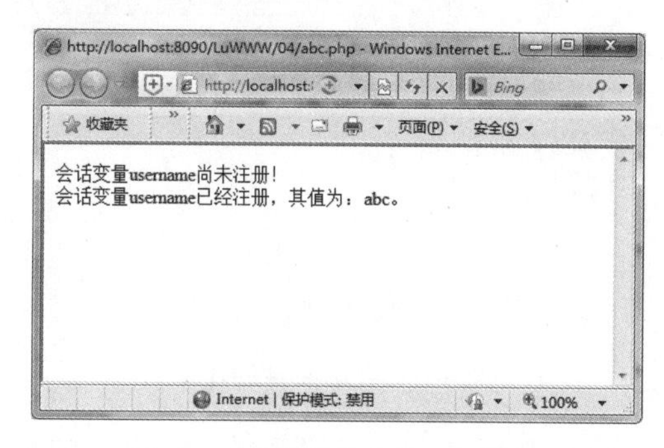

图 4-4　会话变量的注册与访问

4. 注销会话变量

成功开启会话后，对于已使用完毕的会话变量，应及时将其注销(或删除)，以减少对服务器资源的占用。为此，可使用 unset()函数，基本格式为：

```
unset($_SESSION["SessionVarName"]);
```

其中，SessionVarName 为相应会话变量的名称。

若要一次性注销所有的会话变量，可使用 session_unset()函数。其语法格式为：

```
void session_unset()
```

返回值：无。

例如：

```
<?php
header("content-type:text/html;charset=utf-8");
$username="admin";
$password="12345";
session_start();
$_SESSION["username"]=$username;
$_SESSION["password"]=$password;
echo "username: ".$_SESSION["username"]."<br>";
```

```
echo "password: ".$_SESSION["password"]."<br>";
unset($_SESSION["username"]);
if(!isset($_SESSION["username"]))
    echo "会话变量 username 已被注销! <br>";
echo "username: ".@$_SESSION["username"]."<br>";
echo "password: ".@$_SESSION["password"]."<br>";
session_unset();
if(!isset($_SESSION["password"]))
    echo "会话变量 password 已被注销! <br>";
echo "username: ".@$_SESSION["username"]."<br>";
echo "password: ".@$_SESSION["password"]."<br>";
?>
```

该段代码的运行结果如图 4-5 所示。

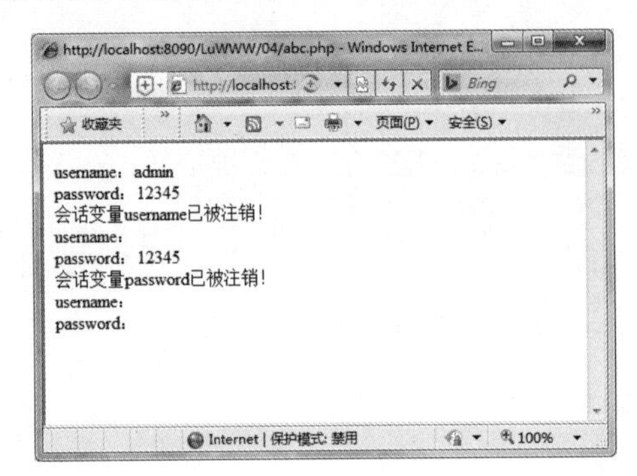

图 4-5　会话变量的注销

除了使用 session_unset()函数以外，还可以通过将一个空的数组赋值给$_SESSION 来注销所有的会话变量，即

```
$_SESSION = array();
```

注意： 不要使用 unset($_SESSION)来释放整个$_SESSION，否则会禁用通过$_SESSION 注册会话变量。

5. 销毁会话

成功开启会话并完成有关的操作后，应先注销所有的会话变量，然后再销毁会话。为销毁会话，可调用 session_destroy()函数。其语法格式为：

```
bool session_destroy ()
```

返回值：成功销毁会话时返回 TRUE，否则返回 FALSE。

session_destroy()函数可销毁当前会话中的全部数据并清除 SessionID，但是不会重置当前会话所关联的超全局变量$_SESSION，也不会重置会话 Cookie。销毁会话后，需再次调用 session_start()函数才能重启会话。例如：

```
<?php
header("content-type:text/html;charset=utf-8");
$username="admin";
$password="12345";
session_start();
```

```
$_SESSION["username"]=$username;
$_SESSION["password"]=$password;
echo "调用 session_unset()前: <br>";
echo "SessionID: ".session_id()."<br>";
echo "username: ".$_SESSION["username"]."<br>";
echo "password: ".$_SESSION["password"]."<br>";
session_unset();
echo "调用 session_unset()后: <br>";
echo "SessionID: ".session_id()."<br>";
echo "username: ".@$_SESSION["username"]."<br>";
echo "password: ".@$_SESSION["password"]."<br>";
echo "重新注册会话变量...<br>";
$_SESSION["username"]=$username;
$_SESSION["password"]=$password;
echo "会话变量注册完毕! <br>";
echo "调用 session_destroy()前: <br>";
echo "SessionID: ".session_id()."<br>";
echo "username: ".$_SESSION["username"]."<br>";
echo "password: ".$_SESSION["password"]."<br>";
session_destroy();
echo "调用 session_destroy()后: <br>";
echo "SessionID: ".session_id()."<br>";
echo "username: ".$_SESSION["username"]."<br>";
echo "password: ".$_SESSION["password"]."<br>";
echo "重启会话...<br>";
session_start();
echo "会话重启完毕! <br>";
echo "SessionID: ".session_id()."<br>";
echo "username: ".@$_SESSION["username"]."<br>";
echo "password: ".@$_SESSION["password"]."<br>";
?>
```

该段代码的一个运行实例如图 4-6 所示。

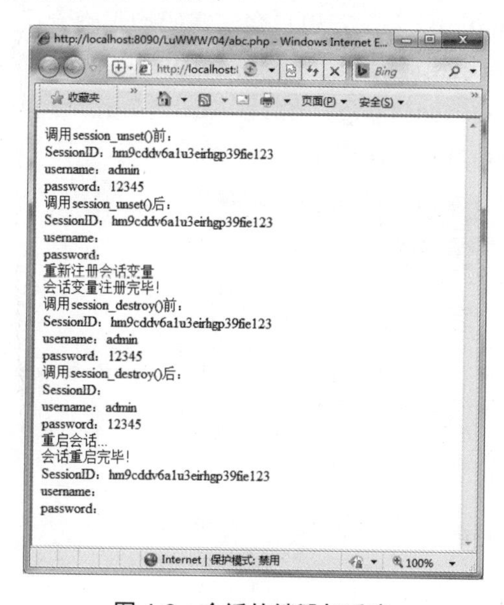

图 4-6　会话的销毁与重启

提示： 为了彻底销毁会话，必须同时重置 SessionID。如果 SessionID 是通过 Cookie 传送，那么就需要调用 setcookie()函数来删除客户端的会话 Cookie，其名称即为当前会话的名称。例如：

```
<?php
//开启会话
session_start();
//注销所有的会话变量
session_unset();
//删除会话 Cookie
if (ini_get("session.use_cookies")){
    $params=session_get_cookie_params();
    setcookie(session_name(), '', time()-3600,
        $params["path"], $params["domain"],
        $params["secure"], $params["httponly"]
    );
}
//销毁会话
session_destroy();
?>
```

其中，ini_get()函数用于获取配置文件 php.ini 中指定选项的值，session_get_cookie_params()函数用于获取当前会话 Cookie 的参数(其返回值为一个数组)。

4.2.3 Session 的应用实例

下面通过一个具体的应用实例，说明 Session 技术的应用场景与编程要点。

【实例 4-3】系统登录(假定合法用户的用户名与密码分别为“admin”与“12345”)。“系统登录”页面 session_login.php 如图 4-7(a)所示。在其中输入用户名与密码后，再单击“确定”按钮，即可进行登录。若所输入的用户名或密码存在错误，将打开如图 4-7(b)所示的对话框提示登录失败(单击“确定”按钮关闭该对话框后，将自动重新打开“系统登录”页面 session_login.php)。反之，若用户名与密码均正确无误，则打开“系统主页”页面 session_index.php，并显示相应的欢迎信息，如图 4-7(c)所示。关闭浏览器后，若直接打开“系统主页”页面 session_index.php，将显示如图 4-7(d)所示的无法使用系统的信息，表明未登录用户是不能直接访问系统主页的。

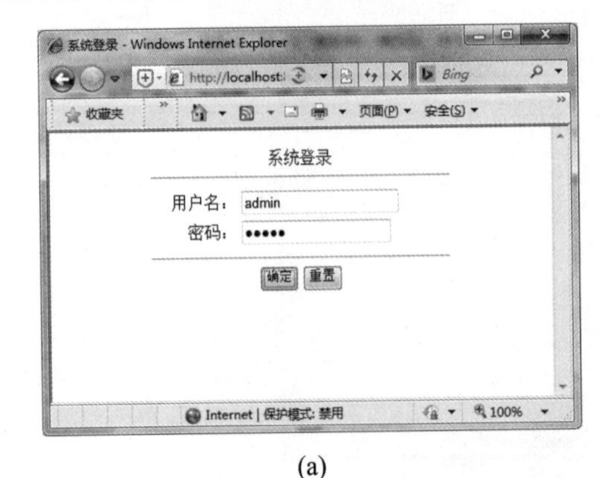

(a)

(b)

图 4-7　系统登录

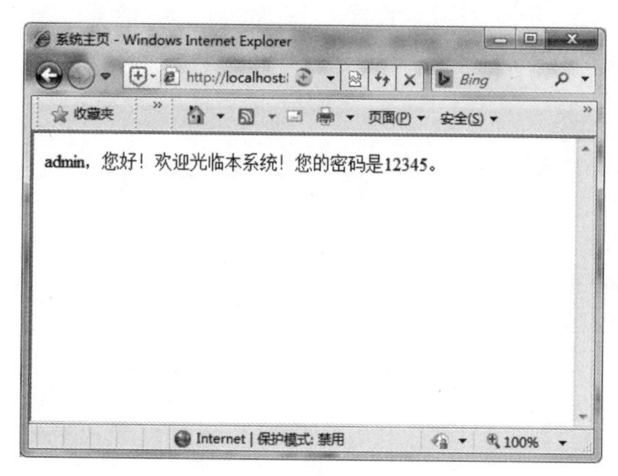

(c)

(d)

图 4-7　系统登录(续)

基本步骤：

(1) 在文件夹 04 中创建 PHP 页面 session_login.php。其代码如下：

```
<html>
<head>
<meta http-equiv="Content-Type" content="text/html; charset=utf-8" />
<title>系统登录</title>
</head>
<body>
<form action="" method="post">
<table width="300" border="0" align="center">
  <tr>
    <td colspan="2" align="center">系统登录<hr></td>
  </tr>
  <tr>
    <td align="right">用户名：</td>
    <td><input type="text" name="username" id="username"></td>
  </tr>
  <tr>
    <td align="right">密码：</td>
    <td><input type="password" name="password" id="password"></td>
  </tr>
  <tr>
    <td colspan="2" align="center"><hr><input type="submit" name="submit"
id="submit" value="确定">
    <input type="reset" name="reset" id="reset" value="重置"></td>
  </tr>
</table>
</form>
<?php
session_start();
if(isset($_POST['submit'])){
    $username=$_POST['username'];
```

```
    $password=$_POST['password'];
    if($username=="admin"&&$password=="12345"){
        $_SESSION['username']=$username;
        $_SESSION['password']=$password;
        header("location:session_index.php");
    }else{
        echo "<script>alert('用户名或密码错误，登录失败！');
location.href='session_login.php';</script>";
    }
}
?>
</body>
</html>
```

在此页面中，用户登录成功时，通过会话变量 username 与 password 存放用户的用户名与密码。

(2) 在文件夹 04 中创建 PHP 页面 session_index.php。其代码如下：

```
<html>
<head>
<meta http-equiv="Content-Type" content="text/html; charset=utf-8" />
<title>系统主页</title>
</head>
<body>
<?php
session_start();
if(isset($_SESSION['username'])){
    $username=$_SESSION['username'];
    $password=$_SESSION['password'];
    echo "$username".", 您好！欢迎光临本系统！您的密码是".$password."。";
}else{
    echo "对不起！您尚未登录，无法使用本系统！";
}
?>
</body>
</html>
```

在此页面中，通过调用 isset()函数检测会话变量 username 是否已被设置来判断用户是否已经成功登录。页面中的 PHP 代码也可修改为：

```
<?php
session_start();
$username=@$_SESSION['username'];
$password=@$_SESSION['password'];
if($username<>"")
    echo "$username".", 您好！欢迎光临本系统！您的密码是".$password."。";
else
    echo "对不起！您尚未登录，无法使用本系统！";
?>
```

在此，先获取会话变量 username 与 password 中所存放的用户名与密码，然后再进行判断。若用户名不是空字符串，则说明该用户已经成功登录；反之，若用户名为空字符串，则说明该用户尚未成功登录。

本 章 小 结

本章简要介绍了 PHP 中的 Cookie 与 Session 及其基本用法，并通过具体实例讲解了 Cookie 技术与 Session 技术的应用模式。通过本章的学习，应熟练掌握 PHP 的常用状态管理技术(即 Cookie 技术与 Session 技术)，并能在各种 Web 应用系统的开发中根据需要灵活地加以运用。

思 考 题

1. Cookie 是什么？有何主要用途？
2. Cookie 分为哪两种？二者的区别是什么？
3. 在 PHP 中，如何创建会话 Cookie？
4. 在 PHP 中，如何创建永久 Cookie？
5. 在 PHP 中，如何访问 Cookie？
6. 在 PHP 中，如何删除 Cookie？
7. Session 是什么？有何主要用途？与 Cookie 相比有何区别？
8. 在 PHP 中，Session 对象的有效期默认是多少？
9. 在 PHP 中，如何开启会话？
10. 在 PHP 中，如何注册会话变量？
11. 在 PHP 中，如何访问会话变量？
12 在 PHP 中，如何注销会话变量？
13. 在 PHP 中，如何销毁会话？

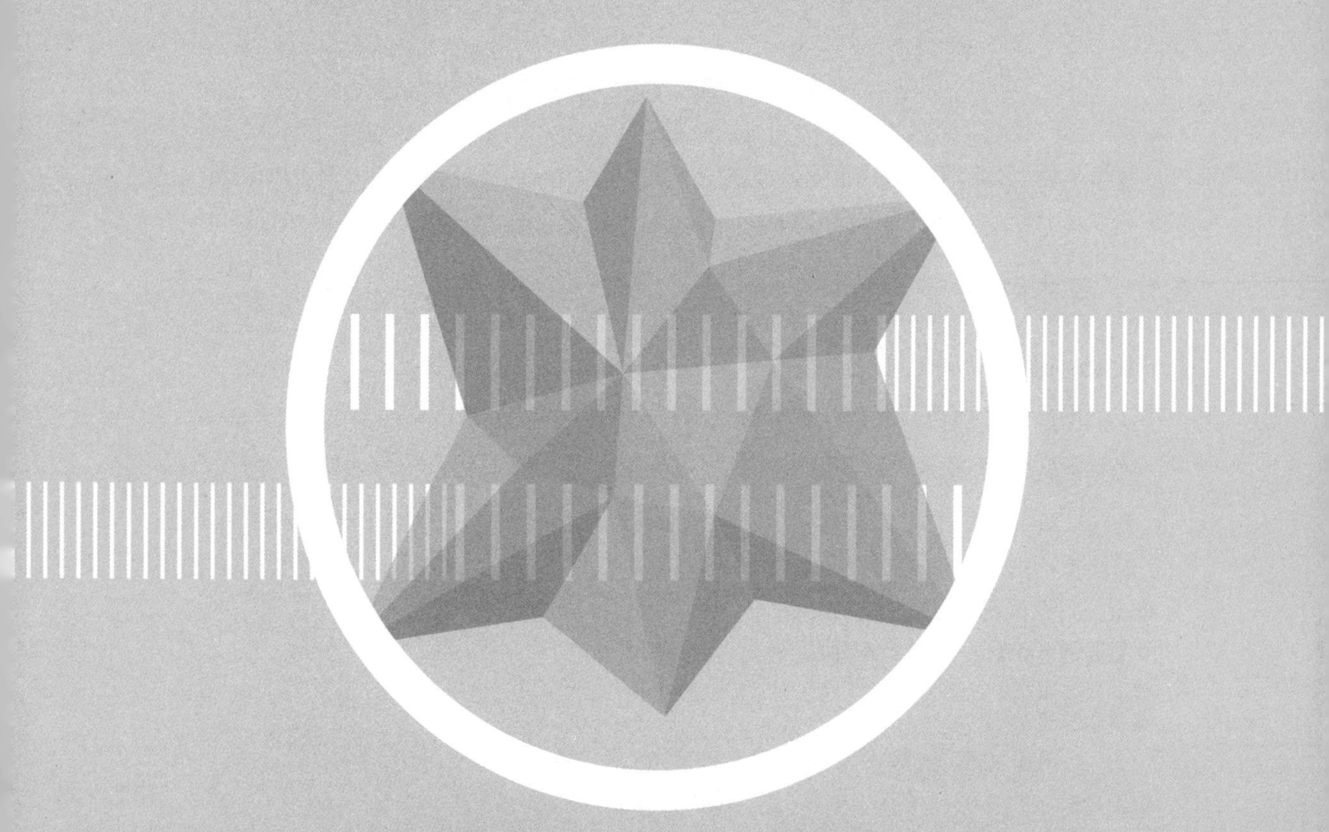

第5章

PHP 内置函数

为便于各类应用的开发，PHP 提供了极为丰富的内置函数。适当使用 PHP 的内置函数，既可简化 PHP 程序代码的编写，又可方便地实现所需要的有关功能。

本章要点：

数学函数；字符串处理函数；日期与时间处理函数；数组处理函数；文件操作函数；目录操作函数；检测函数。

学习目标：

掌握 PHP Web 应用开发中常用内置函数(包括数学函数、字符串处理函数、日期与时间处理函数、数组处理函数、文件操作函数、目录操作函数以及检测函数)的基本用法。

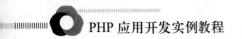

5.1 数学函数

数学函数主要用于实现各种数学运算，或对有关的数值进行相应的处理。PHP 所提供的数学函数是十分全面的，常用的有 abs()、floor()、ceil()、round()、rand()、pow()与 sqrt()等。

5.1.1 基本用法

1. abs()函数

abs()为绝对值函数，其语法格式为：

```
number abs(mixed $value)
```

参数：$value 用于指定要处理的数值，其类型为 mixed(即可以接受多种不同的类型)。

返回值：$value 的绝对值，其类型为 number(即 integer 或 float)。若参数$value 的类型为 float，则返回值的类型亦为 float，否则为 integer。

【实例 5-1】abs()函数应用示例。

基本步骤：

(1) 在 PHP 站点 LuWWW 中创建文件夹 05。

(2) 在文件夹 05 中创建 PHP 页面 math01.php。

(3) 编写页面 math01.php 的代码。

```
<?php
echo "abs(1)=".abs(1)."<br>";
echo "abs(0)=".abs(0)."<br>";
echo "abs(-1)=".abs(-1)."<br>";
echo "abs(3.5)=".abs(3.5)."<br>";
echo "abs(-3.5)=".abs(-3.5)."<br>";
?>
```

该实例的运行结果如图 5-1 所示。

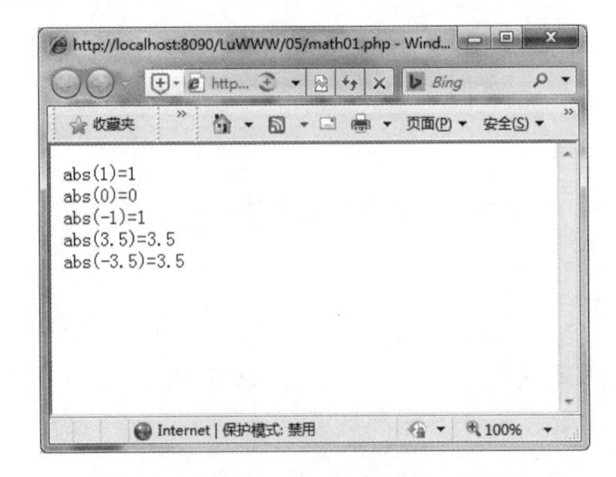

图 5-1　页面 math01.php 的运行结果

2. floor()与 ceil()函数

floor()与 ceil()均为取整函数，其语法格式为：

```
float floor(float $value)
float ceil(float $value)
```

参数：$value 用于指定要处理的数值，其类型为 float。

返回值：$value 经过取整后的值，其类型为 float。其中，floor()函数采用舍去法取整，返回不大于 value 的最接近的整数；ceil()函数则采用进一法取整，返回不小于 value 的下一个整数。

【实例 5-2】floor()与 ceil()函数应用示例。

基本步骤：

(1) 在文件夹 05 中创建 PHP 页面 math02.php。

(2) 编写页面 math02.php 的代码。

```
<?php
echo "floor(5.55)=".floor(5.55)."<br>";
echo "floor(9.99)=".floor(9.99)."<br>";
echo "floor(-5.55)=".floor(-5.55)."<br>";
echo "ceil(5.55)=".ceil(5.55)."<br>";
echo "ceil(9.99)=".ceil(9.99)."<br>";
echo "ceil(-5.55)=".ceil(-5.55)."<br>";
?>
```

该实例的运行结果如图 5-2 所示。

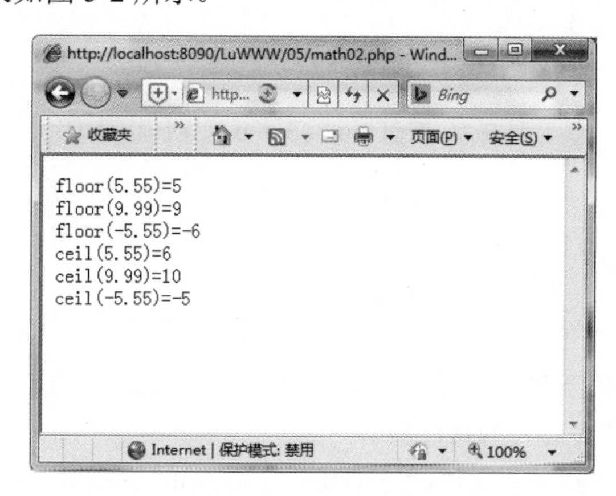

图 5-2　页面 math02.php 的运行结果

3. round()函数

round()为四舍五入函数，其语法格式为：

```
float round( float $value[,int $precision=0])
```

参数：$value 用于指定要处理的数值，其类型为 float；$precision(可选)用于指定四舍五入的精度(即十进制小数点后数字的数目)，其类型为 int，可以是正数、负数或零(默认值)。

返回值：$value 按精度$precision 四舍五入后的值，其类型为 float。

【实例 5-3】round()函数应用示例。

基本步骤：

(1) 在文件夹 05 中创建 PHP 页面 math03.php。

(2) 编写页面 math03.php 的代码。

```
<?php
echo "round(125.456,2)=".round(125.456,2)."<br>";
echo "round(125.456,1)=".round(125.456,1)."<br>";
echo "round(125.456,0)=".round(125.456,0)."<br>";
echo "round(125.456,-1)=".round(125.456,-1)."<br>";
echo "round(125.456,-2)=".round(125.456,-2)."<br>";
echo "round(125.456)=".round(125.456)."<br>";
?>
```

该实例的运行结果如图 5-3 所示。

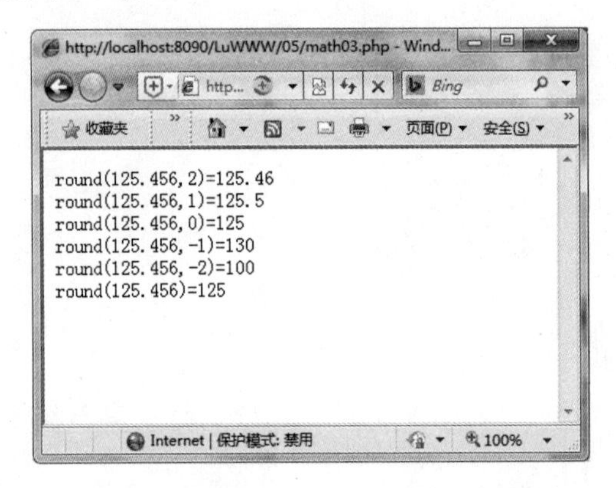

图 5-3　页面 math03.php 的运行结果

4. rand()函数

rand()为随机整数函数，其语法格式为：

```
int rand([int $min,int $max])
```

参数：$min(可选)用于指定最小值，默认为 0；$max(可选)用于指定最大值，默认为 getrandmax()，即随机整数最大的可能值。

返回值：返回$min 与$max 之间(包括$min 与$max)的伪随机整数。未指定$min 与$max 时，则返回 0 与 getrandmax()之间的伪随机整数。

【实例 5-4】rand()函数应用示例。

基本步骤：

(1) 在文件夹 05 中创建 PHP 页面 math04.php。

(2) 编写页面 math04.php 的代码。

```
<?php
echo "rand()=".rand()."<br>";
```

```
echo "rand()=".rand()."<br>";
echo "rand()=".rand()."<br>";
echo "rand(1,1000)=".rand(1,1000)."<br>";
echo "rand(1,1000)=".rand(1,1000)."<br>";
echo "rand(1,1000)=".rand(1,1000)."<br>";
?>
```

该实例的运行结果如图 5-4 所示。

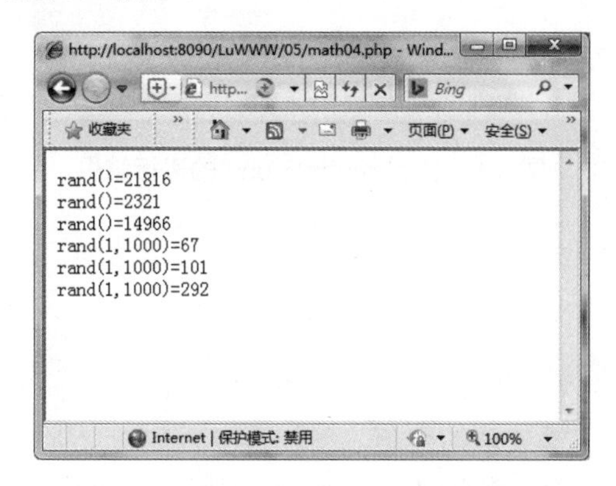

图 5-4　页面 math04.php 的运行结果

5. pow()函数

pow()函数为乘方函数，其语法格式为：

```
number pow(number $base, number $exp)
```

参数：$base 用于指定底数，$exp 用于指定指数。

返回值：$base 的$exp 次幂。

【实例 5-5】pow()函数应用示例。

基本步骤：

(1) 在文件夹 05 中创建 PHP 页面 math05.php。

(2) 编写页面 math05.php 的代码。

```
<?php
echo "pow(0,0)=".pow(0,0)."<br>";
echo "pow(5,0)=".pow(5,0)."<br>";
echo "pow(5,3)=".pow(5,3)."<br>";
echo "pow(5,-3)=".pow(5,-3)."<br>";
echo "pow(-5,3)=".pow(-5,3)."<br>";
echo "pow(-5,-3)=".pow(-5,-3)."<br>";
?>
```

该实例的运行结果如图 5-5 所示。

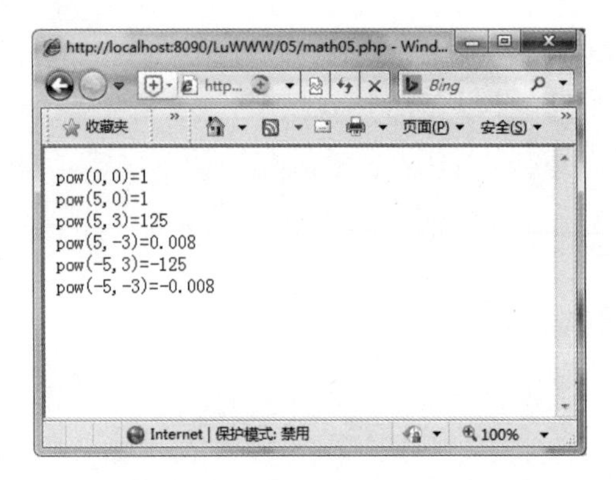

图 5-5　页面 math05.php 的运行结果

6. sqrt()函数

sqrt()函数为平方根函数，其语法格式为：

```
float sqrt(float $value)
```

参数：$value 用于指定要处理的数值。

返回值：$value 的平方根。若$value 为负数，则返回 NAN。

【实例 5-6】sqrt()函数应用示例。

基本步骤：

(1) 在文件夹 05 中创建 PHP 页面 math06.php。

(2) 编写页面 math06.php 的代码。

```
<?php
echo "sqrt(0)=".sqrt(0)."<br>";
echo "sqrt(100)=".sqrt(100)."<br>";
echo "sqrt(-100)=".sqrt(-100)."<br>";
echo "sqrt(108)=".sqrt(108)."<br>";
echo "sqrt(2.25)=".sqrt(2.25)."<br>";
?>
```

该实例的运行结果如图 5-6 所示。

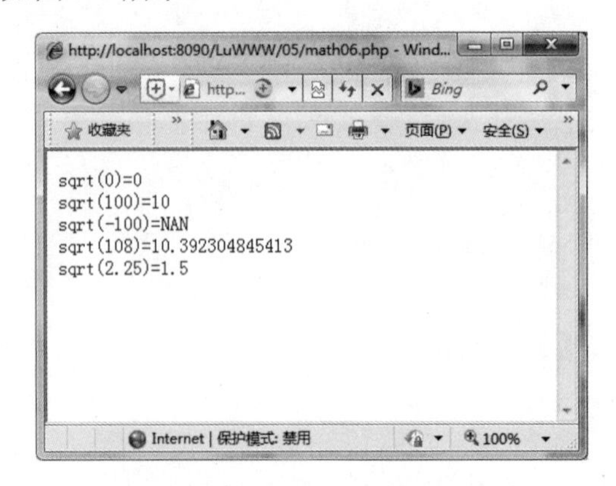

图 5-6　页面 math06.php 的运行结果

5.1.2　应用实例

【实例 5-7】猜数游戏(0～10)。“猜数游戏”页面如图 5-7(a)所示。在此页面中，用户可随意输入一个 0～10 的整数，单击“确定”按钮后，即可获知相应的是否猜中的结果，如图 5-7(b)～(d)所示。

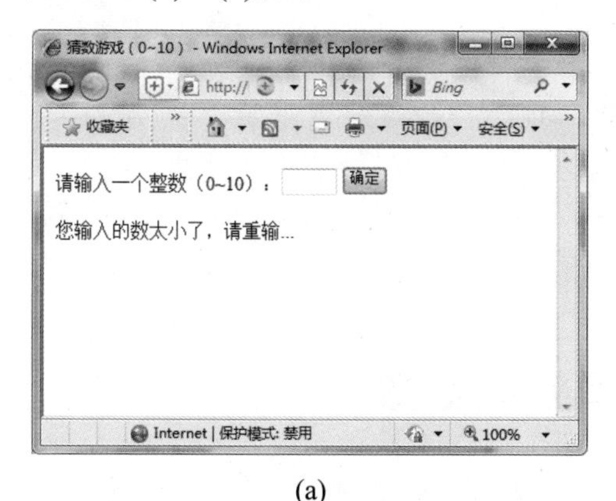

(a)

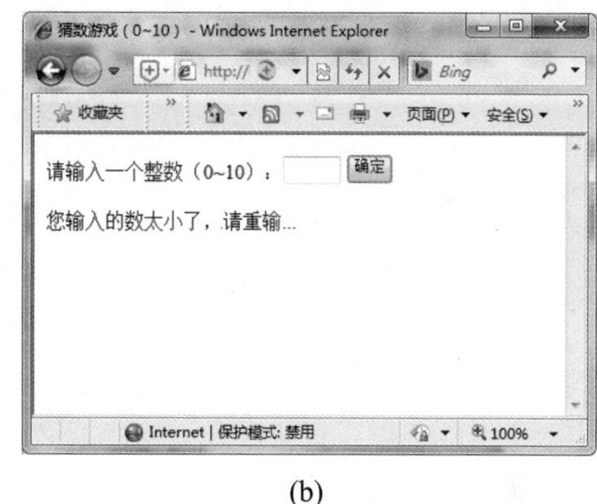

(b)

(c)

(d)

图 5-7　“猜数游戏”页面与猜中提示对话框

基本步骤：

(1) 在文件夹 05 中创建 PHP 页面 Guess.php。

(2) 编写页面 Guess.php 的代码。

```
<html>
<head>
<meta http-equiv="Content-Type" content="text/html; charset=utf-8" />
<title>猜数游戏(0～10)</title>
</head>
<body>
<form method="post">
   请输入一个整数(0～10): <input name="zs" type="text" size="2"
maxlength="2">
   <input type="submit" name="OK" value="确定">
</form>
```

```
<?php
if (isset($_POST['OK'])){
    $zs=$_POST["zs"];
    $n=rand(0,10);  //调用 rand()函数产生一个随机整数
    if ($zs>$n)
        echo "您输入的数太大了，请重输...";
    elseif ($zs<$n)
        echo "您输入的数太小了，请重输...";
    else
        echo "<script>alert('恭喜！您猜对啦！')</script>";
}
?>
</body>
</html>
```

5.2 字符串处理函数

字符串处理函数主要用于对字符串进行相应的处理。PHP 所提供的字符串处理函数是相当丰富的，常用的有 strlen()、trim()、substr()、strtoupper()、strtolower()、strcmp()、str_replace()、strpos()、strstr()、implode()与 explode()等。

5.2.1 基本用法

1. strlen()函数

strlen()函数用于获取字符串的长度(即字符串中所包含的字符的个数)，其语法格式为：

```
int strlen(string $str)
```

参数：$str 用于指定需要计算其长度的字符串。

返回值：字符串$str 的长度。若$str 为空字符串("")，则返回 0。

【实例 5-8】strlen()函数应用示例。

基本步骤：

(1) 在文件夹 05 中创建 PHP 页面 string01.php。

(2) 编写页面 string01.php 的代码。

```
<?php
$str="Hello,World!";
echo strlen($str)."<br>";
$str="Hello, World!";
echo strlen($str)."<br>";
?>
```

该实例的运行结果如图 5-8 所示。

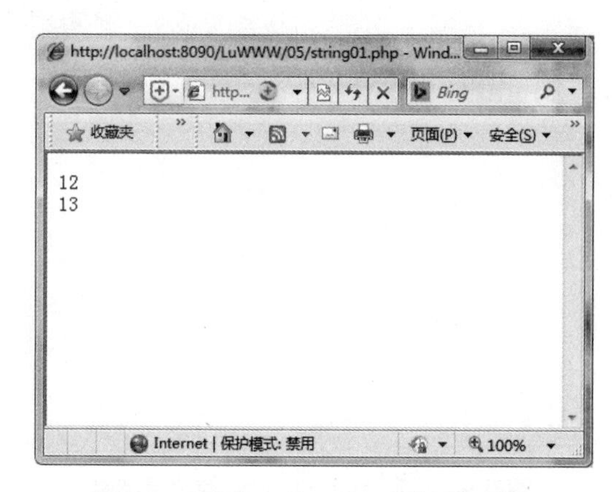

图 5-8　页面 string01.php 的运行结果

2. trim()函数

trim()函数用于删除字符串首尾处的空白字符(或指定字符)，其语法格式为：

```
string trim( string $str [, string $charlist])
```

参数：$str 用于指定需要处理的字符串；$charlist(可选)用于指定需要删除的字符，既可逐一列出，也可使用“..”列出一个字符范围。若不指定$charlist 参数，则表示要删除空白字符，包括普通空格符(" ")、制表符("\t")、换行符("\n")、回车符("\r")、空字节符("\0")与垂直制表符("\x0B")。

返回值：删除了首尾处空白字符(或指定字符)的字符串。

说明： 如果只要删除字符串开头或末尾的空白字符(或指定字符)，那么可分别使用 ltrim()或 rtrim()函数。这两个函数的语法格式与使用方法类似于 trim()函数。

【实例 5-9】 trim()函数应用示例。

基本步骤：

(1) 在文件夹 05 中创建 PHP 页面 string02.php。

(2) 编写页面 string02.php 的代码。

```
<?php
$str="\t#Hello,World!...   ";
echo strlen($str)."<br>";
$str=trim($str);
echo strlen($str)."<br>";
echo $str."<br>";
$str=trim($str,"#.");
echo $str."<br>";
?>
```

该实例的运行结果如图 5-9 所示。

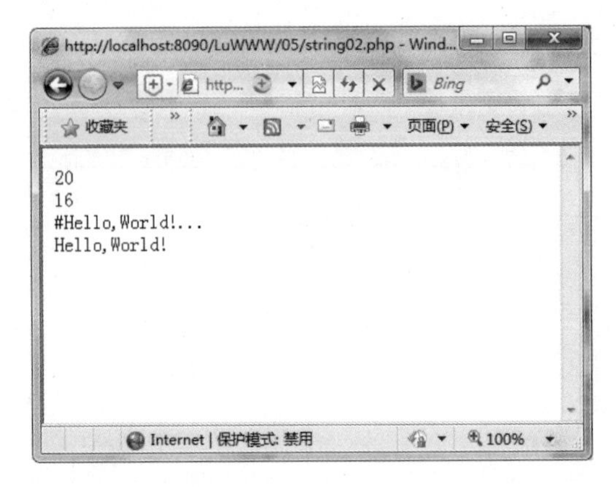

图 5-9 页面 string02.php 的运行结果

3. substr()函数

substr()函数用于获取字符串的子串，其语法格式为：

```
string substr(string $str, int $start[, int $length])
```

参数：$str 用于指定需要从中获取子串的字符串；$start 用于指定子串开始的位置(从 0 开始计算)；$length(可选)用于指定子串的长度。未指定$length 参数时，表示子串从位置$start 处开始直到字符串结尾。

返回值：成功时返回字符串$str 从位置$start 处开始最大长度为$length 的子串，失败时返回 FALSE。特别地，若$length 值为 0、FALSE 或 NULL，则返回一个空字符串。

说明： 若参数$start 为负数，则表示从倒数第-$start 个字符开始；若参数$length 为负数，则表示忽略字符串末尾的-$length 个字符，即提取到倒数第-$length 个字符止。

【实例 5-10】substr()函数应用示例。

基本步骤：

(1) 在文件夹 05 中创建 PHP 页面 string03.php。

(2) 编写页面 string03.php 的代码。

```
<?php
$str="Hello,World!";
echo substr($str,0,1)."<br>";
echo substr($str,6,5)."<br>";
echo substr($str,6)."<br>";
echo substr($str,-6)."<br>";
echo substr($str,-6,5)."<br>";
echo substr($str,-6,-5)."<br>";
?>
```

该实例的运行结果如图 5-10 所示。

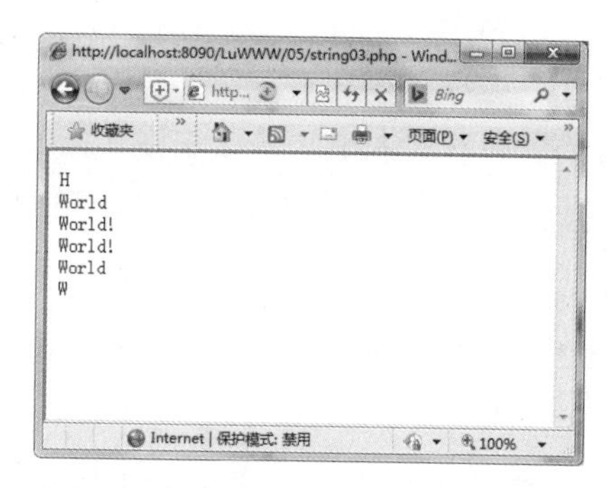

图 5-10　页面 string03.php 的运行结果

4. strtoupper()与 strtolower()函数

strtoupper()与 strtolower()函数用于将字符串中的所有字母转换为大写或小写，其语法格式为：

```
string strtoupper(string $str)
string strtolower(string $str)
```

参数：$str 用于指定需要处理的字符串。

返回值：strtoupper()函数返回转换后的大写字符串，strtolower()函数返回转换后的小写字符串。

【实例 5-11】strtoupper()与 strtolower()函数应用示例。

基本步骤：

(1) 在文件夹 05 中创建 PHP 页面 string04.php。

(2) 编写页面 string04.php 的代码。

```
<?php
$str="Hello,World123!";
$str1=strtoupper($str);
$str2=strtolower($str);
echo $str."<br>";
echo $str1."<br>";
echo $str2."<br>";
?>
```

该实例的运行结果如图 5-11 所示。

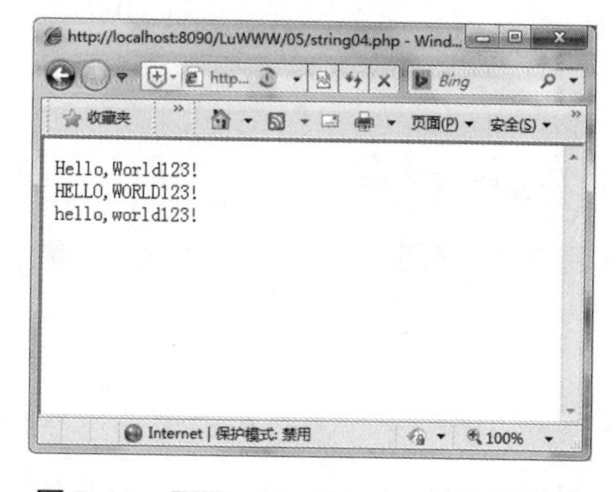

图 5-11　页面 string04.php 的运行结果

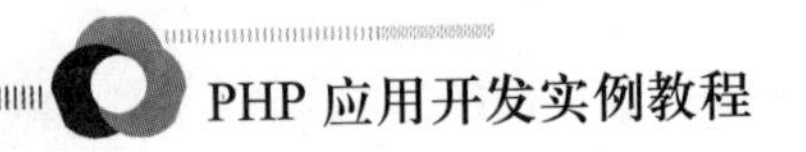

5. strcmp()函数

strcmp()函数用于比较两个字符串的大小，其语法格式为：

```
int strcmp(string $str1, string $str2)
```

参数：$str1 用于指定第一个字符串；$str2 用于指定第二个字符串。

返回值：若$str1 大于$str2，则返回值大于 0；若$str1 小于$str2，则返回值小于 0；若$str1 等于$str2，则返回值为 0。

说明： strcmp()函数对于字符串的比较是区分大小写的。若要不区分大小写，可使用 strcasecmp()函数。该函数的语法格式与使用方法类似于 strcmp()函数。

【实例 5-12】strcmp()函数应用示例。

基本步骤：

(1) 在文件夹 05 中创建 PHP 页面 string05.php。

(2) 编写页面 string05.php 的代码。

```
<?php
$str1="world";
$str2="World";
if (strcmp($str1,$str2)>0)
    echo "$str1>$str2";
elseif (strcmp($str1,$str2)==0)
    echo "$str1=$str2";
else
    echo "$str1<$str2";
?>
```

该实例的运行结果如图 5-12 所示。

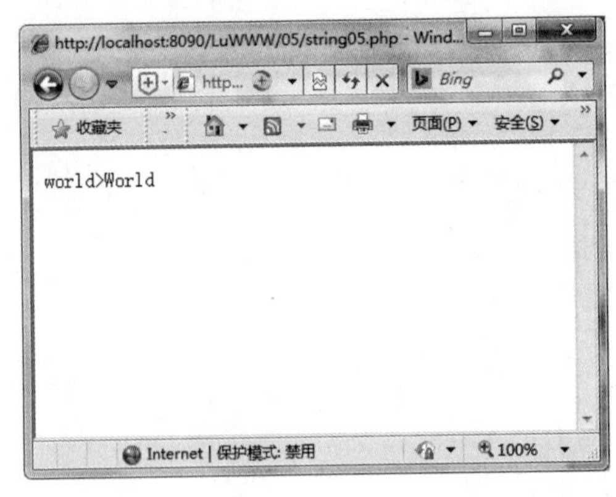

图 5-12 页面 string05.php 的运行结果

6. str_replace()函数

str_replace()函数用于实现字符串的子串替换，其语法格式为：

```
string str_replace (string $search, string $replace, string $str)
```

参数：$search 用于指定需要替换的子串，$replace 用于指定替换后的子串，$str 用于指定需要处理的字符串。

返回值：替换后的字符串。

【实例 5-13】 str_replace()函数应用示例。

基本步骤：

(1) 在文件夹 05 中创建 PHP 页面 string06.php。

(2) 编写页面 string06.php 的代码。

```
<?php
header("content-type:text/html;charset=utf-8");
$str="我是一位学生！";
echo "替换前：<br>";
echo $str."<br>";
$str=str_replace("学生","教师",$str);
echo "替换后：<br>";
echo $str."<br>";
$str="Hello,World!\n 你好，世界！\n";
echo "替换前：<br>";
echo $str."<br>";
$str=str_replace("\n","<br>",$str);
echo "替换后：<br>";
echo $str."<br>";
?>
```

该实例的运行结果如图 5-13 所示。

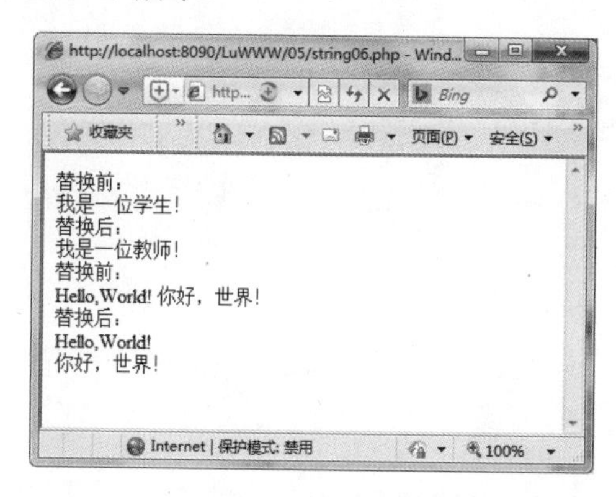

图 5-13　页面 string06.php 的运行结果

7. strpos()函数

strpos()函数用于查找一个字符串在另外一个字符串中首次出现的位置，其语法格式为：

```
int strpos(string $str, mixed $substr)
```

参数：$str 用于指定要在其中进行查找的字符串；$substr 用于指定要查找的字符串(若其值不是一个字符串，则会被转换为整型并被视为字符顺序值)。

返回值：$substr 在$str 中开始出现的位置(字符串中第一个字符的位置为 0，第二个字符的位置为 1，依此类推)。若$substr 并未出现在$str 中，则返回 FALSE。

说明： strpos()函数是区分大小写的。若要不区分大小写，可使用 stripos()函数，该函数的语法格式与使用方法类似于 strpos()函数。

【实例 5-14】strpos()函数应用示例。

基本步骤：

(1) 在文件夹 05 中创建 PHP 页面 string07.php。

(2) 编写页面 string07.php 的代码。

```
<?php
header("content-type:text/html;charset=utf-8");
$str="Hello,World!";
$substr1="Hello";
$substr2="World";
$substr3="world";
$pos1=strpos($str,$substr1);
$pos2=strpos($str,$substr2);
$pos3=strpos($str,$substr3);
if ($pos1===FALSE)
    echo $str."中不包含子串".$substr1."! <br>";
else
    echo $str."中包含有子串".$substr1."，开始出现的位置为".$pos1."。<br>";
if ($pos2!==FALSE)
    echo $str."中包含有子串".$substr2."，开始出现的位置为".$pos2."。<br>";
else
    echo $str."中不包含子串".$substr2."! <br>";
if ($pos3===FALSE)
    echo $str."中不包含子串".$substr3."! <br>";
else
    echo $str."中包含有子串".$substr3."，开始出现的位置为".$pos3."。<br>";
?>
```

该实例的运行结果如图 5-14 所示。

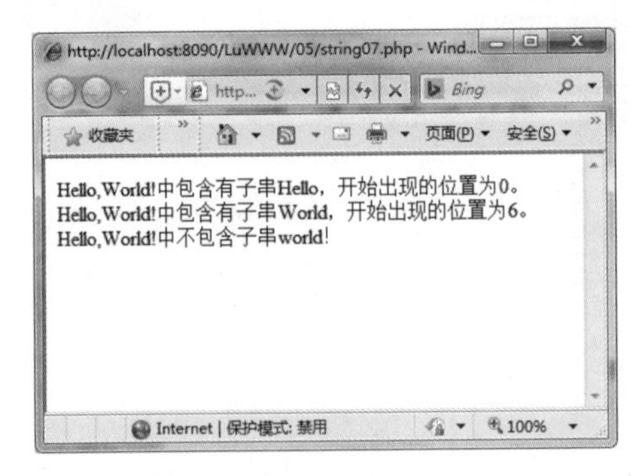

图 5-14　页面 string07.php 的运行结果

提示： 在本实例中，与逻辑值 FALSE 的比较应使用“===”或“!==”，而不能使用“==”或“!=”。

8. strstr()函数

strstr()函数用于查找一个字符串在另外一个字符串中的首次出现位置并返回相应的子串，其语法格式为：

```
string strstr(string $str, mixed $substr[, bool $before =false])
```

参数：$str 用于指定要在其中进行查找的字符串；$substr 用于指定要查找的字符串(若其值不是一个字符串，则会被转换为整型并被视为字符顺序值)；$before(可选，在 PHP 5.3.0 中新增)用于指定是否返回前面部分的子串(其默认值为 FALSE，表示返回后面部分的子串。若将其值设为 TRUE，则返回前面部分的子串)。

返回值：若$substr 出现在$str 中，且$before 值为 TRUE，则返回$str 中在$substr 首次出现位置之前的部分，否则返回$str 中从$substr 出现位置开始至末尾的部分。若$substr 并未出现在$str 中，则返回 FALSE。

说明： strstr()函数是区分大小写的。若要不区分大小写，可使用 stristr()函数。该函数的语法格式与使用方法类似于 strstr()函数。

【实例 5-15】 strstr()函数应用示例。

基本步骤：

(1) 在文件夹 05 中创建 PHP 页面 string08.php。

(2) 编写页面 string08.php 的代码。

```
<?php
header("content-type:text/html;charset=utf-8");
$str="Hello,World!";
$substr1="wo";
$substr2="Wo";
$substr=strstr($str,$substr1);
if ($substr===FALSE)
    echo $str."中不包含子串".$substr1."! <br>";
else
    echo $str."中包含有子串".$substr1."! <br>";
$substr=strstr($str,$substr2);
if ($substr!==FALSE){
    $substr0=strstr($str,$substr2,TRUE);
    echo $str."中包含有子串".$substr2."! ";
    echo "其前面的部分为[".$substr0."]，后面的部分为[".$substr."]。<br>";
}else
    echo $str."中不包含子串".$substr2."! <br>";
?>
```

该实例的运行结果如图 5-15 所示。

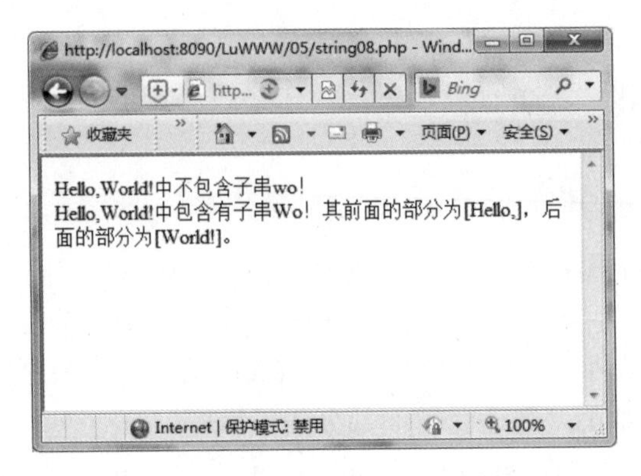

图 5-15　页面 string08.php 的运行结果

9. implode()与 explode()函数

implode()函数用于将一个一维数组的值转换为一个字符串，其语法格式为：

```
string implode(string $separator, array $array)
```

参数：$separator 用于指定相应的分隔符(该分隔符用来连接数组中各元素的值)；$array 用于指定相应的数组。

返回值：$array 中各元素的值以$separator 连接后所生成的字符串。若$array 为空数组，则返回空字符串("")。

说明： implode ()函数还有一个别名，即 join()函数。

与 implode()函数相反，explode()函数用于以指定的分隔符分割一个字符串，并返回相应的数组。其语法格式为：

```
explode(string $separator, string $str[, int $limit=PHP_INT_MAX])
```

参数：$separator 用于指定相应的分隔符(该分隔符用来分割指定的字符串)；$str 用于指定需要分割的字符串；$limit(可选)用于指定返回数组的最大大小(即所含元素的最大个数)，其默认值为 PHP_INT_MAX(即 PHP 中整数的最大值)。若$limit 值为 0，则作为 1 处理。若$limit 为正数，则返回的数组最多包含$limit 个元素，且最后那个元素的值为$str 被分割后的剩余部分；若$limit 为负数，则返回除了最后的 -$limit 个元素以外的所有元素。

返回值：以字符串$str 用分隔符$separator 分割后所得到的各个字符串作为元素的数组。若在$str 中找不到$separator，且$limit 为负数，则返回空数组，否则返回以$str 为元素值的单元素数组。若 $separator 出现在$str 的开头或末尾，则在返回的数组的头部或尾部添加一个值为空字符串("")的元素。若$separator 为空字符串("")，则返回 FALSE。

【实例 5-16】implode()与 explode()函数应用示例。

基本步骤：

(1) 在文件夹 05 中创建 PHP 页面 string09.php。

(2) 编写页面 string09.php 的代码。

```
<?php
$array=array(1,2,3,"aaa","bbb","ccc");
$string=implode("*^",$array);
echo "String: ".$string;
$array1=explode("*^", $string);
$array2=explode("^", $string,3);
$array3=explode("^", $string,-2);
echo "<br>Array1: ";
var_dump($array1);
echo "<br>Array2: ";
var_dump($array2);
echo "<br>Array3: ";
var_dump($array3);
$array4=explode("|", $string);
$array5=explode("|", $string,-2);
$array6=explode("^", "^".$string."^");
echo "<br>Array4: ";
var_dump($array4);
echo "<br>Array5: ";
var_dump($array5);
echo "<br>Array6: ";
var_dump($array6);
?>
```

该实例的运行结果如图 5-16 所示。

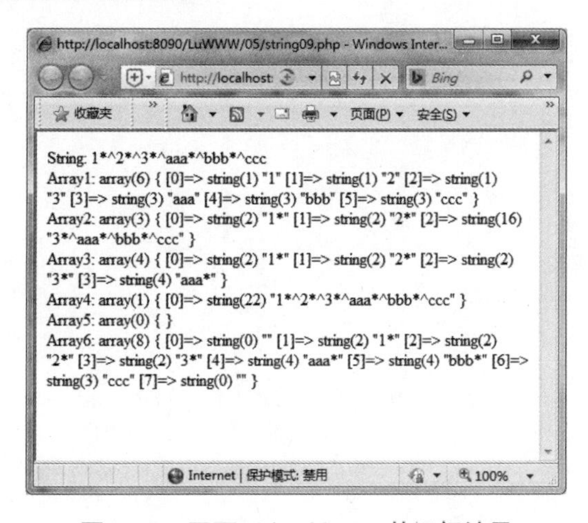

图 5-16　页面 string09.php 的运行结果

5.2.2　应用实例

【实例 5-17】留言处理。“用户留言”页面如图 5-17(a)所示。在此页面中输入用户的 Email 地址与留言内容，再单击“提交”按钮，即可进行相应的处理并显示最终的结果，如图 5-17(b)所示。要求：①Email 地址中@之前的部分不能包含有点“.”、逗号“,”或冒号“:”；②将 Email 地址中@之前的部分作为用户名使用；③留言内容中的第一人称“我”全部修改为“本人”。

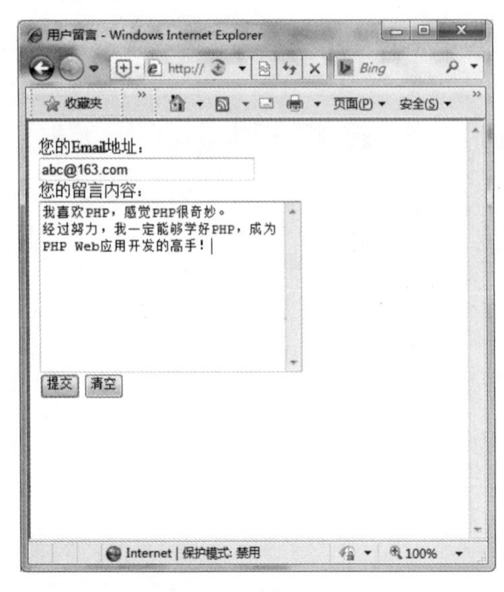

(a)

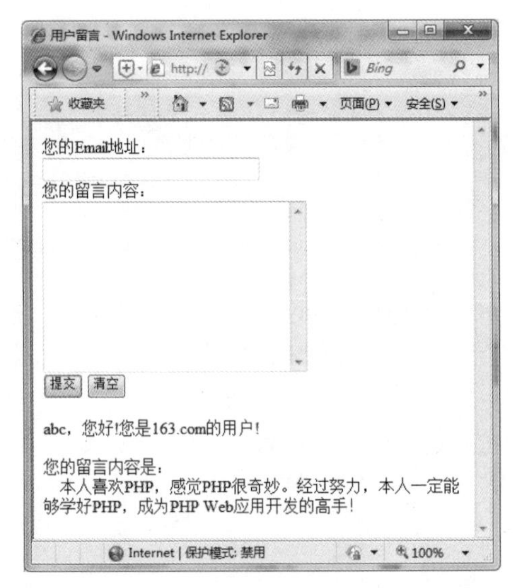

(b)

图 5-17 “用户留言”页面

基本步骤：

(1) 在文件夹 05 中创建 PHP 页面 LyCl.php。

(2) 编写页面 LyCl.php 的代码。

```
<html>
<head>
<meta http-equiv="Content-Type" content="text/html; charset=utf-8" />
<title>用户留言</title>
</head>
<body>
<form method="post" action="">
<p>
您的 Email 地址：<br/>
<input type="text" name="email" size=30><br/>
您的留言内容：<br/>
<textarea name="content" rows=10 cols=30></textarea>
<br/><input type="submit" name="submit" value="提交" id="submit">
<input type="reset" name="reset" value="清空" id="reset">
</p>
</form>
<?php
if(isset($_POST['submit'])){
    $email=$_POST['email'];
    $content=$_POST['content'];
    if(!$email||!$content)
        echo "<script>alert('Email 地址与留言内容不能为空！')</script>";
    else{
        $array=explode("@", $email);  //以@分割 Email 地址
        if(count($array)!=2)  //若 Email 地址中的@多于一个，则报错
            echo "<script>alert('Email 地址格式错误！')</script>";
```

```
        else{
            $username=$array[0];    //@之前的内容
            $domain=$array[1];      //@之后的内容
            //若 username 中包含有"."或",", 则报错
            if(strstr($username,".")||strstr($username,",")||
strstr($username,":"))
                echo "<script>alert('Email 地址格式错误! ')</script>";
            else{
                //将留言内容中的"我"替换为"本人"
                $content0=str_replace("我","本人",$content);
                echo "<div>";
                echo $username.", 您好!";
                echo "您是".$domain."的用户!<br/>";
                echo "<br/>您的留言内容是: <br/>    
".$content0."<br/>";
                echo "</div>";
            }
        }
    }
}
?>
</body>
</html>
```

5.3　日期与时间处理函数

日期与时间处理函数主要用于获取相应的日期与时间，或对日期与时间进行相应的处理(如格式化等)。PHP 提供了一系列的日期与时间处理函数，常用的有 time()、date()、getdate()、mktime()与 checkdate()等。

5.3.1　基本用法

1. time()函数

time()函数用于获取当前的 Unix 时间戳，其语法格式为：

```
int time()
```

返回值：当前的 Unix 时间戳，即从 Unix 纪元(格林尼治时间 1970 年 1 月 1 日 00:00:00)到当前系统时间的秒数。

2. date()函数

date()函数用于对时间/日期进行格式化，其语法格式为：

```
string date(string $format[, int $timestamp])
```

参数：$format 用于指定相应的格式字符串(其中可包含的常用格式字符如表 5-1 所示)；$timestamp(可选)用于指定需要进行格式化的 Unix 时间戳。未指定$timestamp 参数

时，则默认为当前的系统时间，即 time()函数的返回值。

返回值：格式化后的日期时间字符串。若$timestamp 参数不是一个有效数值，则返回 FALSE。

表 5-1 $format 参数中的常用格式字符

格式字符	说明
a	小写的上午和下午值(am 或 pm)
A	大写的上午和下午值(AM 或 PM)
d	月份中的第几天，有前导零的 2 位数字(01～31)
D	星期中的第几天，文本格式，3 个字母(Mon～Sun)
F	月份，完整的文本格式(January～December)
g	小时，12 小时格式，没有前导零(1～12)
G	小时，24 小时格式，没有前导零(0～23)
h	小时，12 小时格式，有前导零(01～12)
H	小时，24 小时格式，有前导零(00～23)
i	有前导零的分钟数(00～59)
j	月份中的第几天，没有前导零(1～31)
l	星期几，完整的文本格式(Sunday～Saturday)
m	数字表示的月份，有前导零(01～12)
M	三个字母缩写表示的月份(Jan～Dec)
n	数字表示的月份，没有前导零(1～12)
N	数字表示的星期中的第几天(PHP 5.1.0 新增，1～7，其中，1 表示星期一，7 表示星期天)
s	秒数，有前导零(00～59)
S	每月天数后面的英文后缀，2 个字符(st、nd、rd 或 th)
t	指定月份所应有的天数(28～31)
T	本机所在的时区，如 EST、MDT 等。
w	星期中的第几天，数字表示(0～6，其中，0 表示星期天，6 表示星期六)
y	年份，2 位数字(如 96、06 等)
Y	年份，4 位数字(如 1996、2006 等)
z	年份中的第几天(0～366)

【实例 5-18】time()与 date()函数应用示例。

基本步骤：

(1) 在文件夹 05 中创建 PHP 页面 datetime01.php。

(2) 编写页面 datetime01.php 的代码。

```
<?php
header("content-type:text/html;charset=utf-8");
$now=time();
echo $now."<br>";
```

```
echo date("Y-m-d",$now)."<br>";
echo date("H:i:s",$now)."<br>";
echo date("Y-m-d H:i:s",$now)."<br>";
echo date("Y 年 m 月 d 日 H 时 i 分 s 秒",$now)."<br>";
echo date("l",$now)."<br>";
?>
```

该实例的运行结果如图 5-18 所示。

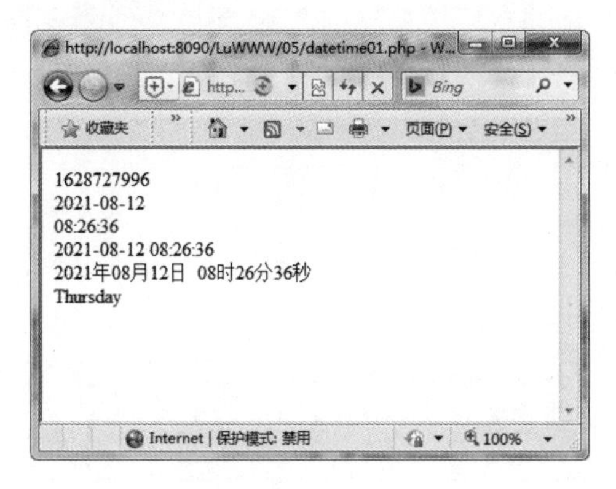

图 5-18　页面 datetime01.php 的运行结果

3. getdate()函数

getdate()函数用于获取日期/时间的信息，其语法格式为：

```
array getdate([int $timestamp])
```

参数：$timestamp(可选)用于指定需要获取其信息的 Unix 时间戳。未指定$timestamp 参数时，则默认为当前的系统时间，即 time()函数的返回值。

返回值：一个包含有日期/时间信息的关联数组(其键名如表 5-2 所示)。

表 5-2　getdate()函数返回的关联数组的键名

键　名	说　明
seconds	秒的数字表示(0～59)
minutes	分钟的数字表示(0～59)
hours	小时的数字表示(0～23)
mday	月份中第几天的数字表示(1～31)
wday	星期中第几天的数字表示(0～6，其中，0 表示星期天，6 表示星期六)
mon	月份的数字表示(1～12)
year	年份的数字表示(4 位数字，如 1996、2006 等)
yday	一年中第几天的数字表示(0～365)
weekday	星期几的完整文本表示(Sunday～Saturday)
month	月份的完整文本表示(January～December)
0	自 Unix 纪元开始至今的秒数(系统相关，典型值为-2147483648～2147483647)

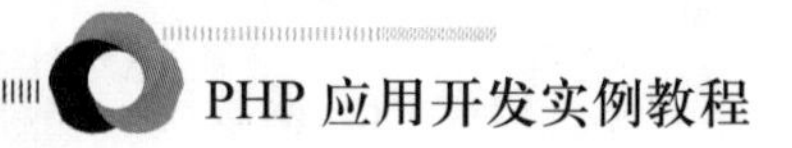

【实例 5-19】getdate()函数应用示例。

基本步骤:

(1) 在文件夹 05 中创建 PHP 页面 datetime02.php。

(2) 编写页面 datetime02.php 的代码。

```
<?php
$now=time();
$dtstr=date("Y-m-d l H:i:s",$now);
$dtinfo=getdate($now);
echo $now."<br>";
echo $dtstr."<br>";
print_r($dtinfo);
?>
```

该实例的运行结果如图 5-19 所示。

图 5-19 页面 datetime02.php 的运行结果

4. mktime()函数

mktime()函数用于获取一个日期/时间的 Unix 时间戳，其语法格式为：

```
int mktime([int $hour[, int $minute[, int $second[, int $month[, int
$day[, int year]]]]]])
```

参数：$hour、$minute、$second、$month、$day 与$year 均为可选参数，分别用于指定小时数、分钟数、秒数(一分钟之内)、月份数、天数与年份数(两位或四位数字，其中 0～69 对应于 2000～2069，70～99 对应于 1970～1999)。参数可以从右向左省略，任何省略的参数都会被设置为系统日期和时间的当前值。

返回值：与参数所指定的日期和时间相对应的 Unix 时间戳。若参数非法，则返回 FALSE(在 PHP 5.1 之前则返回-1)。

【实例 5-20】mktime()函数应用示例。

基本步骤:

(1) 在文件夹 05 中创建 PHP 页面 datetime03.php。

(2) 编写页面 datetime03.php 的代码。

```
<?php
$now=mktime(21,30,28,6,26,1996);
$dtstr=date("Y-m-d l H:i:s",$now);
$dtinfo=getdate($now);
echo $now."<br>";
echo $dtstr."<br>";
print_r($dtinfo);
?>
```

该实例的运行结果如图 5-20 所示。

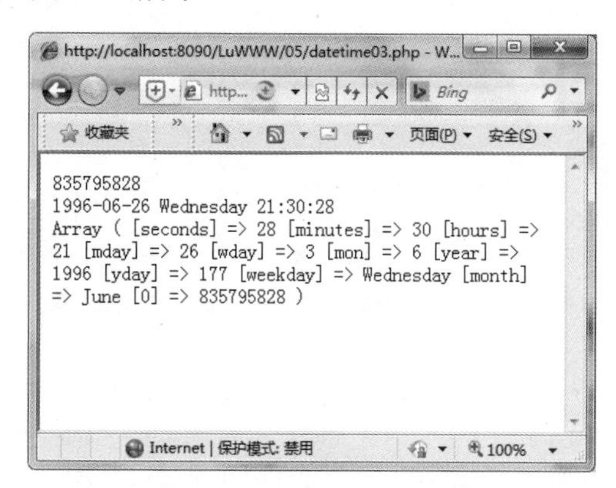

图 5-20　页面 datetime03.php 的运行结果

5. checkdate()函数

checkdate()函数用于检测一个日期的有效性(或合法性)，其语法格式为：

```
bool checkdate(int $month, int $day, int $year)
```

参数：$month 用于指定月份数(l～12)，$day 用于指定天数(1～31)，$year 用于指定年份数(1～32767)。

返回值：若参数所指定的日期有效($year 值为 1～32767，$month 值为 1～12，$day 值在相应年份与月份所应具有的天数范围之内)，则返回 TRUE，否则返回 FALSE。

【实例 5-21】checkdate()函数应用示例。

基本步骤：

(1) 在文件夹 05 中创建 PHP 页面 datetime04.php。

(2) 编写页面 datetime04.php 的代码。

```
<?php
header("content-type:text/html;charset=utf-8");
$year=2021;
$month=2;
$day1=28;
$day2=29;
if (checkdate($month,$day1,$year))
    echo $year."-".$month."-".$day1."日是一个有效日期.<br>";
if (!checkdate($month,$day2,$year))
```

```
    echo $year."-".$month."-".$day2."日是一个无效日期.<br>";
?>
```

该实例的运行结果如图 5-21 所示。

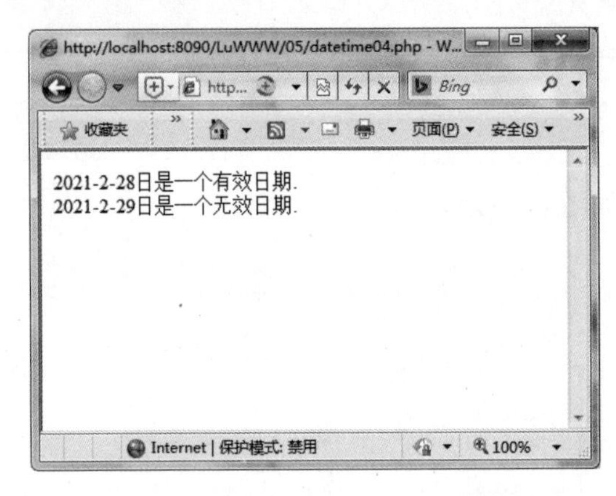

图 5-21　页面 datetime04.php 的运行结果

5.3.2　应用实例

【实例 5-22】日历显示。“日历显示”页面如图 5-22 所示，其功能为输出某年某月的日历，并可进行年份与月份的切换(年份范围为 1949—2049)。

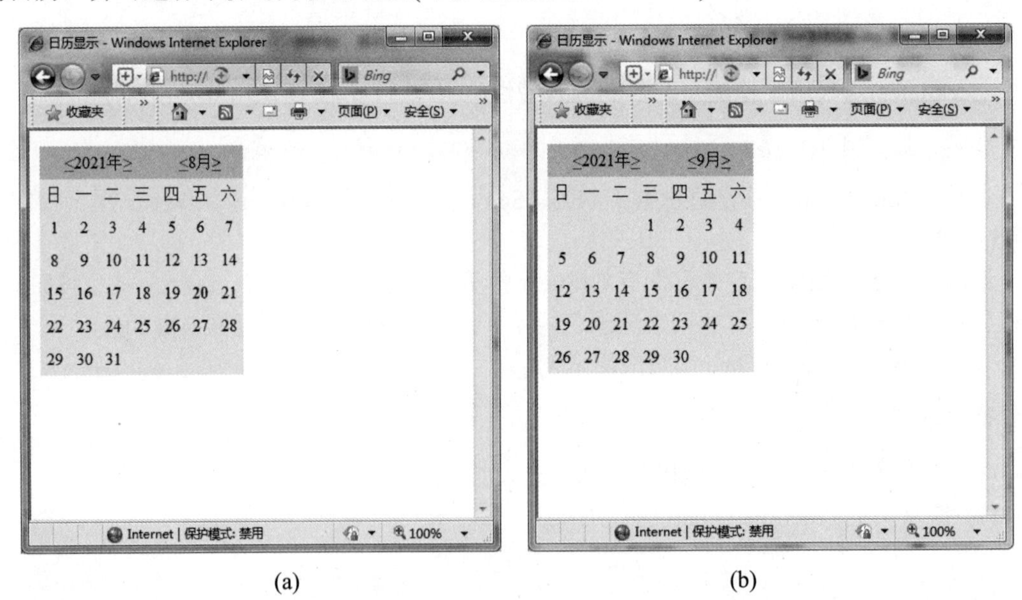

图 5-22　“日历显示”页面

基本步骤：

(1) 在文件夹 05 中创建 PHP 页面 RlXs.php。

(2) 编写页面 RlXs.php 的代码。

```
<html>
<head>
<meta http-equiv="Content-Type" content="text/html; charset=utf-8" />
<title>日历显示</title>
</head>
<body>
<?php
$year=@$_GET['year'];  //获取年份
$month=@$_GET['month'];  //获取月份
if(empty($year))
    $year=date("Y");  //当前年份
if(empty($month))
    $month=date("n");  //当前月份
$wd_ar=array("日","一","二","三","四","五","六");    //星期数组
$wd=date("w",mktime(0,0,0,$month,1,$year));    //获知当月第一天是星期几
$year1=$year<=1949?$year=1949:$year-1;  //上一年
$year2=$year>=2049?$year=2049:$year+1;  //下一年
$month1=$month<=1?$month=1:$month-1;  //上个月
$month2=$month>=12?$month=12:$month+1;  //下个月
echo "<table cellpadding=6 cellspacing=0 width=200 bgcolor=#eeeeee><tr
align=center bgcolor=#cccccc>";
//输出年份，单击“<”链接跳到上一年，单击“>”链接跳到下一年
echo "<td colspan=4><a
href='RlXs.php?year=$year1&month=$month'><</a>".$year
    ."年<a href='RlXs.php?year=$year2&month=$month'>></a></td>";
//输出月份，单击“<”链接跳到上个月，单击“>”链接跳到下个月
echo "<td colspan=3><a
href='RlXs.php?year=$year&month=$month1'><</a>".$month
    ."月<a href='RlXs.php?year=$year&month=$month2'>></a></td></tr>";
echo "<tr align=center>";
for($i=0;$i<7;$i++){
    echo "<td>$wd_ar[$i]</td> ";  //输出星期数组
}
echo "</tr>";
$sum=$wd+date("t",mktime(0,0,0,$month,1,$year));  //计算星期几加上当月的天数
for($i=0;$i<$sum;$i++){
    $day=$i+1-$wd;  //计算日数
    if($i%7==0)
        echo "<tr align=center>";  //一行的开始
    echo "<td>";
    if($i>=$wd){
        //输出日(若为当月的当天，则加粗显示，否则正常显示)
        if($day==date("j")&&$month==date("n"))
            echo "<font color='red'><b>".$day."</b></font>";
        else
            echo $day;
    }
    echo "</td> ";
```

```
    if($i%7==6)
        echo "</tr> ";  //一行的结束
}
echo "</table>";
?>
</body>
</html>
```

5.4 数组处理函数

数组处理函数主要用于对数组进行相应的处理。PHP 供了一系列的数组处理函数，常用的有 count()、compact()、extract()、range()、array_combine()、array_fill()、array_fill_keys()、each()、current()、key()、next()、prev()、end()、reset()、array_key_exists()、in_array()、array_search()、array_keys()、array_values()、array_flip()、array_reverse()、sort()、asort()、ksort()、array_multisort()、natsort()与 shuffle()等。

5.4.1 基本用法

1. count()函数

count()函数用于获取指定数组的元素个数，其语法格式为：

```
int count(array $value)
```

参数：$value 用于指定相应的数组。

返回值：数组$value 的元素个数。特别地，若$value 值为 NULL，则返回 0。

【实例 5-23】count()函数应用示例。

基本步骤：

(1) 在文件夹 05 中创建 PHP 页面 array01.php。

(2) 编写页面 array01.php 的代码。

```
<?php
$array1=array(1,2,3,4,5,6,7,8,9,"aa","bb","cc");
$array2=array("animal"=>"dog", "color"=>"yellow", "number"=>12);
$array3=array(1,2,3,4,5,6,7,8,9,"aa","bb","cc", "animal"=>"dog",
"color"=>"yellow", "number"=>12);
echo count($array1)."<br>";
echo count($array2)."<br>";
echo count($array3)."<br>";
echo count(null)."<br>";
echo count(false)."<br>";
?>
```

该实例的运行结果如图 5-23 所示。

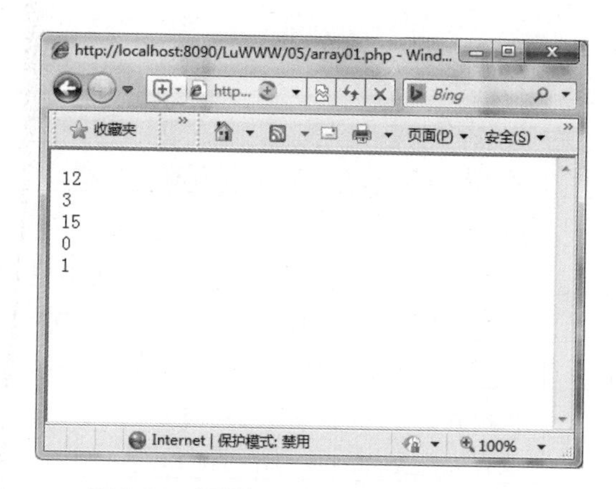

图 5-23　页面 array01.php 的运行结果

注意： count()函数也可用于获取对象的属性个数。若其参数$value 既不是数组，也不是实现 Countable 接口的对象，则返回 1。

提示： count()函数也可用 sizeof()函数代替。实际上，sizeof()是 count()的别名。

2. compact()与 extract()函数

compact()函数用于根据指定的变量名或数组名创建一个数组，其语法格式为：

```
array compact(mixed $varname1[, mixed $varname2[, …]])
```

参数：$varname1、$varname2 等用于指定相应的变量名或数组名(其数量可变)。

返回值：根据指定变量名或数组名所创建的一个数组。其中，各元素的键名与值分别为相应变量或数组的名称与值。若指定的变量或数组尚未定义，则忽略。

与 compact()函数刚好相反，extract()函数用于将指定数组中的元素按照一定的方式转换为相应的变量或数组(即将数组元素的键名与值分别作为变量或数组的名称与值)，其语法格式为：

```
int extract(array $array[, int $flags = EXTR_OVERWRITE, string $prefix = ""])
```

参数：$array 用于指定相应的数组(通常为关联数组，对于数字索引数组不会产生结果，除非将转换方式指定为 EXTR_PREFIX_ALL 或 EXTR_PREFIX_INVALID)；$flags(可选)用于指定相应的转换方式(其可能取值如表 5-3 所示，默认值为 EXTR_OVERWRITE)；$prefix(可选)用于指定相应的变量名或数组名前缀(前缀与数组元素的键名之间会自动加上一个下划线。当$flags 的值为 EXTR_PREFIX_SAME、EXTR_PREFIX_ALL、EXTR_PREFIX_INVALID 或 EXTR_PREFIX_IF_EXISTS 时需指定该参数，其默认值为空字符串。若附加了前缀后的结果不是合法的变量名或数组名，则不会进行转换)。

返回值：成功转换为相应变量或数组的元素的个数。

表 5-3　$flags 参数的可能取值

可能取值	说　明
EXTR_OVERWRITE	若名称存在冲突，则覆盖已有的变量或数组
EXTR_SKIP	若名称存在冲突，则跳过(即不覆盖)已有的变量或数组
EXTR_PREFIX_SAME	若名称存在冲突，则在变量名或数组名前加上前缀$prefix
EXTR_PREFIX_ALL	在所有的变量名或数组名前加上前缀$prefix
EXTR_PREFIX_INVALID	仅在非法或数字形式的变量名或数组名前加上前缀$prefix
EXTR_IF_EXISTS	仅覆盖已有同名变量或数组的值，其他均不处理。例如，可先定义一些有效变量或数组，然后从$_REQUEST 中获取相应的值
EXTR_PREFIX_IF_EXISTS	仅在已有同名变量或数组时，创建相应的附加了前缀$prefix 的变量或数组，其他均不处理
EXTR_REFS	将变量或数组作为引用提取(相应的变量或数组将引用$array 的值)。该方式可单独使用，或者在$flags 中通过 OR 与其他任何方式结合使用

【实例 5-24】compact()与 extract()函数应用示例。

基本步骤：

(1) 在文件夹 05 中创建 PHP 页面 array02.php。

(2) 编写页面 array02.php 的代码。

```
<?php
$var1=100;
$var2="china";
$var3=array(1,2,3);
$array=compact("var1","var2","var3","abc");
echo "array:";
print_r($array);
echo "<br>";
$var1=10;
$var2="world";
$var3=array(11,22,33);
echo "var1:".$var1."<br>";
echo "var2:".$var2."<br>";
echo "var3:";
print_r($var3);
echo "<br>";
extract($array);
echo "var1:".$var1."<br>";
echo "var2:".$var2."<br>";
echo "var3:";
print_r($var3);
echo "<br>";
?>
```

该实例的运行结果如图 5-24 所示。

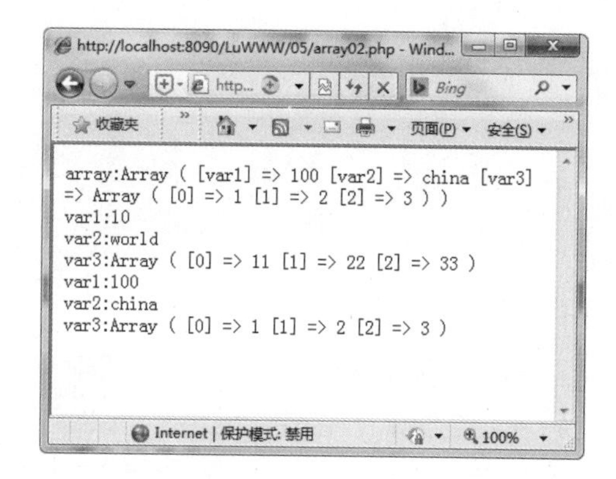

图 5-24　页面 array02.php 的运行结果

3. range()函数

range()函数用于自动创建元素值在指定范围内的数组，其语法格式为：

```
array range(string|int|float $start, string|int|float $end[, int|float $step=1])
```

参数：$start 用于指定数组元素的起始值(若为字符串，则仅取第一个字符)；$end 用于指定数组元素的终止值(若为字符串，则仅取最后一个字符)；$step(可选)用于指定数组元素的步长值(应为正值，未指定时则默认为 1)。

返回值：元素值从$start 到$end 且步长值为$step 的数组。

【实例 5-25】 range()函数应用示例。

基本步骤：

(1) 在文件夹 05 中创建 PHP 页面 array03.php。

(2) 编写页面 array03.php 的代码。

```
<?php
$array1=range(1,10);
$array2=range(10,1);
$array3=range(1,10,2);
$array4=range(2,10,2);
$array5=range(10,2,2);
$array6=range("a","e");
$array7=range("e","a");
$array8=range("abc","efg",2);
echo "array1: ";
print_r($array1);
echo "<br>array2: ";
print_r($array2);
echo "<br>array3: ";
print_r($array3);
echo "<br>array4: ";
print_r($array4);
echo "<br>array5: ";
print_r($array5);
echo "<br>array6: ";
```

```
print_r($array6);
echo "<br>array7: ";
print_r($array7);
echo "<br>array8: ";
print_r($array8);
?>
```

该实例的运行结果如图 5-25 所示。

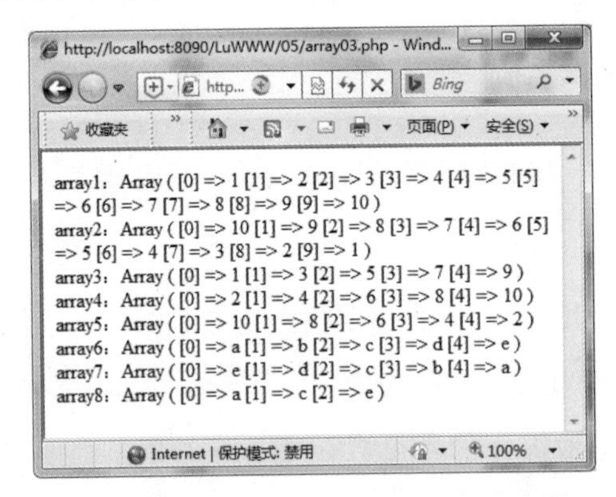

图 5-25　页面 array03.php 的运行结果

4. array_combine()函数

array_combine()函数用于根据键名数组与值数组创建相应的关联数组，其语法格式为：

```
array array_combine(array $keys, array $values)
```

参数：$keys 用于指定键名数组；$values 用于指定值数组。

返回值：以$keys 与$values 的元素值分别作为键名与值的关联数组。若$keys 与$values 的元素个数不同，则返回 FALSE。

【实例 5-26】array_combine()函数应用示例。

基本步骤：

(1) 在文件夹 05 中创建 PHP 页面 array04.php。

(2) 编写页面 array04.php 的代码。

```
<?php
header("content-type:text/html;charset=utf-8");
$keys=array('bh', 'xm', 'xb');
$values=array('1992001', '赵军', '男');
$array=array_combine($keys, $values);
echo "array: ";
print_r ($array);
?>
```

该实例的运行结果如图 5-26 所示。

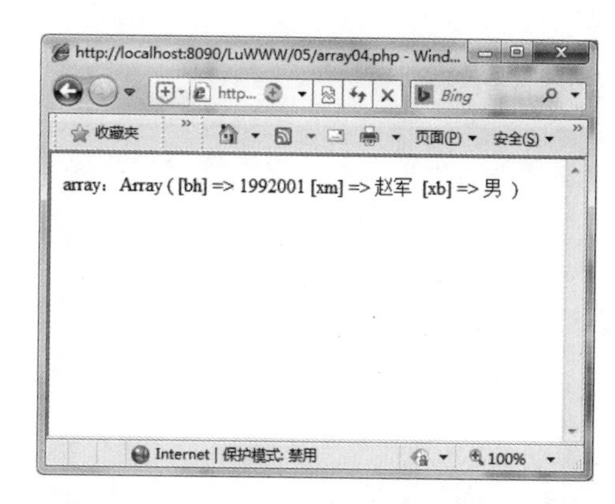

图 5-26　页面 array04.php 的运行结果

5. array_fill()与 array_fill_keys()函数

array_fill()函数用于以指定的值填充数组，其语法格式为：

```
array array_fill(int $startindex, int $count, mixed $value)
```

参数：$startindex 用于指定返回的数组的第一个元素的索引值(若$startindex 为负数，则返回的数组的第一个元素的索引就是$startindex，而后面元素的索引则从 0 开始)；$count 用于指定填充元素的数量；$value 用于指定填充元素的值。

返回值：填充后所生成的数组。

array_fill_keys()函数用于以指定的键名与值填充数组，其语法格式为：

```
array array_fill_keys(array $keys, mixed $value)
```

参数：$keys 用于指定键名数组(该数组各元素的值均作为键名使用，其中非法值将被转换为字符串)；$value 用于指定填充元素的值。

返回值：填充后所生成的数组。

【实例 5-27】array_fill()与 array_fill_keys()函数应用示例。

基本步骤：

(1) 在文件夹 05 中创建 PHP 页面 array05.php。

(2) 编写页面 array05.php 的代码。

```
<?php
$array1=array_fill(1,3,100);
echo "array1:";
print_r($array1);
$keys=array("yw",1,"sx",2,"yy",3);
$array2=array_fill_keys($keys, 100);
echo "<br>array2:";
print_r($array2);
?>
```

该实例的运行结果如图 5-27 所示。

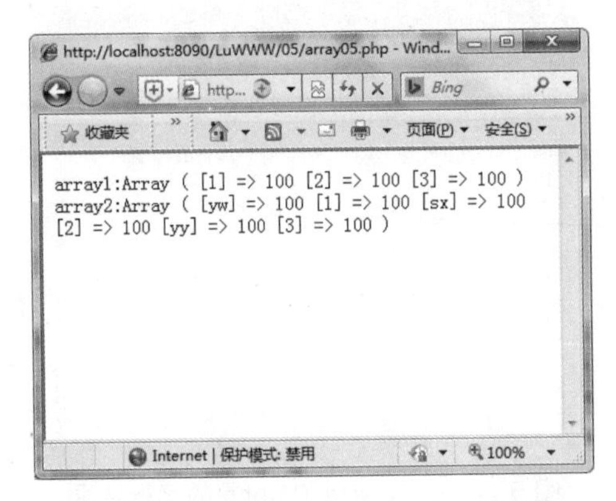

图 5-27　页面 array05.php 的运行结果

6. each()函数

each()函数用于获取数组当前元素的键名与值，并将数组指针向前移动一步。其语法格式为：

```
array each(array &$array)
```

参数：$array 用于指定要从中获取元素的数组。

返回值：包含有数组$array 当前元素的键名与值的数组(该数组共有 4 个元素，键名为 0 与 key 的元素的值为当前元素的键名，键名为 1 与 value 的元素的值为当前元素的值)。若数组指针越过了数组的末端，则返回 FALSE。

说明： 每个数组都有一个内部的数组指针，数组指针所指定的元素即为数组的当前元素。初始化时，数组指针指向数组中的第一个元素。

注意： 自 PHP 7.2.0 起，each()函数已被废弃。

【实例 5-28】each()函数应用示例。

基本步骤：

(1) 在文件夹 05 中创建 PHP 页面 array06.php。

(2) 编写页面 array06.php 的代码。

```
<?php
$array=array(1,2,3,"animal"=>"dog","color"=>"yellow","number"=>12,"aa","
bb","cc");
while($data=each($array)){
   echo $data[0].":".$data[1]."||";
   echo $data["key"].":".$data["value"]."<br>";
}
?>
```

该实例的运行结果如图 5-28 所示。

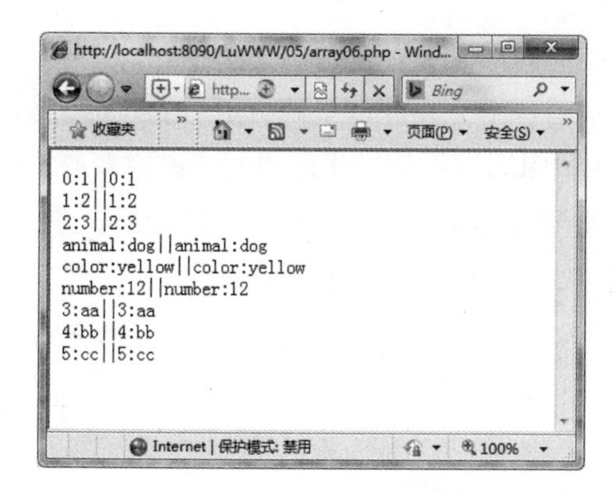

图 5-28　页面 array06.php 的运行结果

7. current()与 key()函数

current()函数用于获取数组当前元素的值，其语法格式为：

```
mixed current(array $array)
```

参数：$array 用于指定要从中获取当前元素值的数组。

返回值：数组$array 当前元素的值。若数组指针已越过了数组的末端，则返回 FALSE。

key()函数用于获取数组当前元素的键名，其语法格式为：

```
int|string|null key(array $array):
```

参数：$array 用于指定要从中获取当前元素键名的数组。

返回值：数组$array 当前元素的键名。若数组指针已越过了数组的末端或数组是空的，则返回 NULL。

8. next()与 prev()函数

next()函数用于将指定数组的数组指针向前移动一步，其语法格式为：

```
mixed next(array &$array)
```

参数：$array 用于指定要移动其数组指针的数组。

返回值：数组指针向前移动一步后所指向的元素的值。若数组指针已越过了数组的末端，则返回 FALSE。

prev()函数用于将指定数组的数组指针向后移动一步，其语法格式为：

```
mixed prev(array &$array)
```

参数：$array 用于指定要移动其数组指针的数组。

返回值：数组指针向后移动一步后所指向的元素的值。若数组指针已越过了数组的首部，则返回 FALSE。

9. end()与 reset()函数

end()函数用于将指定数组的数组指针指向最后一个元素，其语法格式为：

```
mixed end(array &$array)
```

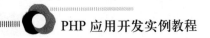

参数：$array 用于指定要移动其数组指针的数组。

返回值：数组$array 最后一个元素的值。若数组$array 为空数组，则返回 FALSE。

reset()函数用于将指定数组的数组指针指向第一个元素，其语法格式为：

```
mixed reset(array &$array)
```

参数：$array 用于指定要移动其数组指针的数组。

返回值：数组$array 第一个元素的值。若数组$array 为空数组，则返回 FALSE。

【实例 5-29】 current()与 key()及相关函数应用示例。

基本步骤：

(1) 在文件夹 05 中创建 PHP 页面 array07.php。

(2) 编写页面 array07.php 的代码。

```
<?php
$array=array(1,2,3,"animal"=>"dog","color"=>"yellow","number"=>12);
echo key($array).":".current($array)."<br>";
echo next($array)."<br>";
echo key($array).":".current($array)."<br>";
echo prev($array)."<br>";
echo key($array).":".current($array)."<br>";
echo end($array)."<br>";
echo key($array).":".current($array)."<br>";
echo reset($array)."<br>";
echo key($array).":".current($array)."<br>";
?>
```

该实例的运行结果如图 5-29 所示。

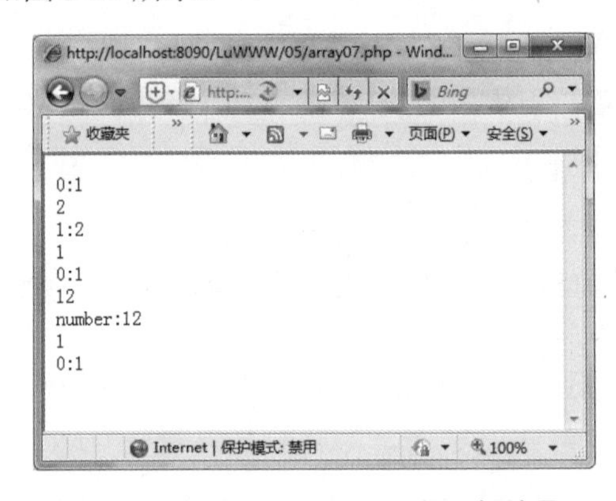

图 5-29　页面 array07.php 的运行结果

10. array_key_exists()、in_array()与 array_search()函数

array_key_exists()函数用于检查数组中是否存在指定的键名，其语法格式为：

```
bool array_key_exists(mixed $key, array $array)
```

参数：$key 用于指定要查找的键名；$array 用于指定要对其进行检查的数组。

返回值：若数组$array 中存在键名$key，则返回 TRUE，否则返回 FALSE。

注意： array_key_exists()函数仅搜索数组第一维的键名。对于多维数组来说，其嵌套的键名是不会被搜索到的。

说明： array_key_exists()函数也可用 key_exists()函数代替。实际上，后者是前者的别名。

in_array()函数用于检查数组中是否存在某个值，其语法格式为：

```
bool in_array(mixed $value, array $array[, bool $strict=false])
```

参数：$value 用于指定要查找的值(对于字符串，是区分大小写的)；$array 用于指定要对其进行检查的数组；$strict(可选)用于指定是否使用严格的比较(其默认值为 FALSE，表示使用宽松的比较。若将其值设为 TRUE，则表示使用严格的比较，即同时要检查类型是否相同)。

返回值：若数组$array 中存在值$value，则返回 TRUE，否则返回 FALSE。

与 in_array()函数类似，array_search()函数也可用于检查数组中是否存在某个值，其语法格式为：

```
mixed array_search(mixed $value, array $array[, bool $strict=false])
```

参数：与 in_array()函数的参数相同。

返回值：若数组$array 中存在值$value，则返回相应元素的键名，否则返回 FALSE。

说明： 对于 array_search()函数来说，若指定的值在数组中出现不止一次，则返回第一个匹配元素的键名。

【实例 5-30】 array_key_exists()、in_array()与 array_search()函数应用示例。

基本步骤：

(1) 在文件夹 05 中创建 PHP 页面 array08.php。

(2) 编写页面 array08.php 的代码。

```
<?php
header("content-type:text/html;charset=utf-8");
$array=array(1,2,3,"animal"=>"dog","color"=>"yellow","number"=>12);
$key="animal";
if (array_key_exists($key,$array))
    echo "数组中存在键名${key}.<br>";
else
    echo "数组中不存在键名${key}.<br>";
$value=0;
if (in_array($value,$array,TRUE))
    echo "数组中存在值${value}.<br>";
else
    echo "数组中不存在值${value}.<br>";
$value=12;
if ($key=array_search($value,$array,TRUE))
    echo "数组中存在值${value},相应元素的键名为${key}.<br>";
else
```

```
    echo "数组中不存在值${value}.<br>";
?>
```

该实例的运行结果如图 5-30 所示。

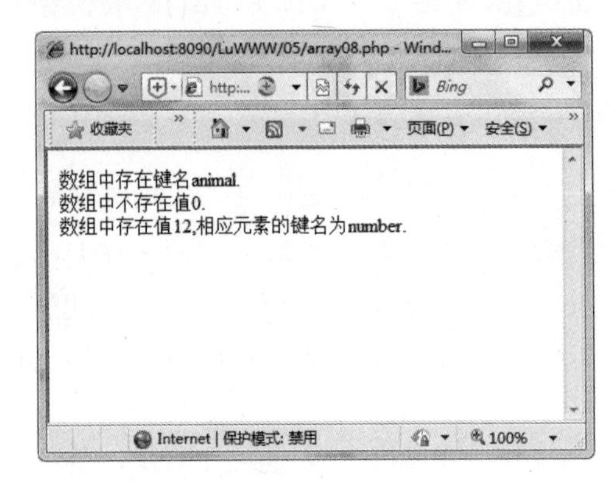

图 5-30　页面 array08.php 的运行结果

11. array_keys()与 array_values()函数

array_keys()函数用于获取指定数组的所有或部分键名，其语法格式为：

```
array array_keys(array $array[, mixed $value[, bool $strict=false]])
```

参数：$array 用于指定要获取其键名的数组；$value(可选)用于指定要查找的值；$strict(可选)用于指定是否使用严格的比较(其默认值为 FALSE，表示使用宽松的比较。若将其值设为 TRUE，则表示使用严格的比较，即同时要检查类型是否相同)。

返回值：未指定$value 时，返回包含数组$array 所有键名的数组，否则只返回包含值为$value 的所有元素的键名的数组。

array_values()函数用于获取指定数组的所有值，其语法格式为：

```
array array_values(array $array)
```

参数：$array 用于指定要获取其值的数组。

返回值：包含数组$array 所有值的数组。

【实例 5-31】array_keys()与 array_values()函数应用示例。

基本步骤：

(1) 在文件夹 05 中创建 PHP 页面 array09.php。

(2) 编写页面 array09.php 的代码。

```
<?php
header("content-type:text/html;charset=utf-8");
$array=array(1,2,3,"animal"=>"dog","color"=>"yellow","number"=>12,3,2,1);
$keys=array_keys($array);
echo "所有的键名：<br>";
print_r($keys);
$value=1;
$keys=array_keys($array,$value,TRUE);
echo "<br>值为${value}的元素的键名：<br>";
```

```
print_r($keys);
$values=array_values($array);
echo "<br>所有的值：<br>";
print_r($values);
?>
```

该实例的运行结果如图 5-31 所示。

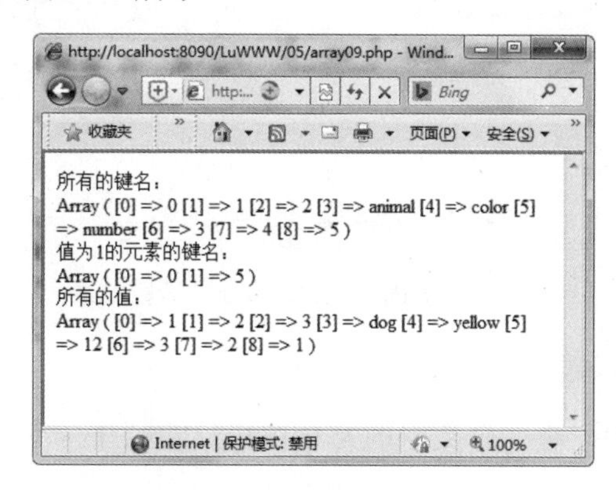

图 5-31　页面 array09.php 的运行结果

12. array_flip()函数

array_flip()函数用于交换指定数组的键名与值，其语法格式为：

```
array array_flip(array $array)
```

参数：$array 用于指定要交换其键名与值的数组。

返回值：成功时返回交换后的数组(数组$array 的键名与值分别成为该数组的值与键名)，失败时返回 NULL。

注意： 在调用 array_flip()函数时，指定数组$array 中的值应能够作为合法的键名使用。如果值相同的元素出现了多次，那么最后一个元素的键名将成为以该值为键名的元素的值。

【实例 5-32】 array_flip()函数应用示例。

基本步骤：

(1) 在文件夹 05 中创建 PHP 页面 array10.php。

(2) 编写页面 array10.php 的代码。

```
<?php
header("content-type:text/html;charset=utf-8");
$array=array(1,2,3,"animal"=>"dog","color"=>"yellow","number"=>12);
$array0=array_flip($array);
echo "交换前：<br>";
print_r($array);
echo "<br>交换后：<br>";
print_r($array0);
?>
```

该实例的运行结果如图 5-32 所示。

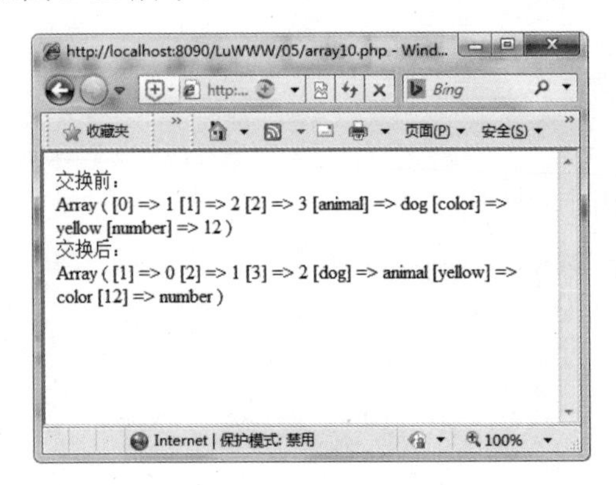

图 5-32　页面 array10.php 的运行结果

13. array_reverse()函数

array_reverse()函数用于将一个数组的元素按相反的顺序排列(即反转数组)，其语法格式为：

```
array array_reverse(array $array[, bool $preservekey=false])
```

参数：$array 用于指定要对其进行反转的数组；$preservekey(可选)用于指定是否保留数字形式的键名(其默认值为 FALSE，表示不保留。若将其值设为 TRUE，则表示保留。非数字形式的键名不受该设置的影响，总是被保留)。

返回值：反转后的数组。

【实例 5-33】array_reverse()函数应用示例。

基本步骤：

(1) 在文件夹 05 中创建 PHP 页面 array11.php。

(2) 编写页面 array11.php 的代码。

```
<?php
header("content-type:text/html;charset=utf-8");
$array=array(1,2,3,"animal"=>"dog","color"=>"yellow","number"=>12);
$array1=array_reverse($array);
$array2=array_reverse($array,TRUE);
echo "反转前：<br>";
print_r($array);
echo "<br>反转后：<br>";
print_r($array1);
echo "<br>";
print_r($array2);
?>
```

该实例的运行结果如图 5-33 所示。

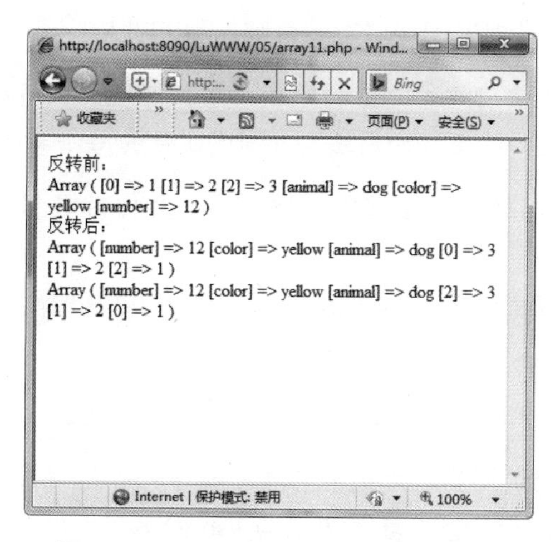

图 5-33　页面 array11.php 的运行结果

14. sort()、asort()与 ksort()函数

sort()函数用于对数组按元素值的升序排序，其语法格式为：

```
bool sort(array &$array[, int $flags=SORT_REGULAR])
```

参数：$array 用于指定要对其进行排序的数组；$flags(可选)用于指定排序的行为方式(其可能取值如表 5-4 所示，默认值为 SORT_REGULAR)。

返回值：若排序成功，则返回 TRUE，否则返回 FALSE。

表 5-4　$flags 参数的可能取值

格式字符	说　明
SORT_REGULAR	对元素值按正常方式进行比较
SORT_NUMERIC	将元素值作为数字进行比较
SORT_STRING	将元素值作为字符串进行比较
SORT_LOCALE_STRING	根据当前的区域设置将元素值作为字符串进行比较
SORT_NATURAL	将元素值作为字符串以“自然的顺序”进行比较
SORT_FLAG_CASE	比较时不区分大小写(可通过 OR 与 SORT_STRING 或 SORT_NATURAL 结合使用)

注意： 使用 sort()函数对数组进行排序时，会删除原来的键名。

提示： 如果要对数组按其元素值的降序排序，可调用 rsort()函数，该函数的用法与 sort()函数的用法类似。

asort()函数用于对数组按元素值的升序排序，并保持键名与值之间的关联。其语法格式为：

```
bool asort(array &$array[, int $flags=SORT_REGULAR])
```

参数：与 sort()函数的参数相同。

返回值：若排序成功，则返回 TRUE，否则返回 FALSE。

提示： 如果要对数组按其元素值的降序排序，并保持键名与值之间的关联，可调用 arsort()函数。该函数的用法与 asort()函数的用法类似。

ksort()函数用于对数组按元素键名的升序排序，并保持键名与值之间的关联。其语法格式为：

```
bool ksort(array &$array[, int $flags=SORT_REGULAR])
```

参数：与 sort()函数的参数相同。
返回值：若排序成功，则返回 TRUE，否则返回 FALSE。

提示： 如果要对数组按其元素键名的降序排序，并保持键名与值之间的关联，可调用 krsort()函数。该函数的用法与 ksort()函数的用法类似。

【实例 5-34】 sort()、asort()与 ksort()函数应用示例。

基本步骤：

(1) 在文件夹 05 中创建 PHP 页面 array12.php。
(2) 编写页面 array12.php 的代码。

```
<?php
header("content-type:text/html;charset=utf-8");
$array=array(3,5,2,"red"=>6,"yellow"=>9,"blue"=>8);
echo "原数组：<br>";
print_r($array);
sort($array);
echo "<br>sort()函数排序结果：<br>";
print_r($array);
$array=array(3,5,2,"red"=>6,"yellow"=>9,"blue"=>8);
asort($array);
echo "<br>asort()函数排序结果：<br>";
print_r($array);
$array=array("black"=>3,"white"=>5,"green"=>2,"red"=>6,"yellow"=>9,"blue"
=>8);
echo "<br>原数组：<br>";
print_r($array);
ksort($array);
echo "<br>ksort()函数排序结果：<br>";
print_r($array);
?>
```

该实例的运行结果如图 5-34 所示。

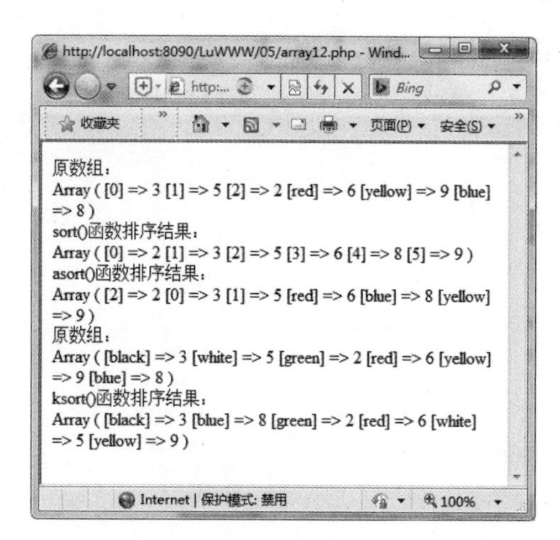

图 5-34　页面 array12.php 的运行结果

15. array_multisort()函数

array_multisort()函数用于对多个数组或多维数组进行排序，其语法格式为：

```
bool array_multisort(array &$array[, mixed $array_sort_order=SORT_ASC][,
mixed $array_sort_flags=SORT_REGULAR][, ...])
```

参数：$array 用于指定要对其进行排序的数组或多维数组的某个数组元素；$array_sort_order(可选)用于指定相应的排序方式(其默认值为 SORT_ASC，表示按升序排序。若要按降序排序，应将其值设置为 SORT_DESC)；$array_sort_flags(可选)用于指定相应的排序行为(其可能取值如表 5-4 所示，默认值为 SORT_REGULAR)。其中，参数$array_sort_order 与$array_sort_flags 可互换。另外，“[, ...]”为可选的选项，可指定更多的数组或多维数组的某个数组元素(所指定的数组或多维数组的某个数组元素要与前面的具有相同数量的元素)。

返回值：若排序成功，则返回 TRUE，否则返回 FALSE。

【实例 5-35】 array_multisort()函数应用示例。

基本步骤：

(1) 在文件夹 05 中创建 PHP 页面 array13.php。

(2) 编写页面 array13.php 的代码。

```
<?php
header("content-type:text/html;charset=utf-8");
$array1=array(9,5,7,1,"ok"=>3);
$array2=array("okok"=>15,19,17,11,13);
echo "array1: ";
print_r($array1);
echo "<br>array2: ";
print_r($array2);
array_multisort($array1,$array2);
echo "<br>array_multisort()函数排序结果: <br>";
echo "array1: ";
```

```
print_r($array1);
echo "<br>array2: ";
print_r($array2);
echo "<br>===<br>";
$array=array(
    array(9,5,7,1,"ok"=>3),
    array("okok"=>15,19,17,11,13)
);
echo "array: ";
print_r($array);
array_multisort($array[0],SORT_DESC,$array[1]);
echo "<br>array_multisort()函数排序结果: <br>";
echo "array: ";
print_r($array);
?>
```

该实例的运行结果如图 5-35 所示。

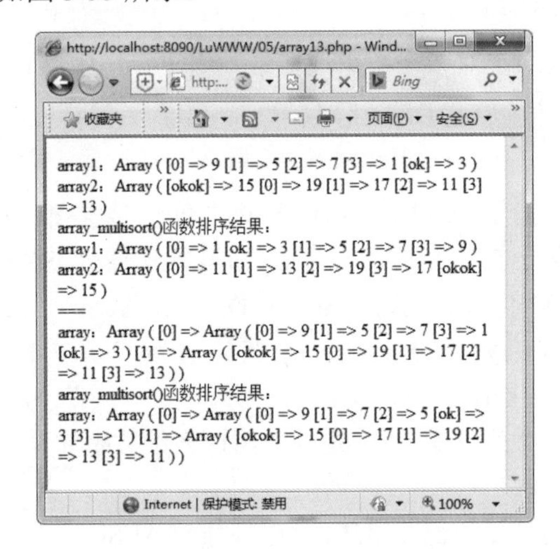

图 5-35　页面 array13.php 的运行结果

提示： 对于多维数组，可将其有关元素看作是相应的数组。使用 array_multisort()函数对多个数组进行排序时，第一个数组将按指定的方式排序，而其他数组中各元素的排列顺序则参照第一个数组中对应元素的顺序进行相应调整。

注意： 使用 array_multisort()函数进行排序时，字符串键名保持不变，但数字键名会被重新索引。

16. natsort()函数

natsort()函数用于对数组按“自然排序”算法进行排序，并保持键名与值之间的关联。其语法格式为：

```
bool natsort(array &$array)
```

参数：$array 用于指定要对其进行排序的数组。

返回值：若排序成功，则返回 TRUE，否则返回 FALSE。

说明： 所谓“自然排序”，是指人们通常所使用的对字母、数字、字符串进行排序的方法。例如，对于字符串 img1、img10、img2、img11、img3 与 img20，“自然排序”的结果为 img1、img2、img3、img10、img11、img20。若采用一般的计算机字符串排序算法，则结果为 img1、img10、img11、img2、img20、img3。

【实例 5-36】 natsort()函数应用示例。

基本步骤：

(1) 在文件夹 05 中创建 PHP 页面 array14.php。

(2) 编写页面 array14.php 的代码。

```
<?php
header("content-type:text/html;charset=utf-8");
$array=array("img1","img10","img2","img11","img3","img20");
echo "array: ";
print_r($array);
sort($array);
echo "<br>sort 函数排序结果: <br>";
echo "array: ";
print_r($array);
$array=array("img1","img10","img2","img11","img3","img20");
natsort($array);                        //自然排序
echo "<br>natsort 函数排序结果: <br>";
echo "array: ";
print_r($array);
?>
```

该实例的运行结果如图 5-36 所示。

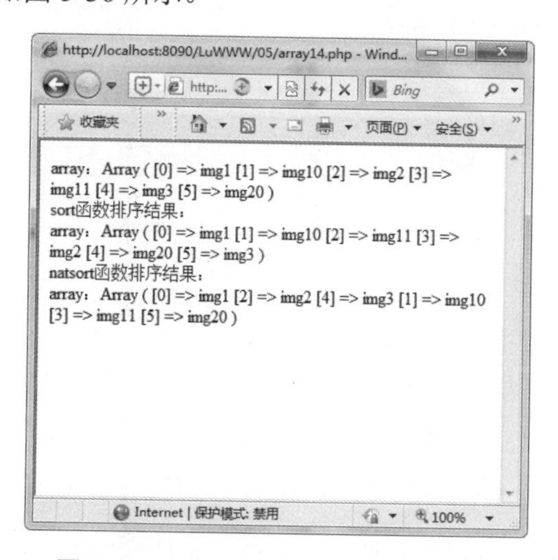

图 5-36　页面 array14.php 的运行结果

提示： natsort()函数在排序时是区分大小写字母的。若要对数组按“自然排序”算法进行不区分大小写字母的排序，可使用 natcasesort()函数。该函数的用法与 natsort()函数的用法类似。

17. shuffle()函数

shuffle()函数用于打乱数组，即随机排列数组中的元素。其语法格式为：

```
bool shuffle(array &$array)
```

参数：$array 用于指定要对其进行打乱操作的数组。

返回值：成功时返回 TRUE，失败时返回 FALSE。

【实例 5-37】 shuffle()函数应用示例。

基本步骤：

(1) 在文件夹 05 中创建 PHP 页面 array15.php。

(2) 编写页面 array15.php 的代码。

```
<?php
header("content-type:text/html;charset=utf-8");
$array=array(9,5,7,1,"ok"=>3);
echo "原数组：<br>";
echo "array：";
print_r($array);
shuffle($array);
echo "<br>打乱后：<br>";
echo "array：";
print_r($array);
shuffle($array);
echo "<br>再次打乱后：<br>";
echo "array：";
print_r($array);
?>
```

该实例的运行结果如图 5-37 所示。

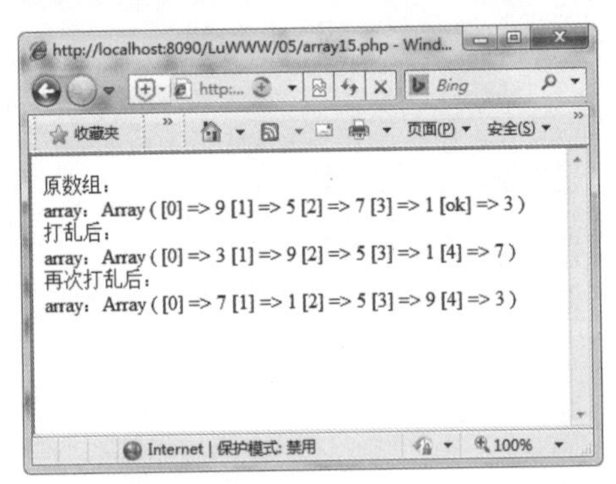

图 5-37　页面 array15.php 的运行结果

注意： 使用 shuffle()函数打乱数组时，会删除原来的键名。

5.4.2　应用实例

【实例 5-38】 学生成绩。“学生成绩”页面如图 5-38(a)所示，其功能为通过表单同时输入若干学生的学号、姓名与成绩以及一个学号，提交后按成绩升序排序，然后再以表格的形式输出，如图 5-38(b)所示。若存在指定的学号，则输出相应学生的姓名与成绩，否则显示没有指定学号的学生的信息。

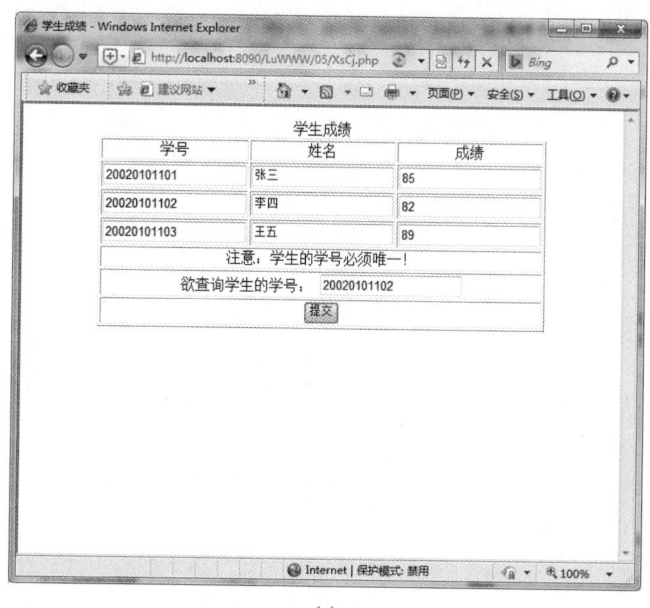

(a)

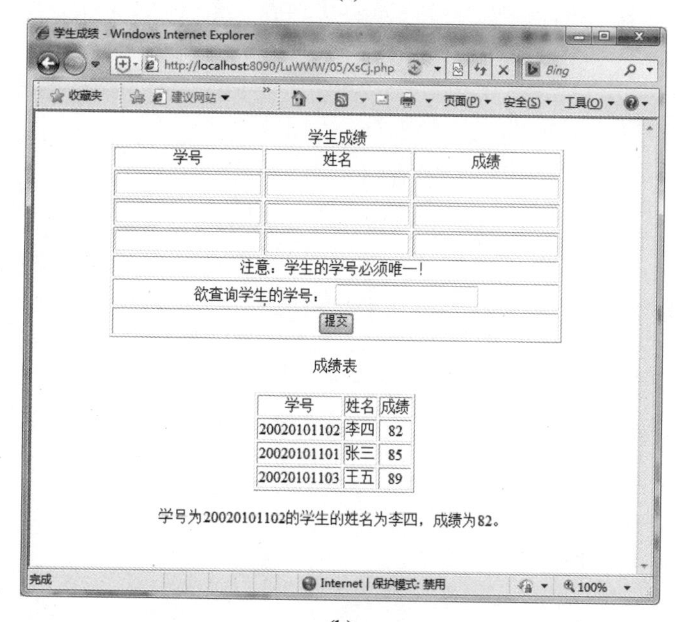

(b)

图 5-38　“学生成绩”页面

基本步骤：

(1) 在文件夹 05 中创建 PHP 页面 XsCj.php。

(2) 编写页面 XsCj.php 的代码。

```
<html>
<head>
<meta http-equiv="Content-Type" content="text/html; charset=utf-8" />
<style type="text/css">
table,td,div{
    text-align:center;
}
</style>
<title>学生成绩</title>
</head>
<body>
<form method="post">
<div>学生成绩</div>
<table width="300" border="1" align="center">
    <tr>
        <td><div>学号</div></td>
        <td><div>姓名</div></td>
        <td><div>成绩</div></td>
    </tr>
<?php
for($i=0;$i<3;$i++){
?>
    <tr>
        <td><input name="XH[]" type="text" value=""></td>
        <td><input name="XM[]" type="text" value=""></td>
        <td><input name="CJ[]" type="text" value=""></td>
    </tr>
<?php }?>
    <tr>
        <td colspan="3">
            注意：学生的学号必须唯一！
        </td>
    </tr>
    <tr>
        <td colspan="3">
            欲查询学生的学号：
              <input name="myXh" type="text" value="">
        </td>
    </tr>
    <tr>
        <td colspan="3">
            <input type="submit" name="OK" value="提交" id="OK">
        </td>
    </tr>
</table>
</form>
<?php
if(isset($_POST['OK'])){
    $XH=$_POST['XH'];
    $XM=$_POST['XM'];
```

```
    $CJ=$_POST['CJ'];
    $myXh=$_POST['myXh'];
    array_multisort($CJ,$XH,$XM);  //排序
    //将三个数组的值组成一个二维数组
    for($i=0;$i<count($XH);$i++)
        $stu[$i]=array($XH[$i],$XM[$i],$CJ[$i]);
    echo "<div><p>成绩表</P></div>";
    echo "<table border=1 align=center><tr><td>学号</td><td>姓名</td><td>成
绩</td></tr>";
    foreach($stu as $value){
        //使用 list()函数将数组中的值赋给变量
        list($stu_number,$stu_name,$stu_score)=$value;
        echo
"<tr><td>$stu_number</td><td>$stu_name</td><td>$stu_score</td></tr>";
    }
    echo "</table><br/>";
    $found=FALSE;
    reset($stu);  //重置数组指针
    while(list($key,$value)=each($stu)){
        list($stu_number,$stu_name,$stu_score)=$value;
        if($stu_number==$myXh){
            $found=TRUE;
            echo "<p align=center>学号为".$stu_number."的学生的姓名为
".$stu_name."，成绩为".$stu_score."。</p>";
            break;
        }
    }
    if ($found==FALSE)
        echo "<p align=center>没有学号为".$myXh."的学生！</p>";
}
?>
</body>
</html>
```

5.5　文件操作函数

文件操作函数主要用于对文件进行相应的操作，如文件的创建、读取、写入、复制、重命名与删除等。PHP 提供了一系列的文件操作函数，常用的有 fopen()、fclose()、fwrite()、fgetc()、feof()、fgets()、file()、filesize()、fread()、copy()、rename()、unlink()、is_file()与 file_exists()等。

5.5.1　基本用法

1. fopen()函数

fopen()函数主要用于打开一个文件，其语法格式为：

```
resource fopen(string $filename, string $mode)
```

参数：$filename 用于指定文件名，$mode 用于指定文件的打开方式(常用的文件打开方式如表 5-5 所示)。

返回值：成功时返回相应的文件指针(resource 型)，失败时返回 FALSE。

表 5-5　常用的文件打开方式

打开方式	说　明
r	以只读方式打开，将文件指针指向文件头
r+	以读写方式打开，将文件指针指向文件头
w	以写入方式打开，将文件指针指向文件头并将文件大小截为零。若文件不存在，则尝试创建之
w+	以读写方式打开，将文件指针指向文件头并将文件大小截为零。若文件不存在，则尝试创建之
a	以写入方式打开，将文件指针指向文件末尾。若文件不存在，则尝试创建之
a+	以读写方式打开，将文件指针指向文件末尾。若文件不存在，则尝试创建之
x	创建并以写入方式打开，将文件指针指向文件头。若文件已存在则打开失败，若文件不存在则尝试创建之
x+	创建并以读写方式打开，将文件指针指向文件头。若文件已存在则打开失败，若文件不存在则尝试创建之
rb	以只读方式打开(二进制模式)，将文件指针指向文件头
rb+	以读写方式打开(二进制模式)，将文件指针指向文件头
wb	以写入方式打开(二进制模式)，将文件指针指向文件头并将文件大小截为零。若文件不存在，则尝试创建之
wb+	以读写方式打开(二进制模式)，将文件指针指向文件头并将文件大小截为零。若文件不存在，则尝试创建之
ab	以写入方式打开(二进制模式)，将文件指针指向文件末尾。若文件不存在，则尝试创建之
ab+	以读写方式打开(二进制模式)，将文件指针指向文件末尾。若文件不存在，则尝试创建之
xb	创建并以写入方式打开(二进制模式)，将文件指针指向文件头。若文件已存在则打开失败，若文件不存在则尝试创建之
xb+	创建并以读写方式打开(二进制模式)，将文件指针指向文件头。若文件已存在则打开失败，若文件不存在则尝试创建之

2. fclose()函数

fclose()函数用于关闭一个已打开的文件，其语法格式为：

```
bool fclose(resource $handle)
```

参数：$handle(resource 型)为文件指针(该文件指针指向欲关闭的文件)。

返回值：成功时返回 TRUE，失败时返回 FALSE。

【实例 5-39】fopen()与 fclose()函数应用示例。

基本步骤：

(1) 在文件夹 05 中创建 PHP 页面 file01.php。

(2) 编写页面 file01.php 的代码。

```
<?php
header("content-type:text/html;charset=utf-8");
$fn="test.txt";
$fp=fopen($fn, "w");
if (!$fp){
    echo $fn."文件打开失败！<br>";
    die();
}
echo $fn."文件打开成功！<BR>";
if(!fclose($fp)){
    echo $fn."文件关闭失败！<br>";
    die();
}
echo $fn."文件关闭成功！<BR>";
?>
```

该实例的运行结果如图 5-39 所示。

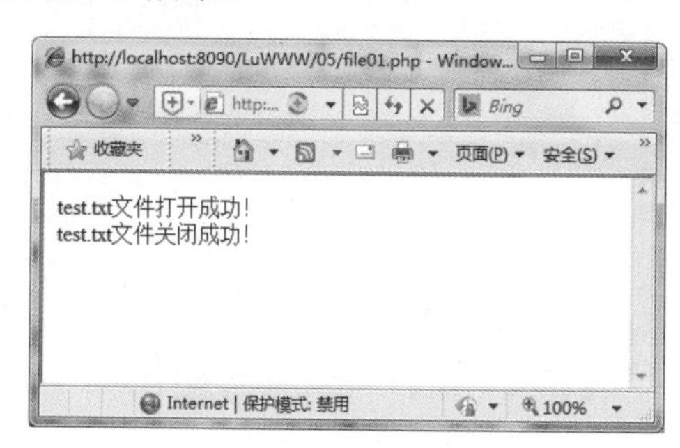

图 5-39　页面 file01.php 的运行结果

3. fwrite()函数

fwrite()函数用于向文件写入内容，其语法格式为：

```
int fwrite(resource $handle, string $str[, int $length])
```

参数：$handle 为文件指针(该文件指针指向要向其写入内容的文件)；$str 用于指定需要写入的内容；$length(可选)用于指定写入内容的长度(或字节数)。

返回值：成功时返回写入内容的字节数(写入过程在已写入了$length 字节或者已写完了$str 时停止)，失败时返回 FALSE。

【实例 5-40】fwrite()函数应用示例。

基本步骤：

(1) 在文件夹 05 中创建 PHP 页面 file02.php。

(2) 编写页面 file02.php 的代码。

```
<?php
header("content-type:text/html;charset=utf-8");
$fn="test.txt";
$fp=fopen($fn, "w");
if (!$fp){
    echo "文件打开失败！<br>";
    die();
}
$str="Hello,World!\n";
if (($n=fwrite($fp,$str))!=FALSE)
    echo "写入了".$n."字节的内容.<br>";
else
    echo "写入失败！<br>";
$str="你好，世界！\n";
if (($n=fwrite($fp,$str))!=FALSE)
    echo "写入了".$n."字节的内容.<br>";
else
    echo "写入失败！<br>";
fclose($fp);
?>
```

该实例的运行结果如图 5-40 所示。

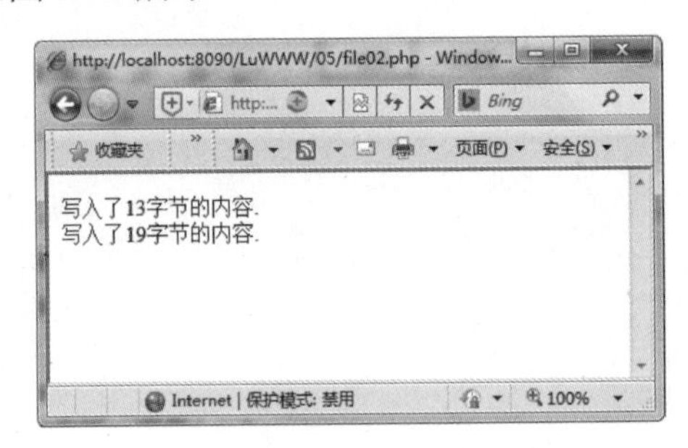

图 5-40　页面 file02.php 的运行结果

4. fgetc()函数

fgetc()函数用于从文件中读取一个字符，其语法格式为：

```
string fgetc(resource $handle)
```

参数：$handle 为文件指针(该文件指针指向要从其读取内容的文件)。

返回值：包含所读取到的一个字符的字符串。若已到达文件末尾(EOF)，则返回 FALSE。

【实例 5-41】fgetc()函数应用示例。

基本步骤：

(1) 在文件夹 05 中创建 PHP 页面 file03.php。

(2) 编写页面 file03.php 的代码。

```
<?php
header("content-type:text/html;charset=utf-8");
$fn="test.txt";
$fp=fopen($fn, "r");
```

```
if (!$fp){
    echo "文件打开失败! <br>";
    die();
}
while (($str=fgetc($fp))!=FALSE){
    if ($str!="\n")
        echo $str;
    else
        echo "<br>";
}
fclose($fp);
?>
```

该实例的运行结果如图 5-41 所示。

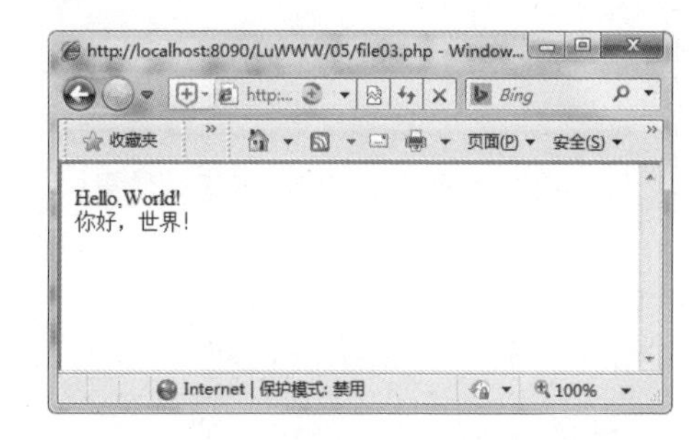

图 5-41　页面 file03.php 的运行结果

5. feof()函数

feof()函数用于检测文件指针是否已到达 EOF(即文件末尾)，其语法格式为：

```
bool feof(resource $handle)
```

参数：$handle 为文件指针。

返回值：文件指针已到达 EOF 时返回 TRUE，否则返回 FALSE。

【实例 5-42】 feof()函数应用示例。

基本步骤：

(1) 在文件夹 05 中创建 PHP 页面 file04.php。

(2) 编写页面 file04.php 的代码。

```
<?php
header("content-type:text/html;charset=utf-8");
$fn="test.txt";
$fp=fopen($fn, "r");
if (!$fp){
    echo "文件打开失败! <br>";
    die();
}
while (!feof($fp)){
    $str=fgetc($fp);
    if ($str!="\n")
        echo $str;
```

```
    else
        echo "<br>";
}
fclose($fp);
?>
```

该实例的运行结果如图 5-42 所示。

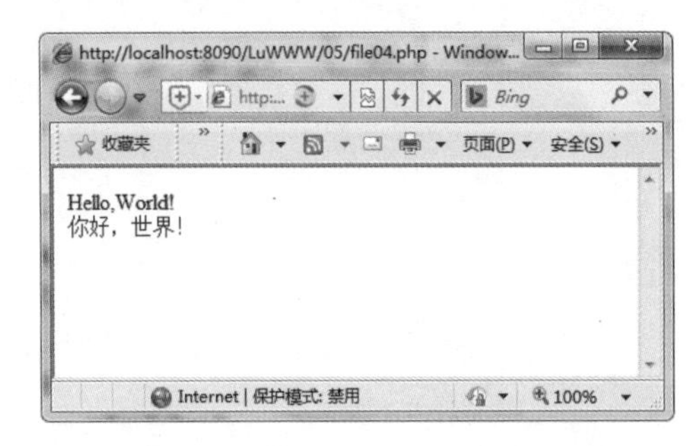

图 5-42　页面 file04.php 的运行结果

6. fgets()函数

fgets()函数用于从文件中读取一行，其语法格式为：

```
string fgets(resource $handle[, int $length])
```

参数：$handle 为文件指针(该文件指针指向要从其读取内容的文件)；$length(可选)用于指定长度(或字节数)。未指定$length 参数时，则默认为 1KB 或 1024B(从 PHP 4.3 开始，则忽略掉此假定，而改为至行末结束)。

返回值：成功时返回所读取到的最多包含有$length-1 个字符的字符串(读取过程在碰到换行符、到达 EOF 或者已读取了$length-1 字节时停止)，失败时返回 FALSE。

【实例 5-43】 fgets()函数应用示例。

基本步骤：

(1) 在文件夹 05 中创建 PHP 页面 file05.php。

(2) 编写页面 file05.php 的代码。

```
<?php
header("content-type:text/html;charset=utf-8");
$fn="test.txt";
$fp=fopen($fn, "r");
if (!$fp){
    echo "文件打开失败！<br>";
    die();
}
while (!feof($fp)){
    $str=fgets($fp);
    echo $str."<br>";
}
fclose($fp);
?>
```

该实例的运行结果如图 5-43 所示。

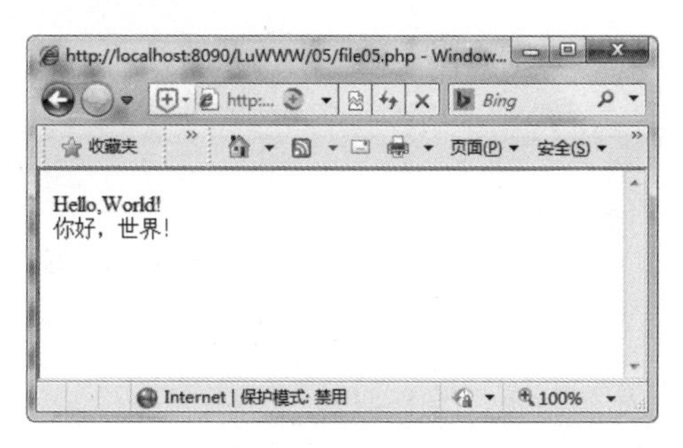

图 5-43　页面 file05.php 的运行结果

7. file()函数

file()函数用于将整个文件读取到一个数组中，其语法格式为：

```
array file(string $filename)
```

参数：$filename 用于指定文件名。

返回值：成功时返回包含整个文件内容的数组(每个元素存放文件的一行，包括换行符在内)，失败时返回 FALSE。

【实例 5-44】 file()函数应用示例。

基本步骤：

(1) 在文件夹 05 中创建 PHP 页面 file06.php。

(2) 编写页面 file06.php 的代码。

```
<?php
header("content-type:text/html;charset=utf-8");
$fn="test.txt";
$lines=file($fn);
foreach ($lines as $n=>$line){
   echo $n.": ".$line."<br>";
}
?>
```

该实例的运行结果如图 5-44 所示。

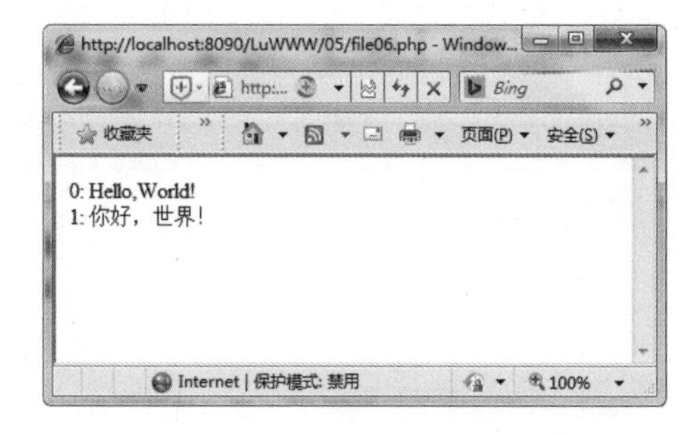

图 5-44　页面 file06.php 的运行结果

8. filesize()函数

filesize()函数用于获取文件的大小(即字节数)，其语法格式为：

```
int filesize(string $filename)
```

参数：$filename 用于指定文件名。
返回值：成功时返回指定文件的字节数，失败时返回 FALSE。

9. fread()函数

fread()函数用于读取文件的内容，其语法格式为：

```
string fread(resource $handle, int $length)
```

参数：$handle 为文件指针(该文件指针指向要从其读取内容的文件)；$length 用于指定长度(或字节数)。

返回值：成功时返回所读取到的最多包含有$length 个字符的字符串(读取过程在到达 EOF 或者已读取了$length 字节时停止)，失败时返回 FALSE。

【实例 5-45】 filesize()与 fread()函数应用示例。

基本步骤：

(1) 在文件夹 05 中创建 PHP 页面 file07.php。
(2) 编写页面 file07.php 的代码。

```
<?php
header("content-type:text/html;charset=utf-8");
$fn="test.txt";
$fp=fopen($fn, "r");
if (!$fp){
    echo "文件打开失败！<br>";
    die();
}
$str=fread($fp,filesize($fn));
echo str_replace("\n","<br>",$str);
fclose($fp);
?>
```

该实例的运行结果如图 5-45 所示。

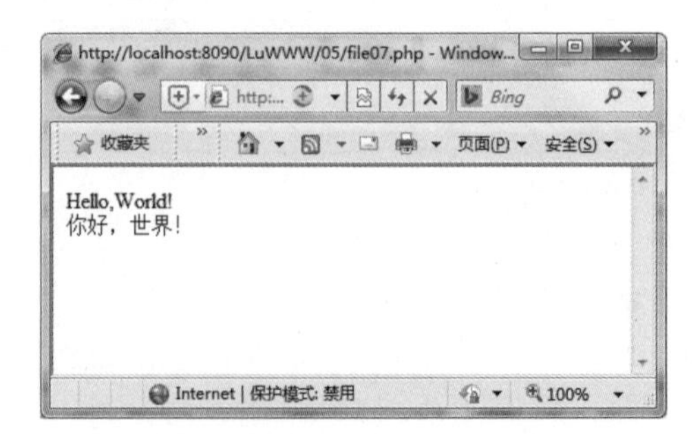

图 5-45　页面 file07.php 的运行结果

10. copy()函数

copy()函数用于实现文件的复制(也就是将源文件复制到目标文件)，其语法格式为：

```
bool copy( string $source, string $dest)
```

参数：$source 用于指定源文件，$dest 用于指定目标文件。
返回值：成功时返回 TRUE，失败时返回 FALSE。

注意： 若目标文件已存在，将会被覆盖。

【实例 5-46】 copy()函数应用示例。

基本步骤：

(1) 在文件夹 05 中创建 PHP 页面 file08.php。
(2) 编写页面 file08.php 的代码。

```
<?php
header("content-type:text/html;charset=utf-8");
$fn="test.txt";
$nfn="test123.txt";
if (copy($fn,$nfn))
    echo "文件复制成功！<br>";
else
    echo "文件复制失败！<br>";
?>
```

该实例的运行结果如图 5-46 所示。

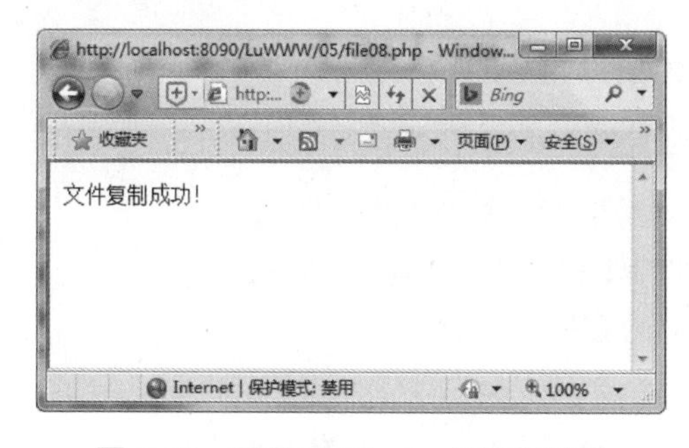

图 5-46　页面 file08.php 的运行结果

11. rename()函数

rename()函数用于重命名一个文件或目录，其语法格式为：

```
bool rename(string $oldname, string $newname)
```

参数：$oldname 用于指定需重命名的文件或目录，$newname 用于指定新的名称。
返回值：成功时返回 TRUE，失败时返回 FALSE。
【实例 5-47】 rename()函数应用示例。

基本步骤：

(1) 在文件夹 05 中创建 PHP 页面 file09.php。
(2) 编写页面 file09.php 的代码。

```
<?php
header("content-type:text/html;charset=utf-8");
$fn="test123.txt";
$nfn="testabc.txt";
if (rename($fn,$nfn))
    echo "文件重命名成功！<br>";
else
    echo "文件重命名失败！<br>";
?>
```

该实例的运行结果如图 5-47 所示。

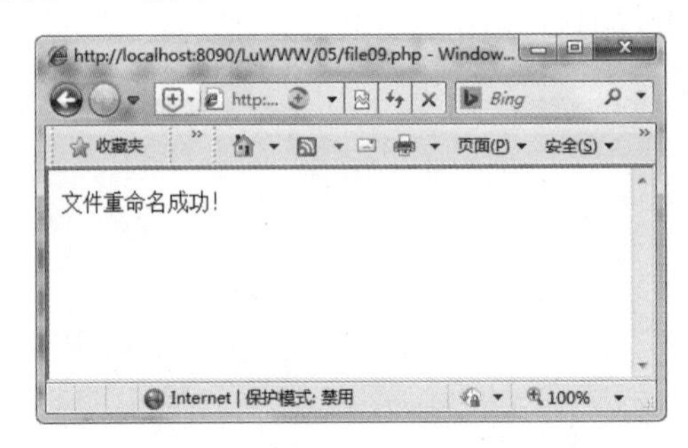

图 5-47　页面 file09.php 的运行结果

12. unlink()函数

unlink()函数用于删除文件，其语法格式为：

```
bool unlink(string $filename)
```

参数：$filename 用于指定欲删除文件的文件名。
返回值：成功时返回 TRUE，失败时返回 FALSE。
【实例 5-48】unlink()函数应用示例。

基本步骤：

(1) 在文件夹 05 中创建 PHP 页面 file10.php。
(2) 编写页面 file10.php 的代码。

```
<?php
header("content-type:text/html;charset=utf-8");
$fn="testabc.txt";
if (unlink($fn))
    echo "文件删除成功！<br>";
else
    echo "文件删除失败！<br>";
?>
```

该实例的运行结果如图 5-48 所示。

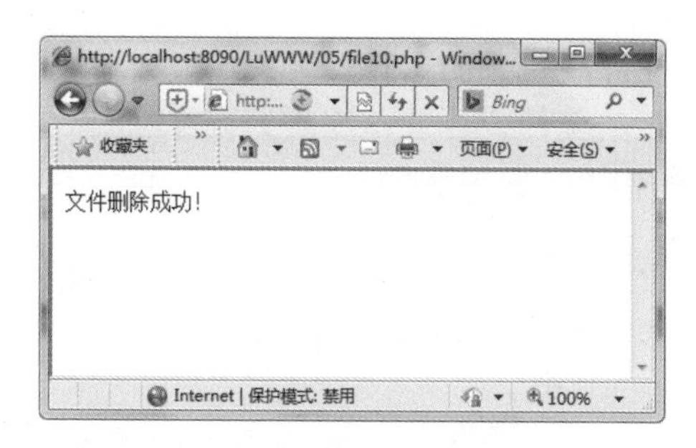

图 5-48 页面 file10.php 的运行结果

13. is_file()函数

is_file()函数用于检测一个文件是否为正常的文件，其语法格式为：

```
bool is_file(string $path)
```

参数：$path 为待检测文件的路径。

返回值：当$path 所指定的文件存在且为正常的文件时返回 TRUE，否则返回 FALSE。

【实例 5-49】 is_file()函数应用示例。

基本步骤：

(1) 在文件夹 05 中创建 PHP 页面 file11.php。

(2) 编写页面 file11.php 的代码。

```
<?php
header("content-type:text/html;charset=utf-8");
$path="./file11.php";
if (is_file($path))
    echo "${path}是文件! <br>";
else
    echo "${path}不是文件! <br>";
?>
```

该实例的运行结果如图 5-49 所示。

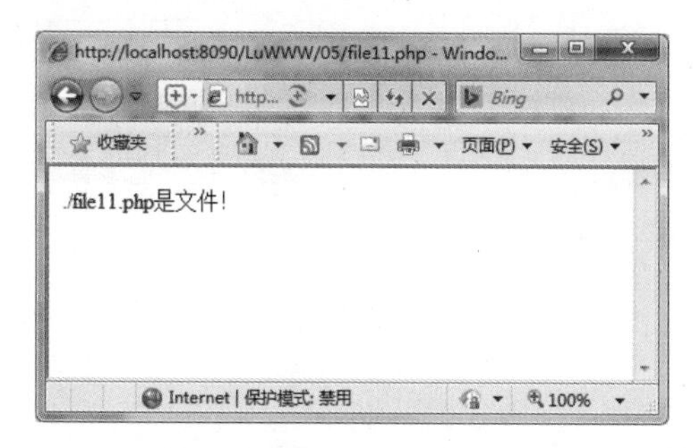

图 5-49 页面 file11.php 的运行结果

14. file_exists()函数

file_exists()函数用于检测一个文件或目录是否存在，其语法格式为：

```
bool file_exists(string $path)
```

参数：$path 为待检测文件或目录的路径。

返回值：当$path 所指定的文件或目录存在时返回 TRUE，否则返回 FALSE。

【实例 5-50】file_exists()函数应用示例。

基本步骤：

(1) 在文件夹 05 中创建 PHP 页面 file12.php。

(2) 编写页面 file12.php 的代码。

```
<?php
header("content-type:text/html;charset=utf-8");
$path="./file12.php";
if (file_exists($path))
   echo "目前已有${path}! <br>";
else
   echo "目前尚无${path}! <br>";
?>
```

该实例的运行结果如图 5-50 所示。

图 5-50　页面 file12.php 的运行结果

5.5.2　应用实例

【实例 5-51】投票统计。如图 5-51(a)所示，为“投票统计”页面。在此页面中选定相应的投票选项，然后单击“投票”按钮，即可显示出相应的投票结果，如图 5-51(b)所示。

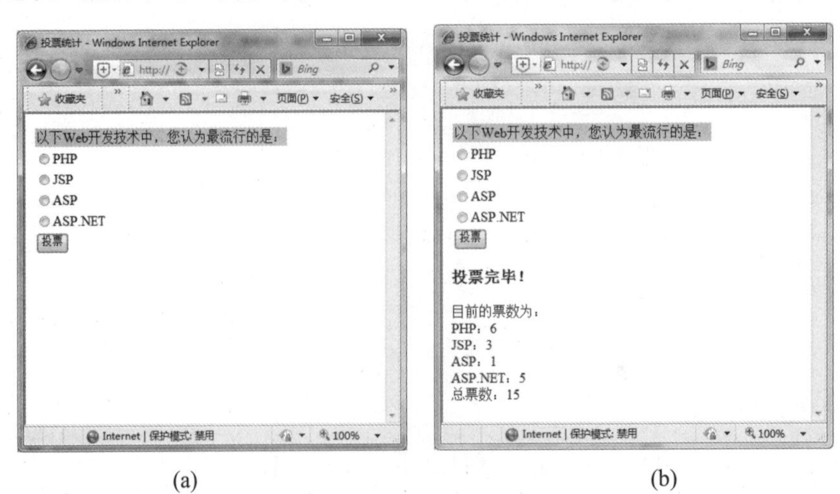

(a)　　　　(b)

图 5-51　“投票统计”页面

基本步骤：

(1) 在文件夹 05 中创建 PHP 页面 TpTj.php。

(2) 编写页面 TpTj.php 的代码。

```
<html>
<head>
<meta http-equiv="Content-Type" content="text/html; charset=utf-8" />
<title>投票统计</title>
</head>
<body>
<form action="" method="post">
<table>
<tr>
   <td bgcolor="#CCCCCC">以下 Web 开发技术中，您认为最流行的是：</td>
</tr>
<tr>
   <td><input type="radio" name="vote" value="PHP">PHP</td>
</tr>
<tr>
   <td><input type="radio" name="vote" value="JSP">JSP</td>
</tr>
<tr>
   <td><input type="radio" name="vote" value="ASP">ASP</td>
</tr>
<tr>
   <td><input type="radio" name="vote" value="ASP.NET">ASP.NET</td>
</tr>
<tr>
   <td><input type="submit" name="submit" value="投票"></td>
</tr>
</table>
</form>
<?php
if(isset($_POST['submit'])){
    $votefile="TpTj.txt";
    if(!file_exists($votefile)){
        $fp=fopen($votefile,"w+");
        fwrite($fp,"0|0|0|0");
        fclose($fp);
    }
    if(isset($_POST['vote'])){
        $vote=$_POST['vote'];
        $fp=fopen($votefile,"r+");
        $votestring=fread($fp,filesize($votefile));
        fclose($fp);
        $votearray=explode("|",$votestring);
        if($vote=='PHP')
            $votearray[0]++;
        if($vote=='JSP')
```

```
            $votearray[1]++;
        if($vote=='ASP')
            $votearray[2]++;
        if($vote=='ASP.NET')
            $votearray[3]++;
        $votesum=$votearray[0]+$votearray[1]+$votearray[2]+$votearray[3];
        $votestring=implode("|",$votearray);
        $fp=fopen($votefile,"w+");
        fwrite($fp,$votestring);
        fclose($fp);
        echo "<h3>投票完毕！</h3>";
        echo "目前的票数为：<br>";
        echo "PHP: ".$votearray[0]."<br>";
        echo "JSP: ".$votearray[1]."<br>";
        echo "ASP: ".$votearray[2]."<br>";
        echo "ASP.NET: ".$votearray[3]."<br>";
        echo "总票数: ".$votesum."<br>";
    }else{
        echo "<script>alert('尚未选择投票选项！')</script>";
    }
}
?>
</body>
</html>
```

说明： 在本实例中，使用文件 TpTj.txt 保存投票的结果。

5.6 目录操作函数

目录操作函数主要用于对目录进行相应的操作，如目录的创建、删除与遍历以及当前目录的获取与改变等。PHP 提供了一系列的目录操作函数，常用的有 mkdir()、rmdir()、getcwd()、chdir()、opendir()、closedir()、readdir()、rewinddir()、scandir()与 is_dir()等。

5.6.1 基本用法

1. mkdir()与 rmdir()函数

mkdir()函数用于创建指定的目录，其语法格式为：

```
bool mkdir(string $path[, int $mode=0777[, bool $recursive=false]])
```

参数：$path 用于指定所要创建的目录的路径；$mode(可选)用于指定目录的访问权限或模式(其默认值为八进制数 0777，即最大的访问权限。该参数在 Windows 下被忽略)；$recursive(可选)用于指定是否允许递归创建由$path 所指定的多级嵌套目录(其默认值为 FALSE，表示不允许。若要允许，应将其值设置为 TRUE)。

返回值：若目录创建成功，则返回 TRUE，否则返回 FALSE。

说明： $mode 参数为一个 3 位的八进制数(0 为八进制数的前缀)，分别指定了所有者、所有者所在的组以及其他所有人的访问限制。各部分均可通过加入所需的权限数字来计算出最终的权限。其中，可执行权限用 1 表示，可写权限用 2 表示，可读权限用 4 表示。因此，0777 即为最大权限，各部分都是可读、可写与可执行的。

提示： 在 PHP 中，“/”表示网站根目录，“./”表示当前目录，“../”表示当前目录的上一级目录(即父目录)。

与 mkdir()函数相反，rmdir()函数用于删除指定的目录，其语法格式为：

```
bool rmdir(string $path)
```

参数：$path 用于指定所要删除的目录的路径。

返回值：若目录删除成功，则返回 TRUE，否则返回 FALSE。

注意： 调用 rmdir()函数删除目录时，所指定的目录必须为空，而且要有相应的访问权限。

【实例 5-52】mkdir()与 rmdir()函数应用示例。

基本步骤：

(1) 在文件夹 05 中创建 PHP 页面 dir01.php。

(2) 编写页面 dir01.php 的代码。

```
<?php
header("content-type:text/html;charset=utf-8");
if(mkdir("./abc",0700))
    echo "目录 abc 创建成功! <br>";
if(rmdir("./abc"))
    echo "目录 abc 删除成功! <br>";
?>
```

该实例的运行结果如图 5-52 所示。

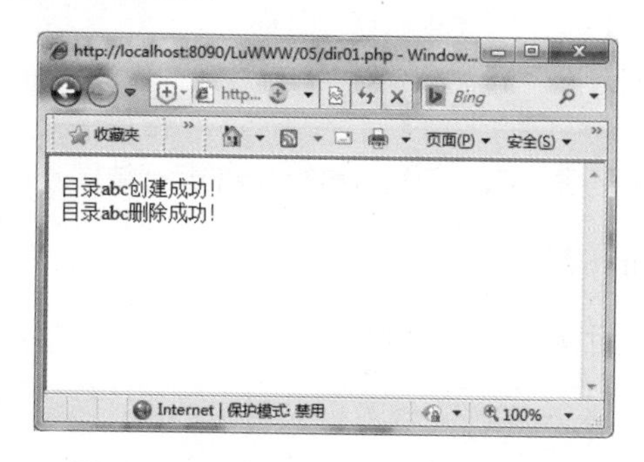

图 5-52　页面 dir01.php 的运行结果

2. getcwd()与 chdir()函数

getcwd()函数用于获取当前目录，其语法格式为：

```
string|false getcwd()
```

参数：无。

返回值：成功时返回当前目录，失败时返回 FALSE。

chdir()函数用于改变当前目录，其语法格式为：

```
bool chdir(string $path)
```

参数：$path 用于指定新的当前目录的路径。

返回值：成功时返回 TRUE，失败时返回 FALSE。

【实例 5-53】getcwd()与 chdir()函数应用示例。

基本步骤：

(1) 在文件夹 05 中创建 PHP 页面 dir02.php。

(2) 编写页面 dir02.php 的代码。

```
<?php
header("content-type:text/html;charset=utf-8");
$cwd=getcwd();
echo "当前目录：${cwd}<br>";
@mkdir("../test");
echo "改变当前目录！<br>";
chdir('../test');
$cwd0=getcwd();
echo "当前目录：${cwd0}<br>";
?>
```

该实例的运行结果如图 5-53 所示。

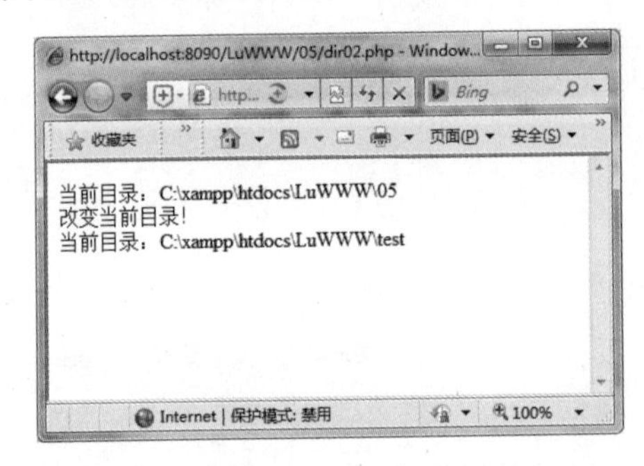

图 5-53　页面 dir02.php 的运行结果

3. opendir()与 closedir()函数

opendir()函数用于打开目录句柄，其语法格式为：

```
resource opendir(string $path)
```

参数：$path 用于指定需要打开其句柄的目录的路径。

返回值：成功时返回相应的目录句柄(resource 型)，失败时返回 FALSE。

与 opendir()函数相反，closedir()函数用于关闭目录句柄，其语法格式为：

```
void closedir([resource $dirhandle])
```

参数：$dirhandle(resource 型，可选)用于指定要关闭的目录句柄。若未指定，则为opendir()函数所打开的最后一个目录句柄。

返回值：无。

提示： 目录的访问是通过其句柄实现的。为节省服务器资源，目录句柄使用完毕后，应及时使用 closedir()函数将其关闭掉。

【实例 5-54】 opendir()与 closedir()函数应用示例。

基本步骤：

(1) 在文件夹 05 中创建 PHP 页面 dir03.php。

(2) 编写页面 dir03.php 的代码。

```
<?php
header("content-type:text/html;charset=utf-8");
@mkdir("../test");
$mydir="../test";
$dirhandle=opendir($mydir);
if($dirhandle)
    echo "目录打开成功！<br>";
else
    echo "目录打开失败！<br>";
closedir($dirhandle);
echo "目录已经关闭！<br>";
?>
```

该实例的运行结果如图 5-54 所示。

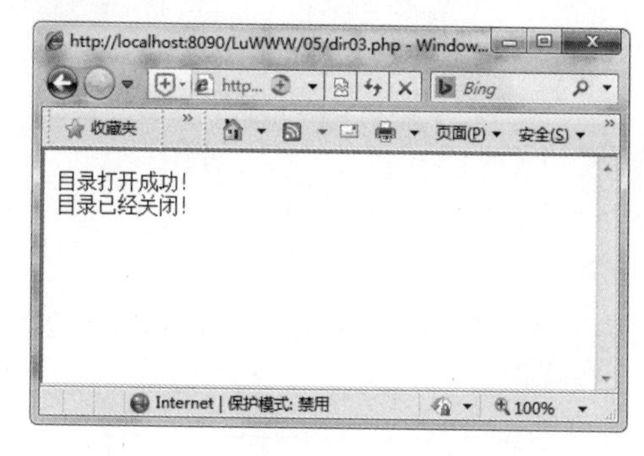

图 5-54　页面 dir03.php 的运行结果

4. readdir()与 rewinddir()函数

readdir()函数用于获取目录中的文件名，其语法格式为：

```
string readdir(resource $dirhandle)
```

参数：$dirhandle 用于指定需要从中读取文件名的目录句柄。

返回值：成功时返回相应目录中下一个文件的文件名，失败时返回 FALSE。

rewinddir()函数用于重置目录句柄，其语法格式为：

```
void rewinddir(resource $dirhandle)
```

参数：$dirhandle 用于指定需要重置的目录句柄。

返回值：无。

提示：使用 readdir()函数读取目录中的文件名后，若要再次从头读取，应先调用 rewinddir()函数重置其目录句柄。

【实例 5-55】readdir()与 rewinddir()函数应用示例。

基本步骤：

(1) 在文件夹 05 中创建子文件夹 abc，并在其中创建 3 个文件(在此为 test1.php、test2.php 与 test3.php3)与两个子文件夹(在此为 123 与 abc)。

(2) 在文件夹 05 中创建 PHP 页面 dir04.php。

(3) 编写页面 dir04.php 的代码。

```
<?php
header("content-type:text/html;charset=utf-8");
$mydir="./abc";
$dirhandle=opendir($mydir);
if($dirhandle){
    while($file=readdir($dirhandle)){
        echo $file."<br>";
    }
    echo "再来一次...<br>";
    rewinddir($dirhandle);
    while($file=readdir($dirhandle)){
        echo $file."<br>";
    }
    closedir($dirhandle);
}
else
    echo "目录打开失败！<br>";
?>
```

该实例的运行结果如图 5-55 所示。

图 5-55　页面 dir04.php 的运行结果

5. scandir()函数

scandir()函数用于获取目录中的目录名与文件名，其语法格式为：

```
array scandir(string $path[, int $sortorder])
```

参数：$path 用于指定需要从中读取目录名与文件名的目录的路径；$sortorder(可选)用于指定排序方式(默认为按字母升序排列。若要按字母降序排列，应将该参数设置为 1)。

返回值：成功时返回包含相应目录中所有目录名与文件名的数组，失败时返回 FALSE。

【实例 5-56】 scandir()函数应用示例。

基本步骤：

(1) 在文件夹 05 中创建 PHP 页面 dir05.php。

(2) 编写页面 dir05.php 的代码。

```
<?php
header("content-type:text/html;charset=utf-8");
$mydir="./abc";
$names=scandir($mydir);
if($names==FALSE){
    echo "读取失败！<br>";
    exit;
}
echo "升序：<br>";
print_r($names);
echo "<br>";
$names=scandir($mydir,1);
echo "降序：<br>";
print_r($names);
?>
```

该实例的运行结果如图 5-56 所示。

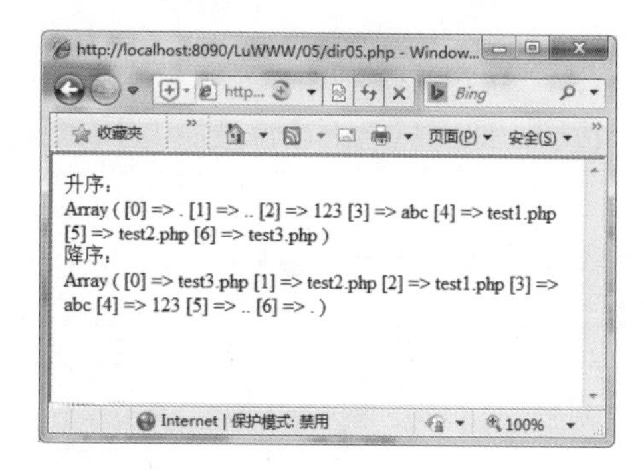

图 5-56　页面 dir05.php 的运行结果

6. is_dir()函数

is_dir()函数用于检测一个路径是否为目录，其语法格式为：

```
bool is_dir(string $path):
```

参数：$path 为待检测的路径。

返回值：当$path 所指定的路径存在且为目录时返回 TRUE，否则返回 FALSE。

【实例 5-57】is_dir()函数应用示例。

基本步骤：

(1) 在文件夹 05 中创建 PHP 页面 dir06.php。

(2) 编写页面 dir06.php 的代码。

```
<?php
header("content-type:text/html;charset=utf-8");
$path="../";
if (is_dir($path))
   echo "${path}是目录！<br>";
else
   echo "${path}不是目录！<br>";
?>
```

该实例的运行结果如图 5-57 所示。

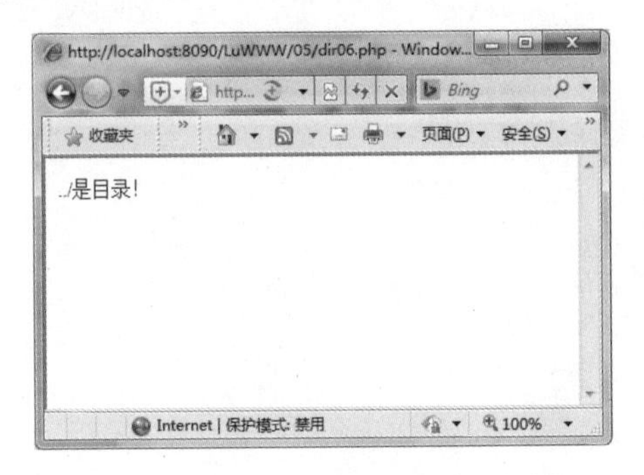

图 5-57　页面 dir06.php 的运行结果

5.6.2　应用实例

【实例 5-58】目录大小。“目录大小”页面如图 5-58(a)所示。在此页面中，输入目录的路径后，再单击“确定”按钮，即可显示出该目录的大小(以 KB 为单位)，如图 5-58(b)所示。

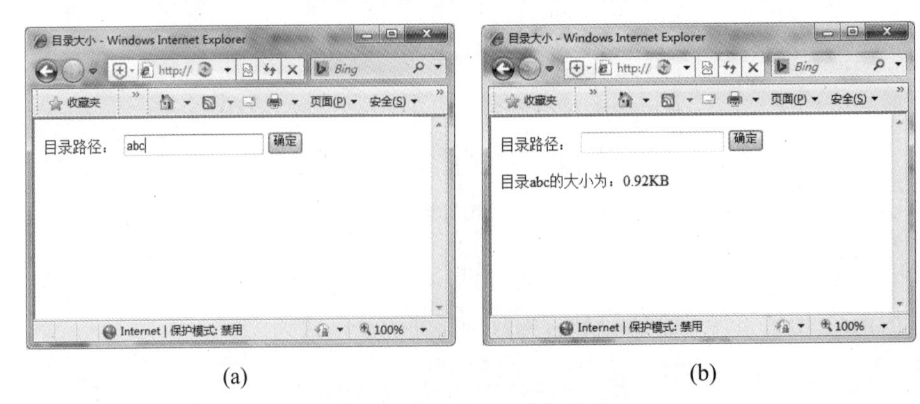

(a)　　(b)

图 5-58　“目录大小”页面

基本步骤：

(1) 在文件夹 05 中创建 PHP 页面 MlDx.php，并编写其代码。

```
<html>
<head>
<meta http-equiv="Content-Type" content="text/html; charset=utf-8" />
<title>目录大小</title>
</head>
<body>
<form method="post">
目录路径：
<input type="text" name="path">
<input type="submit" name="ok" value="确定">
</form>
<?php
if(isset($_POST['ok'])){
    //包含 MlDx_fun.php 文件
    include("MlDx_fun.php");
    $path=$_POST['path'];
    if(!is_dir($path)){
        echo "${path}不是目录！请重新输入...<br>";
        die();
    }
    //调用 dirsize()函数计算目录大小
    $size=round(dirsize($path)/1024,2);
    echo "目录${path}的大小为：${size}KB<br>";
}
?>
</body>
</html>
```

(2) 在文件夹 05 中创建 PHP 页面 MlDx_fun.php，并编写其代码。

```
<?php
//定义 dirsize()函数
function dirsize($dir){
    $size=0;
    if ($dirhandle=opendir($dir)){
        while ($filename=readdir($dirhandle)){
            //排除特殊目录“.”与“..”
            if ($filename!="."&&$filename!=".."){
                $filepath=$dir."/".$filename;
                //若为目录，则递归调用以求出其大小，并累加
                if (is_dir($filepath))
                    $size=$size+dirsize($filepath);
                //若为文件，则获取其大小，并累加
                if (is_file($filepath))
                    $size=$size+filesize($filepath);
            }
        }
```

```
        closedir($dirhandle);
        return $size;
    }
}
?>
```

5.7 检测函数

为便于对各类数据进行相应的检测，PHP 提供了一系列的检测函数，包括 empty()、isset()、is_null()、is_numeric()、is_string()、is_int()、is_float()、is_bool()与 is_array()等。

5.7.1 基本用法

1. empty()函数

empty()函数用于检测一个变量是否为空，其语法格式为：

```
bool empty(mixed $var)
```

参数：$var 为待检测的变量。

返回值：当变量$var 存在且其值非空非零时返回 FALSE，否则返回 TRUE。

说明： 在 PHP 中，空字符串("")、整数 0、浮点数 0.0、零字符串("0")、空值(NULL)、布尔值假(FALSE)、空数组(array())、已声明但没有值的变量($var)均被认为是空的。

【实例 5-59】 empty()函数应用示例。

基本步骤：

(1) 在文件夹 05 中创建 PHP 页面 check01.php。

(2) 编写页面 check01.php 的代码。

```
<?php
header("content-type:text/html;charset=utf-8");
$a=0;
$b=1;
$c=FALSE;
$d=TRUE;
if (empty($a)) {
    echo "变量 a 是空的.<br>";
}
if (!empty($b)) {
    echo "变量 b 不是空的.<br>";
}
if (empty($c)) {
    echo "变量 c 是空的.<br>";
}
if (!empty($d)) {
```

```
    echo "变量 d 不是空的.<br>";
}
?>
```

该实例的运行结果如图 5-59 所示。

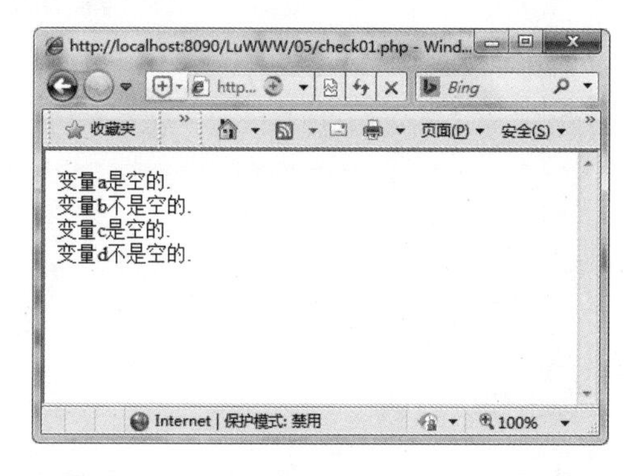

图 5-59　页面 check01.php 的运行结果

2. isset()函数

isset()函数用于检测指定变量是否已经设置且其值不是 NULL，其语法格式为：

```
bool isset(mixed $var)
```

参数：$var 为待检测的变量。
返回值：当变量$var 存在且其值不是 NULL 时返回 TRUE，否则返回 FALSE。

说明： 对于一个变量，可调用 unset()函数进行释放(或销毁)，从而变为未被设置的。

【实例 5-60】isset()函数应用示例。

基本步骤：

(1) 在文件夹 05 中创建 PHP 页面 check02.php。
(2) 编写页面 check02.php 的代码。

```
<?php
header("content-type:text/html;charset=utf-8");
$a=NULL;
if (empty($a)) {
    echo "变量 a 是空的.<br>";
}
if (!isset($a)) {
    echo "变量 a 是未设置的.<br>";
}
$b=0;
if (empty($b)) {
    echo "变量 b 是空的.<br>";
}
if (isset($b)) {
    echo "变量 b 是已设置的.<br>";
}
```

```
echo "释放变量 b...<br>";
unset($b);
if (!isset($b)) {
    echo "释放后，变量 b 是未设置的.<br>";
}
?>
```

该实例的运行结果如图 5-60 所示。

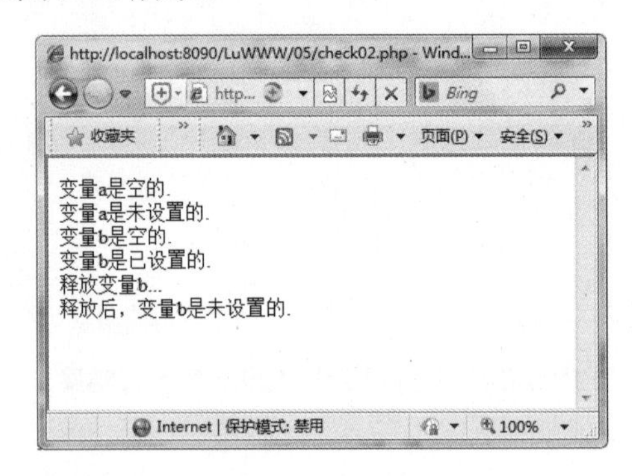

图 5-60　页面 check02.php 的运行结果

3. is_null()函数

is_null()函数用于检测一个变量的值是否为 NULL(空值)，其语法格式为：

```
bool is_null(mixed $var)
```

参数：$var 为待检测的变量。

返回值：当变量$var 的值为 NULL 时返回 TRUE，否则返回 FALSE。

说明： 空值 NULL 表示一个变量没有值。当一个变量尚未赋值、被赋值为 NULL 或被 unset()释放时，均被认为是 NULL。

【实例 5-61】 is_null()函数应用示例。

基本步骤：

(1) 在文件夹 05 中创建 PHP 页面 check03.php。

(2) 编写页面 check03.php 的代码。

```
<?php
header("content-type:text/html;charset=utf-8");
$a;
if (@is_null($a)) {
    echo "变量 a 未赋值时,其值为 NULL.<br>";
}
$a=NULL;
if (is_null($a)) {
    echo "变量 a 赋值为 NULL 时,其值为 NULL.<br>";
}
$a=0;
if (!is_null($a)) {
```

```
    echo "变量 a 赋值为 0 时,其值不是 NULL.<br>";
}
unset($a);
if (@is_null($a)) {
    echo "释放后，变量 a 的值为 NULL.<br>";
}
?>
```

该实例的运行结果如图 5-61 所示。

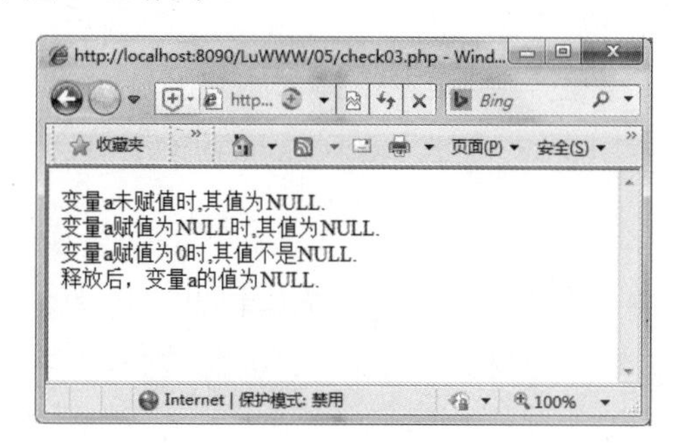

图 5-61　页面 check03.php 的运行结果

4. is_numeric()函数

is_numeric()函数用于检测一个变量的值是否为数字或数字字符串，其语法格式为:

```
bool is_numeric(mixed $var)
```

参数：$var 为待检测的变量。

返回值：当变量$var 的值为数字或数字字符串时返回 TRUE，否则返回 FALSE。

【实例 5-62】is_numeric()函数应用示例。

基本步骤：

(1) 在文件夹 05 中创建 PHP 页面 check04.php。

(2) 编写页面 check04.php 的代码。

```
<?php
header("content-type:text/html;charset=utf-8");
$a=0;
$b="0.00";
$c="abc123";
if (is_numeric($a)) {
    echo "变量 a 的值是一个 numeric.<br>";
}
if (is_numeric($b)) {
    echo "变量 b 的值是一个 numeric.<br>";
}
if (!is_numeric($c)) {
    echo "变量 c 的值不是一个 numeric.<br>";
}
?>
```

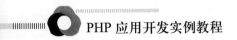

该实例的运行结果如图 5-62 所示。

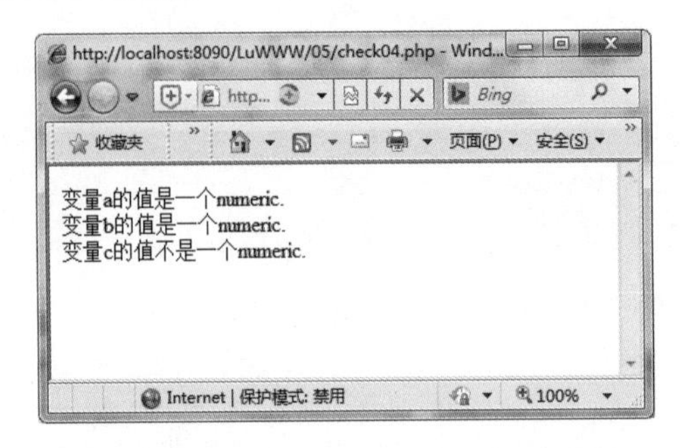

图 5-62　页面 check04.php 的运行结果

5. is_string()函数

is_string()函数用于检测一个变量的值是否为字符串，其语法格式为：

```
bool is_string(mixed $var)
```

参数：$var 为待检测的变量。

返回值：当变量$var 的值为字符串时返回 TRUE，否则返回 FALSE。

【实例 5-63】 is_string()函数应用示例。

基本步骤：

(1) 在文件夹 05 中创建 PHP 页面 check05.php。

(2) 编写页面 check05.php 的代码。

```
<?php
header("content-type:text/html;charset=utf-8");
$a="0.00";
$b=0.00;
if (is_string($a)) {
    echo "变量 a 的值是一个 string.<br>";
}
if (!is_string($b)) {
    echo "变量 b 的值不是一个 string.<br>";
}
?>
```

该实例的运行结果如图 5-63 所示。

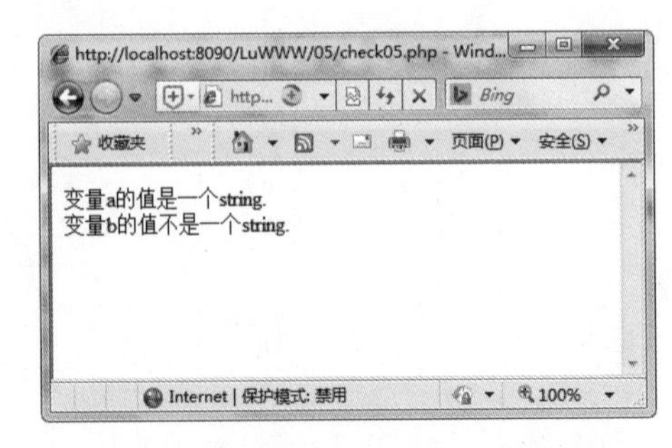

图 5-63　页面 check05.php 的运行结果

6. is_int()函数

is_int()函数用于检测一个变量的值是否为整数，其语法格式为：

```
bool is_int(mixed $var)
```

参数：$var 为待检测的变量。

返回值：当变量$var 的值为整数时返回 TRUE，否则返回 FALSE。

【实例 5-64】 is_int()函数应用示例。

基本步骤：

(1) 在文件夹 05 中创建 PHP 页面 check06.php。

(2) 编写页面 check06.php 的代码。

```
<?php
header("content-type:text/html;charset=utf-8");
$a=100;
$b=100.123;
if (is_int($a)) {
    echo "变量 a 的值是一个整数.<br>";
}
if (!is_string($b)) {
    echo "变量 b 的值不是一个整数.<br>";
}
?>
```

该实例的运行结果如图 5-64 所示。

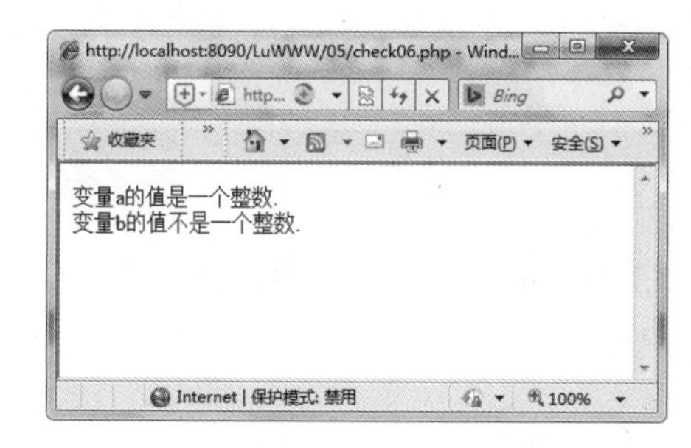

图 5-64　页面 check06.php 的运行结果

7. is_float()函数

is_float()函数用于检测一个变量的值是否为浮点数，其语法格式为：

```
bool is_float(mixed $var)
```

参数：$var 为待检测的变量。

返回值：当变量$var 的值为浮点数时返回 TRUE，否则返回 FALSE。

【实例 5-65】 is_float()函数应用示例。

基本步骤：

(1) 在文件夹 05 中创建 PHP 页面 check07.php。

(2) 编写页面 check07.php 的代码。

```
<?php
header("content-type:text/html;charset=utf-8");
$a=100.123;
$b=100;
if (is_float($a)) {
    echo "变量 a 的值是一个浮点数.<br>";
}
if (!is_float($b)) {
    echo "变量 b 的值不是一个浮点数.<br>";
}
?>
```

该实例的运行结果如图 5-65 所示。

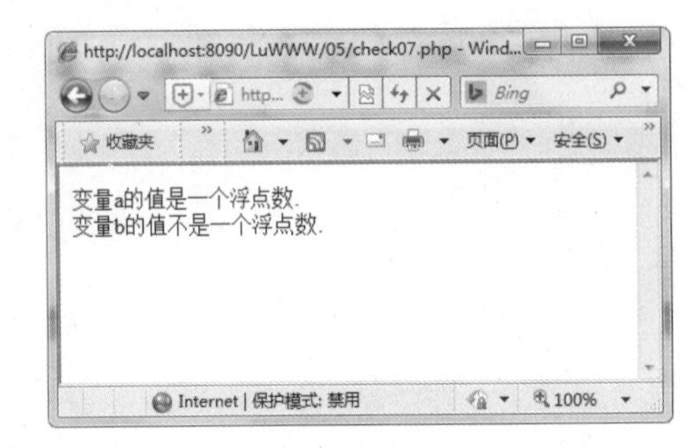

图 5-65　页面 check07.php 的运行结果

8. is_bool()函数

is_bool()函数用于检测一个变量的值是否为布尔值，其语法格式为：

```
bool is_bool(mixed $var)
```

参数：$var 为待检测的变量。

返回值：当变量$var 的值为布尔值时返回 TRUE，否则返回 FALSE。

【实例 5-66】 is_bool()函数应用示例。

基本步骤：

(1) 在文件夹 05 中创建 PHP 页面 check08.php。

(2) 编写页面 check08.php 的代码。

```
<?php
header("content-type:text/html;charset=utf-8");
$a=true;
$b=100;
if (is_bool($a)) {
    echo "变量 a 的值是一个布尔值.<br>";
}
if (!is_bool($b)) {
    echo "变量 b 的值不是一个布尔值.<br>";
}
?>
```

该实例的运行结果如图 5-66 所示。

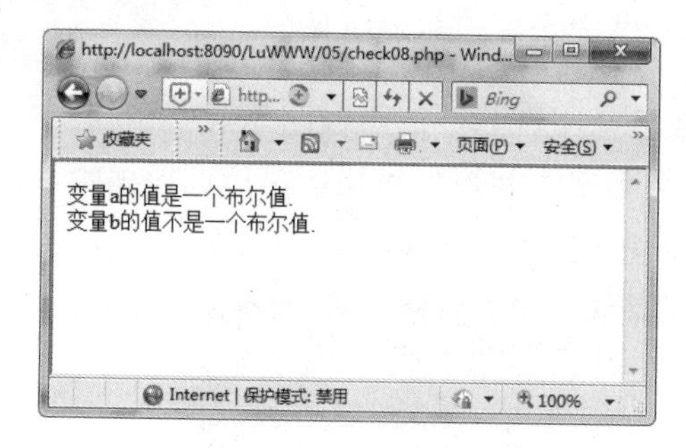

图 5-66 页面 check08.php 的运行结果

9. is_array()函数

is_array()函数用于检测一个变量是否为数组，其语法格式为：

```
bool is_array(mixed $var)
```

参数：$var 为待检测的变量。

返回值：当变量$var 为数组时返回 TRUE，否则返回 FALSE。

【实例 5-67】 is_array()函数应用示例。

基本步骤：

(1) 在文件夹 05 中创建 PHP 页面 check09.php。

(2) 编写页面 check09.php 的代码。

```
<?php
header("content-type:text/html;charset=utf-8");
$a=array(1,2,3);
$b=100;
if (is_array($a)) {
   echo "变量 a 是一个数组.<br>";
}
if (!is_array($b)) {
   echo "变量 b 不是一个数组.<br>";
}
?>
```

该实例的运行结果如图 5-67 所示。

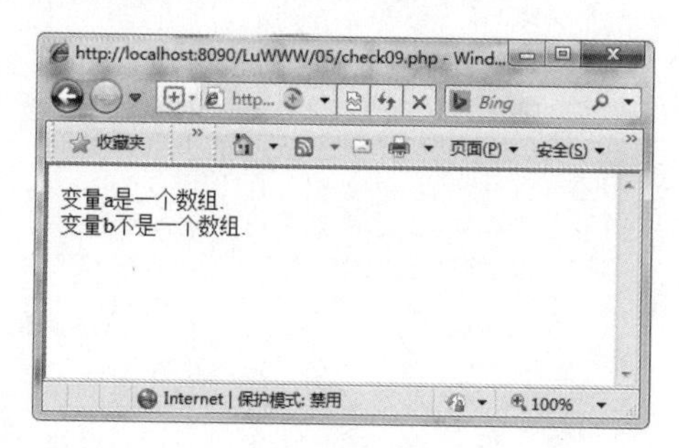

图 5-67 页面 check09.php 的运行结果

5.7.2 应用实例

【实例 5-68】计算器。“计算器”页面如图 5-68(a)所示。在此页面中输入相应的数值并选定所需要的运算，再单击“计算”按钮，可通过调用函数的方式完成加、减、乘、除运算，并输出相应的结果，如图 5-68(b)所示。

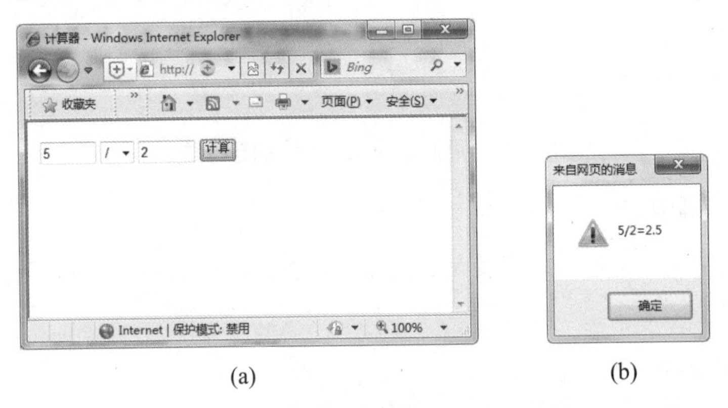

(a) (b)

图 5-68 “计算器”页面与结果对话框

基本步骤：

(1) 在文件夹 05 中创建 PHP 页面 JSQ.php，并编写其代码。

```
<html>
<head>
<meta http-equiv="Content-Type" content="text/html; charset=utf-8" />
<title>计算器</title>
</head>
<body>
<form method="post">
<table>
<tr><td>
   <input type="text" size="4" name="number1">
   <select name="caculate">
      <option value="+">+
      <option value="-">-
      <option value="*">*
      <option value="/">/
   </select>
   <input type="text" size="4" name="number2">
   <input type="submit" name="ok" value="计算">
</td></tr>
</table>
</form>
<?php
if(isset($_POST['ok'])){
    //包含 JSQ_fun.php 文件
    include("JSQ_fun.php");
```

```
    $number1=$_POST['number1'];
    $number2=$_POST['number2'];
    $caculate=$_POST['caculate'];
    if(is_numeric($number1)&&is_numeric($number2)){
        //调用 cac()函数计算结果
        $answer=cac($number1,$number2,$caculate);
        if ($answer===FALSE)
            echo "<script>alert('除数不能为零！')</script>";
        else
            echo  "<script>alert('".$number1.$caculate.$number2."=".$answer."')
</script>";
    }
    else
        echo "<script>alert('输入为非数值，无法进行计算！')</script>";
}
?>
</body>
</html>
```

(2) 在文件夹 05 中创建 PHP 页面 JSQ_fun.php，并编写其代码。

```
<?php
//定义 cac()函数
function cac($a, $b, $caculate){
    if($caculate=="+")
        return $a+$b;
    if($caculate=="-")
        return $a-$b;
    if($caculate=="*")
        return $a*$b;
    if($caculate=="/"){
        if($b=="0")
            return FALSE;
        else
            return $a/$b;
    }
}
?>
```

本 章 小 结

本章结合典型代码介绍了 PHP Web 应用开发中各类常用内置函数(包括数学函数、字符串处理函数、日期与时间处理函数、数组处理函数、文件操作函数、目录操作函数以及检测函数)的基本用法，并通过具体实例讲解了有关函数的相关应用。通过本章的学习，应了解并掌握 PHP Web 应用开发中各类常用内置函数的相关用法，并能在各种 Web 应用系统的开发中根据需要灵活地加以运用，以便更好地实现系统的有关功能。

思　考　题

1. 常用的数学函数有哪些？
2. floor()与 ceil()函数有何区别？
3. 请简述 round()函数的基本用法。
4. 请简述 rand()函数的基本用法。
5. 常用的字符串处理函数有哪些？
6. 请简述 substr()函数的基本用法。
7. 请简述 strcmp()函数的基本用法。
8. 请简述 str_replace()函数的基本用法。
9. 请简述 strpos()与 strstr()函数的基本用法。
10. 请简述 implode()与 explode()函数的基本用法。
11. 常用的日期和时间处理函数有哪些？
12. 请简述 date()函数的基本用法。
13. 请简述 mktime()函数的基本用法。
14. 常用的数组处理函数有哪些？
15. 请简述 compact()与 extract()函数的基本用法。
16. 请简述 range()函数的基本用法。
17. 请简述 array_combine()函数的基本用法。
18. 请简述 each()函数的基本用法。
19. 请简述 current()与 key()函数的基本用法。
20. 请简述 array_key_exists()、in_array()与 array_search()函数的基本用法。
21. 请简述 array_keys()与 array_values()函数的基本用法。
22. 请简述 sort()、asort()与 ksort()函数的基本用法。
23. 请简述 array_multisort()函数的基本用法。
24. 请简述 natsort()函数的基本用法。
25. 请简述 shuffle()函数的基本用法。
26. 常用的文件操作函数有哪些？
27. 请简述 fopen()函数的基本用法。
28. 请简述 fwrite()函数的基本用法。
29. 为读取文件的内容，可使用哪些函数？有何区别？
30. 如何实现文件的复制、重命名与删除？
31. 请简述 is_file()函数的基本用法。
32. 请简述 file_exists()函数的基本用法。
33. 常用的目录操作函数有哪些？
34. 如何实现目录的创建与删除？
35. 如何实现当前目录的获取与改变？
36. 如何实现当前句柄的打开与关闭？

37. 如何实现目录的遍历？
38. 请简述 scandir()函数的基本用法。
39. 请简述 is_dir()函数的基本用法。
40. 常用的检测函数有哪些？
41. empty()与 is_null()函数有何区别？
42. isset()函数有何作用？
43. is_numeric()函数有何作用？
44. is_bool()函数有何作用？
45. is_array()函数有何作用？

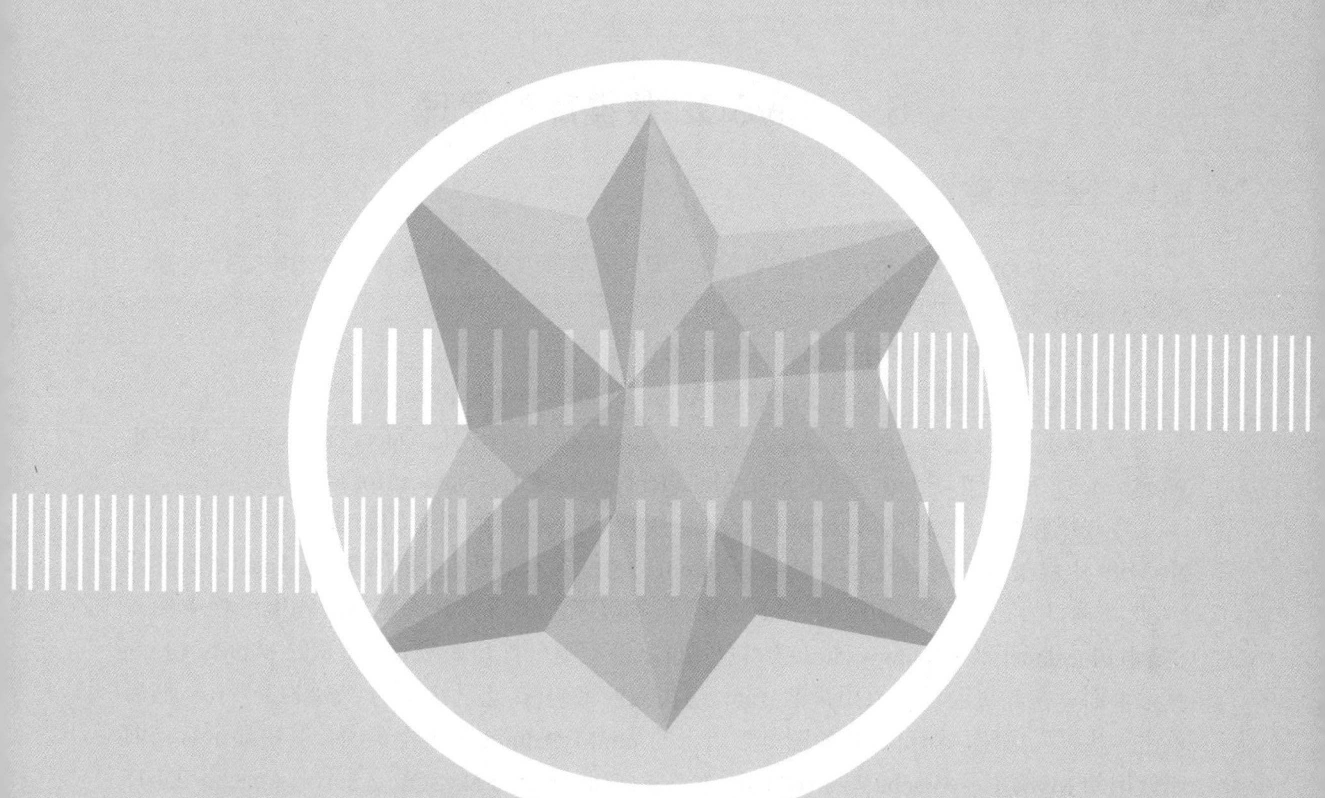

第6章

MySQL 数据库应用基础

MySQL 是一种关系数据库管理系统(RDBMS)，目前已得到相当广泛的应用。在使用 PHP 开发各类 Web 应用时，通常都会选用 MySQL 作为后台数据库。

本章要点：

MySQL 的数据库管理；常用的 SQL 语句。

学习目标：

掌握 MySQL 数据库管理的基本技术；掌握常用 SQL 语句的基本用法。

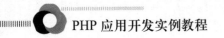

6.1 MySQL 数据库的管理

6.1.1 管理工具

由于 MySQL 数据库的应用极为广泛，因此其管理工具多种多样、相当丰富。通常，可将 MySQL 的管理工具分为 3 大类。

(1) 命令行工具，包括 mysql、mysqladmin 等。

(2) Web 界面管理工具，包括 phpMyAdmin、phpMyBackupPro 等。

(3) GUI 管理工具，包括 MySQL Administrator、MySQL Query Browser、MySQL Workbench、MySQL-Front、EMS SQL Manager for MySQL、Navicat for MySQL 等。

为方便起见，在此选用 phpMyAdmin 作为 MySQL 数据库的管理工具。其实，在 XAMPP 中就集成了相应版本的 phpMyAdmin。通过 XAMPP 控制面板启动 Apache 服务器(在此其端口号已修改为 8090)与 MySQL 服务程序，然后打开浏览器，在地址栏中输入“http://localhost:8090/phpmyadmin”并按 Enter 键，则可打开如图 6-1 所示的 phpMyAdmin 登录页面。在此页面中输入用户名 root 与相应的密码(在此已修改为“abc123!”)， 然后单击“执行”按钮，即可打开如图 6-2 所示的 phpMyAdmin 管理主页面，其中显示有当前所使用的 MySQL、Apache 与 PHP 的版本信息(在此分别为 MySQL 5.5.47、Apache 2.4.18 与 PHP 5.3.29)。关于 phpMyAdmin 的具体用法，请参阅其使用手册或有关资料。在此，仅介绍一些与数据库和表相关的基本操作。

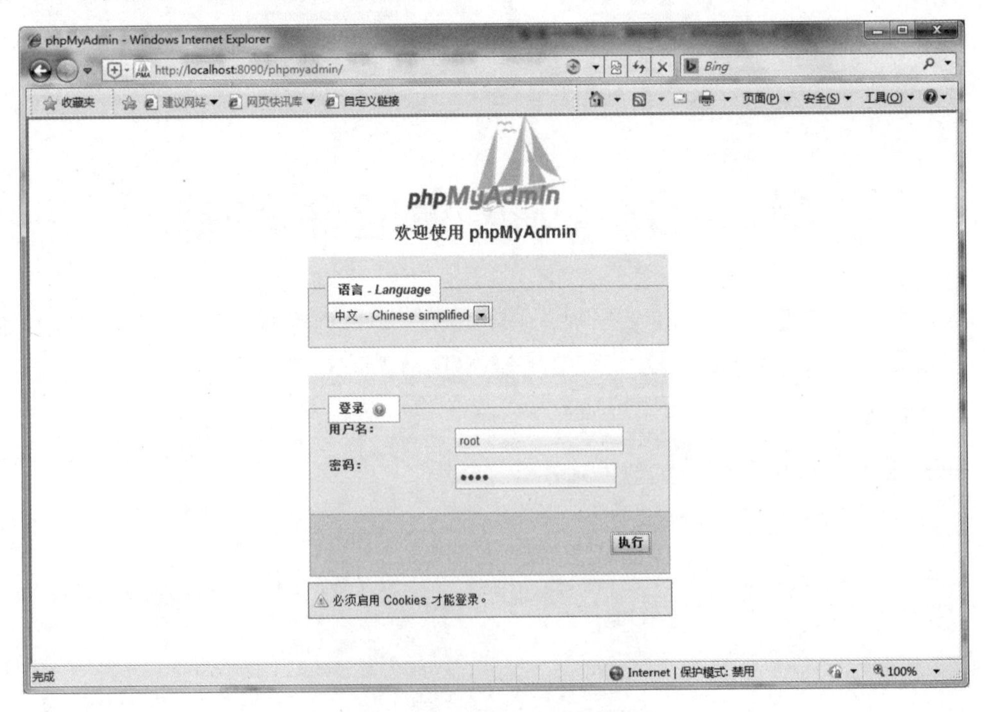

图 6-1　phpMyAdmin 登录页面

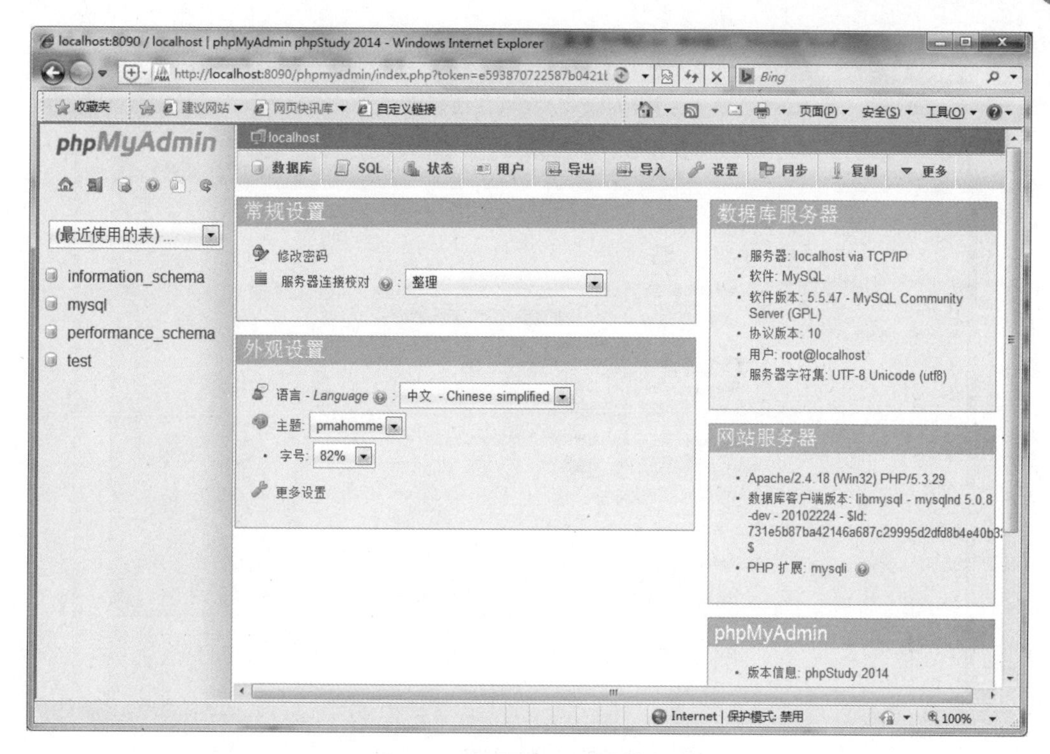

图 6-2　phpMyAdmin 管理主页面

6.1.2　数据库的创建与删除

数据库是数据的“仓库”。要进行应用系统的开发，通常都离不开数据库的支持，因为系统所要管理的数据一般都要保存在数据库之中。由此可见，数据库的创建对于大多数应用的开发来说是必须首先完成的。

对于不再需要的数据库，可及时地将其删除掉，以释放其所占用的存储空间。数据库被删除后，相应的数据库文件及其数据都会被删除。在这种情况下，若事先并无备份，则数据库将不可恢复。

在 phpMyAdmin 中，利用“数据库”工具，即可完成 MySQL 数据库的有关基本操作，包括数据库的创建与删除等。

【实例 6-1】创建人事管理数据库 rsgl。

基本步骤：

(1) 在 phpMyAdmin 的管理主页面中，单击工具栏中的“数据库”按钮，打开如图 6-3 所示的“数据库”页面。

(2) 输入数据库的名称(在此为“rsgl”)，并选定相应的排序规则(在此为“utf8_general_ci”)，然后再单击“创建”按钮，即可完成数据库的创建操作(如图 6-4 所示)。

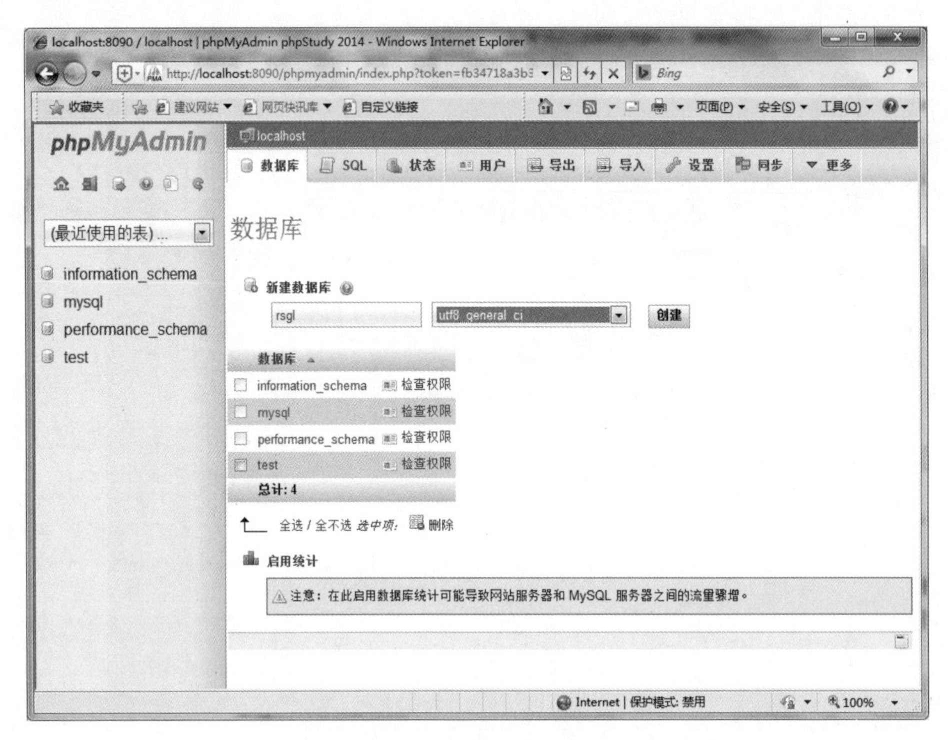

图 6-3 “数据库”页面

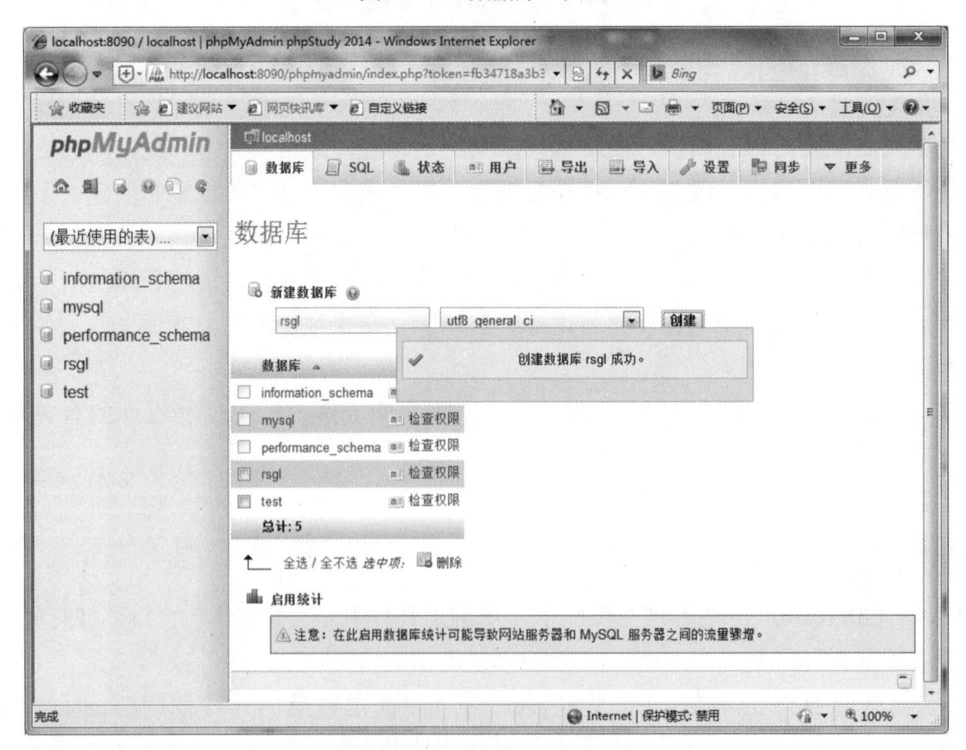

图 6-4 数据库创建成功页面

【实例 6-2】删除人事管理数据库 rsgl。

基本步骤：

(1) 在 phpMyAdmin 的管理主页面中，单击工具栏中的“数据库”按钮，打开如图 6-5 所示的“数据库”页面。

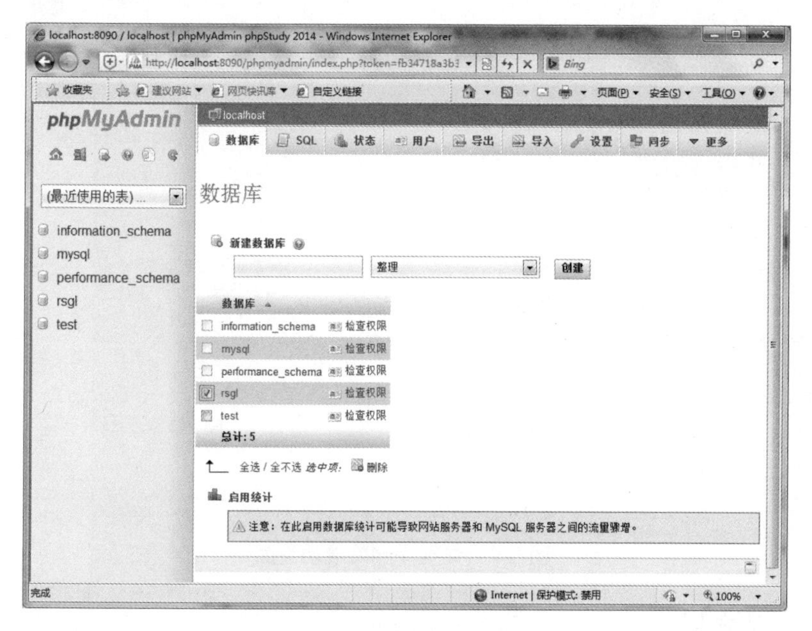

图 6-5　“数据库”页面

(2) 在“数据库”列表中选中需要删除的数据库(在此为“rsgl”)，然后再单击下方的“删除”链接，即可打开如图 6-6 所示的“确认删除”页面。

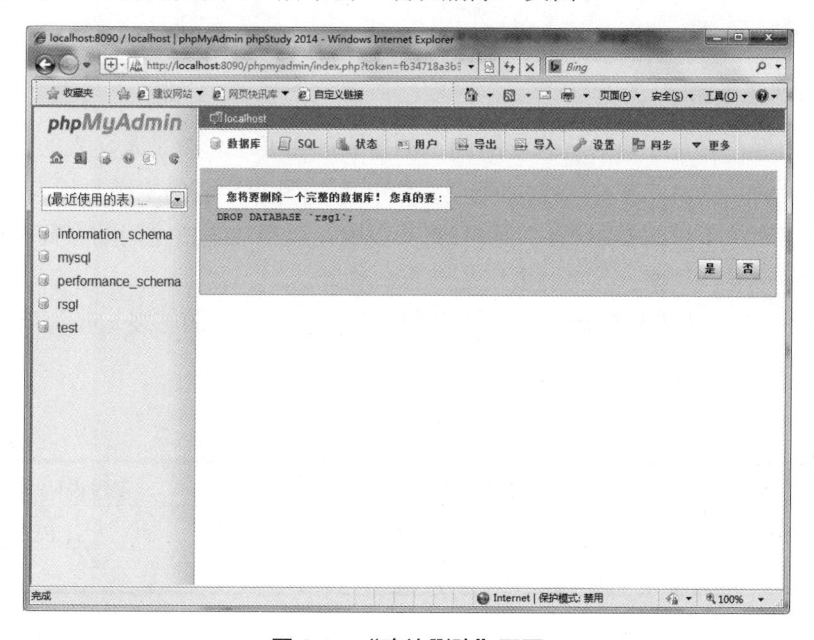

图 6-6　“确认删除”页面

(3) 单击“是”按钮，即可完成数据库的删除操作(如图 6-7 所示)。

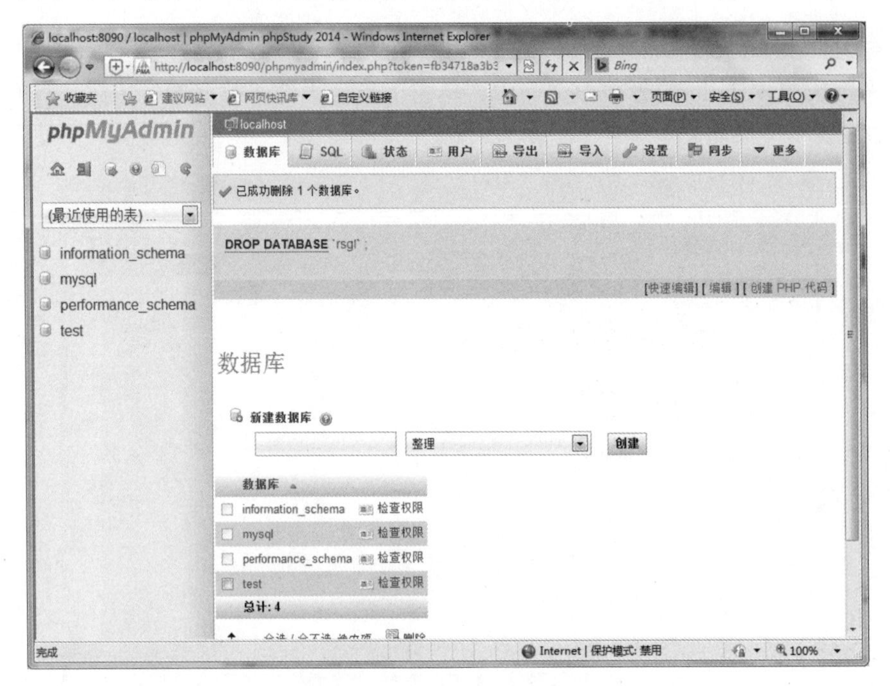

图 6-7　数据库删除成功页面

6.1.3　表的基本操作

表是最基本的数据库对象，用于存放数据库中的有关数据。与表相关的基本操作主要包括表的创建与删除、表结构的修改、表数据的维护等。在 phpMyAdmin 中，利用“表”工具，即可轻松完成表的有关基本操作。

1. 表的创建与删除

从结构上看，表是字段的集合。因此，创建表的主要工作就是定义表的结构，也就是确定表所包含的字段及其有关属性(如类型、长度等)，并设定表的主键与相关属性。

对于数据库中不再需要的表，可随时将其删除，以释放其所占用的存储空间。表被删除后，其结构定义、数据、约束与索引等都会被删除。

【实例 6-3】在人事管理数据库 rsgl 中创建部门表 bmb、职工表 zgb 与用户表 users。各表的结构如表 6-1、表 6-2 与表 6-3 所示。

表 6-1　部门表 bmb 的结构

字 段 名	字段类型	字段说明
bmbh	char(2)	部门编号(主键)
bmmc	varchar(20)	部门名称

表 6-2　职工表 zgb 的结构

字 段 名	字段类型	字段说明
bh	char(7)	编号(主键)
xm	char(10)	姓名
xb	char(2)	性别
bm	char(2)	所在部门(编号)
csrq	date	出生日期
jbgz	decimal(7,2)	基本工资
gwjt	decimal(7,2)	岗位津贴

表 6-3　用户表 users 的结构

字 段 名	字段类型	字段说明
username	char(10)	用户名(主键)
password	varchar(20)	用户密码
usertype	varchar(10)	用户类型

基本步骤：

(1) 在 phpMyAdmin 主管理页面的左侧单击选中相应的数据库(在此为 rsgl)，然后在右侧的“新建数据表”处，输入相应的表名(在此为“bmb”)，并指定表中字段的数量(在此为 2)，如图 6-8 所示。

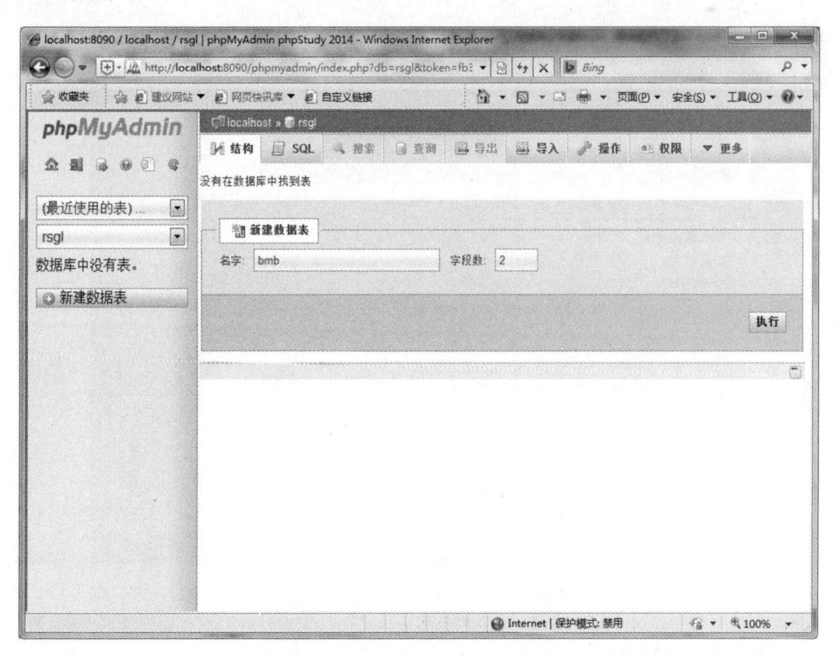

图 6-8　“新建数据表”页面

(2) 单击“执行”按钮，打开相应的表结构定义页面，在其中输入各个字段的名称，并设定其数据类型及有关属性(在此为 bmbh 字段选定索引类型“PRIMARY”，并选中 bmmc 字段的“空”复选框)，然后再选定相应的排序规则(在此为“utf8_general_ci”)与存储引擎(在此为“InnoDB”)，如图 6-9 所示。

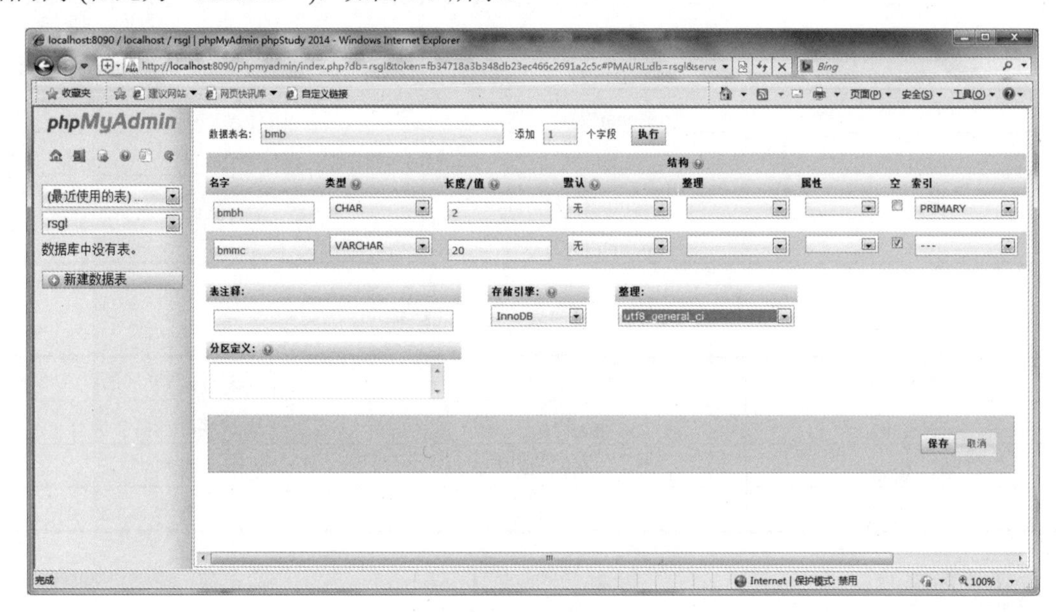

图 6-9　表结构定义页面

(3) 单击“保存”按钮，即可完成表的创建操作(如图 6-10 所示)。

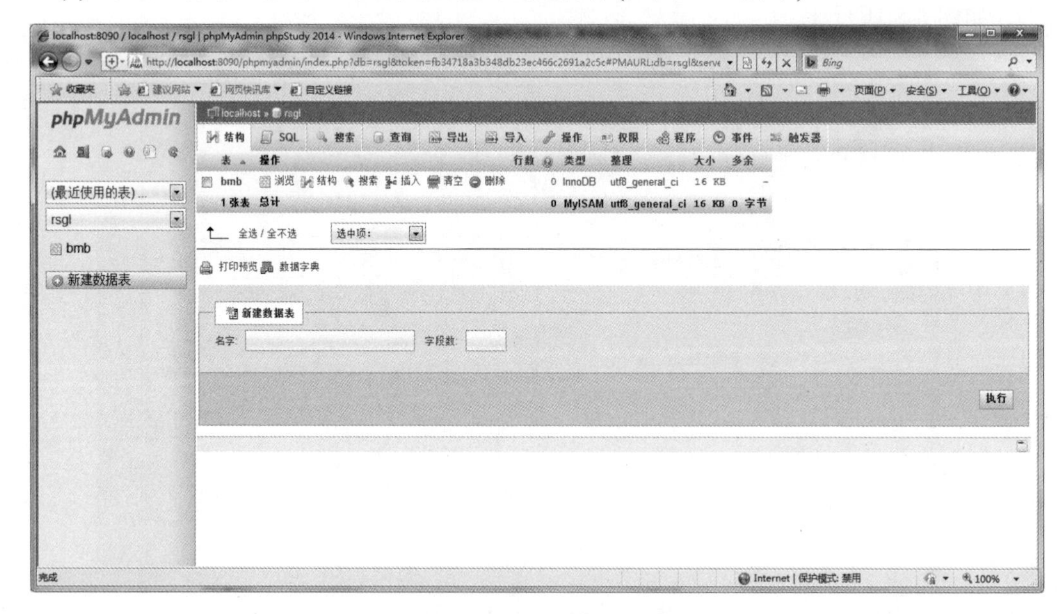

图 6-10　表创建成功页面

在 rsgl 数据库中创建好部门表 bmb 后，即可按同样的方式创建职工表 zgb 与用户表 users，如图 6-11 与图 6-12 所示。

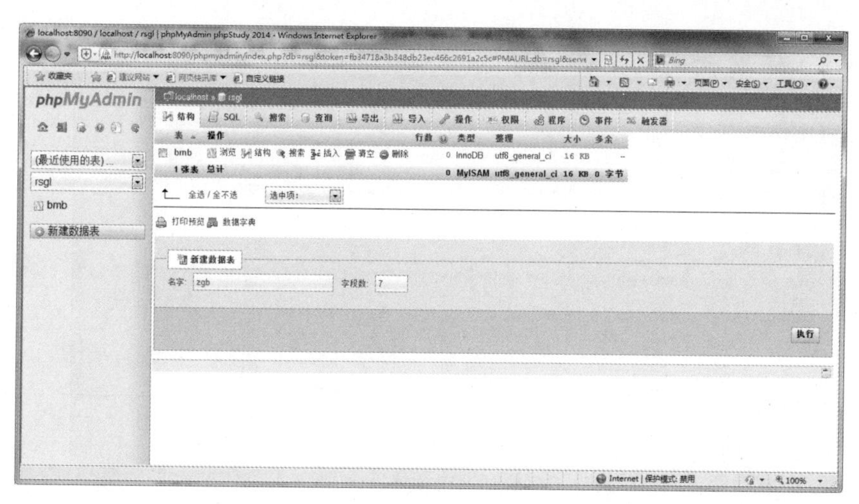

(a)

(b)

(c)

图 6-11　职工表 zgb 的创建

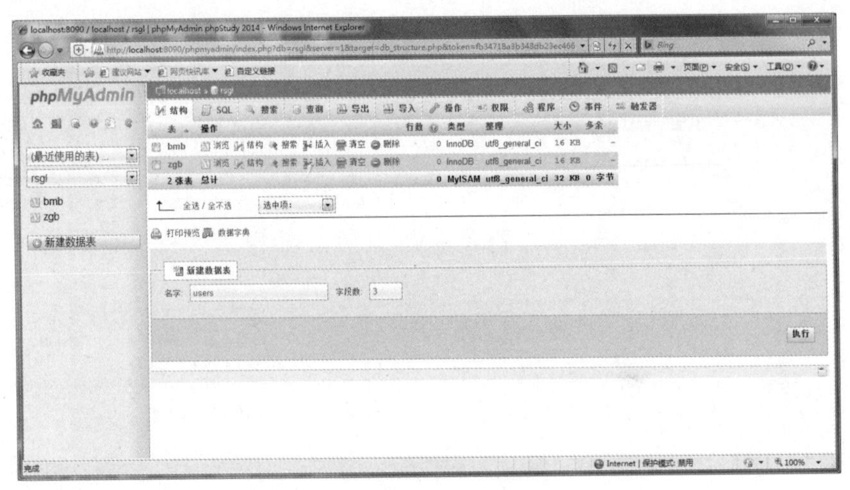

(a)

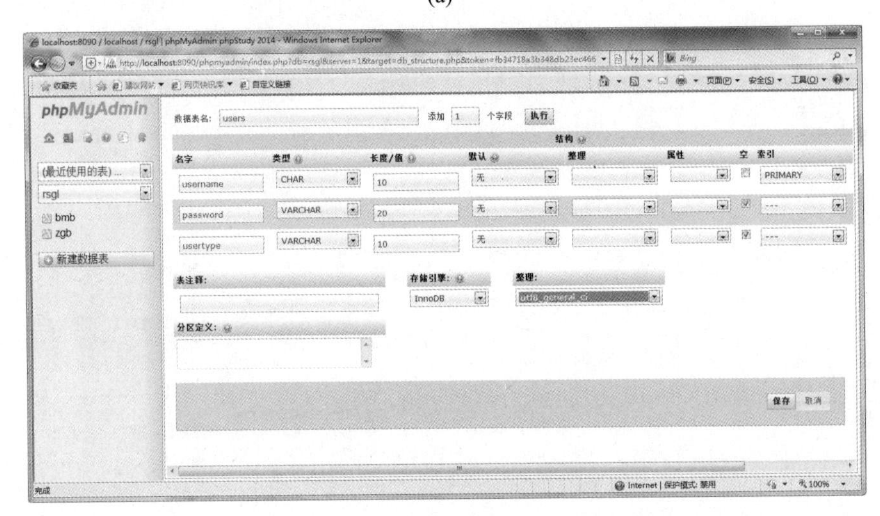

(b)

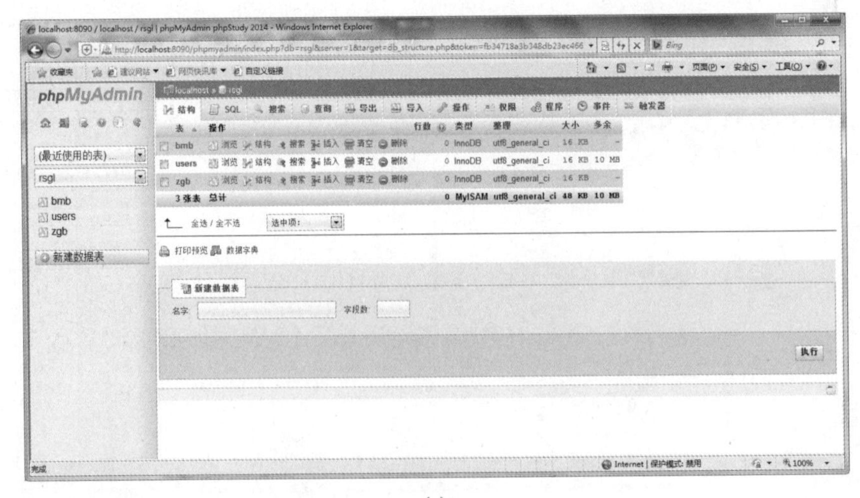

(c)

图 6-12　用户表 users 的创建

【实例 6-4】在人事管理数据库 rsgl 中删除用户表 users。

基本步骤：

(1) 在 phpMyAdmin 主管理页面的左侧单击选中相应的数据库(在此为 rsgl)，打开如图 6-13 所示的数据库页面。

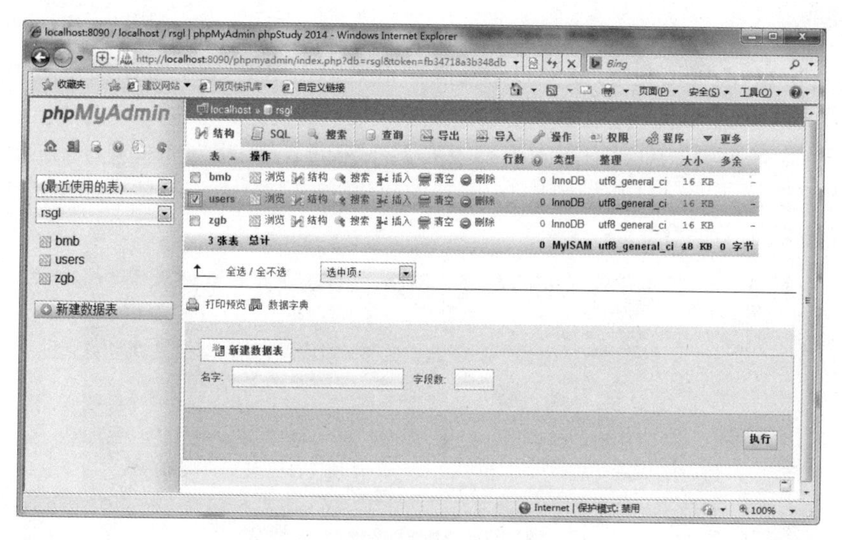

图 6-13　数据库页面(rsgl 数据库)

(2) 在“数据库表”列表中选中需要删除的表(在此为 users)，然后再单击其右侧的“删除”链接，即可打开如图 6-14 所示的删除表对话框。

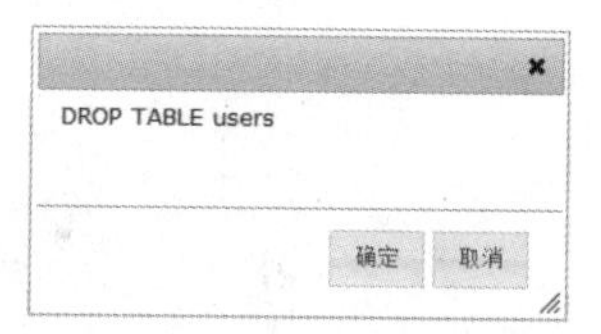

图 6-14　删除表对话框

(3) 单击“确定”按钮，即可完成表的删除操作(如图 6-15 所示)。

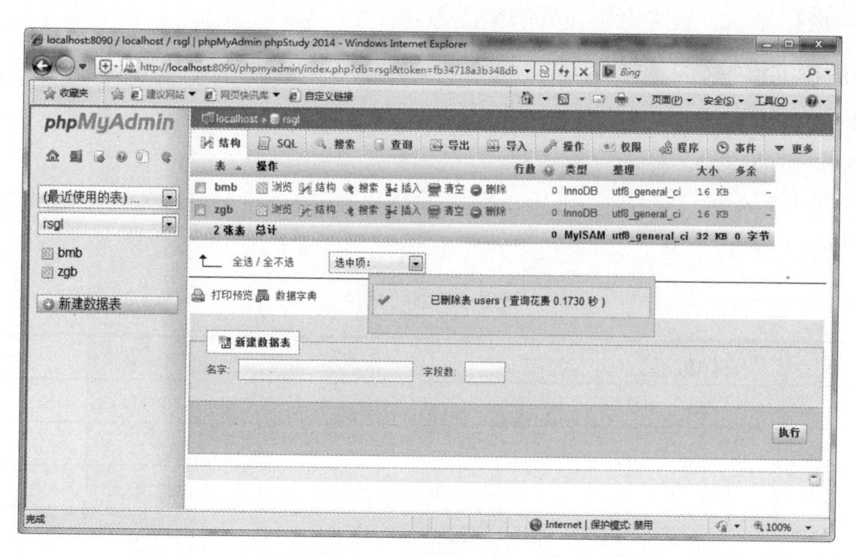

图 6-15　表删除成功页面

2. 表结构的修改

表的结构是数据库应用编程的主要依据，因此其正确性与合理性是至关重要的。在使用数据库的过程中，一旦发现表的结构存在问题，就应该及时对其进行修改。

【实例 6-5】查看用户表 users 的结构。

基本步骤：

(1) 在 phpMyAdmin 主管理页面的左侧单击选中相应的数据库(在此为 rsgl)，打开如图 6-13 所示的数据库页面。

(2) 在“数据库表”列表中选中需要查看其结构的表(在此为 users)，然后再单击其右侧的“结构”链接，即可打开如图 6-16 所示的“表结构”页面。在此页面中，详细显示了表中各个字段的定义信息。

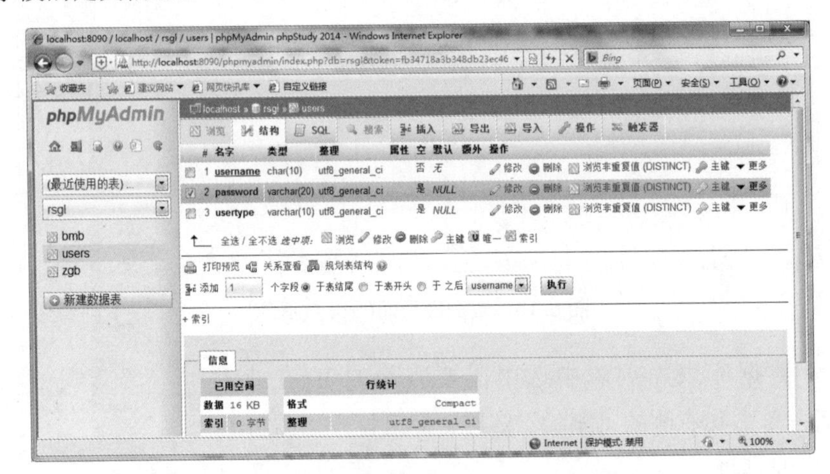

图 6-16 “表结构”页面(users 表)

在“表结构”页面中，可根据需要对当前表的结构进行维护，包括添加新的字段、对已有的字段进行修改、删除不再需要的字段等。

3. 表数据的维护

为检验应用系统的有关功能，通常需要在有关的表中输入一些具体数据。表数据的维护主要包括记录的添加、修改与删除等。

【实例 6-6】在部门表 bmb、职工表 zgb 与用户表 users 中分别输入一些记录(如表 6-4、表 6-5、表 6-6 所示)。

表 6-4 部门记录

部门编号	部门名称
01	计信系
02	会计系
03	经济系
04	财政系
05	金融系

表 6-5　职工记录

编　号	姓　名	性　别	所在部门	出生日期	基本工资	岗位津贴
1992001	张三	男	01	1969-06-12	1500.00	1000.00
1992002	李四	男	01	1968-12-15	1600.00	1100.00
1993001	王五	男	02	1970-01-25	1300.00	800.00
1993002	赵一	女	03	1970-03-15	1300.00	800.00
1993003	赵二	女	01	1971-01-01	1200.00	700.00

表 6-6　用户记录

用 户 名	用户密码	用户类型
abc	123	普通用户
abcabc	123	普通用户
admin	12345	系统管理员
system	12345	系统管理员

基本步骤：

(1) 在 phpMyAdmin 主管理页面的左侧单击选中相应的数据库(在此为 rsgl)，打开如图 6-13 所示的数据库页面。

(2) 在“数据库表”列表中选中需要为其输入记录的表，然后再单击其右侧的“插入”链接，即可打开相应的“插入表格”对话框。如图 6-17、图 6-18 与图 6-19 所示，分别为部门表 bmb、职工表 zgb 与用户表 users 的“插入表格”对话框。

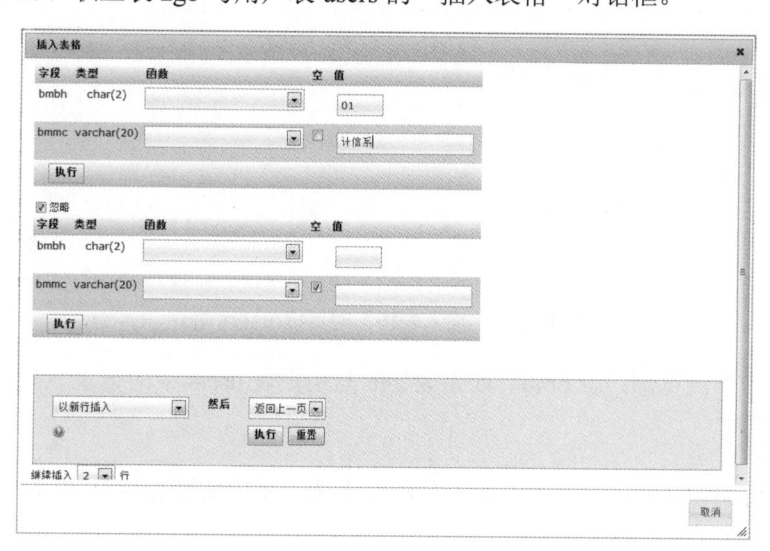

图 6-17　“插入表格”对话框(bmb 表)

(3) 在“值”编辑框处输入各个字段的值，然后单击“执行”按钮，即可完成相应记录的插入操作。

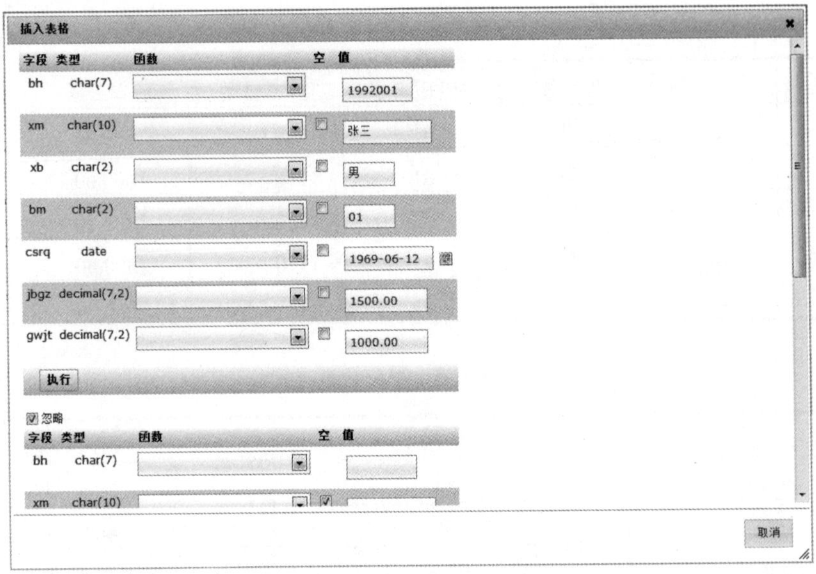

插入表格

字段	类型	函数	空	值
bh	char(7)			1992001
xm	char(10)			张三
xb	char(2)			男
bm	char(2)			01
csrq	date			1969-06-12
jbgz	decimal(7,2)			1500.00
gwjt	decimal(7,2)			1000.00

执行

忽略

字段	类型	函数	空	值
bh	char(7)			
xm	char(10)		☑	

取消

图 6-18 “插入表格”对话框(zgb 表)

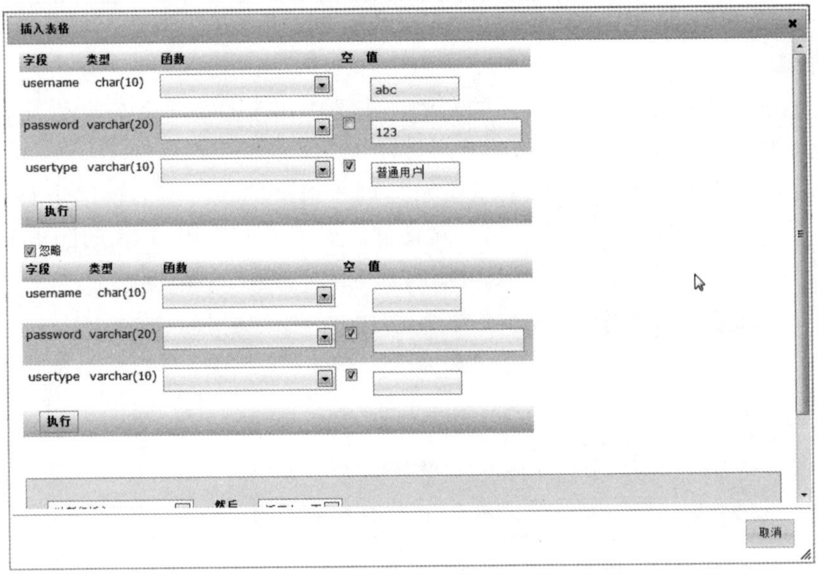

插入表格

字段	类型	函数	空	值
username	char(10)			abc
password	varchar(20)			123
usertype	varchar(10)		☑	普通用户

执行

忽略

字段	类型	函数	空	值
username	char(10)			
password	varchar(20)		☑	
usertype	varchar(10)		☑	

执行

然后

取消

图 6-19 “插入表格”对话框(users 表)

【实例 6-7】浏览部门表 bmb、职工表 zgb 与用户表 users 中的记录。

基本步骤：

(1) 在 phpMyAdmin 主管理页面的左侧单击选中相应的数据库(在此为 rsgl)，打开如图 6-13 所示的数据库页面。

(2) 在“数据库表”列表中选中需要浏览其记录的表，然后再单击其右侧的“浏览”链接，即可打开相应的“表数据”页面。如图 6-20、图 6-21 与图 6-22 所示，分别为部门表 bmb、职工表 zgb 与用户表 users 的“表数据”页面。

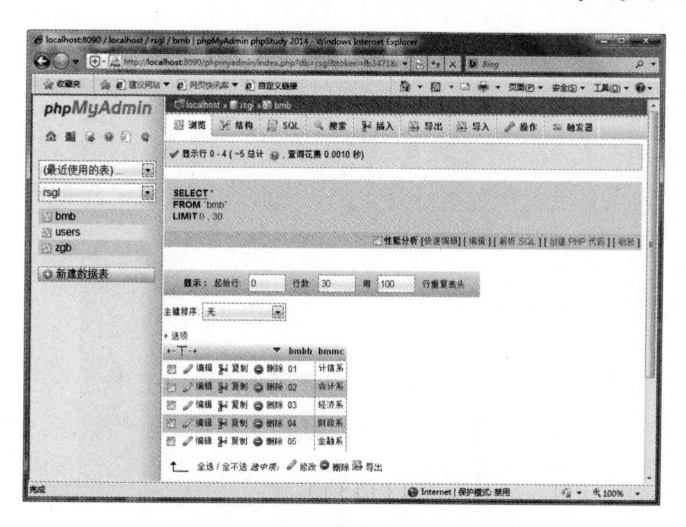

图 6-20　“表数据”页面(bmb 表)

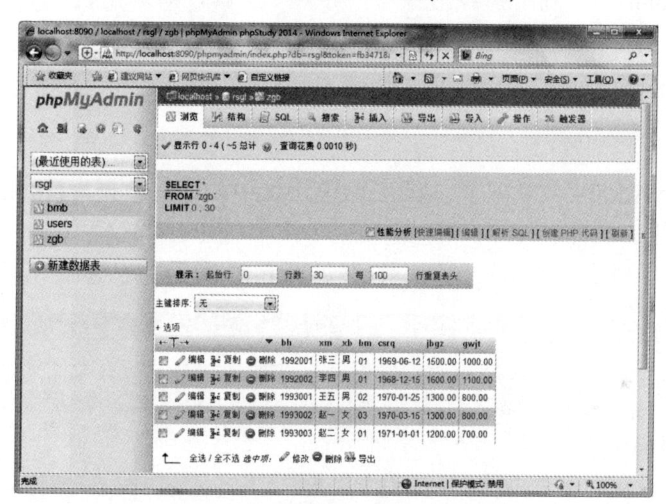

图 6-21　“表数据”页面(zgb 表)

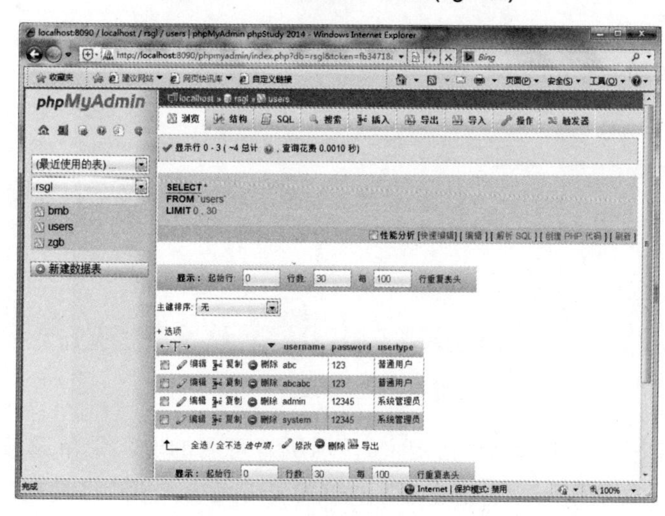

图 6-22　“表数据”页面(users 表)

在“表数据”页面中，可根据需要对当前表的数据进行维护，包括对已有的记录进行修改、删除不再需要的记录等。

提示：若要删除表中的所有记录，可在如图 6-13 所示的数据库页面的“数据库表”列表中单击相应表的“清空”链接，并在随之打开的“清空表”对话框中单击“确定”按钮。

6.1.4　数据库的备份与恢复

对于数据库管理员来说，数据库的备份是最重要的日常工作之一。执行数据库备份的目的是在数据库发生故障或受损时，能够尽快将其恢复到正常的状态。此外，通过数据库的备份与恢复，还可实现数据库的迁移，也就是将数据库从一台计算机迁移到另外一台计算机中。

在 phpMyAdmin 中，利用“导出”与“导入”工具，即可完成 MySQL 数据库的备份与恢复操作。

【实例 6-8】备份人事管理数据库 rsgl。

基本步骤：

(1) 在 phpMyAdmin 主管理页面的左侧单击选中相应的数据库(在此为 rsgl)，打开如图 6-13 所示的数据库页面。

(2) 在工具栏中单击“导出”按钮，打开如图 6-23 所示的“导出”页面。

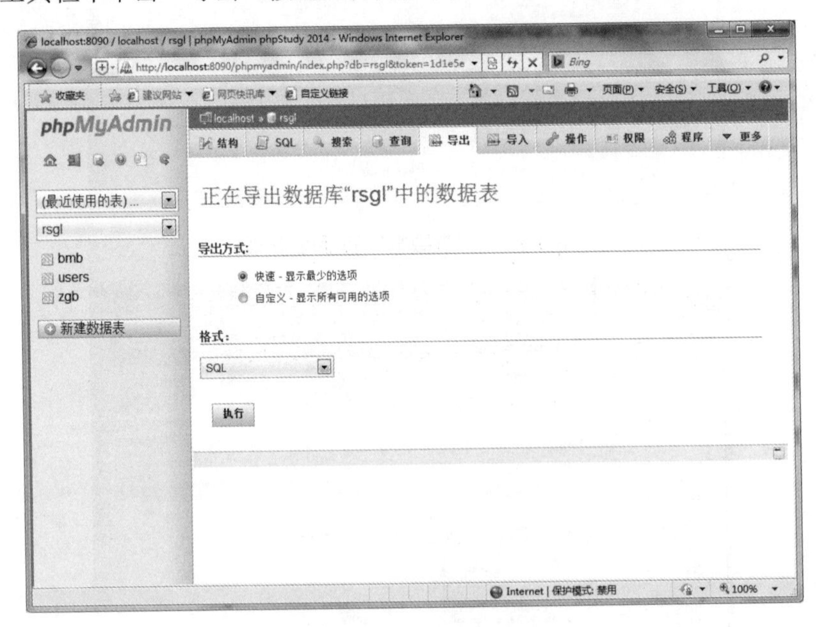

图 6-23　“导出”页面

(3) 在“导出方式”处选中“自定义-显示所有可用的选项”单选按钮，并在“数据表”列表框中选中所有的表，在“格式”下拉列表中选中“SQL”选项，同时根据需要设置好其他有关选项(通常只需保持默认设置即可)，如图 6-24 所示。

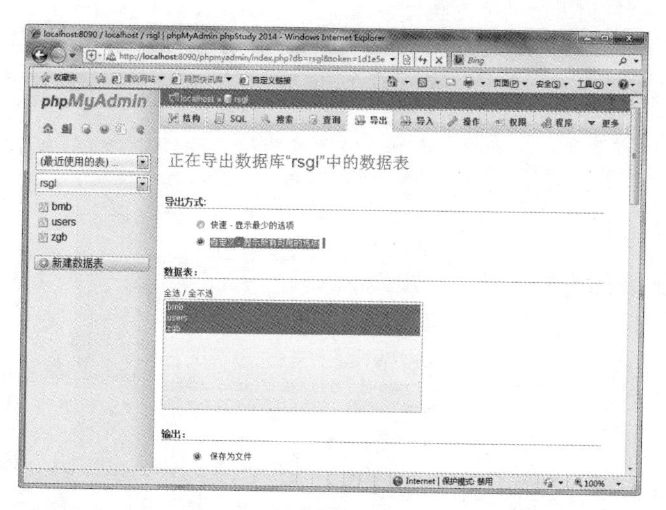

(a)

(b)

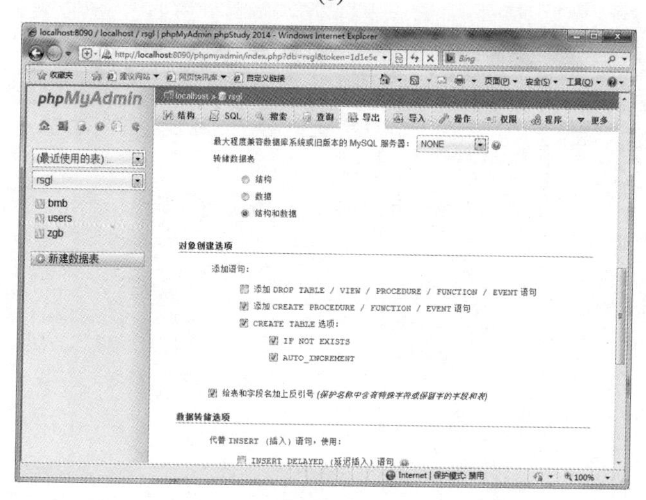

(c)

图 6-24　“导出”页面

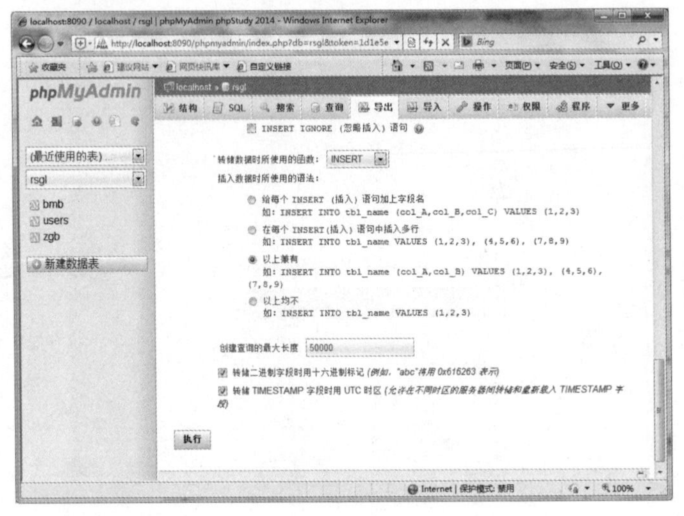

(d)

图 6-24 “导出”页面(续)

(4) 单击“执行”按钮，打开如图 6-25 所示的“文件下载”对话框。

(5) 单击“保存”按钮，并完成后续的有关操作，将数据库备份文件(在此为 rsgl.sql)保存至相应的地方(如系统桌面)。

图 6-25 “文件下载”对话框

【实例 6-9】恢复人事管理数据库 rsgl。

基本步骤：

(1) 在 phpMyAdmin 主管理页面的左侧单击选中相应的数据库(在此为 rsgl)，打开如图 6-26 所示的“新建数据表”页面。

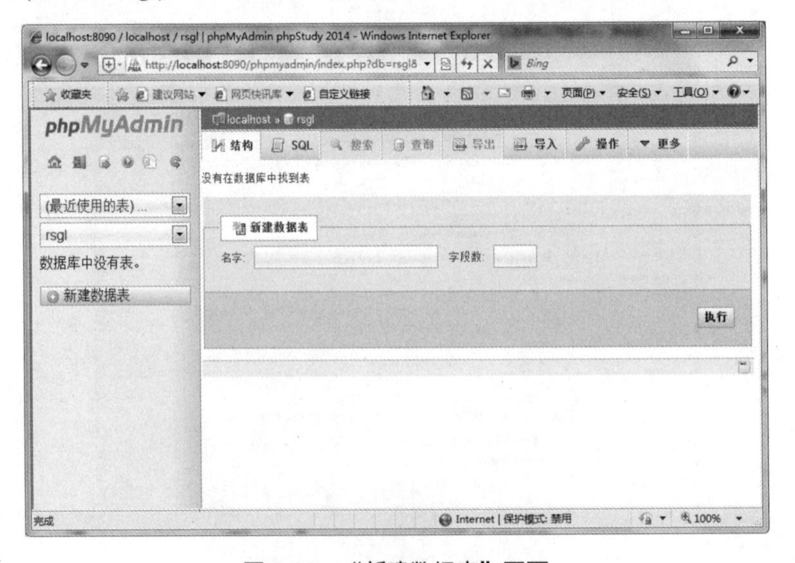

图 6-26 “新建数据表”页面

注意： 为验证数据库恢复的效果，应根据具体情况先删除或清空数据库中的有关表(在此已删除了所有的表)。

(2) 在工具栏中单击“导入”按钮，打开如图 6-27 所示的“导入”页面。

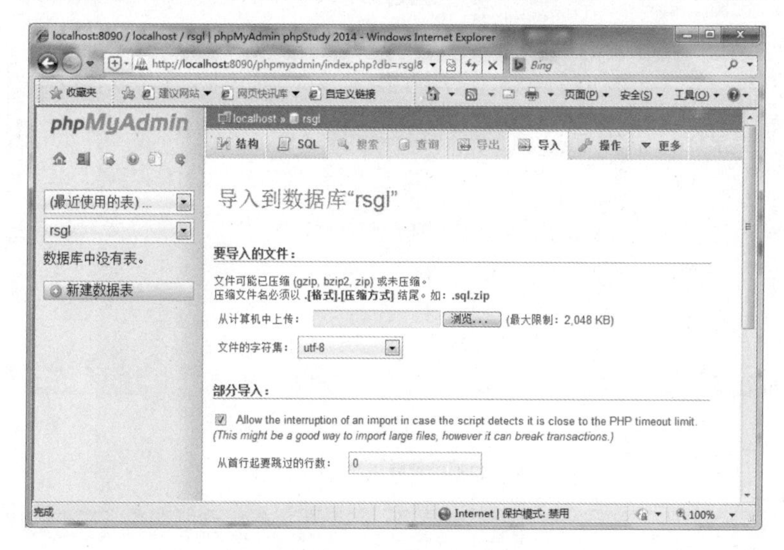

图 6-27　“导入”页面

(3) 在“从计算机中上传”处单击“浏览”按钮，并在随之打开的“选择要加载的文件”对话框中完成后续的有关操作，选定相应的数据库备份文件(在此为 rsgl.sql)，同时在“格式”下拉列表中选中“SQL”选项，并根据需要设置好其他有关选项(通常只需保持默认设置即可)，如图 6-28 所示。

(4) 单击“执行”按钮，即可完成数据库恢复操作，如图 6-29 所示。

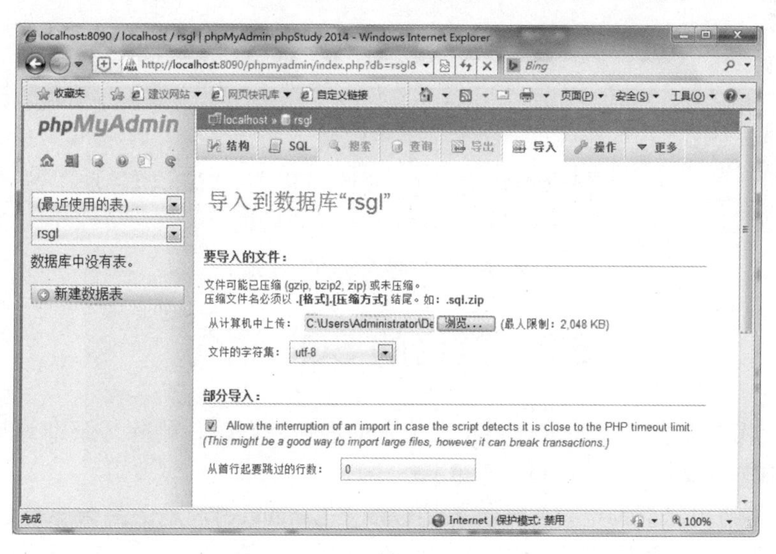

(a)

图 6-28　“导入”页面

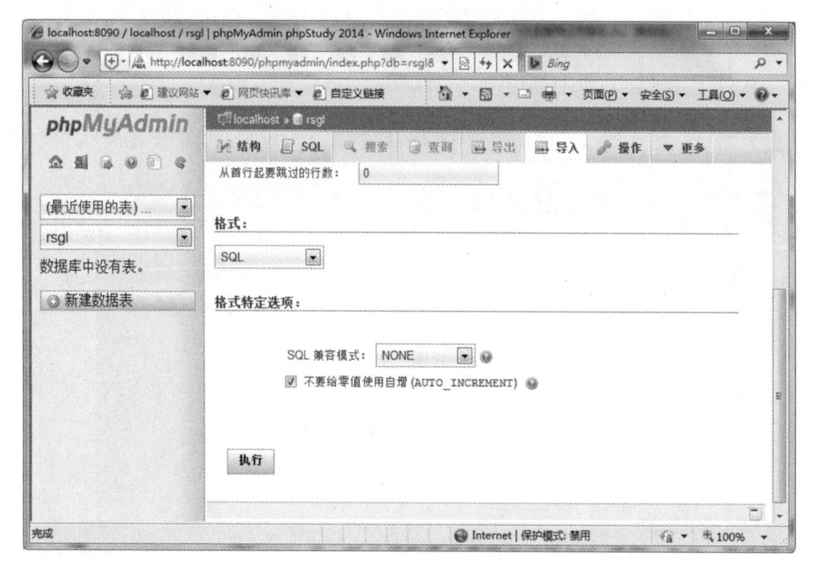

(b)

图 6-28　“导入”页面(续)

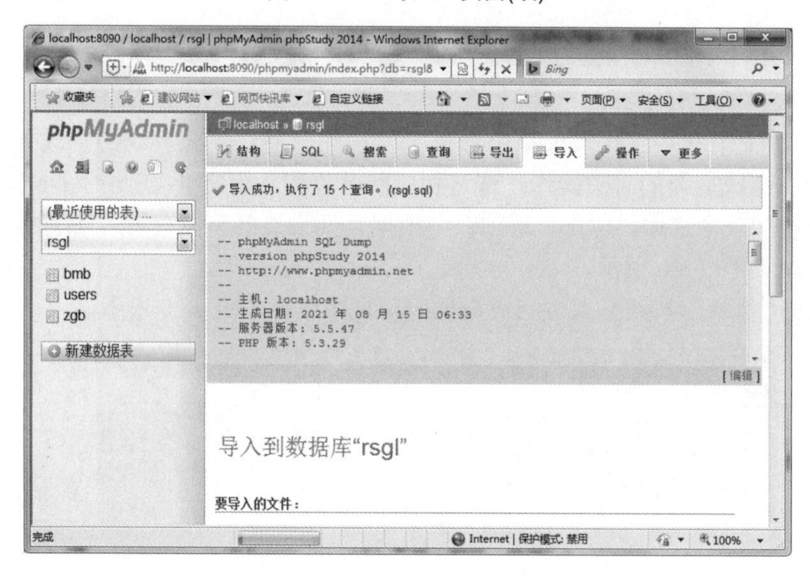

图 6-29　“导入成功”页面

6.2　常用的 SQL 语句

在各类应用的开发中，通常都要实现记录的增加、修改、删除与查询等基本功能。为此，就必须熟悉并掌握相应的 SQL 语句。

SQL 意为结构化查询语言(Structured Query Language)，是关系数据库的标准语言。SQL 不但易于使用，而且功能强大。在此，仅通过实例介绍几个与表数据维护密切相关的 SQL 语句，即插入(INSERT)语句、更新(UPDATE)语句、删除(DELETE)语句与查询(SELECT)语句。

6.2.1　SQL 语句的编写与执行

在 phpMyAdmin 中，可方便地编写并执行相应的 SQL 语句。

【实例 6-10】SQL 语句的编写与执行。

基本步骤：

(1) 在 phpMyAdmin 主管理页面的左侧单击选中相应的数据库(在此为 rsgl)，然后在右侧的工具栏中单击 SQL 按钮，打开相应的 SQL 页面，如图 6-30 所示。

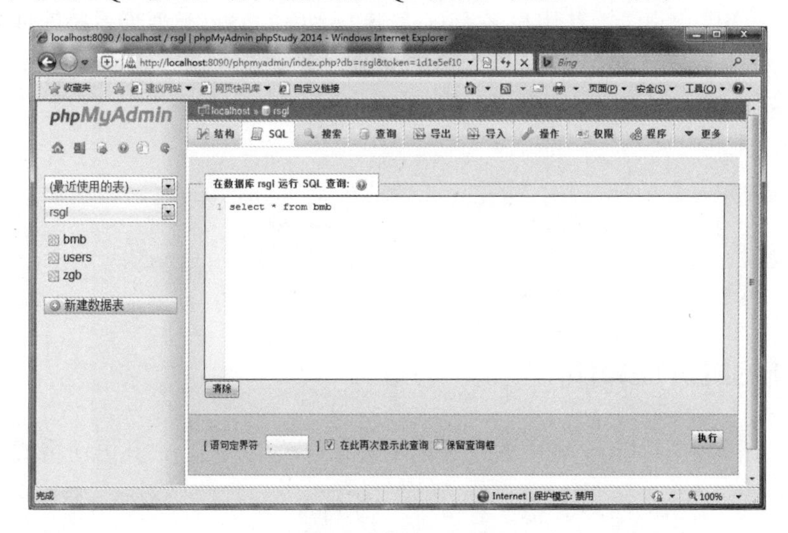

图 6-30　SQL 页面

(2) 在编辑框中输入相应的 SQL 语句(在此为“select * from bmb”)，然后单击 “执行”按钮，即可执行该语句并打开相应的结果页面，如图 6-31 所示。

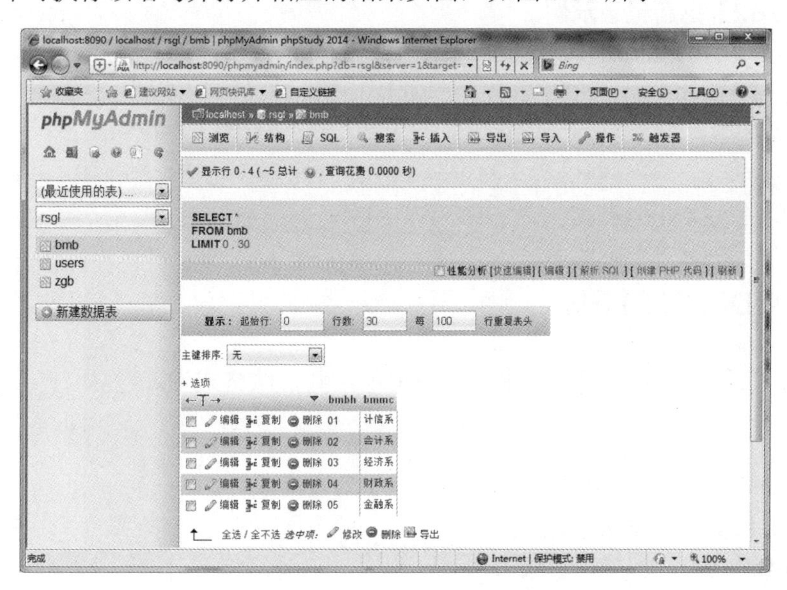

图 6-31　SQL 语句执行结果页面

6.2.2 插入(INSERT)语句

INSERT 语句用于向某个表中插入记录，其语法格式为：

```
INSERT [INTO] table_name [(column_list)] VALUES (value_list)
```

其中，table_name 为表名，column_list 为字段名列表(各字段名之间以逗号“,”分隔)，value_list 为字段值列表(各字段值之间以逗号“,”分隔)。

【实例 6-11】插入记录示例。

(1) 插入一个用户记录，其用户名为 sys，密码为 12345，类型为系统管理员。

(2) 插入一个职工记录，其编号为 1995001，姓名为赵三，性别为男，部门编号为 05，出生日期为 1971 年 10 月 1 日，基本工资为 1000 元。

SQL 语句如下：

```
insert into users (username,password,usertype) values ('sys','12345',
'系统管理员')
insert into zgb (bh,xm,xb,bm,csrq,jbgz) values ('1995001', '赵三', '男',
'05', '1971-10-1', 1000)
```

6.2.3 更新(UPDATE)语句

UPDATE 语句用于对某个表中的有关记录进行修改(或更新)，其语法格式为：

```
UPDATE table_name SET { column_name = expression | DEFAULT | NULL }[,…n]
[WHERE search_condition]
```

其中，table_name 为表名，column_name 为字段名，expression 为字段值表达式，search_condition 为查询条件。此外，DEFAULT 表示默认值，NULL 表示空值。

【实例 6-12】更新记录示例。

(1) 将编号为 1995001 的职工的岗位津贴设为 200 元。

(2) 将编号为 1995001 的职工的岗位津贴增加 100 元。

SQL 语句如下：

```
update zgb set gwjt=200 where bh='1995001'
update zgb set gwjt=gwjt+100 where bh='1995001'
```

6.2.4 删除(DELETE)语句

DELETE 语句用于删除某个表中的有关记录，其语法格式为：

```
DELETE FROM table_name [WHERE search_condition]
```

其中，table_name 为表名，search_condition 为查询条件。

【实例 6-13】删除记录示例。

(1) 删除编号为 00 的部门记录。

(2) 删除编号为 1995001 的职工记录。

SQL 语句如下：

```
delete from bmb where bmbh='00'
delete from zgb where bh='1995001'
```

6.2.5　查询(SELECT)语句

SELECT 语句用于查询(或检索)表中的记录或数据，并返回相应的结果集，其语法格式为：

```
SELECT [ALL|DISTINCT]
* | { column_name [AS column_alias] |function_name([...])} [,…n]
FROM { table_name [[AS] table_alias] } [,…n]
[WHERE search_condition]
[GROUP BY { column_name } [,…n] [HAVING filter_condition]]
[ORDER BY {column_name [ASC|DESC] } [,…n] ]
```

其中，“*”表示所有的字段。此外，column_name 为字段名，column_alias 为字段别名，function_name 为函数名，table_name 为表名，table_alias 为表别名，search_condition 为查询条件，filter_condition 为过滤条件。此外，ALL 表示包括所有的记录，DISTINCT 表示剔除重复的记录，ASC 表示升序，DESC 表示降序。

下面通过具体实例，简要介绍查询语句的各类用法。

1. 简单查询

简单查询是最基本的查询，仅针对某个表进行，而且不带任何条件。其基本格式为：

```
SELECT <字段名列表> FROM <表名>
```

必要时，可用“*”表示表中的所有字段，或用“DISTINCT”关键字去除结果集中的重复记录。

【实例 6-14】简单查询示例。

(1) 查询所有的职工。

(2) 查询所有职工的编号、姓名、性别与出生日期。

(3) 查询职工所在部门的编号。

SQL 语句如下：

```
select * from zgb
select bh,xm,xb,bm,csrq from zgb
select distinct bm from zgb
```

2. 条件查询

条件查询就是根据指定的条件进行查询。为此，需使用 WHERE 子句指定查询条件。其基本格式为：

```
SELECT <字段名列表> FROM <表名> WHERE<条件表达式>
```

条件查询可分为以下几种基本类型。

(1) 比较查询

比较查询的条件由比较运算符连接有关的表达式构成，可供使用的比较运算符包括=(等于)、>(大于)、<(小于)、>=(大于或等于)、<=(小于或等于)、!>(不大于)、!<(不小于)、<>(不等于)与!=(不等于)。例如：

```
jbgz>=1300
```

(2) 范围查询

范围查询的条件是一个指定的范围，通常用 BETWEEN…AND 来指定。其基本格式为：

```
<字段名> [NOT] BETWEEN <值1> AND <值2>
```

其中，NOT 用于表示不在指定的范围内。例如：

```
jbgz BETWEEN 1000 AND 1300
jbgz NOT BETWEEN 1000 AND 1300
```

在使用 BETWEEN…AND 指定范围时，第一个值必须小于第二个值。其实，BETWEEN…AND 是“大于等于第一个值，并且小于等于第二个值”的简写形式，因此所指定的范围是包括两端的值的。

(3) 列表查询

列表查询又称为集合查询，其条件是一个指定的列表或集合，需用 IN 来指定。其基本格式为：

```
<字段名> [NOT] IN (值列表)
```

其中，NOT 用于表示不在指定的列表或集合内。在值列表中，各个值之间以逗号“,”分隔。例如：

```
jbgz IN (1300,1500)
jbgz NOT IN (1300,1500)
```

(4) 模式查询

模式查询又称为模糊查询，其条件是一个指定的匹配模式，需用 LIKE 来指定。其基本格式为：

```
<字段名> [NOT] LIKE <匹配模式>
```

其中，NOT 用于表示不匹配指定的模式。例如：

```
xm LIKE '赵%'
xm NOT LIKE '赵%'
```

在指定匹配模式时，可供使用的通配符主要如下。

- %：表示任意字符串(包括空字符串)。
- _：表示任意一个字符。
- [ ]：表示指定范围内的任何单个字符(包括两端的字符)。例如，[A～F]表示 A 到 F 范围内的任意字符。

- [^]：表示指定范围之外的任何单个字符。例如，[^A～F]表示 A 到 F 范围外的任意字符。

(5) 空值查询

空值查询的条件是指定的字段值是否为空(NULL)，需用 IS 来指定。其基本格式为：

```
<字段名> IS [NOT] NULL
```

其中，NOT 用于表示非空。例如：

```
gwjt IS NULL
gwjt IS NOT NULL
```

(6) 组合查询

组合查询即多重条件查询，其条件有多个，需使用逻辑运算符进行连接。其中，可供使用的逻辑运算符包括 NOT(非)、AND(与)、OR(或)。例如：

```
jbgz >=1000 AND jbgz <=1300 AND xb='男'
```

【实例 6-15】条件查询示例。

(1) 查询基本工资不少于 1300 元的职工的编号、姓名与基本工资。

(2) 查询基本工资为 1000～1300 元的职工的编号、姓名与基本工资。

(3) 查询基本工资为 1300～1500 元的职工的编号、姓名与基本工资。

(4) 查询姓赵的职工的编号、姓名与基本工资。

(5) 查询岗位津贴为空的职工的编号、姓名与基本工资。

(6) 查询基本工资为 1000～1300 元的男职工的编号、姓名与基本工资。

SQL 语句如下：

```
select bh,xm,jbgz from zgb where jbgz>=1300
select bh,xm,jbgz from zgb where jbgz BETWEEN 1000 AND 1300
select bh,xm,jbgz from zgb where jbgz IN (1300,1500)
select bh,xm,jbgz from zgb where xm like '赵%'
select bh,xm,jbgz from zgb where gwjt is NULL
select bh,xm,jbgz from zgb where jbgz >=1000 and jbgz <=1300 and xb='男'
```

3. 聚合查询

聚合查询是指在查询中使用聚合函数进行统计或计算。常用的聚合函数如表 6-7 所示。

表 6-7　常用的聚合函数

聚合函数	说　明
COUNT()	计算记录的个数
SUM()	计算某个字段的总值
AVG()	计算某个字段的平均值
MAX()	求出某个字段的最大值
MIN()	求出某个字段的最小值

【实例 6-16】聚合查询示例。

(1) 查询姓赵的职工的人数。

(2) 查询职工基本工资的最大值、最小值、平均值与总和。

SQL 语句如下：

```
select count(*) from zgb where xm like '赵%'
select max(jbgz),min(jbgz),avg(jbgz),sum(jbgz) from zgb
```

4. 分组查询

分组查询需使用 GROUP BY 子句进行分组。对于分组查询的结果，还可以使用 HAVING 子句进行过滤。

【实例 6-17】分组查询示例。

(1) 查询各个部门的编号与人数。

(2) 查询至少有 2 名职工的部门的编号与人数。

SQL 语句如下：

```
select bm,count(*) from zgb group by bm
select bm,count(*) from zgb group by bm having count(*)>=2
```

提示： 在进行分组查询时，应注意以下几点。

(1) WHERE 子句必须放在 GROUP BY 子句之前。

(2) HAVING 子句中只能包含分组字段或聚合函数。

(3) SELECT 子句的选择列表只能包含分组字段或聚合函数。

(4) HAVING 子句必须放在 GROUP BY 子句之后。

5. 连接查询

连接查询是指同时涉及多个表的查询，其主要目的就是从多个表中获取所需要的数据。为实现连接查询，需要指定相应的连接条件，以便实现表间的连接操作。通常，可通过 FROM 子句指定要进行连接的表，然后通过 WHERE 子句指定所需要的连接条件。连接条件的一般格式为：

```
[<表名 1>.]<字段名 1> <比较运算符> [<表名 2>.]<字段名 2>
```

【实例 6-18】连接查询示例。

(1) 查询所有职工的编号、姓名与所在部门的名称。

(2) 查询计信系的职工的编号、姓名与基本工资。

SQL 语句如下：

```
select bh,xm,bmmc from zgb,bmb where zgb.bm=bmb.bmbh
select bh,xm,jbgz from zgb,bmb where zgb.bm=bmb.bmbh and bmmc= '计信系'
```

6. 结果排序

为对查询结果进行排序，需使用 ORDER BY 子句指定作为排序依据的字段及其排序方式。其中，升序用 ASC 指定，降序用 DESC 指定。未指定排序方式时，则默认为升序。

【实例 6-19】结果排序示例。

(1) 查询所有职工的编号、姓名与部门名称，并按部门名称的升序与职工编号的降序排列。

(2) 查询所有职工的编号、姓名与部门名称，并按部门名称的降序与职工编号的升序排列。

SQL 语句如下：

```
select bh,xm,bmmc from zgb,bmb where zgb.bm=bmb.bmbh order by bmmc,bh desc
select bh,xm,bmmc from zgb,bmb where zgb.bm=bmb.bmbh order by bmmc desc,bh
```

注意： ORDER BY 子句只能置于其他所有子句的后面。

本 章 小 结

本章简要介绍了 phpMyAdmin 的基本用法，并通过具体实例讲解了 MySQL 数据库管理的基本技术以及常用 SQL 语句的基本用法。通过本章的学习，应熟练掌握 MySQL 数据库管理的有关技术，熟悉常用 SQL 语句的相关用法，从而为基于 MySQL 数据库的各类 Web 应用系统的开发奠定良好的基础。

思 考 题

1. MySQL 的管理工具可分为哪几类？各类工具主要有哪些？
2. 在 phpMyAdmin 中，如何创建与删除数据库？
3. 在 phpMyAdmin 中，如何创建与删除表？
4. 在 phpMyAdmin 中，如何修改表的结构？
5. 在 phpMyAdmin 中，如何维护表的数据？
6. 在 phpMyAdmin 中，如何备份与恢复数据库？
7. 在 phpMyAdmin 中，如何编写并执行 SQL 语句？
8. INSERT 语句的作用是什么？请简述其基本用法。
9. UPDATE 语句的作用是什么？请简述其基本用法。
10. DELETE 语句的作用是什么？请简述其基本用法。
11. SELECT 语句的作用是什么？请简述其基本用法。
12. 进行模糊查询时，常用的通配符有哪些？
13. 在进行聚合查询时，常用的聚合函数有哪些？各有何作用？
14. 连接查询有何作用？如何实现？
15. 如何对查询结果进行排序？

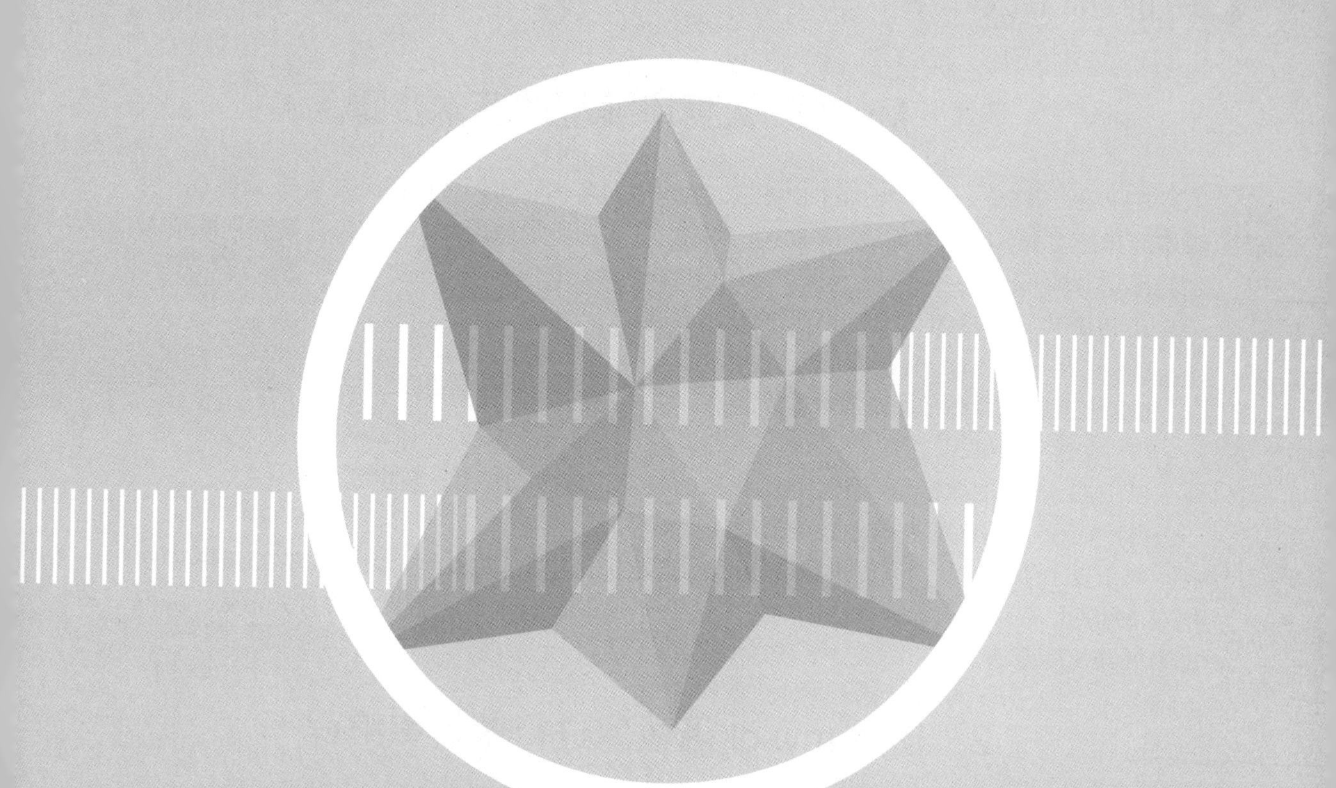

第 7 章

PHP 数据库访问技术

Web 应用系统与其他应用系统一样，通常也需要数据库的支持。因此，如何在 PHP 中实现对数据库的访问是至关重要的。对于 PHP 来说，最常用的数据库就是 MySQL。实际上，“Apachc+PHP+MySQL”早已成为 Web 应用开发中的首选模式之一。

本章要点：

MySQL 数据库编程的基本步骤；mysql 函数库的基本用法；mysqli 函数库的基本用法。

学习目标：

了解 MySQL 数据库编程的基本步骤；掌握使用 mysql 函数库进行数据库编程的有关技术；掌握使用 mysqli 函数库进行数据库编程的有关技术。

7.1 MySQL 数据库编程的基本步骤

在 PHP 程序中，为了实现对 MySQL 数据库的各种操作，可根据所安装的 MySQL 的版本选择使用 mysql 函数库或 mysqli 函数库。其实，不管使用哪个函数库，其编程的基本步骤都是一样的。

在 PHP 中，MySQL 数据库编程的基本步骤如下。

(1) 建立与 MySQL 数据库服务器的连接。

(2) 选择要对其进行操作的数据库。

(3) 设置字符集。

(4) 执行相应的数据库操作，包括记录的检索、增加、修改与删除等。

(5) 关闭与 MySQL 数据库服务器的连接。

对于以上所述的各个编程步骤，均可通过调用相应的函数实现。因此，要在 PHP 中实现对 MySQL 数据库的各种操作，就必须熟悉 mysql 或 mysqli 函数库中的有关函数，并熟练掌握其使用方法。

7.2 使用 mysql 函数库进行数据库编程

在 PHP 中，为使用 mysql 函数库访问 MySQL 数据库，应在 PHP 的配置文件 php.ini 中将“;extension=php_mysql.dll”修改为“extension=php_mysql.dll”(即删掉该选项前面的注释符号“;”以启用 mysql 数据库扩展)，然后再重新启动 Web 服务器(如 Apache 等)。

7.2.1 建立与数据库服务器的连接

在 PHP 中，为建立与 MySQL 数据库服务器的连接，可使用 mysql_connect()函数。其基本的语法格式为：

```
resource|bool mysql_connect([string $server[,string $username[,string
$password]]])
```

参数：$server(string 型，可选)用于指定 MySQL 数据库服务器的名称，其默认值为 localhost；$username(string 型，可选)用于指定用户名，其默认值为超级用户 root；$password(string 型，可选)用于指定密码，其默认值为空字符串。

返回值：resource 型或 bool 型。若执行成功，则返回一个 resource 型的连接标识号(link_identifier)，否则返回 bool 型的 FALSE。

在 PHP 程序中，通常要将 mysql_connect()函数返回的连接标识号保存在某个变量中，以备后用。实际上，在后续有关操作所调用的函数中，一般都要指定相应的连接标识号。

【实例 7-1】数据库服务器的连接实例。

基本步骤：

(1) 在 PHP 站点 LuWWW 中创建文件夹 07。

(2) 在文件夹 07 中创建 PHP 页面 connect.php。

(3) 编写页面 connect.php 的代码。

```
<?php
$link=mysql_connect("localhost","root","abc123!");
if (!$link)  //若连接失败，则显示相应信息并终止程序运行
{
    echo "连接失败！<br>";
    echo "错误编号：".mysql_errno()."<br>";
    echo "错误信息：".mysql_error()."<br>";
    die();
}
echo "连接成功！<br>";
?>
```

在该实例中，以超级用户 root(其密码已被修改为“abc123!”)连接本地主机中的 MySQL 数据库服务器。若连接成功，则显示“连接成功！”的信息，如图 7-1(a)所示。若连接失败，则显示相应的错误信息并终止程序的运行，如图 7-1(b)所示即为密码不正确时的运行结果。

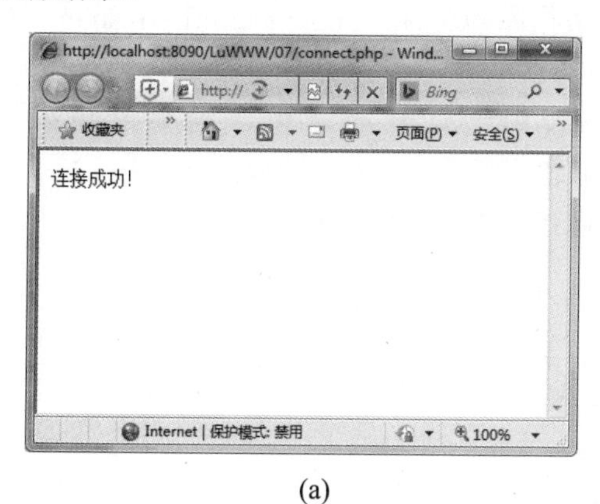

(a)

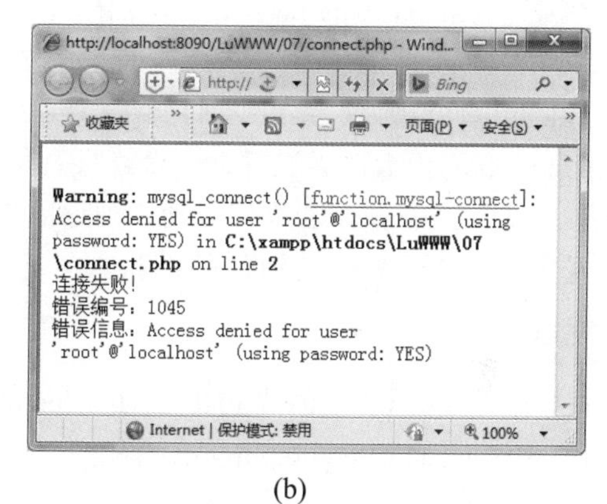

(b)

图 7-1　页面 connect.php 的运行结果

在 PHP 中，作为条件使用时，一切非 0 值均为 TRUE，而 0 值则为 FALSE。mysql_connect()函数执行成功后所返回的连接标识号其实就是一个非 0 值，相当于 TRUE。因此，若要判断是否已成功建立与 MySQL 数据库服务器的连接，只需判断 mysql_connect()函数的返回值的真假即可。如果连接失败，那么可进一步调用 mysql_errno()与 mysql_error()函数获取相应的错误编号与错误信息。

mysql_errno()与 mysql_error()函数的功能分别为获取上一个 MySQL 函数(但不包括这两个函数)执行后的错误编号与错误信息，若未出错则分别返回零(0)与空字符串("")。因此，使用 mysql_errno()或 mysql_error()函数也可判断 mysql_connect()函数或其他 MySQL 函数的执行情况(即成功或失败)。例如：

```
<?php
$link=mysql_connect("localhost","root","abc123!");
if (mysql_errno())  //若连接失败，则显示相应信息并终止程序运行
```

```
{
    echo "连接失败！<br>";
    echo "错误信息：".mysql_error()."<br>";
    die();
}
echo "连接成功！<br>";
?>
```

成功建立连接是执行其他数据库操作的前提条件，因此在执行 mysql_connect()函数后，应立即进行相应的判断，以确定当前连接是否已经成功建立。

7.2.2 选择数据库

一个数据库服务器往往会包含为数众多的数据库，因此在执行具体的数据库操作之前，应先选中相应的数据库。在 PHP 中，要选中某个 MySQL 数据库，可使用 mysql_select_db()函数。其语法格式为：

```
bool mysql_select_db(string $database_name[, resource $link_identifier])
```

参数：$database_name(string 型)用于指定数据库的名称；$link_identifier(resource 型，可选)为连接标识号，用于指定相应的与 MySQL 数据库服务器的连接。若未指定 $link_identifier，则使用最近打开的连接。若尚无打开的连接，则不带参数调用 mysql_connect()函数以尝试打开一个连接并使用之。

返回值：bool 型。若执行成功，则返回 TRUE，否则返回 FALSE。

【实例 7-2】数据库的选择实例。

基本步骤：

(1) 在文件夹 07 中创建 PHP 页面 selectdb.php。

(2) 编写页面 selectdb.php 的代码。

```
<?php
$link=mysql_connect("localhost","root","abc123!");
if (mysql_errno()){
    echo "数据库服务器连接失败！<br>";
    die();
}
mysql_select_db("mysql",$link);  //选择系统数据库 mysql
if (mysql_errno()){
    echo "数据库选择失败！<br>";
    die();
}
echo "数据库选择成功！<br>";
?>
```

该实例的运行结果如图 7-2 所示。

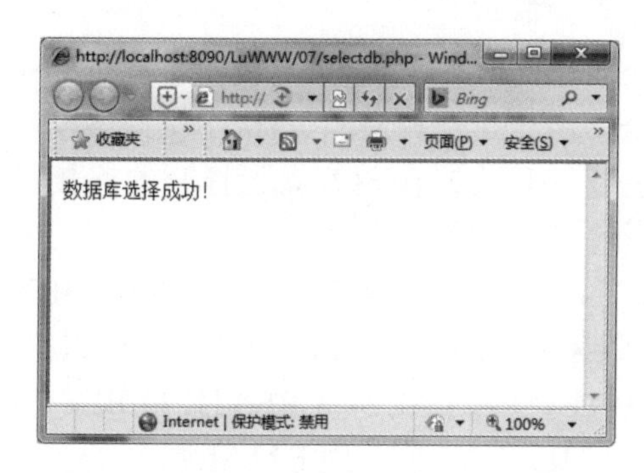

图 7-2　页面 selectdb.php 的运行结果

说明： 本实例的代码也可修改为以下更简洁的形式。

```
<?php
$link=mysql_connect("localhost","root","abc123!")
    or die("数据库服务器连接失败! <br>");
mysql_select_db("mysql",$link)
    or die("数据库选择失败! <br>");
echo "数据库选择成功! <br>";
?>
```

7.2.3　设置字符集

在对数据库执行具体的数据访问操作前，通常要先设置好相应的字符集(或字符编码)，以便在数据库与客户端之间正确地传输与处理字符。为此，可使用 mysql_set_charset()函数。其语法格式为：

```
bool mysql_set_charset(string $charset_name[, resource $link_identifier])
```

参数：$charset_name(string 型)为字符集名称，用于指定需要设置的字符集；$link_identifier(resource 型，可选)为连接标识号，用于指定相应的与 MySQL 数据库服务器的连接。若未指定$link_identifier，则使用最近打开的连接。若尚无打开的连接，则不带参数调用 mysql_connect()函数以尝试打开一个连接并使用之。

返回值：bool 型。若执行成功，则返回 TRUE，否则返回 FALSE。

例如，为将字符集设置为 utf-8，可执行以下语句：

```
mysql_set_charset('utf8', $link);
```

在此，变量$link 存放了此前调用 mysql_connect()函数时返回的连接标识号。

7.2.4　执行数据库操作

选中某个数据库后，即可对该数据库执行各种具体的操作，如记录的检索、增加、修改与删除，以及表的创建与删除等。其实，对数据库的各种操作，都是通过提交并执行相应的 SQL 语句来实现的。在 PHP 中，使用 mysql_query()函数即可提交并执行 SQL 语句。其语法格式为：

```
resource|bool mysql_query(string $query_statement[, resource $link_identifier])
```

参数：$query_statement(string 型)用于指定需要执行的 SQL 语句；$link_identifier (resource 型)为连接标识号，用于指定相应的与 MySQL 数据库服务器的连接。若未指定 $link_identifier，则使用最近打开的连接。若尚无打开的连接，则不带参数调用 mysql_connect()函数以尝试打开一个连接并使用之。

返回值：resource 型或 bool 型。对于 SELECT、SHOW、EXPLAIN、DESCRIBE 等检索类语句，若执行成功，则返回相应的 resource 型的结果标识符，否则返回 FALSE；对于 INSERT、DELETE、UPDATE、REPLACE、CREATE TABLE、DROP TABLE 等非检索类语句，若执行成功，则返回 TRUE，否则返回 FALSE。

下面将通过一些具体的实例来说明如何通过编程的方式实现有关的数据库操作。

1. 数据库的创建与删除

为创建数据库，只需执行相应的 CREATE DATABASE 语句即可。反之，为删除数据库，只需执行相应的 DROP DATABASE 语句即可。

【实例 7-3】数据库的创建与删除实例。

基本步骤：

(1) 在文件夹 07 中创建 PHP 页面 query_db.php。

(2) 编写页面 query_db.php 的代码。

```
<?php
$link=mysql_connect("localhost","root","abc123!")
    or die("数据库服务器连接失败！<br>");
echo "数据库服务器连接成功！<br>";
mysql_query("CREATE DATABASE test_db",$link)
    or die("数据库 test_db 创建失败！<br>");
echo "数据库 test_db 创建成功！<BR>";
mysql_select_db("test_db",$link)
    or die("数据库 test_db 选择失败！<br>");
echo "数据库 test_db 选择成功！<BR>";
mysql_query("DROP DATABASE test_db",$link)
    or die("数据库 test_db 删除失败！<br>");
echo "数据库 test_db 删除成功！<br>";
?>
```

该实例的运行结果如图 7-3 所示。

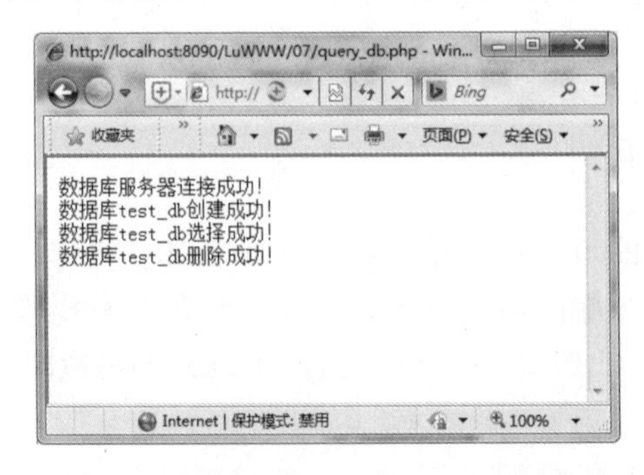

图 7-3 页面 query_db.php 的运行结果

2. 表的创建、修改与删除

为创建表，只需执行相应的 CREATE TABLE 语句即可。为修改表，只需执行相应的 ALTER TABLE 语句即可。为删除表，只需执行相应的 DROP TABLE 语句即可。

【实例 7-4】表的创建实例。

基本步骤：

(1) 在文件夹 07 中创建 PHP 页面 query_table_create.php。

(2) 编写页面 query_table_create.php 的代码。

```
<?php
$link=mysql_connect("localhost","root","abc123!")
    or die("数据库服务器连接失败！<br>");
mysql_select_db("mysql",$link)
    or die("数据库选择失败！<br>");
//创建表 test_table
$sql="CREATE TABLE test_table(xh CHAR(9) NOT NULL,";
$sql=$sql."xm VARCHAR(20) NOT NULL,xb CHAR(2) NOT NULL,";
$sql=$sql."PRIMARY KEY(xh))";
mysql_query($sql,$link)
    or die("表 test_table 创建失败！<br>");
echo "表 test_table 创建成功！<BR>";
?>
```

该实例的运行结果如图 7-4 所示。

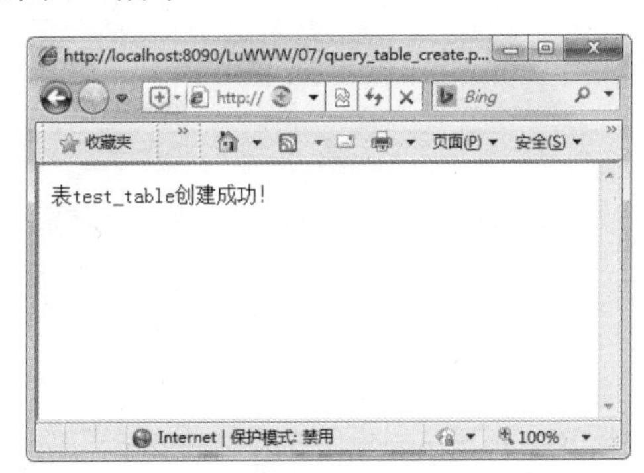

图 7-4　页面 query_table_create 的运行结果

【实例 7-5】表的修改实例。

基本步骤：

(1) 在文件夹 07 中创建 PHP 页面 query_table_alter.php。

(2) 编写页面 query_table_alter.php 的代码。

```
<?php
$link=mysql_connect("localhost","root","abc123!")
    or die("数据库服务器连接失败！<br>");
mysql_select_db("mysql",$link)
    or die("数据库选择失败！<br>");
```

```
//在表 test_table 中添加字段 bj
$sql="ALTER TABLE test_table ADD bj CHAR(3) NOT NULL";
mysql_query($sql,$link)
    or die("字段添加失败! <br>");
echo "字段添加成功! <br>";
//在表 test_table 中修改字段 bj
$sql="ALTER TABLE test_table CHANGE bj bj CHAR(5) NOT NULL";
mysql_query($sql,$link)
    or die("字段修改失败! <br>");
echo "字段修改成功! <br>";
//在表 test_table 中删除字段 bj
$sql="ALTER TABLE test_table DROP bj";
mysql_query($sql,$link)
    or die("字段删除失败! <br>");
echo "字段删除成功! <br>";
echo "表 test_table 修改成功! <br>";
?>
```

该实例的运行结果如图 7-5 所示。

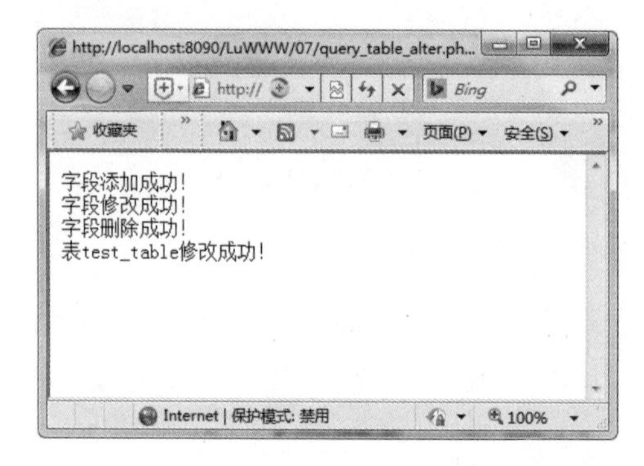

图 7-5　页面 query_table_alter 的运行结果

【实例 7-6】表的删除实例。

基本步骤：

(1) 在文件夹 07 中创建 PHP 页面 query_table_drop.php。

(2) 编写页面 query_table_drop.php 的代码。

```
<?php
$link=mysql_connect("localhost","root","abc123!")
    or die("数据库服务器连接失败! <br>");
mysql_select_db("mysql",$link)
    or die("数据库选择失败! <br>");
//删除表 test_table
$sql="DROP TABLE test_table";
mysql_query($sql,$link)
    or die("表 test_table 删除失败! <br>");
echo "表 test_table 删除成功! <br>";
?>
```

该实例的运行结果如图 7-6 所示。

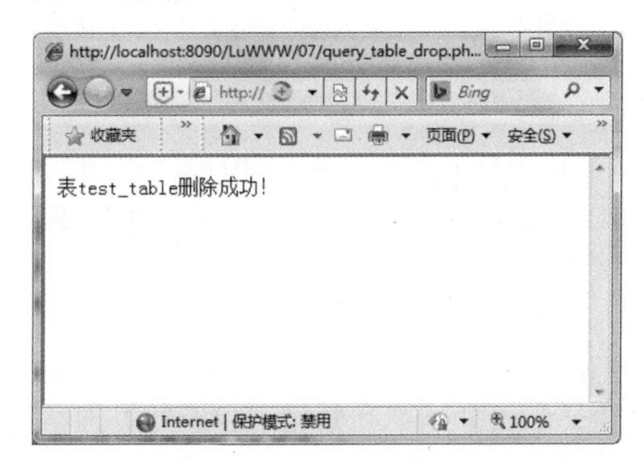

图 7-6　页面 query_table_drop.php 的运行结果

3. 记录的检索与处理

为检索表中的记录，只需执行相应的 SELECT 语句即可。为处理检索到的记录，只需利用 mysql_query()函数在执行 SELECT 语句后所返回的结果标识符，并调用相应的处理函数即可。

mysql_query()函数所返回的结果标识符，通常又称为结果集，代表了相应检索语句的检索结果。每个结果集都有一个记录指针，所指向的记录即为当前记录。在初始状态下，结果集的当前记录就是第一个记录。为灵活处理结果集中的有关记录，PHP 提供了一系列的处理函数，包括结果集中记录的读取、指针的定位以及记录集的释放等。

为读取结果集中的记录，可根据需要调用 mysql_fetch_array()、mysql_fetch_row()或 mysql_fetch_assoc()函数。其语法格式为：

```
array mysql_fetch_array(resource $result[, int $type])
array mysql_fetch_row(resource $result)
array mysql_fetch_assoc(resource $result)
```

参数：$result(resource 型)用于指定相应的结果集(或结果标识符)；$type(int 型，可选)用于指定函数返回值的形式，其有效取值为 PHP 常量 MYSQL_ASSOC、MYSQL_NUM 或 MYSQL_BOTH，默认值为 MYSQL_BOTH。

返回值：array 型。若成功(即读取到当前记录)，则返回一个由结果集当前记录所生成的数组(每个字段的值保存到相应的元素中)，并自动将记录指针指向下一个记录。若失败(即没有读取到记录)，则返回 FALSE。

在调用 mysql_fetch_array()函数时，若以 MYSQL_NUM 作为第二个参数，则其功能与 mysql_fetch_row()函数的功能是一样的，所返回的数组为数值索引数组，只能以相应的索引号(从 0 开始)作为元素的键名进行访问；若以 MYSQL_ASSOC 作为第二个参数，则其功能与 mysql_fetch_assoc()函数的功能是一样的，所返回的数组为关联数组，只能以相应的字段名(若指定了别名，则为相应的别名)作为元素的键名进行访问；若未指定第二个参数，或以 MYSQL_BOTH 作为第二个参数，则返回的数组为数值索引与关联数组，既能以索引号作为元素的键名进行访问，也能以字段名作为元素的键名进行访问。由此可见，mysql_fetch_array()函数完全包含了 mysql_fetch_row()与 mysql_fetch_assoc()函数的功能。因此，在实际编程中，mysql_fetch_array()函数是最为常用的。

结果集被处理完毕后，为及时释放其所占用的内存空间，可调用 mysql_free_result()函数。其语法格式为：

```
bool mysql_free_result(resource $result)
```

参数：result(resource 型)用于指定相应的结果集(或结果标识符)。

返回值：bool 型。若执行成功，则返回 TRUE，否则返回 FALSE。

实际上，在程序执行结束后，结果集所占用的内存空间会自动被释放。因此，在 PHP 程序中，通常无须调用 mysql_free_result()函数。

【实例 7-7】部门的精确查询。“部门查询”页面如图 7-7(a)所示。在其中输入部门的编号，再单击“确定”按钮，即可开始查询并显示相应的查询结果，如图 7-7(b)所示。

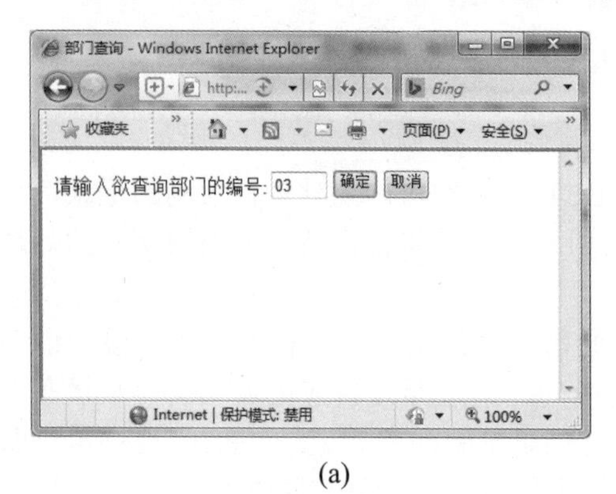

(a)

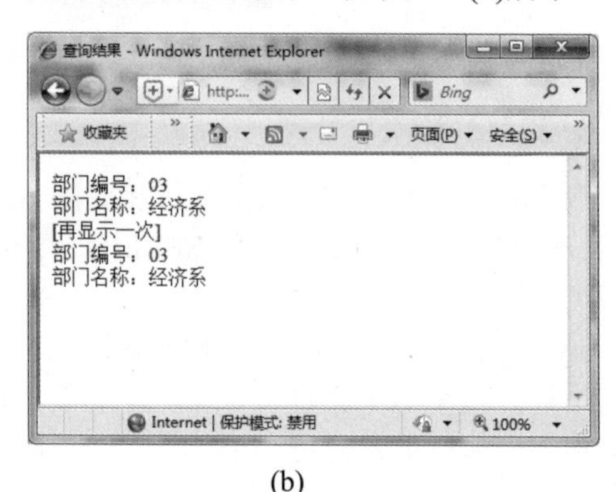

(b)

图 7-7　部门查询

基本步骤：

(1) 在文件夹 07 中创建 PHP 页面 bm_select1_form.php，并编写其代码。

```
<html>
<head>
<meta http-equiv="Content-Type" content="text/html; charset=utf-8" />
<title>部门查询</title>
</head>
<body>
<form action="bm_select1.php" method="get">
  请输入欲查询部门的编号：
  <input name="bmbh" type="text" id="bmbh" size="2" maxlength="2">
  <input name="submit" type="submit" value="确定">
  <input name="reset" type="reset" value="取消">
</form>
</body>
</html>
```

(2) 在文件夹 07 中创建 PHP 页面 bm_select1.php，并编写其代码。

```
<html>
<head>
<meta http-equiv="Content-Type" content="text/html; charset=utf-8" />
<title>查询结果</title>
```

```
</head>
<body>
<?php
$bmbh=trim($_GET['bmbh']);
if ($bmbh==""){
    echo "部门编号不能为空! ";
    die();
}
$link=mysql_connect("localhost","root","abc123!")
    or die("数据库服务器连接失败! <BR>");
mysql_select_db("rsgl",$link)
    or die("数据库选择失败! <BR>");
mysql_set_charset('utf8', $link);
$sql="select bmbh,bmmc from bmb where bmbh='$bmbh'";
$result=mysql_query($sql,$link);
$row = mysql_fetch_array($result);
if (!$row){
    echo "无此部门编号!";
    die();
}
$bmbh=$row['bmbh'];
$bmmc=$row['bmmc'];
echo "部门编号: ".$bmbh."<BR>";
echo "部门名称: ".$bmmc."<BR>";
echo "[再显示一次]<BR>";
$bmbh=$row[0];
$bmmc=$row[1];
echo "部门编号: ".$bmbh."<BR>";
echo "部门名称: ".$bmmc."<BR>";
mysql_free_result($result);
?>
</body>
</html>
```

说明： 在本页面中，设置字符集的“mysql_set_charset('utf8', $link);”语句也可修改为“mysql_query("set names 'utf8'", $link);”。

除了 mysql_fetch_array()、mysql_fetch_row()与 mysql_fetch_assoc()函数以外，要读取结果集中的记录，还可以使用 mysql_fetch_object()函数。其基本的语法格式为：

```
object mysql_fetch_object(resource $result)
```

参数：result(resource 型)用于指定相应的结果集(或结果标识符)。

返回值：object 型。若成功(即读取到当前记录)，则返回一个由结果集当前记录所生成的对象(每个字段的值保存到相应的属性中)，并自动将记录指针指向下一个记录。若失败(即没有读取到记录)，否则返回 FALSE。

在 mysql_fetch_object()函数所返回的对象中，各属性的名称即为相应的字段名。在访问对象的属性时，应使用运算符“->”。

【实例 7-8】部门的模糊查询。“部门查询”页面如图 7-8(a)所示。在其中输入部门的名称(只需部分输入即可)，再单击“确定”按钮，即可开始查询并显示相应的查询结果，如图 7-8(b)所示。

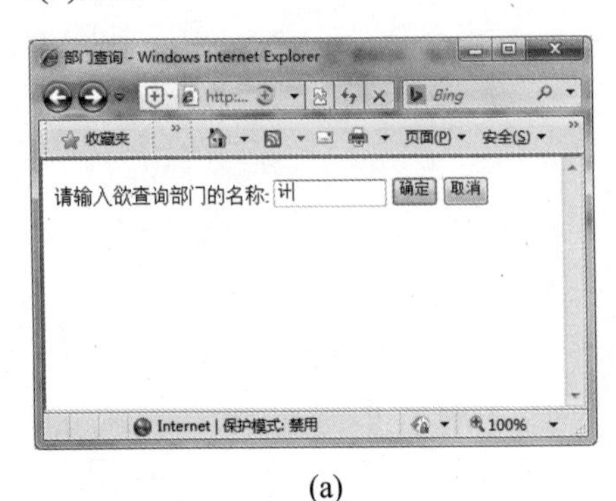

(a)

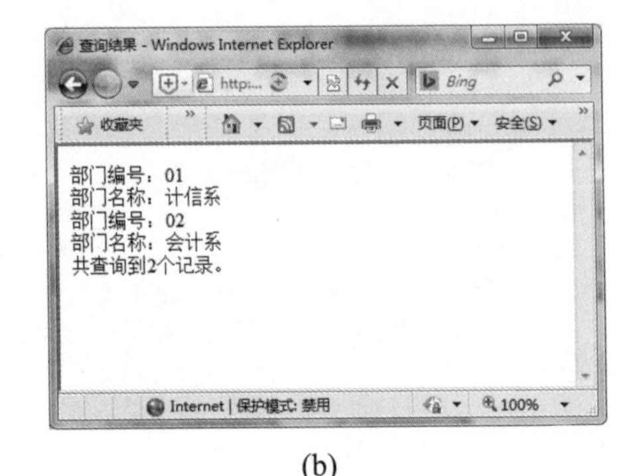

(b)

图 7-8　部门的模糊查询

基本步骤：

(1) 在文件夹 07 中创建 PHP 页面 bm_select2_form.php，并编写其代码。

```
<html>
<head>
<meta http-equiv="Content-Type" content="text/html; charset=utf-8" />
<title>部门查询</title>
</head>
<body>
<form action="bm_select2.php" method="get">
  请输入欲查询部门的名称：
  <input name="bmmc" type="text" id="bmmc" size="10" maxlength="20">
  <input name="submit" type="submit" value="确定">
  <input name="reset" type="reset" value="取消">
</form>
</body>
</html>
```

(2) 在文件夹 07 中创建 PHP 页面 bm_select2.php，并编写其代码。

```
<html>
<head>
<meta http-equiv="Content-Type" content="text/html; charset=utf-8" />
<title>查询结果</title>
</head>
<body>
<?php
$bmmc="%".trim($_GET['bmmc'])."%";
$link=mysql_connect("localhost","root","abc123!")
    or die("数据库服务器连接失败！<BR>");
mysql_select_db("rsgl",$link)
    or die("数据库选择失败！<BR>");
mysql_set_charset('utf8', $link);
$sql="select bmbh,bmmc from bmb";
$sql.=" where bmmc like '$bmmc'";
$sql.=" order by bmbh";
$result=mysql_query($sql,$link);
$rows=0;
```

```
while($row=mysql_fetch_object($result)){
    $rows=$rows+1;
    $bmbh=$row->bmbh;
    $bmmc=$row->bmmc;
    echo "部门编号：".$bmbh."<BR>";
    echo "部门名称：".$bmmc."<BR>";
}
if ($rows==0)
    echo "没有满足指定条件的记录！";
else
    echo "共查询到".$rows."个记录。";
mysql_free_result($result);
?>
</body>
</html>
```

有时候，需要获知结果集的记录数与字段数。为此，可使用 mysql_num_rows()与 mysql_num_fields()函数。其语法格式为：

```
int mysql_num_rows(resource $result)
int mysql_num_fields(resource $result)
```

参数：$result(resource 型)用于指定相应的结果集(或结果标识符)。

返回值：int 型。mysql_num_rows()函数返回结果集的记录数，mysql_num_fields()函数返回结果集的字段数。

必要时，还可在结果集内随意移动记录的指针，也就是将记录指针直接指向某个记录。为此，需使用 mysql_data_seek()函数。其语法格式为：

```
bool mysql_data_seek(resource $result, int $index)
```

参数：$result(resource 型)用于指定相应的结果集(或结果标识符)；$index(int 型)用于指定记录指针所要指向的记录的索引号(从 0 开始)。

返回值：bool 型。若执行成功，则返回 TRUE，否则返回 FALSE。

【实例 7-9】部门的查询(按序号进行检索)。“部门查询”页面如图 7-9(a)所示。在其中输入部门的序号，再单击“确定”按钮，即可开始查询并显示相应的查询结果，如图 7-9(b)所示。

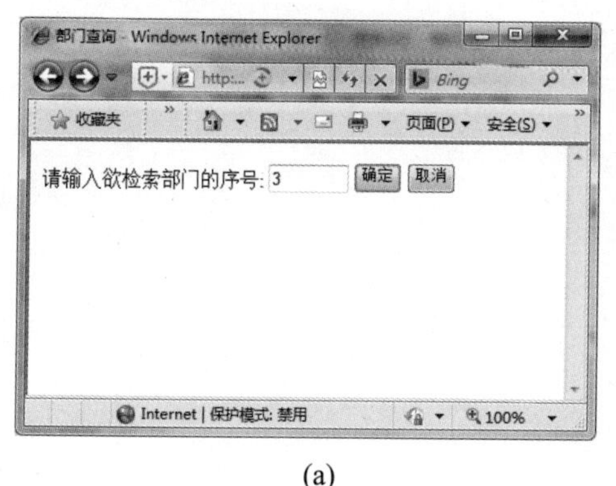

(a)

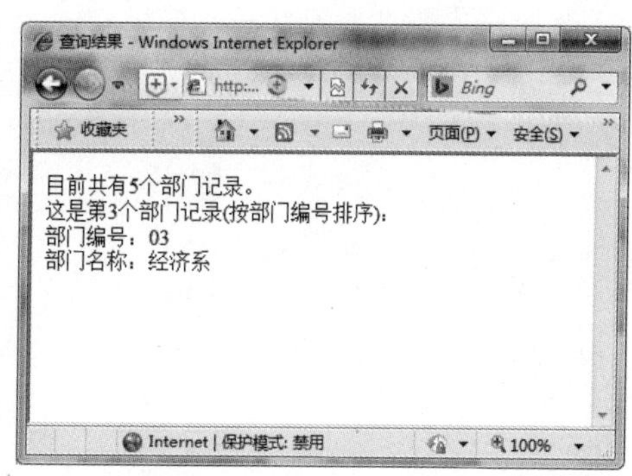

(b)

图 7-9　部门查询(按序号进行检索)

基本步骤：

(1) 在文件夹 07 中创建 PHP 页面 bm_select3_form.php，并编写其代码。

```
<html>
<head>
<meta http-equiv="Content-Type" content="text/html; charset=utf-8" />
<title>部门查询</title>
</head>
<body>
<form action="bm_select3.php" method="get">
  请输入欲检索部门的序号：
  <input name="bmxh" type="text" id="bmxh" size="5" maxlength="5">
  <input name="submit" type="submit" value="确定">
  <input name="reset" type="reset" value="取消">
</form>
</body>
</html>
```

(2) 在文件夹 07 中创建 PHP 页面 bm_select3.php，并编写其代码。

```
<html>
<head>
<meta http-equiv="Content-Type" content="text/html; charset=utf-8" />
<title>查询结果</title>
</head>
<body>
<?php
$link=mysql_connect("localhost","root","abc123!")
    or die("数据库服务器连接失败！<BR>");
mysql_select_db("rsgl",$link)
    or die("数据库选择失败！<BR>");
mysql_set_charset('utf8', $link);
$sql="select bmbh,bmmc from bmb";
$sql=$sql." order by bmbh";
$result=mysql_query($sql,$link);
$rows=mysql_num_rows($result);
if ($rows==0){
    echo "目前还没有部门记录！";
    die();
}
echo "目前共有".$rows."个部门记录。<BR>";
$bmxh=trim($_GET['bmxh']);
if ($bmxh<1)
    $bmxh=1;
if ($bmxh>$rows)
    $bmxh=$rows;
mysql_data_seek($result,$bmxh-1);
$row = mysql_fetch_array($result);
echo "这是第".$bmxh."个部门记录(按部门编号排序)：<BR>";
```

```
echo "部门编号：".$row['bmbh']."<BR>";
echo "部门名称：".$row['bmmc']."<BR>";
mysql_free_result($result);
?>
</body>
</html>
```

4. 记录的增加、修改与删除

为增加记录，只需执行相应的 INSERT 语句即可。为修改记录，只需执行相应的 UPDATE 语句即可。为删除记录，只需执行相应的 DELETE 语句即可。

【实例 7-10】部门的增加。“部门增加”页面如图 7-10(a)所示。在其中输入部门的编号与名称，再单击“确定”按钮，即可显示相应的增加结果，如图 7-10(b)所示。

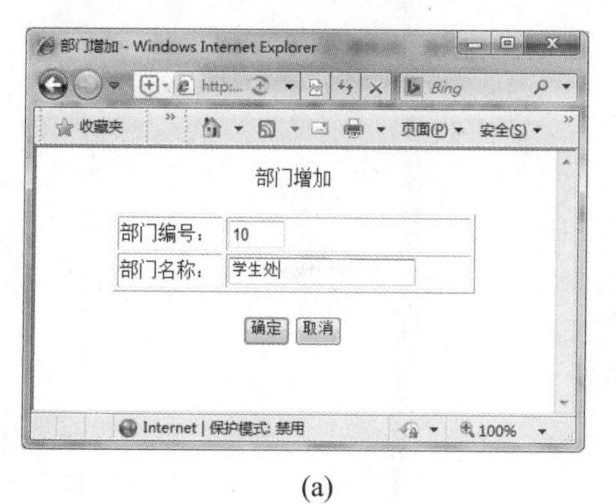

(a)

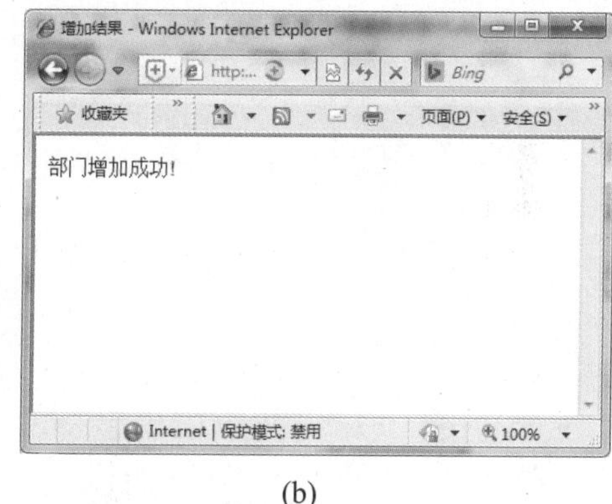

(b)

图 7-10　部门增加

基本步骤：

(1) 在文件夹 07 中创建 PHP 页面 bm_insert_form.php，并编写其代码。

```
<html>
<head>
<meta http-equiv="Content-Type" content="text/html; charset=utf-8" />
<title>部门增加</title>
</head>
<body>
<form action="bm_insert.php" method="post">
  <div align="center">部门增加</div> <br>
  <table width="300" border="1" align="center">
  <tr> <td width="85">部门编号：</td>
    <td><input name="bmbh" type="text" size="2" maxlength="2"></td>
  </tr>
  <tr> <td>部门名称：</td>
    <td><input name="bmmc" type="text" size="20" maxlength="20"></td>
  </tr>
  </table>
  <br>
```

```
  <div align="center">
    <input name="submit" type="submit" value="确定">
    <input name="reset" type="reset" value="取消">
  </div>
</form>
</body>
</html>
```

(2) 在文件夹 07 中创建 PHP 页面 bm_insert.php，并编写其代码。

```
<html>
<head>
<meta http-equiv="Content-Type" content="text/html; charset=utf-8" />
<title>增加结果</title>
</head>
<body>
<?php
$bmbh=trim($_POST['bmbh']);
$bmmc=trim($_POST['bmmc']);
if ($bmbh==""||$bmmc==""){
    echo "部门编号及其名称均不能为空！";
    die();
}
$link=mysql_connect("localhost","root","abc123!")
    or die("数据库服务器连接失败！<BR>");
mysql_select_db("rsgl",$link)
    or die("数据库选择失败！<BR>");
mysql_set_charset('utf8', $link);
$sql="select bmbh from bmb where bmbh='$bmbh'";
$result=mysql_query($sql,$link);
$row = mysql_fetch_array($result);
if ($row){
    echo "此部门编号已经存在!";
    die();
}
$sql="insert into bmb(bmbh,bmmc)";
$sql=$sql." values('$bmbh','$bmmc')";
if (mysql_query($sql,$link))
    echo "部门增加成功!";
else
    echo '部门增加失败!';
?>
</body>
</html>
```

【实例 7-11】部门的修改。“部门修改”页面如图 7-11(a)所示。在其中输入欲修改部门的编号，再单击“确定”按钮进行查找，即可将找到的部门记录显示在部门修改表单中，如图 7-11(b)所示；在部门修改表单中进行相应的编辑修改后，再单击“确定”按钮，即可显示相应的修改结果，如图 7-11(c)所示。

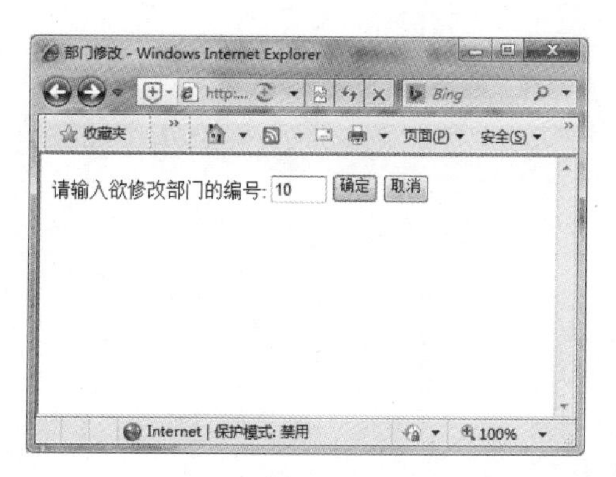

(a)

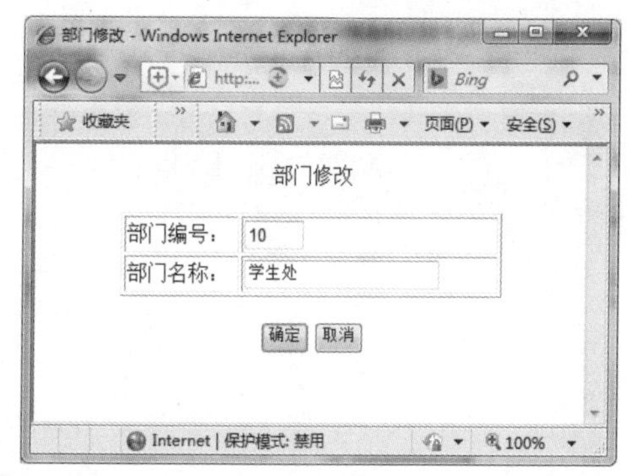

(b)

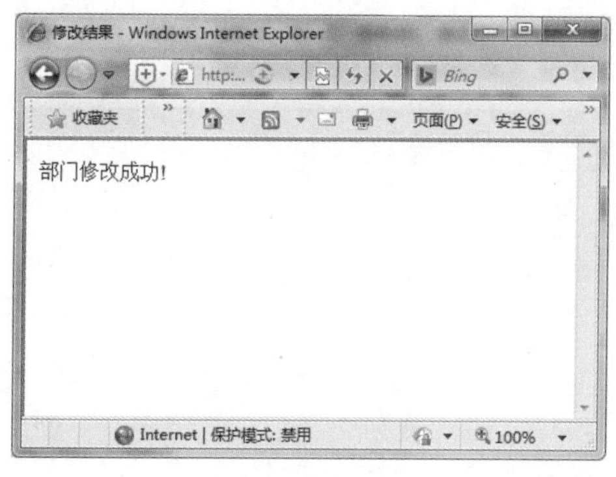

(c)

图 7-11　部门修改

基本步骤：

(1) 在文件夹 07 中创建 PHP 页面 bm_update_form.php，并编写其代码。

```
<html>
<head>
<meta http-equiv="Content-Type" content="text/html; charset=utf-8" />
<title>部门修改</title>
</head>
<body>
<form action="bm_update_edit.php" method="post">
  请输入欲修改部门的编号：
  <input name="bmbh" type="text" size="2" maxlength="2">
  <input name="submit" type="submit" value="确定">
  <input name="reset" type="reset" value="取消">
</form>
</body>
</html>
```

(2) 在文件夹 07 中创建 PHP 页面 bm_update_edit.php，并编写其代码。

```
<html>
<head>
<meta http-equiv="Content-Type" content="text/html; charset=utf-8" />
<title>部门修改</title>
```

```
</head>
<body>
<?php
$bmbh=trim($_POST['bmbh']);
if ($bmbh==""){
    echo "部门编号不能为空！";
    die();
}
$link=mysql_connect("localhost","root","abc123!")
    or die("数据库服务器连接失败！<BR>");
mysql_select_db("rsgl",$link)
    or die("数据库选择失败！<BR>");
mysql_set_charset('utf8', $link);
$sql="select bmbh,bmmc from bmb where bmbh='$bmbh'";
$result=mysql_query($sql,$link);
$row = mysql_fetch_array($result);
if (!$row){
    echo "无此部门编号!";
    die();
}
$bmbh=$row['bmbh'];
$bmmc=$row['bmmc'];
?>
<form action="bm_update.php" method="post">
  <div align="center">部门修改</div>  <br>
  <table width="300" border="1" align="center">
  <tr><td width="85">部门编号：</td>
    <td><input name="bmbh" type="text" value="<?php echo $bmbh; ?>" size=
"2" maxlength="2"></td>
  </tr>
  <tr>  <td>部门名称：</td>
    <td><input name="bmmc" type="text" value="<?php echo $bmmc; ?>" size=
"20" maxlength="20"></td>
  </tr>
  </table>
  <input name="bmbh0" type="hidden" value="<?php echo $bmbh; ?>">
  <br>
  <div align="center">
    <input name="submit" type="submit" value="确定">
    <input name="reset" type="reset" value="取消">
  </div>
</form>
</body>
</html>
```

(3) 在文件夹 07 中创建 PHP 页面 bm_update.php，并编写其代码。

```
<html>
<head>
<meta http-equiv="Content-Type" content="text/html; charset=utf-8" />
<title>修改结果</title>
```

```
</head>
<body>
<?php
$bmbh=trim($_POST['bmbh']);
$bmmc=trim($_POST['bmmc']);
$bmbh0=trim($_POST['bmbh0']);
if ($bmbh==""||$bmmc==""){
    echo "部门编号及其名称均不能为空！";
    die();
}
$link=mysql_connect("localhost","root","abc123!")
    or die("数据库服务器连接失败！<BR>");
mysql_select_db("rsgl",$link)
    or die("数据库选择失败！<BR>");
mysql_set_charset('utf8', $link);
if ($bmbh<>$bmbh0){
    $sql="select bmbh from bmb where bmbh='$bmbh'";
    $result=mysql_query($sql,$link);
    $row = mysql_fetch_array($result);
    if ($row){
        echo "此部门编号已经存在!";
        die();
    }
}
$sql="update bmb set bmbh='$bmbh',bmmc='$bmmc' ";
$sql=$sql." where bmbh='$bmbh0'";
if (mysql_query($sql,$link))
    echo "部门修改成功!";
else
    echo '部门修改失败!';
?>
</body>
</html>
```

【实例 7-12】部门的删除。“部门删除”页面如图 7-12(a)所示。在其中输入欲删除部门的编号，再单击“确定”按钮，即可显示相应的删除结果，如图 7-12(b)所示。

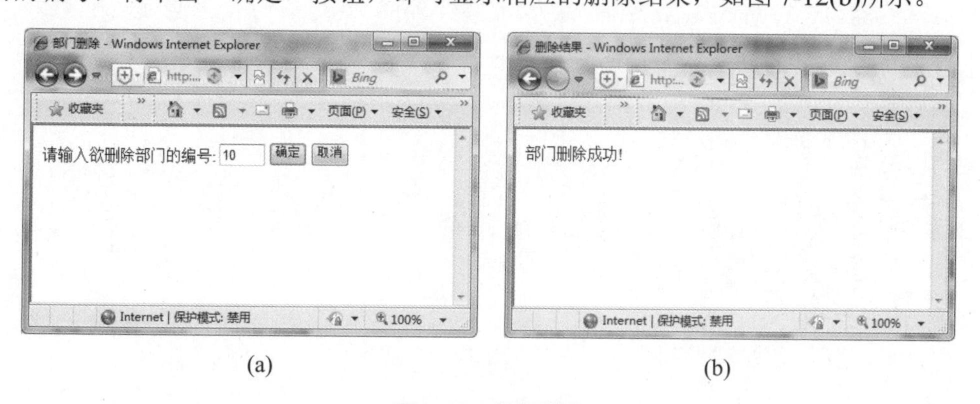

(a) (b)

图 7-12 部门删除

基本步骤：

(1) 在文件夹 07 中创建 PHP 页面 bm_delete_form.php，并编写其代码。

```
<html>
<head>
<meta http-equiv="Content-Type" content="text/html; charset=utf-8" />
<title>部门删除</title>
</head>
<body>
<form action="bm_delete.php" method="post">
  请输入欲删除部门的编号：
  <input name="bmbh" type="text" size="2" maxlength="2">
  <input name="submit" type="submit" value="确定">
  <input name="reset" type="reset" value="取消">
</form>
</body>
</html>
```

(2) 在文件夹 07 中创建 PHP 页面 bm_delete.php，并编写其代码。

```
<html>
<head>
<meta http-equiv="Content-Type" content="text/html; charset=utf-8" />
<title>删除结果</title>
</head>
<body>
<?php
$bmbh=trim($_POST['bmbh']);
if ($bmbh==""){
    echo "部门编号不能为空！";
    die();
}
$link=mysql_connect("localhost","root","abc123!")
    or die("数据库服务器连接失败！<BR>");
mysql_select_db("rsgl",$link)
    or die("数据库选择失败！<BR>");
mysql_set_charset('utf8', $link);
$sql="select bmbh,bmmc from bmb where bmbh='$bmbh'";
$result=mysql_query($sql,$link);
$row = mysql_fetch_array($result);
if (!$row){
    echo "无此部门编号!";
    die();
}
$sql="delete from bmb where bmbh='$bmbh'";
if (mysql_query($sql,$link))
    echo "部门删除成功!";
else
    echo '部门删除失败!';
?>
</body>
</html>
```

7.2.5　关闭与数据库服务器的连接

对数据库的操作执行完毕后，应及时关闭与数据库服务器的连接，以释放其所占用的系统资源。在 PHP 中，为关闭由 mysql_connect()函数所建立的与 MySQL 数据库服务器的连接，可使用 mysql_close()函数。其语法格式为：

```
bool mysql_close([resource $link_identifier])
```

参数：$link_identifier(resource 型，可选)为连接标识号，用于指定相应的与 MySQL 数据库服务器的连接。若未指定$link_identifier，则关闭最近打开的连接。

返回值：bool 型。若执行成功，则返回 TRUE，否则返回 FALSE。

【实例 7-13】关闭与数据库服务器的连接实例。

基本步骤：

(1) 在文件夹 07 中创建 PHP 页面 close.php。

(2) 编写页面 close.php 的代码。

```
<?php
$link=mysql_connect("localhost","root","abc123!")
    or die("无法建立与服务器的连接！");
echo "已成功建立与服务器的连接！<br>";
mysql_select_db("rsgl",$link)
    or die("无法选择 rsgl 数据库！<br>");
echo "已成功选择 rsgl 数据库！<BR>";
mysql_close($link)
    or die("无法关闭与服务器的连接！");
echo "已成功关闭与服务器的连接！<br>";
?>
```

该实例的运行结果如图 7-13 所示。

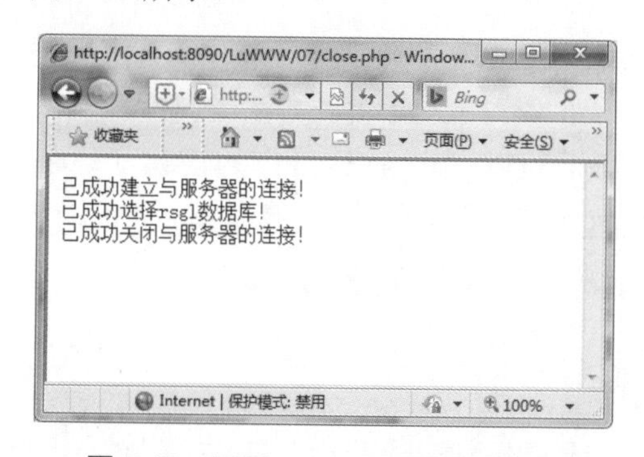

图 7-13　页面 close.php 的运行结果

由 mysql_connect()函数所建立的与 MySQL 数据库服务器的连接是一种非持久连接，可在程序执行后自动关闭。因此，在 PHP 程序中，通常无须调用 mysql_close()函数。此外，调用 mysql_close()函数不会关闭由 mysql_pconnect()函数所建立的持久连接。

7.3 使用 mysqli 函数库进行数据库编程

在 PHP 中，除了 mysql 函数库以外，还可以使用 mysqli 函数库访问 MySQL 数据库(MySQL 4.0 及以上版本)。需要注意的是，为使用 mysqli 函数库，应在 PHP 的配置文件 php.ini 中将“;extension=php_mysqli.dll”修改为“extension=php_mysqli.dll”(即删掉该选项前面的注释符号“;”以启用 mysqli 数据库扩展)，然后再重新启动 Web 服务器(如 Apache 等)。

mysqli 函数库的功能类似于 mysql 函数库，并有所增强，且支持两种使用方式——面向过程的使用方式与面向对象的使用方式。

若采用面向过程的方式，则 mysqli 函数库的用法与 mysql 函数库的用法是基本一致的，只是相应函数的名称有所不同罢了。在 mysql 函数库中，各函数的名称均以“mysql_”为前缀。而在 mysqli 函数库中，各函数的名称则以“mysqli_”为前缀。如以下示例：

```
$link=mysqli_connect("localhost","root","abc123!");  //建立连接
if (!$link) {
    echo "服务器连接失败！<BR>";
    echo "错误编号：".mysqli_connect_errno()."<BR>";
    echo "错误信息：".mysqli_connect_error()."<BR>";
    die();
}
…
mysqli_close($link);  //关闭连接
```

其中，mysqli_connect_errno()与 mysqli_connect_error()函数的功能分别为获取最后一次 mysqli_connect()函数调用的错误编号与错误信息，若未出错则分别返回零(0)与空值(NULL)。因此，使用这两个函数也可以判断 mysqli_connect()函数的执行情况(即成功或失败)。

若采用面向对象的方式，则 mysqli 函数库就相当于 mysqli 类与 result 类，而 mysqli 函数库中的函数就相当于 mysqli 类与 result 类的方法或属性。但作为 mysqli 类与 result 类中的方法与属性，其名称就无须以“mysqli_”作为前缀了。特别地，用于建立连接的 mysqli_connect()函数在 mysqli 类中已成为构造函数__construct()。如以下示例：

```
$link=new mysqli("localhost","root","abc123!");  //建立连接
if (mysqli_connect_errno()) {
echo "服务器连接失败！<BR>";
    echo "错误编号：".mysqli_connect_errno()."<BR>";
    echo "错误信息：".mysqli_connect_error()."<BR>";
    die();
}
…
$link->close();  //关闭连接
```

关于 mysqli 函数库的具体用法，请参阅 PHP 的参考手册，在此不再详述。下面仅通

过两个典型的实例，分别说明 mysqli 函数库的面向过程使用方法与面向对象使用方法，请注意对比掌握。

【实例 7-14】按姓名查询职工(以面向过程方式使用 mysqli 函数库)。如图 7-14 所示，先在职工查询表单中输入欲查询职工的姓名(只需部分输入即可)，再单击“确定”按钮，即可以分页的形式显示相应的查询结果。在查询结果中，若单击“详情”链接，即可打开相应的窗口显示职工的详细信息；若单击“修改”或“删除”链接，则可实现相应职工的修改或删除操作(在此暂不实现这两项功能)。

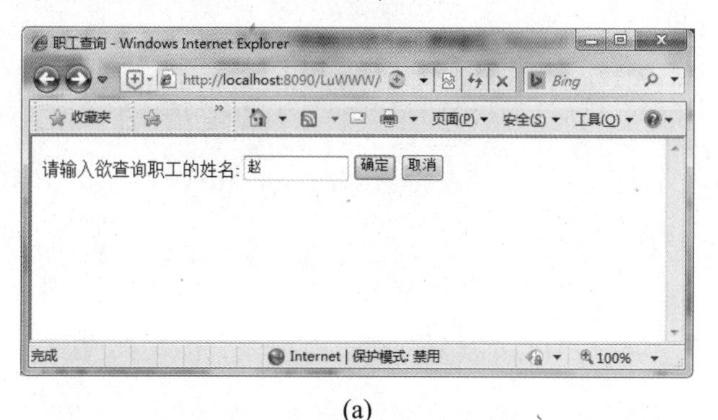

(a)

职工查询 - Windows Internet Explorer

http://localhost:8090/LuWWW/

职工表

编号	姓名	性别	部门	出生日期	操作
1993002	赵一	女	经济系	1970-03-15	详情 修改 删除
1993003	赵二	女	计信系	1971-01-01	详情 修改 删除

[第1页/共2页] 下一页 尾页 [共找到3个记录]

Internet | 保护模式: 禁用　100%

(b)

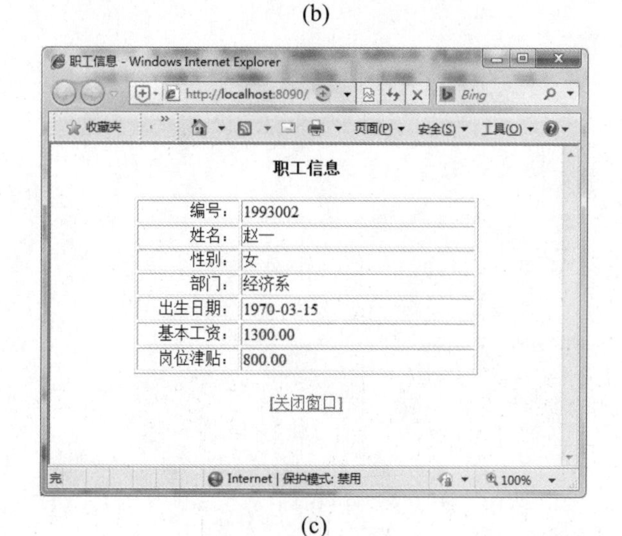

(c)

图 7-14　职工查询

基本步骤：

(1) 在文件夹 07 中创建 PHP 页面 zg_select1_form.php，并编写其代码。

```
<html>
<head>
<meta http-equiv="Content-Type" content="text/html; charset=utf-8" />
<title>职工查询</title>
</head>
<body>
<form action="zg_select1.php" method="get">
  请输入欲查询职工的姓名：
  <input name="xm" type="text" id="xm" size="10" maxlength="10">
  <input name="submit" type="submit" value="确定">
  <input name="reset" type="reset" value="取消">
</form>
</body>
</html>
```

(2) 在文件夹 07 中创建 PHP 页面 zg_select1.php，并编写其代码。

```
<html>
<head>
<meta http-equiv="Content-Type" content="text/html; charset=utf-8" />
<title>职工查询</title>
</head>
<body>
<?php
$xm=trim($_GET['xm']);
$pageno=@trim($_GET['pageno']);
if ($xm==""){
    echo "请输入欲查询职工的姓名！";
    die();
}
$xm0="%".$xm."%";
$link=mysqli_connect("localhost","root","abc123!")
    or die("数据库服务器连接失败！<BR>");
mysqli_select_db($link,"rsgl")
    or die("数据库选择失败！<BR>");
mysqli_set_charset($link,'utf8');
$sql="select bh,xm,xb,bmb.bmmc as bmmc,csrq from zgb,bmb";
$sql.=" where zgb.bm=bmb.bmbh and xm like '$xm0' order by bh";
$result=mysqli_query($link,$sql);
$rows=mysqli_num_rows($result);  //总记录数
if ($rows==0){
    echo "没有满足条件的记录！";
    die();
}
$pagesize=2;  //每页的记录数(在此暂设为 2，通常应设为 10)
$pagecount=ceil($rows/$pagesize);  //总页数
//$pageno 的值为当前页的页号
if (!isset($pageno)||$pageno<1)
```

```
    $pageno=1;
if ($pageno>$pagecount)
    $pageno=$pagecount;
$offset=($pageno-1)*$pagesize;
mysqli_data_seek($result,$offset);
?>
<div align="center"><strong>职工表</strong> </div>
<table width="90%" border="1" align="center">
  <tr>
    <td><div align="center">编号</div></td>
    <td><div align="center">姓名</div></td>
    <td><div align="center">性别</div></td>
    <td><div align="center">部门</div></td>
    <td><div align="center">出生日期</div></td>
    <td><div align="center">操作</div></td>
  </tr>
<?php
$i=0;
while($row=mysqli_fetch_array($result)){
?>
  <tr>
    <td><div align="center"><?php echo $row['bh']; ?></div></td>
    <td><div align="center"><?php echo $row['xm']; ?></div></td>
    <td><div align="center"><?php echo $row['xb']; ?></div></td>
    <td><div align="center"><?php echo $row['bmmc']; ?></div></td>
    <td><div align="center"><?php echo empty($row['csrq'])?" ":
date('Y-m-d',strtotime($row['csrq'])); ?></div></td>
    <td><div align="center">
     <a href="zg_detail1.php?bh=<?php echo $row['bh']; ?>"
target="_blank">详情</a>
     <a href="zg_update1.php?bh=<?php echo $row['bh']; ?>"
target="_blank">修改</a>
     <a href="zg_delete1.php?bh=<?php echo $row['bh']; ?>"
target="_blank">删除</a>
    </div></td>
  </tr>
<?php
$i=$i+1;
if ($i==$pagesize)
    break;
}
mysqli_free_result($result);
mysqli_close($link);
?>
</table>
<div align="center">
[第<?php echo $pageno; ?>页/共<?php echo $pagecount; ?>页]
<?php
$href=$_SERVER['PHP_SELF']."?xm=".urlencode($xm);
if ($pageno<>1){
?>
```

```
    <a href="<?php echo $href; ?>&pageno=1">首页</a>
    <a href="<?php echo $href; ?>&pageno=<?php echo $pageno-1; ?>">上一页</a>
<?php
}
if ($pageno<>$pagecount){
?>
    <a href="<?php echo $href; ?>&pageno=<?php echo $pageno+1; ?>">下一页</a>
    <a href="<?php echo $href; ?>&pageno=<?php echo $pagecount; ?>">尾页</a>
<?php
}
?>
[共找到<?php echo $rows; ?>个记录]
</div>
</body>
</html>
```

说明： 在本页面中，设置字符集的“mysqli_set_charset($link,'utf8');”语句也可修改为“mysqli_query($link,"set names 'utf8'");”。

(3) 在文件夹 07 中创建 PHP 页面 zg_detail1.php，并编写其代码。

```
<html>
<head>
<meta http-equiv="Content-Type" content="text/html; charset=utf-8" />
<title>职工信息</title>
</head>
<body>
<?php
$bh=trim($_GET['bh']);
$link=mysqli_connect("localhost","root","abc123!")
    or die("数据库服务器连接失败！<BR>");
mysqli_select_db($link,"rsgl")
    or die("数据库选择失败！<BR>");
mysqli_set_charset($link,'utf8');
$sql="select bh,xm,xb,bmb.bmmc as bmmc,csrq,jbgz,gwjt from zgb,bmb";
$sql.=" where zgb.bm=bmb.bmbh and bh='$bh'";
$result=mysqli_query($link,$sql);
$row=mysqli_fetch_array($result);
?>
<div align="center"><strong>职工信息</strong> </div>
<br>
<table width="350" border="1" align="center">
  <tr>
    <td width="100"><div align="right">编号：</div></td>
    <td><div align="left"><?php echo $row['bh']; ?> </div></td>
  </tr>
  <tr>
    <td><div align="right">姓名：</div></td>
    <td><div align="left"><?php echo $row['xm']; ?> </div></td>
  </tr>
  <tr>
    <td><div align="right">性别：</div></td>
```

```
    <td><div align="left"><?php echo $row['xb']; ?> </div></td>
  </tr>
  <tr>
    <td><div align="right">部门：</div></td>
    <td><div align="left"><?php echo $row['bmmc']; ?> </div></td>
  </tr>
  <tr>
    <td><div align="right">出生日期：</div></td>
    <td><div align="left"><?php echo empty($row['csrq'])?" ":
date('Y-m-d',strtotime($row['csrq'])); ?> </div></td>
  </tr>
  <tr>
    <td><div align="right">基本工资：</div></td>
    <td><div align="left"><?php echo $row['jbgz']; ?> </div></td>
  </tr>
  <tr>
    <td><div align="right">岗位津贴：</div></td>
    <td><div align="left"><?php echo $row['gwjt']; ?> </div></td>
  </tr>
</table>
<?php
mysqli_free_result($result);
mysqli_close($link);
?>
<br>
<div align="center">
<a href="javascript:window.close()">[关闭窗口]</a></div>
</body>
</html>
```

【实例 7-15】按部门查询职工(以面向对象方式使用 mysqli 函数库)。如图 7-15 所示，先在职工查询表单中选择欲查询职工所在的部门，再单击“确定”按钮，即可以分页的形式显示相应的查询结果。在查询结果中，若单击“详情”链接，即可打开相应的窗口显示职工的详细信息；若单击“修改”或“删除”链接，则可实现相应职工的修改或删除操作(在此暂不实现这两项功能)。

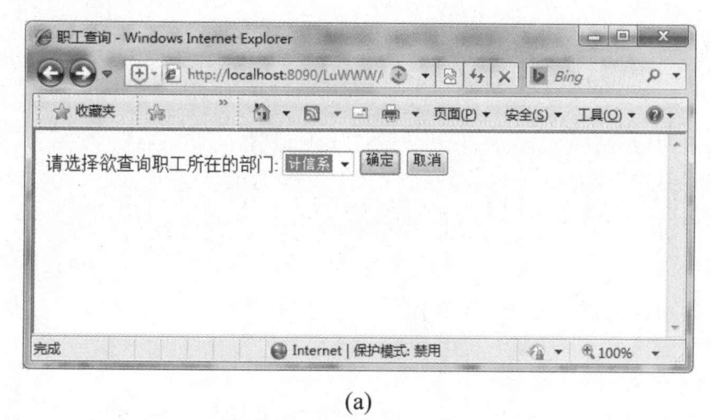

(a)

图 7-15　职工查询

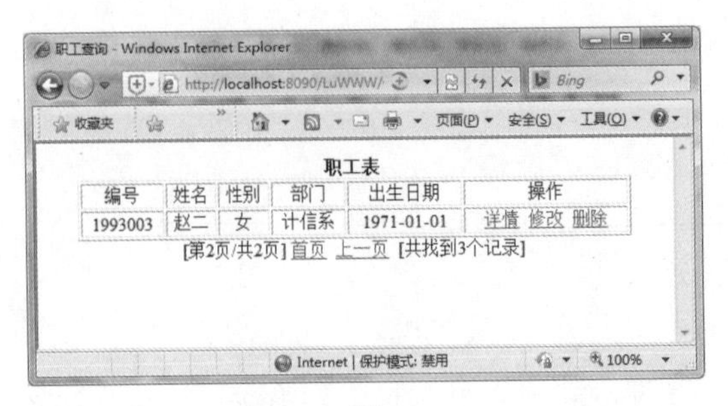

(b)

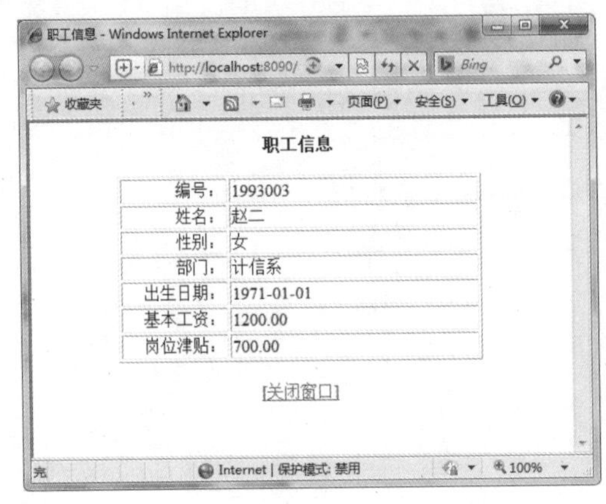

(c)

图 7-15　职工查询(续)

基本步骤：

(1) 在文件夹 07 中创建 PHP 页面 zg_select2_form.php，并编写其代码。

```
<html>
<head>
<meta http-equiv="Content-Type" content="text/html; charset=utf-8" />
<title>职工查询</title>
</head>
<body>
<form action="zg_select2.php" method="get">
  请选择欲查询职工所在的部门:
  <select name="bmbh" size="1">
<?php
  $link=new mysqli("localhost","root","abc123!");
  if (mysqli_connect_errno()){
    echo "数据库服务器连接失败！<BR>";
    die();
  }
  $link->select_db("rsgl")
     or die("数据库选择失败！<BR>");
  $link->set_charset('utf8');
  $sql="select bmbh,bmmc from bmb order by bmbh";
  $result=$link->query($sql);
  while($row=$result->fetch_object()){
```

```
?>
  <option value="<?php echo $row->bmbh; ?>"><?php echo $row->bmmc; ?></option>
<?php
  }
  $result->free();
  $link->close();
?>
  </select>
  <input name="submit" type="submit" value="确定">
  <input name="reset" type="reset" value="取消">
</form>
</body>
</html>
```

说明： 在本页面中，设置字符集的“$link->set_charset('utf8');”语句也可修改为“$link->query("set names 'utf8'");”。

(2) 在文件夹 07 中创建 PHP 页面 zg_select2.php，并编写其代码。

```
<html>
<head>
<meta http-equiv="Content-Type" content="text/html; charset=utf-8" />
<title>职工查询</title>
</head>
<body>
<?php
$bmbh=trim($_GET['bmbh']);
$pageno=@trim($_GET['pageno']);
$link=new mysqli("localhost","root","abc123!");
if (mysqli_connect_errno())  {
    echo "数据库服务器连接失败！<BR>";
    die();
}
$link->select_db("rsgl")
    or die("数据库选择失败！<BR>");
$link->set_charset('utf8');
$sql="select bh,xm,xb,bmb.bmmc as bmmc,csrq from zgb,bmb";
$sql.=" where zgb.bm=bmb.bmbh and bmbh='$bmbh' order by bh";
$result=$link->query($sql);
$rows=$result->num_rows;  //总记录数
if ($rows==0){
    echo "没有满足条件的记录！";
    die();
}
$pagesize=2;  //每页的记录数(在此暂设为 2，通常应设为 10)
$pagecount=ceil($rows/$pagesize);  //总页数
//$pageno 的值为当前页的页号
if (!isset($pageno)||$pageno<1)
    $pageno=1;
if ($pageno>$pagecount)
    $pageno=$pagecount;
```

```
$offset=($pageno-1)*$pagesize;
$result->data_seek($offset);
?>
<div align="center"><strong>职工表</strong> </div>
<table width="90%" border="1" align="center">
  <tr>
    <td><div align="center">编号</div></td>
    <td><div align="center">姓名</div></td>
    <td><div align="center">性别</div></td>
    <td><div align="center">部门</div></td>
    <td><div align="center">出生日期</div></td>
    <td><div align="center">操作</div></td>
  </tr>
<?php
$i=0;
while($row=$result->fetch_object()){
?>
  <tr>
    <td><div align="center"><?php echo $row->bh; ?></div></td>
    <td><div align="center"><?php echo $row->xm; ?></div></td>
    <td><div align="center"><?php echo $row->xb; ?></div></td>
    <td><div align="center"><?php echo $row->bmmc; ?></div></td>
    <td><div align="center"><?php echo empty($row-
>csrq)?" ":date('Y-m-d',strtotime($row->csrq)); ?></div></td>
    <td><div align="center">
     <a href="zg_detail2.php?bh=<?php echo $row->bh; ?>" target="_blank">
详情</a>
     <a href="zg_update2.php?bh=<?php echo $row->bh; ?>" target="_blank">
修改</a>
     <a href="zg_delete2.php?bh=<?php echo $row->bh; ?>" target="_blank">
删除</a>
     </div></td>
  </tr>
<?php
$i=$i+1;
if ($i==$pagesize)
    break;
}
$result->free();
$link->close();
?>
</table>
<div align="center">
[第<?php echo $pageno; ?>页/共<?php echo $pagecount; ?>页]
<?php
$href=$_SERVER['PHP_SELF']."?bmbh=".urlencode($bmbh);
if ($pageno<>1) {
?>
    <a href="<?php echo $href; ?>&pageno=1">首页</a>
    <a href="<?php echo $href; ?>&pageno=<?php echo $pageno-1; ?>">上一页</a>
<?php
```

```
}
if ($pageno<>$pagecount) {
?>
    <a href="<?php echo $href; ?>&pageno=<?php echo $pageno+1; ?>">下一页</a>
    <a href="<?php echo $href; ?>&pageno=<?php echo $pagecount; ?>">尾页</a>
<?php
}
?>
[共找到<?php echo $rows; ?>个记录]
</div>
</body>
</html>
```

(3) 在文件夹 07 中创建 PHP 页面 zg_detail2.php，并编写其代码。

```
<html>
<head>
<meta http-equiv="Content-Type" content="text/html; charset=utf-8" />
<title>职工信息</title>
</head>
<body>
<?php
$bh=trim($_GET['bh']);
$link=new mysqli("localhost","root","abc123!");
if (mysqli_connect_errno()) {
    echo "数据库服务器连接失败！<BR>";
    die();
}
$link->select_db("rsgl")
    or die("数据库选择失败！<BR>");
$link->set_charset('utf8');
$sql="select bh,xm,xb,bmb.bmmc as bmmc,csrq,jbgz,gwjt from zgb,bmb";
$sql.=" where zgb.bm=bmb.bmbh and bh='$bh'";
$result=$link->query($sql);
$row=$result->fetch_object()
?>
<div align="center"><strong>职工信息</strong> </div>
<br>
<table width="350" border="1" align="center">
  <tr>
    <td width="100"><div align="right">编号：</div></td>
    <td><div align="left"><?php echo $row->bh; ?> </div></td>
  </tr>
  <tr>
    <td><div align="right">姓名：</div></td>
    <td><div align="left"><?php echo $row->xm; ?> </div></td>
  </tr>
  <tr>
    <td><div align="right">性别：</div></td>
    <td><div align="left"><?php echo $row->xb; ?> </div></td>
  </tr>
```

```
<tr>
  <td><div align="right">部门：</div></td>
  <td><div align="left"><?php echo $row->bmmc; ?> </div></td>
</tr>
<tr>
  <td><div align="right">出生日期：</div></td>
  <td><div align="left"><?php echo empty($row->csrq)?" ":date('Y-m-d',
strtotime($row->csrq)); ?> </div></td>
</tr>
<tr>
  <td><div align="right">基本工资：</div></td>
  <td><div align="left"><?php echo $row->jbgz; ?> </div></td>
</tr>
<tr>
  <td><div align="right">岗位津贴：</div></td>
  <td><div align="left"><?php echo $row->gwjt; ?> </div></td>
</tr>
</table>
<?php
$result->free();
$link->close();
?>
<br>
<div align="center">
<a href="javascript:window.close()">[关闭窗口]</a></div>
</body>
</html>
```

本 章 小 结

本章简要介绍了 MySQL 数据库编程的基本步骤，并通过具体实例讲解了在 PHP 中使用 mysql 函数库与 mysqli 函数库进行数据库编程的有关技术。通过本章的学习，应熟练掌握 PHP 中基于 mysql 函数库与 mysqli 函数库的 MySQL 数据库访问技术，并能将其灵活地运用到各类以 MySQL 数据库为基础的 PHP 应用系统的开发中。

思 考 题

1. 请简述 PHP 中 MySQL 数据库编程的基本步骤。
2. 在 PHP 中，如何建立与 MySQL 数据库服务器的连接？
3. 在 PHP 中，如何关闭与 MySQL 数据库服务器的连接？
4. 在 PHP 中，如何实现 MySQL 数据库的选择？
5. 在 PHP 中，如何实现字符集的设置？
6. 在 PHP 中，如何实现 MySQL 数据库的有关操作(如记录的检索、增加、修改与删除等)？
7. 请简述在 PHP 中使用 mysqli 函数库访问 MySQL 数据库的基本方法。

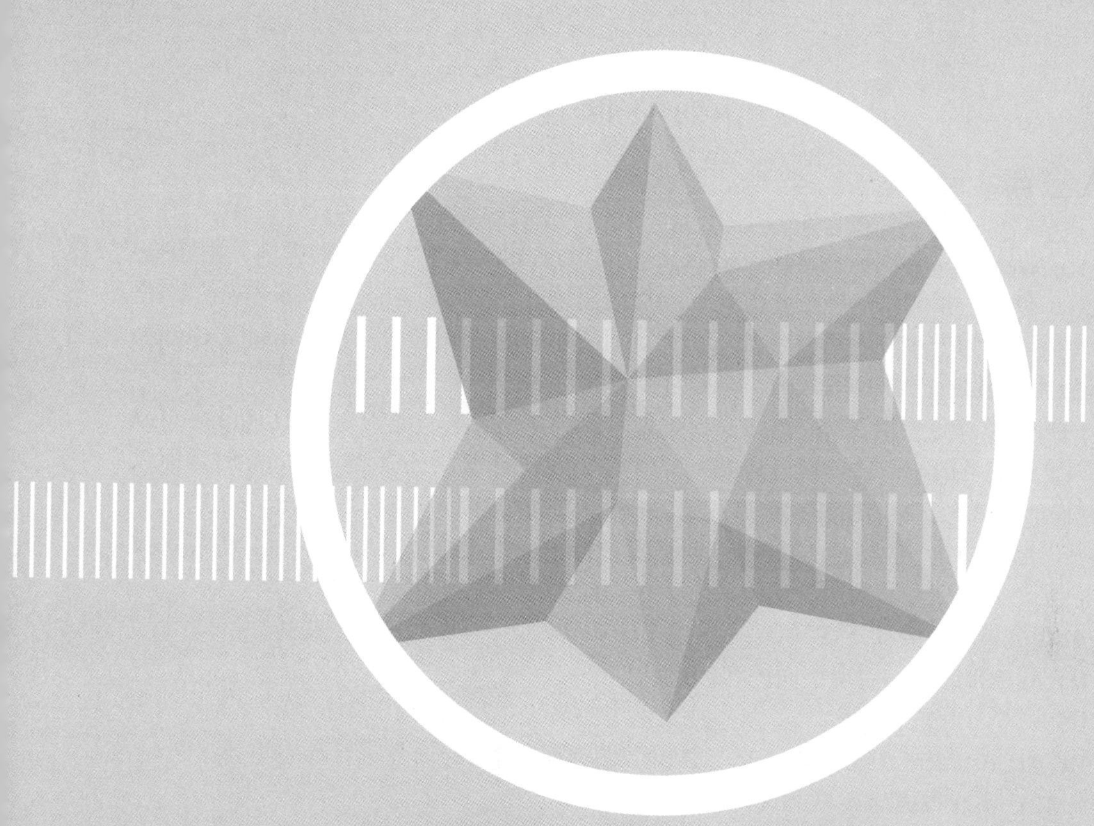

第 8 章

PHP Ajax 编程技术

Ajax 是一种用于创建交互更强、性能更优的 Web 应用的开发技术，目前已得到极其广泛的应用。在基于 PHP 的 Web 应用开发中，可适当使用相应的 Ajax 技术来实现有关的功能，以改善系统的性能与用户的体验。

本章要点：

Ajax 简介；Ajax 应用基础；PHP Ajax 应用技术。

学习目标：

了解 Ajax 的基本概念、相关技术与应用场景；掌握 XMLHttpRequest 对象的基本用法与 Ajax 的基本应用技术；掌握基于 PHP 的 Ajax 应用技术。

8.1 Ajax 简介

8.1.1 Ajax 的基本概念

Ajax 是 Asynchronous JavaScript and XML(异步 JavaScript 和 XML)的缩写，由 Jesse James Garrett 创造，指的是一种创建交互式网页应用的开发技术。Ajax 经 Google(谷歌)公司大力推广后已成为一种炙手可热的流行技术，而 Google 公司所发布的 Gmail、Google Suggest 等应用也最终让人们体验到了 Ajax 的独特魅力。

Ajax 的核心理念是使用 XMLHttpRequest 对象发送异步请求。最初为 XMLHttpRequest 对象提供浏览器支持的是微软公司。1998 年，微软公司在开发 Web 版的 Outlook 时，即以 ActiveX 控件的方式为 XMLHttpRequest 对象提供了相应的支持。

实际上，Ajax 并非一种全新的技术，而是多种技术的相互融合。Ajax 所包含的各种技术均有其独到之处，相互融合在一起便成为一种功能强大的新技术。

Ajax 的相关技术主要如下。

- HTML/XHTML：实现页面内容的表示。
- CSS：格式化页面内容。
- DOM(Document Object Model，文档对象模型)：对页面内容进行动态更新。
- XML：实现数据交换与格式转换。
- XMLHttpRequest 对象：实现与服务器的异步通信。
- JavaScript：实现各种技术的融合。

8.1.2 Ajax 的应用场景

众所周知，浏览器默认使用同步方式发送请求并等待响应。在 Web 应用中，请求的发送是通过浏览器进行的。在同步方式下，用户通过浏览器发出请求后，就只能等待服务器的响应。而在服务器返回响应之前，用户将无法执行任何进一步的操作，只能空等。反之，如果将请求与响应改为异步方式(即非同步方式)，那么在发送请求后，浏览器就无须空等服务器的响应，而是让用户继续对其中的 Web 应用程序进行其他操作。当服务器处理请求并返回响应时，再告知浏览器按程序所设定的方式进行相应的处理。可见，与同步方式相比，异步方式的运行效率更高，而且用户的体验也更佳。

Ajax 技术的出现为异步请求的发送带来了福音，并有效降低了相关应用的开发难度。Ajax 具有异步交互的特点，可实现 Web 页面的动态更新，因此特别适用于交互较多、数据读取较为频繁的 Web 应用。下面仅列举几个典型的 Ajax 应用场景。

1. 验证表单数据

对于表单中所输入的数据，通常需要对其有效性进行验证。例如，在注册新用户时，对于所输入的用户名，往往要验证其唯一性。传统的验证方式是先提交表单，然后再对数据进行验证。这种验证方式需将整个表单页面提交到服务器端，不仅验证时间长，而且会给服务器造成不必要的负担。另外一种稍加改进的验证方式是让用户单击专门提供的验证按钮以启动验证过程，然后再通过相应的浏览器窗口查看验证结果。由于这种方式需要设计专门的验证页面，同时还需要另外打开浏览器窗口，不仅增加了工作量，而且会使系统更加臃肿，在运行时也会耗费更多的系统资源。

若应用 Ajax 技术，则可有效解决此类问题。此时，可由 XMLHttpRequest 对象发出验证请求，并根据返回的 HTTP 响应判断验证是否成功。在此期间，无须将整个页面提交到服务器，也不用打开新的窗口以显示验证结果，既可快速完成验证过程，也不会加重服务器的负担。

2. 按需获取数据

在 Web 应用系统中，分类树(或树形结构)的使用较为普遍，主要用于分类显示有关的数据。在传统模式下，对于分类树的每一次操作，若采用调用后台以获取相关数据的方式，则必然会引起整个页面刷新，而用户也必须为此等待一段时间。为解决此方法所带来的响应速度慢、需刷新整个页面的问题，并避免频繁向服务器发送请求，可采取另外一种方式，即一次性获取分类结构中的所有数据，并将其存入数组，然后再根据用户的操作需求，使用 JavaScript 脚本来控制有关节点的呈现。不过，在这种情况下，如果用户不对分类树进行操作，或者只是对分类树中的部分数据进行操作，那么所获取的所有数据或剩余数据就会成为垃圾资源。如果分类结构较为复杂，而且各类数据量均较为庞大，那么这种方式的弊端将会更加明显。

Ajax 技术的出现为分类树的实现提供了一种全新的机制。在初始化页面时，只需获取分类树的一级分类数据并显示。当用户单击分类树的某个一级分类节点时，则通过 Ajax 向服务器请求当前一级分类所属的二级分类数据并显示；若继续单击已呈现的某个二级分类节点，则再次通过 Ajax 向服务器请求当前二级分类所属的三级分类数据并显示，以此类推。这样，当前页面只需根据用户的操作向服务器请求所需要的数据，从而有效地减少了数据的加载量。另一方面，在更新当前页面时，也无须刷新整个页面，而只需刷新页面中需要更新其内容那部分区域即可。其实，这就是所谓的页面的局部刷新。

3. 自动更新页面

在 Web 应用中，有些数据的变化是较为频繁的，如股市数据、天气预报等。在传统方式下，为及时了解有关数据的变化，用户必须不断地手动刷新页面，或者让页面本身具有定时刷新功能。这种做法虽然可以达到目的，但也具有明显缺陷。例如，若某段时间数据并无变化，但用户并不知道，而仍然不断地刷新页面，从而做了过多的无用操作。又如，若某段时间数据变化较为频繁，但用户并没有及时刷新页面，从而错失获取数据变化的机会。

对于此类问题，可应用 Ajax 技术妥善解决。页面加载以后，通过 Ajax 引擎在后台定时向服务器发送请求，查看是否有最新的消息。如果有，则加载新的数据，并且在页面上进行局部的动态更新，然后通过一定的方式通知用户。这样，既避免了用户不断手动刷新页面的不便，也不会在页面定时重复刷新时造成资源浪费。

8.2 Ajax 应用基础

Ajax 应用程序必须是由客户端与服务器一同合作的应用程序。JavaScript 是编写 Ajax 应用程序的客户端语言，而 XML 则是请求或响应时建议使用的信息交换的格式。

8.2.1 XMLHttpRequest 对象简介

Ajax 的核心为 XMLHttpRequest 组件。该组件在 Firefox、NetScape、Safari、Opera 中称为 XMLHttpRequest，在 IE(Internet Explorer)中则是称为 Microsoft XMLHTTP 或 Msxml2.XMLHTTP 的 ActiveX 组件(但在 IE7 中已更名为 XMLHttpRequest)。

XMLHttpRequest 组件的对象(或实例)可通过 JavaScript 创建。XMLHttpRequest 对象提供客户端与 HTTP 服务器进行异步通信的协议。通过该协议，Ajax 可以使页面像桌面应用程序一样，只同服务器进行数据层的交换，而不用每次都刷新界面，也不用每次都将数据处理工作提交给服务器来完成。这样，既减轻了服务器的负担，又加快了响应的速度，缩短了用户等候的时间。

在 Ajax 应用程序中，若使用的浏览器为 Mozilla、Firefox 或 Safari，则可通过 XMLHttpRequest 对象来发送非同步请求；若使用的浏览器是 IE6 或之前的版本，则应使用 ActiveXObject 对象来发送非同步请求。因此，为兼容各种不同的浏览器，必须先进行测试，以正确创建 XMLHttpRequest 对象(即获取 XMLHttpRequest 或 ActiveXObject 对象)。

例如：

```
var xmlHttp;
if(window.ActiveXObject){
    xmlHttp = new ActiveXObject("Microsoft.XMLHTTP");
}
else if(window.XMLHttpRequest){
    xmlHttp = new XMLHttpRequest();
}
```

创建了 XMLHttpRequest 对象后，为实现相应的 Ajax 的功能，可在 JavaScript 脚本中调用 XMLHttpRequest 对象的有关方法(如表 8-1 所示)，或访问 XMLHttpRequest 对象的有关属性(如表 8-2 所示)。

表 8-1　XMLHttpRequest 对象的方法

方　法	说　明
void open("method", "url" [,asyncFlag [,"userName" [, "password"]]])	创建请求。method 参数可以是 GET 或 POST，url 参数可以是相对或绝对 URL，可选参数 asyncFlag、username、password 分别为是否非同步标记、用户名、密码
void send(content)	向服务器发送请求
void setRequestHeader("header","value")	设置指定标头的值(在调用该方法之前必须先调用 open 方法)
void abort()	停止当前请求

续表

方　法	说　明
string getAllResponseHeaders()	获取响应的所有标头(键/值对)
string getResponseHeader("header")	获取响应中指定的标头

表 8-2　XMLHttpRequest 对象的属性

属　性	说　明
onreadystatechange	状态改变事件触发器(每个状态的改变都会触发该事件触发器)，通常为一个 JavaScript 函数
readyState	对象状态，包括：0=未初始化；1=正在加载；2=已加载；3=交互中；4=已完成
responseText	服务器的响应(字符串)
responseXML	服务器的响应(XML)。该对象可以解析为一个 DOM 对象
status	服务器返回的 HTTP 状态码。如：200 表示 OK(成功)，404 表示 Not Found(未找到)
statusText	HTTP 状态码的相应文本(如 OK 或 Not Found 等)

8.2.2　Ajax 的请求与响应过程

Ajax 利用浏览器中网页的 JavaScript 脚本程序来完成请求的发送，并将 Web 服务器响应后返回的数据由 JavaScript 脚本程序处理后呈现到页面上。Ajax 的请求与响应过程如图 8-1 所示，可大致分为 5 个基本步骤。

(1) 网页调用 JavaScript 脚本程序。

(2) JavaScript 利用浏览器提供的 XMLHttpRequest 对象向 Web 服务器发送请求。

(3) Web 服务器接受请求并由指定的 URL 处理后返回相应的结果给浏览器的 XMLHttpRequest 对象。

(4) XMLHttpRequest 对象调用指定的 JavaScript 处理方法。

(5) 被调用的 JavaScript 处理方法解析返回的数据并更新到当前页面中。

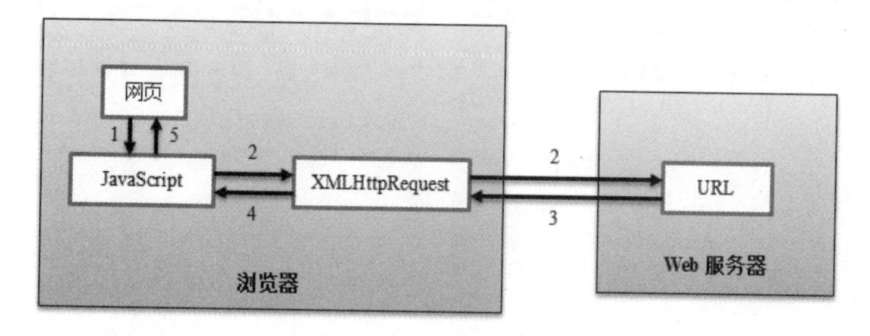

图 8-1　Ajax 的请求与响应过程

8.3 PHP Ajax 应用技术

在 PHP 中，借助于所创建的 XMLHttpRequest 对象，即可实现与 HTTP 服务器的异步通信。与表单的提交方式 GET 与 POST 相对应，Ajax 请求的提交方式也分为 GET 与 POST 两种。

1. GET 方式

使用 GET 方式发送 Ajax 请求时，如果需要传递参数，那么在 open()方法的参数 url 所指定的 URL 中要包含有相应的查询字符串，而 send()方法的参数 content 则应设置为 NULL。URL 的格式为：

```
xxx?参数 1=值 1&参数 2=值 2&…
```

其中，xxx 为用于处理请求的程序，可以是某个 PHP 页面。请求发送后，服务器端将在 xxx 中进行数据处理，然后将处理结果返回到当前页面中。在整个过程中，浏览器中的页面一直是当前页面，且页面也不会刷新，而是根据需要进行局部的更新。

2. POST 方式

使用 POST 方式发送 Ajax 请求时，如果需要传递参数，那么相应的查询字符串无须包含在 open()方法的参数 url 所指定的 URL 中，而是由 send()方法的参数 content 来指定。查询字符串的格式为：

```
参数 1=值 1&参数 2=值 2&…
```

当然，要发送 POST 请求或上传文件，必须先调用 XMLHttpRequest 对象的 setRequestHeader()方法设置好 HTTP 标头 Content-Type。例如：

```
xmlHttp.setRequestHeader("Content-Type","application/x-www-form-urlencoded")
```

下面，通过几个简单的应用实例，说明 PHP 中 Ajax 的基本应用技术。

【实例 8-1】部门查询。“部门查询”页面如图 8-2(a)所示。输入部门编号后，再单击“查询”按钮，即可显示出相应的部门名称，如图 8-2(b)所示。要求使用 Ajax 技术，并且以 GET 方式发送请求。

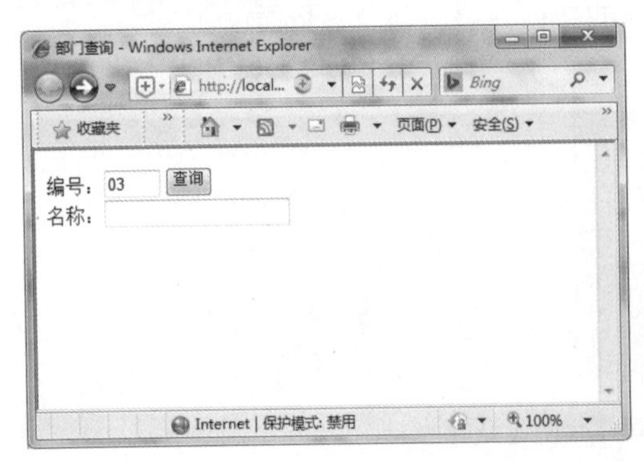

(a)

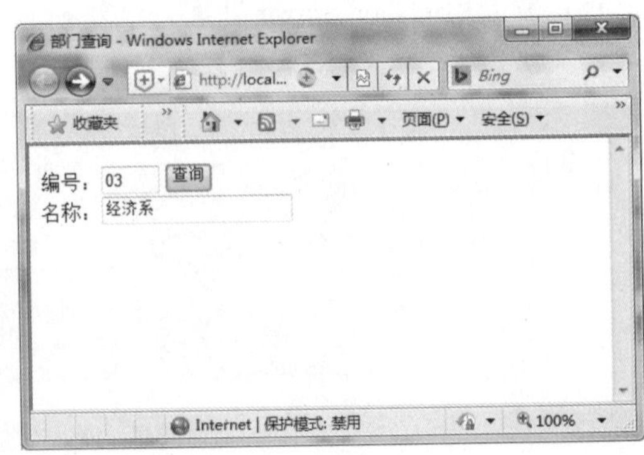

(b)

图 8-2　部门查询

基本步骤：

(1) 在 PHP 站点 LuWWW 中创建文件夹 08。

(2) 在文件夹 08 中创建 PHP 页面 bmcx.php。其代码如下：

```
<html>
<head>
<meta http-equiv="Content-Type" content="text/html; charset=utf-8" />
<title>部门查询</title>
<script>
//Ajax 初始化函数(创建一个 XMLHttpRequest 对象)
function GetXmlHttpObject(){
    var XMLHttp=null;
    try{
        XMLHttp=new XMLHttpRequest();
    }
    catch (e){
        try{
            XMLHttp=new ActiveXObject("Msxml2.XMLHTTP");
        }
        catch (e){
            XMLHttp=new ActiveXObject("Microsoft.XMLHTTP");
        }
    }
    return XMLHttp;
}
function BmQuery(){
    XMLHttp=GetXmlHttpObject();  //创建一个 XMLHttpRequest 对象
    var bmbh=document.getElementById("bmbh").value;  //获取部门编号
    var url="bmcx_process.php";  //URL 地址(服务器端处理程序)
    url=url+"?bmbh="+bmbh;  //添加参数(部门编号)
    url=url+"&sid="+Math.random();  //添加一个随机数，以防止使用缓存文件
    XMLHttp.open("GET",url, true);  //建立连接(GET 方式)
    XMLHttp.send(null);  //发送请求(内容为空)
    XMLHttp.onreadystatechange=processResponse;  //指定响应处理函数
}
//定义响应处理函数
function processResponse(){
    if (XMLHttp.readyState==4&&XMLHttp.status==200){
        //若请求已完成且响应信息已成功返回，则显示之
        document.getElementById("bmmc").value=XMLHttp.responseText;
    }
}
</script>
</head>
<body>
<form action="">
编号：<input type="text" name="bmbh" size="2">
<input type="button" value="查询" onClick="BmQuery();"><br>
名称：<input type="text" name="bmmc" size="20">
```

```
</form>
</body>
</html>
```

(3) 在文件夹 08 中创建 PHP 页面 bmcx_process.php。其代码如下：

```
<?php
$bmbh=$_GET['bmbh'];  //获取部门编号
header('Content-Type:text/html;charset=utf-8');
$conn=mysql_connect("localhost","root","abc123!");
mysql_select_db("rsgl",$conn);
mysql_set_charset('utf8', $conn);
$sql="select bmmc from bmb where bmbh='$bmbh'";
$result=mysql_query($sql);
$row=mysql_fetch_array($result);
if($row)
    echo $row['bmmc'];  //输出部门名称
else
    echo "无此部门";
?>
```

【实例 8-2】职工查询。“职工查询”页面如图 8-3(a)所示。在“部门”下拉列表中选择相应的部门，即可显示出该部门所有职工的编号与姓名，如图 8-3(b)所示。要求使用 Ajax 技术，并且以 GET 方式发送请求。

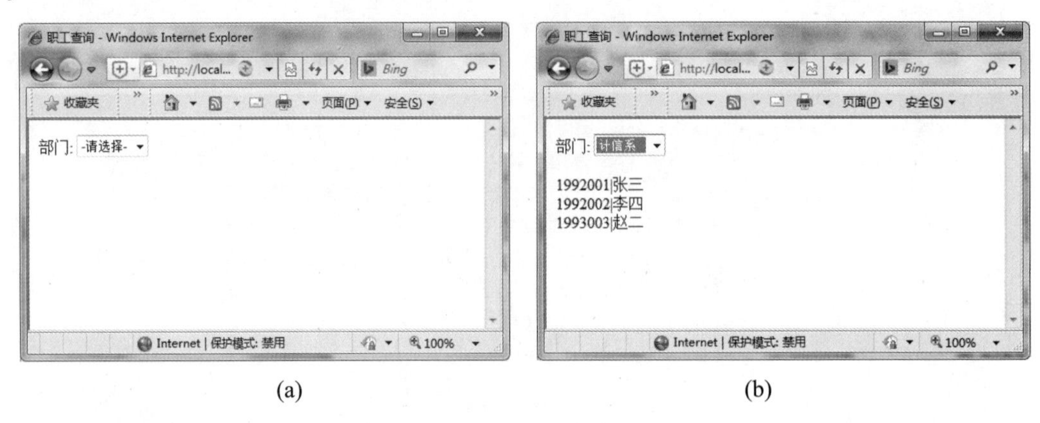

(a) (b)

图 8-3 职工查询

基本步骤：

(1) 在文件夹 08 中创建 PHP 页面 zgcx.php。其代码如下：

```
<html>
<head>
<meta http-equiv="Content-Type" content="text/html; charset=utf-8" />
<title>职工查询</title>
<script>
//Ajax 初始化函数(创建一个 XMLHttpRequest 对象)
function GetXmlHttpObject(){
    var XMLHttp=null;
```

```
    try{
        XMLHttp=new XMLHttpRequest();
    }
    catch (e){
        try{
            XMLHttp=new ActiveXObject("Msxml2.XMLHTTP");
        }
        catch (e){
            XMLHttp=new ActiveXObject("Microsoft.XMLHTTP");
        }
    }
    return XMLHttp;
}
function ZgQuery()
{
    XMLHttp=GetXmlHttpObject();  //创建一个 XMLHttpRequest 对象
    var bmbh=document.getElementById("bmbh").value;  //获取部门编号
    var url="zgcx_process.php";  //URL 地址(服务器端处理程序)
    url=url+"?bmbh="+bmbh;  //添加参数(部门编号)
    url=url+"&sid="+Math.random();  //添加一个随机数，以防止使用缓存文件
    XMLHttp.open("GET",url,true);  //建立连接(GET 方式)
    XMLHttp.send(null);  //发送请求(内容为空)
    XMLHttp.onreadystatechange=processResponse;  //指定响应处理函数
}
//定义响应处理函数
function processResponse(){
    if (XMLHttp.readyState==4&&XMLHttp.status==200){
        //若请求已完成且响应信息已成功返回，则显示之
        document.getElementById("result").innerHTML=XMLHttp.responseText;
    }
}
</script>
</head>
<body>
<form>
部门:
<select name="bmbh" onChange="ZgQuery()">
    <option selected>-请选择-</option>
    <?php
    $conn=mysql_connect("localhost","root","abc123!");
    mysql_select_db("rsgl",$conn);
    mysql_set_charset('utf8', $conn);
    $sql="select bmbh,bmmc from bmb order by bmmc";
    $result=mysql_query($sql);
    while($row=mysql_fetch_array($result)){
        $bmbh=$row['bmbh'];
        $bmmc=$row['bmmc'];
        echo "<option value='$bmbh'>$bmmc</option>";
    }
    ?>
```

```
</select>
</form>
<!-- 设置 id 为"result"的 div 标记，用于显示返回的结果 -->
<div id="result"></div>
</body>
</html>
```

(2) 在文件夹 08 中创建 PHP 页面 zgcx_process.php。其代码如下：

```
<?php
$bmbh=$_GET['bmbh'];  //获取部门编号
header('Content-Type:text/html;charset=utf-8');
$conn=mysql_connect("localhost","root","abc123!");
mysql_select_db("rsgl",$conn);
mysql_set_charset('utf8', $conn);
$sql="select bh,xm from zgb where bm='$bmbh' order by bh";
$result=mysql_query($sql);
//输出选定部门的所有职工
while($row=mysql_fetch_array($result)){
    echo $row['bh']."|".$row['xm']."<br/>";
}
?>
```

【实例 8-3】部门增加(编号检测)。如图 8-4 所示，为“部门增加”页面。在此页面中输入部门的编号，再单击“检测”按钮，即可对其唯一性进行检查，并显示相应的结果。要求使用 Ajax 技术，并且以 POST 方式发送请求。

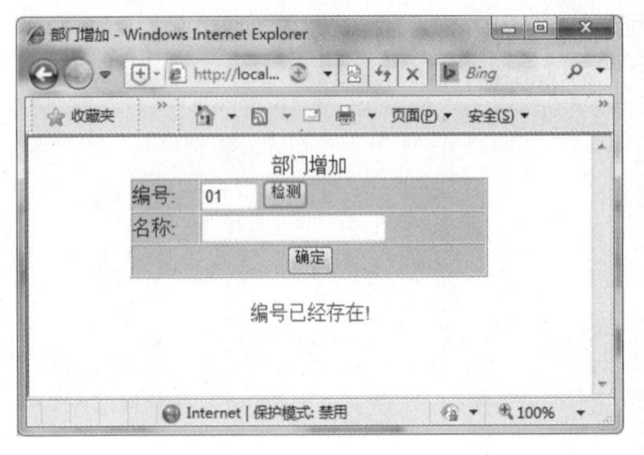

(a)

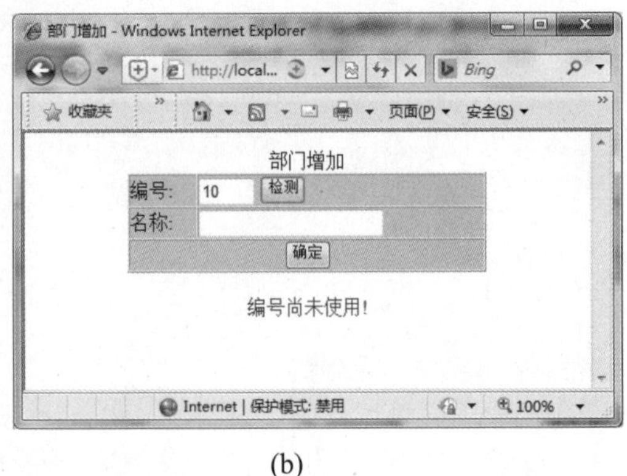

(b)

图 8-4　部门增加(编号检测)

基本步骤：

(1) 在文件夹 08 中创建 PHP 页面 bmzj.php。其代码如下：

```
<html>
<head>
<meta http-equiv="Content-Type" content="text/html; charset=utf-8" />
<title>部门增加</title>
<script>
//Ajax 初始化函数(创建一个 XMLHttpRequest 对象)
```

```
function GetXmlHttpObject(){
    var XMLHttp=null;
    try{
        XMLHttp=new XMLHttpRequest();
    }
    catch (e){
        try{
            XMLHttp=new ActiveXObject("Msxml2.XMLHTTP");
        }
        catch (e){
            XMLHttp=new ActiveXObject("Microsoft.XMLHTTP");
        }
    }
    return XMLHttp;
}
function BmQuery()
{
    XMLHttp=GetXmlHttpObject();  //创建一个 XMLHttpRequest 对象
    var bmbh=document.getElementById("bmbh").value;  //获取部门编号
    if(bmbh=="")
            window.alert("请输入编号!");
    else{
        var url="bmzj_process.php";  //URL 地址(服务器端处理程序)
        //查询字符串，用于指定参数(在此为部门编号)
        var querystring="bmbh="+bmbh;
        //添加一个随机数，以防止使用缓存文件
        querystring=querystring+"&sid="+Math.random();
        XMLHttp.open("POST",url,true); //建立连接(POST 方式)
        //设置标头信息
        XMLHttp.setRequestHeader("Content-Type","application/x-www-form-
urlencoded");
        XMLHttp.send(querystring);  //发送请求(内容为查询字符串)
        XMLHttp.onreadystatechange = processResponse;  //指定响应处理函数
    }
}
//定义响应处理函数
function processResponse(){
    if (XMLHttp.readyState==4&&XMLHttp.status==200){
        //若返回的字符为“1”，则表示编号已存在
        if(XMLHttp.responseText=="1"){
            document.getElementById("msg").innerHTML="编号已经存在!";
        }
        //若返回的字符为“0”，则表示编号不存在
        else if(XMLHttp.responseText=="0"){
            document.getElementById("msg").innerHTML="编号尚未使用!";
        }
    }
}
</script>
</head>
```

```
<body>
<form>
<div align="center">部门增加</div>
<table bgcolor="#CCCCCC" width="300" border="1" align="center"
cellpadding="0" cellspacing="0">
<tr>
    <td>编号:</td>
    <td>
        <input type="text" name="bmbh" size="2">
        <input type="button" value="检测" onClick="BmQuery();">
    </td>
</tr>
<tr>
    <td>名称:</td>
    <td><input type="text" name="bmmc" size="20"></td>
</tr>
<tr>
    <td align="center" colspan="2">
        <input type="submit" name="OK" value="确定">
    </td>
</tr>
</table>
</form>
<!-- 设置id为"msg"的div标记，用于显示相应的提示信息 -->
<font color="red"><div id="msg" align="center"></div></font>
</body>
</html>
```

(2) 在文件夹 08 中创建 PHP 页面 bmzj_process.php。其代码如下：

```
<?php
$bmbh=$_POST['bmbh'];  //获取部门编号
header('Content-Type:text/html;charset=utf-8');
$conn=mysql_connect("localhost","root","abc123!");
mysql_select_db("rsgl",$conn);
mysql_set_charset('utf8', $conn);
$sql="select * from bmb where bmbh='$bmbh'";
$result=mysql_query($sql);
$row=mysql_fetch_array($result);
if($row)
    echo "1";  //输出“1”，表示编号已存在
else
    echo "0";  //输出“0”，表示编号不存在
?>
```

本 章 小 结

本章首先介绍了 Ajax 的基本概念、相关技术与应用场景，然后通过具体实例讲解了 XMLHttpRequest 对象的基本用法与 PHP Ajax 的基本应用技术。通过本章的学习，应熟练

掌握 Ajax 的相关应用技术，并能在 PHP 中应用 Ajax 技术开发相应的 Web 应用系统。

思　考　题

1. Ajax 是什么？其相关技术主要包括哪些？
2. 请列举几个典型的 Ajax 应用场景。
3. 如何创建 XMLHttpRequest 对象？
4. XMLHttpRequest 对象的常用方法与属性有哪些？
5. 请简述 Ajax 的请求与响应过程。
6. 请简述在 PHP 页面中以 GET 方式发送 Ajax 请求的基本方法。
7. 请简述在 PHP 页面中以 POST 方式发送 Ajax 请求的基本方法。
8. 请简述在 PHP 页面中处理 Ajax 请求的响应信息的基本方法。

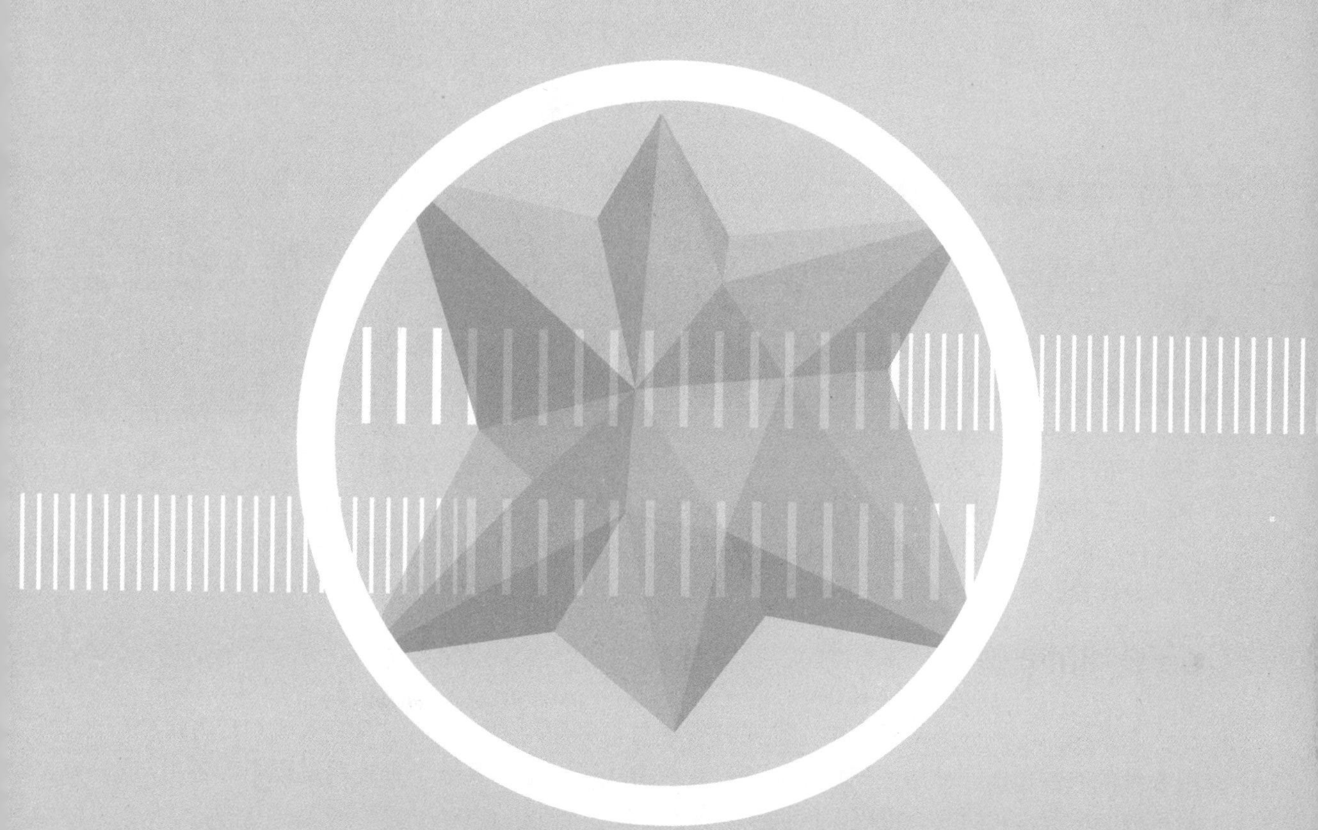

第 9 章

PHP 应用案例

随着 Internet 的快速发展，Web 应用系统的使用范围也日益广泛。在各类 Web 应用的开发中，PHP 技术的运用是相当普遍的。

本章要点：

系统的分析；系统的设计；系统的实现。

学习目标：

通过分析典型的 PHP 应用案例(人事管理系统)，理解并掌握基于 PHP 的 Web 应用系统开发的主要技术。

9.1 系统的分析

9.1.1 基本需求

本人事管理系统较为简单，仅用于对单位职工的基本信息进行相应的管理，其基本需求如下。

(1) 可对单位的部门进行管理，包括部门的查询、增加、修改与删除。每个部门的信息包括部门的编号与名称。其中，部门的编号是唯一的。

(2) 可对单位的职工进行管理，包括职工的查询、增加、修改与删除。每个职工的信息包括职工的编号、姓名、性别、出生日期、基本工资、岗位津贴与所在部门(编号)。其中，职工的编号是唯一的，而且每个职工只能属于某一个部门。

(3) 可对系统的用户进行管理，包括用户的查询、增加、修改与删除以及用户密码的重置与设置。每个用户的信息包括用户名、密码与用户类型。其中，用户名是唯一的。

9.1.2 用户类型

本系统的用户分为两种类型，即系统管理员与普通用户。各用户需登录成功后方可使用系统的有关功能，使用完毕后则可通过相应方式安全退出系统。在使用过程中，各用户均可随时修改自己的登录密码，以提高安全性。

用户的操作权限是根据其类型确定的。在本系统中，系统管理员可执行系统的所有功能。至于普通用户，则主要执行职工管理方面的功能。

本系统规定，默认系统管理员的用户名为“admin”，其初始密码为“12345”。以默认系统管理员登录系统后，即可创建其他系统管理员以及所需要的普通用户，且新建系统管理员和普通用户的初始密码与其用户名一致。

9.2 系统的设计

9.2.1 功能模块设计

由系统的基本需求分析可知，本人事管理系统所需实现的功能是较为简单的。在此，将其划分为以下几个功能模块(如图 9-1 所示)。

(1) 系统登录。该模块针对所有用户，用于实现系统用户的登录验证过程。

(2) 部门管理。该模块仅针对系统管理员，用于对单位的部门进行管理，包括部门的查询、增加、修改与删除等功能。

(3) 职工管理。该模块针对系统管理员与普通用户，用于对单位的职工进行管理，包括职工的查询、增加、修改与删除等功能。

(4) 用户管理。该模块仅针对系统管理员，用于对系统的用户进行管理，包括系统用户的查询、增加、修改与删除以及用户密码的重置等功能。

(5) 当前用户。该模块仅针对当前用户，包括用户的密码设置(或修改)与系统的安全退出(或注销)。

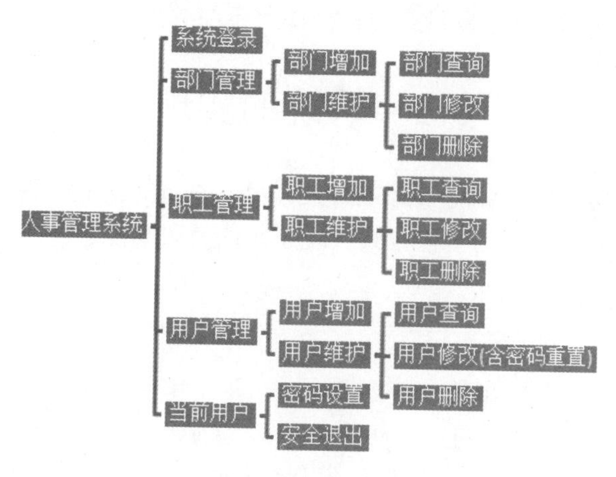

图 9-1　系统功能模块

9.2.2　数据库结构设计

根据系统的基本需求，并结合功能实现的需要，数据库中应包含有 3 个表，即部门表 bmb、职工表 zgb 与用户表 users。各表的结构如表 9-1、表 9-2 与表 9-3 所示。

表 9-1　部门表 bmb 的结构

字 段 名	类　型	说　明
bmbh	char(2)	部门编号(主键)
bmmc	varchar(20)	部门名称

表 9-2　职工表 zgb 的结构

字 段 名	类　型	说　明
bh	char(7)	编号(主键)
xm	char(10)	姓名
xb	char(2)	性别
bm	char(2)	部门编号
csrq	date	出生日期
jbgz	decimal(7,2)	基本工资
gwjt	decimal(7,2)	岗位津贴

表 9-3　用户表 users 的结构

字 段 名	类　型	说　明
username	char(10)	用户名(主键)
password	varchar(20)	用户密码
usertype	varchar(10)	用户类型

在本系统中，用户的类型只有两种，即系统管理员与普通用户。相应地，用户表 users 中用户类型字段 usertype 的取值也只有两种，即“系统管理员”与“普通用户”。

9.3 系统的实现

系统的实现可采用不同的编程方式或开发模式。在此，为便于尽快理解并掌握相应的 PHP 开发技术，将采用最基本的编程方式实现系统的有关功能。

9.3.1 数据库的创建

在 MySQL 中创建一个人事管理数据库 rsgl，并在其中按表 9-1、表 9-2 与表 9-3 所示的结构分别创建部门表 bmb、职工表 zgb 与用户表 users。

为便于系统的开发及有关功能的调试，可将表 9-4、表 9-5 与表 9-6 所示的记录分别输入到 rsgl 数据库的各个表中。特别地，在用户表 users 中，应包含有一个默认系统管理员用户“admin”，其初始密码为“12345”。

表 9-4 部门记录

部门编号	部门名称
01	计信系
02	会计系
03	经济系
04	财政系
05	金融系

表 9-5 职工记录

编 号	姓 名	性 别	部门编号	出生日期	基本工资	岗位津贴
1992001	张三	男	01	1969-06-12	1500.00	1000.00
1992002	李四	男	01	1968-12-15	1600.00	1100.00
1993001	王五	男	02	1970-01-25	1300.00	800.00
1993002	赵一	女	03	1970-03-15	1300.00	800.00
1993003	赵二	女	01	1971-01-01	1200.00	700.00

表 9-6 用户记录

用 户 名	用户密码	用户类型
abc	123	普通用户
abcabc	123	普通用户
admin	12345	系统管理员
system	12345	系统管理员

9.3.2　站点的创建

创建本系统站点的主要步骤如下。

(1) 在 Dreamweaver 中新建一个 PHP 站点 rsgl，其本地站点文件夹为 Apache 服务器的站点根目录的 rsgl 子目录(在此为 C:\xampp\htdocs\rsgl)。

(2) 在站点目录下新建一个文件夹 images。该文件夹用于存放系统所需要的图片文件。

至此，站点创建完毕，其目录结构如图 9-2 所示。

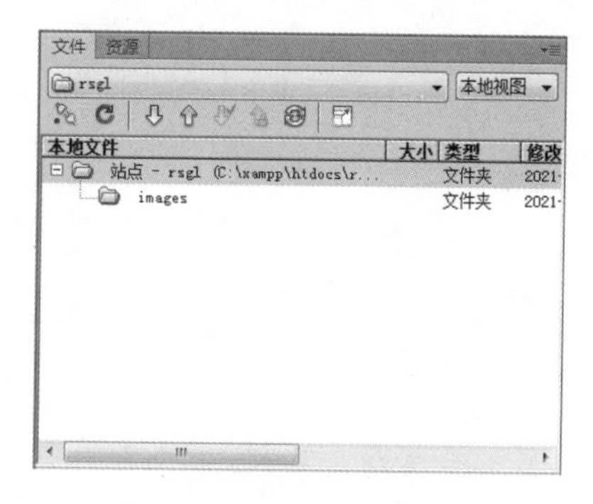

图 9-2　站点的目录结构

9.3.3　素材文件的准备

对于一个 Web 应用系统的开发来说，通常要先准备好相应的素材文件，如页面设计所需要的图片文件与层叠样式表(CSS)文件等。

1. 图片文件

本人事管理系统所需要的图片文件如图 9-3 所示，只需将其复制到站点的 images 子文件夹中即可。

图 9-3　系统所需要的图片文件

2. 层叠样式表文件

在站点根目录下创建一个层叠样式表文件 stylesheet.css，其代码如下：

```
BODY {
   font-size: 9pt;
   font-family: 宋体;
   color: #3366FF;
}
```

```
A {
   FONT-SIZE: 9pt;
   TEXT-DECORATION: underline;
   color: #3366FF;
}
A:link {
   FONT-SIZE: 9pt;
   TEXT-DECORATION: none;
   color: #3366FF;
}
A:visited {
   FONT-SIZE: 9pt;
   TEXT-DECORATION: none;
   color: #3366FF;
}
A:active {
   FONT-SIZE: 9pt;
   TEXT-DECORATION: none;
   color: #3366FF;
}
A:hover {
   COLOR: red;
   TEXT-DECORATION: underline
}
TABLE {
   FONT-SIZE: 9pt
}
TR {
   FONT-SIZE: 9pt
}
TD {
   FONT-SIZE: 9pt;
}
```

9.3.4 公用模块的实现

系统有关功能的实现通常依赖于一些公用的模块。本系统较为简单，只有一个公用模块，即数据库访问准备模块，其功能为实现与 MySQL 数据库服务器的连接、选定数据库与设置字符集。

为实现该数据库访问准备模块，只需在站点根目录下创建一个新的 PHP 文件 connectdb.php 即可。其代码如下：

```php
<?php
$myhostname="localhost";
$myusername="root";
$mypassword="abc123!";
$mydatabase="rsgl";
$mycharset="utf8";
$conn=mysql_connect($myhostname,$myusername,$mypassword);
```

```
mysql_select_db($mydatabase,$conn);
mysql_set_charset($mycharset,$conn);
?>
```

9.3.5　登录功能的实现

本系统的“系统登录”页面如图 9-4 所示。在此页面中，输入正确的用户名与密码，再单击“确定”按钮，即可打开如图 9-5 所示的系统主界面。其中，图 9-5(a)为系统管理员的主界面，图 9-5(b)则为普通用户的主界面。其实，除了所显示的用户信息不同以外，二者是一样的。

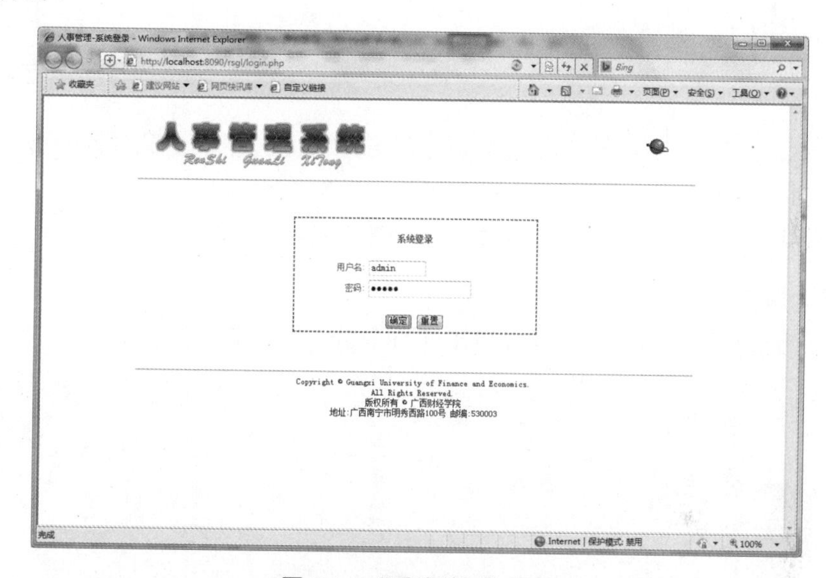

图 9-4　“系统登录”页面

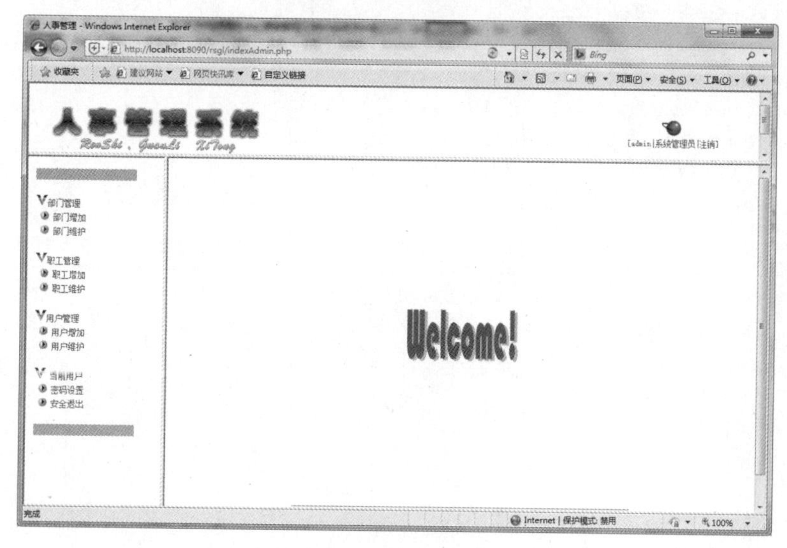

(a)

图 9-5　系统主界面

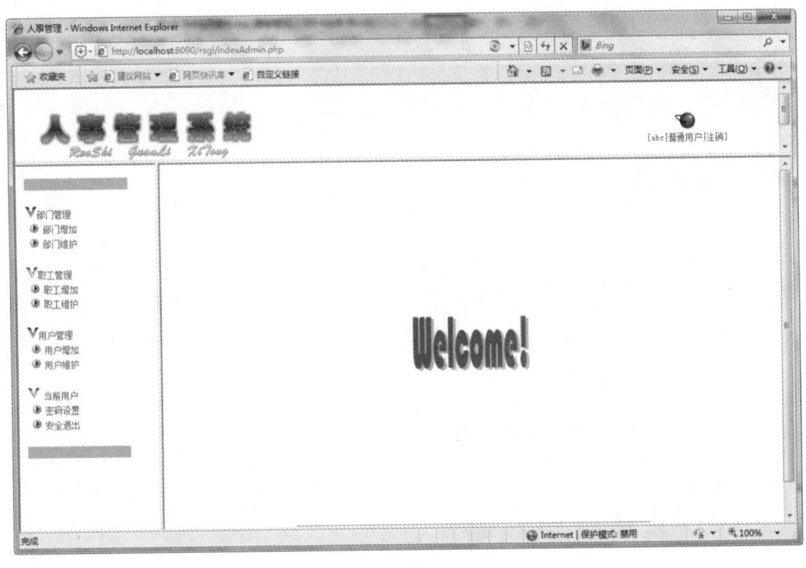

(b)

图 9-5　系统主界面(续)

系统登录功能的实现过程如下所述。

(1) 在站点根目录下创建一个新的 PHP 页面 login.php。其代码如下：

```
<html>
<head>
<meta http-equiv="Content-Type" content="text/html; charset=utf-8" />
<title>人事管理-系统登录</title>
<meta http-equiv="pragma" content="no-cache">
<meta http-equiv="cache-control" content="no-cache">
<meta http-equiv="expires" content="0">
<meta http-equiv="keywords" content="人事管理">
<link rel="stylesheet" href="stylesheet.css" type="text/css"></link>
<SCRIPT LANGUAGE="javascript">
function checklogin(){
    if (document.login.username.value==""){
        alert("请输入用户名！");
    document.login.username.focus();
    return false;
    }
    if (document.login.password.value==""){
        alert("请输入密码！");
        document.login.password.focus();
        return false;
    }
    return true;
}
</SCRIPT>
</head>
<body>
<div align="center">
```

```
<table style="padding: 0px; margin: 0px; width: 800px;" border="0"
cellpadding="0" cellspacing="0">
<tr>
<td>
    <table style="width:100%;">
    <tr>
    <td style="text-align: left"><img alt="" src="images/Title.png"></td>
    <td> </td>
    <td><img alt="" src="images/LuEarth.GIF"></td>
    </tr>
    </table>
</td>
</tr>
<tr>
<td><hr /></td>
</tr>
<tr>
<td> </td>
</tr>
<tr>
<td> </td>
</tr>
<tr>
<td> </td>
</tr>
<tr>
<td align="center">
<form action="" method="post" name="login">
    <table style="border: thin dashed #008080;" width="350" align="center">
    <tr>
    <td style="width: 30%"> </td>
    <td style="width: 70%"> </td>
    </tr>
    <tr>
    <td align="center" colspan="2">
    <b>系统登录</b>
    </td>
    </tr>
    <tr>
    <td> </td>
    <td> </td>
    </tr>
    <tr>
    <td align="right">
    用户名:
    </td>
    <td>
    <input name="username" type="text" size="10" maxlength="10">
    </td>
    </tr>
    <tr>
    <td align="right">
```

```
    密码:
    </td>
    <td>
    <input name="password" type="password" size="20" maxlength="20">
    </td>
    </tr>
    <tr>
    <td> </td>
    <td> </td>
    </tr>
    <tr>
    <td align="center" colspan="2">
    <input name="submit" type="submit" value="确定" onClick="return checklogin();">
    <input name="submit" type="reset" value="重置">
    </td>
    </tr>
    </table>
</form>
</td>
</tr>
<tr>
<td> </td>
</tr>
<tr>
<td> </td>
</tr>
<tr>
<td><hr /></td>
</tr>
<tr>
<td style="text-align: center">
<font color="#330033">Copyright &copy; Guangxi University of Finance and
Economics.<br />
All Rights Reserved.</font><br />
<font color="#330033">版权所有 &copy; 广西财经学院</font><br />
<font color="#330033">地址:广西南宁市明秀西路 100 号 邮编:530003</font><br />
</td>
</tr>
</table>
</div>
<?php
if (@$_POST["submit"]=="确定"){
    $username=$_POST["username"];
    $password=$_POST["password"];
    include "connectdb.php";
    $sql="select * from users where username='$username' and
password='$password'";
    $rs=mysql_query($sql,$conn);
    $rs_num=mysql_num_rows($rs);
    if ($rs_num>0){
        $r=mysql_fetch_array($rs);
```

```
        $username=$r["username"];
        $usertype=$r["usertype"];
        setcookie("username",$username);
        setcookie("usertype",$usertype);
        header("Location:indexAdmin.php");
    }else{
?>
<SCRIPT LANGUAGE="javascript">
alert("用户名或密码不正确！");
top.location.href="login.php";
</SCRIPT>
<?php
    }
}
?>
</body>
</html>
```

本页面为“系统登录”页面，可根据用户所输入的用户名与密码，验证其是否为系统的合法用户。若为合法用户，则通过名为 username 与 usertype 的 Cookie 存放用户的用户名与用户类型，并自动跳转至 indexAdmin.php 页面；否则，就显示“用户名或密码不正确”对话框，并再次打开“系统登录”页面。

(2) 在站点根目录下创建一个新的 PHP 页面 indexAdmin.php。其代码如下：

```
<?php
$username=@$_COOKIE['username'];
$usertype=@$_COOKIE['usertype'];
if (!$username||!$usertype){
    header("Location:noAuthority.php");
    die();
}
?>
<html>
<head>
<meta http-equiv="Content-Type" content="text/html; charset=utf-8" />
<title>人事管理</title>
<link rel="stylesheet" href="stylesheet.css" type="text/css">
</head>
<frameset rows="100,*" cols="*">
    <frame src="main.php" name="topFrame" scrolling="yes" id="topFrame">
    <frameset rows="*" cols="200,*">
        <frame src="menu.php" name="leftFrame" scrolling="auto" id="leftFrame">
        <frame src="home.php" name="rightFrame" scrolling="yes" id="rightFrame">
    </frameset>
</frameset>
<noframes>
    <body>
    <div>
    此网页使用了框架，但您的浏览器不支持框架。
    </div>
```

```
    </body>
</noframes>
</html>
```

本页面为一个框架页面，用于展示系统的主界面。

9.3.6 系统主界面的实现

系统的主界面由 indexAdmin.php 页面生成。该页面其实是一个框架页面，用于将浏览器窗口分为 3 个部分。其中，上方用于打开 main.php 页面，下方左侧用于打开 menu.php 页面，下方右侧用于打开 home.php 页面。若未登录而直接访问 indexAdmin.php 页面，将打开如图 9-6 所示的“您无此操作权限”页面(noAuthority.php)。

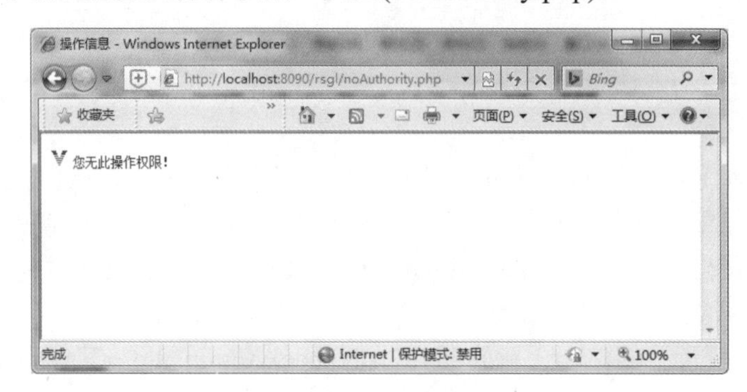

图 9-6 “您无此操作权限”页面

系统主界面的实现过程如下所述。

(1) 在站点根目录下创建一个新的 PHP 页面 main.php。其代码如下：

```
<html>
<head>
<meta http-equiv="Content-Type" content="text/html; charset=utf-8" />
<title>人事管理</title>
<meta http-equiv="pragma" content="no-cache">
<meta http-equiv="cache-control" content="no-cache">
<meta http-equiv="expires" content="0">
<meta http-equiv="keywords" content="人事管理">
<link rel="stylesheet" href="./stylesheet.css" type="text/css"></link>
</head>
<body>
<?php
$username=@$_COOKIE['username'];
$usertype=@$_COOKIE['usertype'];
?>
<div>
<table style="width: 100%;">
<tr>
<td style="width: 80%">
<img alt="" src="./images/Title.png">
</td>
```

```
<td style="width: 20%" align="center">
<img alt="" src="./images/LuEarth.GIF">
<br />
[<?php echo $username; ?>|<?php echo $usertype; ?>|<a
href="./logout.php" target="_top">注销</a>]</td>
</tr>
<tr>
<td> </td>
<td> </td>
<td> </td>
</tr>
</table>
</div>
</body>
</html>
```

本页面主要用于显示系统的标题图片与当前用户的基本信息，并提供一个“注销”链接以安全退出系统。

(2) 在站点根目录下创建一个新的 PHP 页面 menu.php。其代码如下：

```
<html>
<head>
<meta http-equiv="Content-Type" content="text/html; charset=utf-8" />
<title>人事管理</title>
<link rel="stylesheet" href="./stylesheet.css" type="text/css"></link>
</head>
<body>
<div>
<table border="0" width="150px">
<tr>
<td align="center" bgcolor="#66CCFF"> 
</td>
</tr>
<tr>
<td> 
</td>
</tr>
<tr>
<td>
<img alt="" src="./images/LuVred.png">部门管理</td>
</tr>
<tr>
<td>
 <img alt="" src="./images/LuArrow.gif">
<a href="bmAdd.php" target="rightFrame">部门增加</a></td>
</tr>
<tr>
<td>
 <img alt="" src="./images/LuArrow.gif">
<a href="bmList.php" target="rightFrame">部门维护</a></td>
</tr>
```

```
<tr>
<td> 
</td>
</tr>
<tr>
<td>
<img alt="" src="./images/LuVblue.png">职工管理</td>
</tr>
<tr>
<td>
 <img alt="" src="./images/LuArrow.gif">
<a href="zgAdd.php" target="rightFrame">职工增加<br></a></td>
</tr>
<tr>
<td>
 <img alt="" src="./images/LuArrow.gif">
<a href="zgList.php" target="rightFrame">职工维护</a></td>
</tr>
<tr>
<td> 
</td>
</tr>
<tr>
<td>
<img alt="" src="./images/LuVred.png">用户管理</td>
</tr>
<tr>
<td>
 <img alt="" src="./images/LuArrow.gif">
<a href="userAdd.php" target="rightFrame">用户增加</a></td>
</tr>
<tr>
<td>
 <img alt="" src="./images/LuArrow.gif">
<a href="userList.php" target="rightFrame">用户维护</a></td>
</tr>
<tr>
<td> 
</td>
</tr>
<tr>
<td>
<img alt="" src="./images/LuVblue.png"> 当前用户</td>
</tr>
<tr>
<td>
 <img alt="" src="./images/LuArrow.gif">
<a href="userSetPwd.php" target="rightFrame">密码设置</a></td>
</tr>
<tr>
<td>
 <img alt="" src="./images/LuArrow.gif">
```

```
<a href="logout.php" target="_top">安全退出</a></td>
</tr>
<tr>
<td> 
</td>
</tr>
<tr>
<td bgcolor="#66CCFF"> 
</td>
</tr>
</table>
</div>
</body>
</html>
```

本页面主要用于显示系统的功能菜单，内含一系列用于执行相应功能的超链接。

(3) 在站点根目录下创建一个新的 PHP 页面 home.php。其代码如下：

```
<html>
<head>
<meta http-equiv="Content-Type" content="text/html; charset=utf-8" />
<title>人事管理</title>
<link rel="stylesheet" href="./stylesheet.css" type="text/css"></link>
</head>
<body>
<div>
<table style="width:500px;" align="center">
<tr>
<td align="center" height="180px"> 
</td>
</tr>
<tr>
<td align="center">
<img alt="" src="./images/welcome.png">
</td>
</tr>
<tr>
<td align="center" height="180px"> 
</td>
</tr>
<tr>
<td align="center">
<hr /></td>
</tr>
<tr>
<td align="center">
<font color="#330033">Copyright &copy;All Rights Reserved.</font></td>
</tr>
</table>
</div>
</body>
</html>
```

本页面用于显示一张“欢迎”图片，其实就是系统“工作区”的初始界面。

(4) 在站点根目录下创建一个新的 PHP 页面 noAuthority.php。其代码如下：

```
<html>
  <head>
    <meta http-equiv="Content-Type" content="text/html; charset=utf-8" />
    <title>操作信息</title>
    <link rel="stylesheet" href="./stylesheet.css" type="text/css"></link>
  </head>
  <body>
    <img src="./images/LuVred.png">
    <FONT color="blue">您无此操作权限！</FONT>
  </body>
</html>
```

本页面主要用于显示“您无此操作权限”的信息。

9.3.7 当前用户功能的实现

当前用户功能仅针对当前用户(系统管理员或普通用户)自身，可由当前用户根据需要随时执行。在本系统中，当前用户功能共有两项，即密码设置与安全退出。其中，密码设置功能用于设置或更改当前用户的登录密码，安全退出功能用于清除当前用户的有关信息并退出系统。

1. 密码设置

在系统主界面中单击“密码设置”链接，将打开如图 9-7 所示的“密码设置”页面。在其中输入欲设置的密码后，再单击“确定”按钮，若显示如图 9-8 所示的“操作成功”页面，则表明已成功完成密码的设置或更改。反之，若显示如图 9-9 所示的“操作失败”页面，则表明未能完成密码的设置或更改。

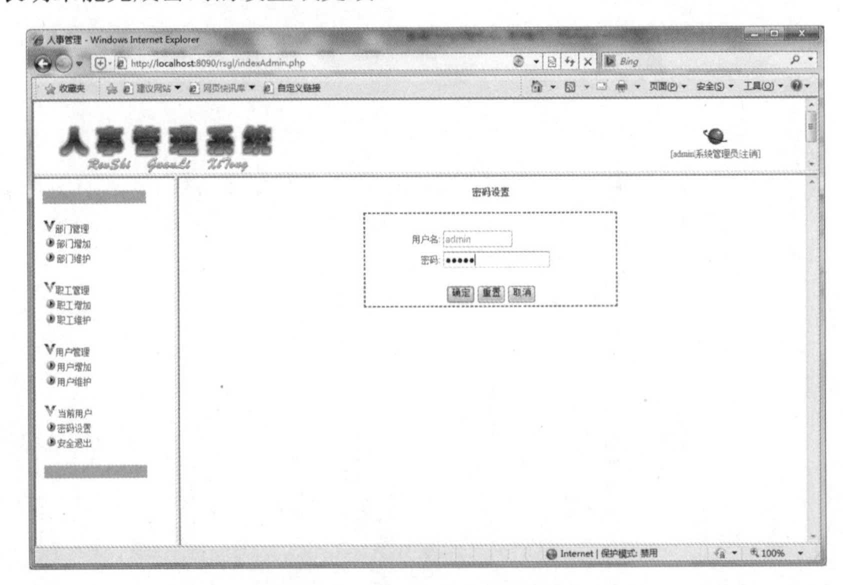

图 9-7 “密码设置”页面

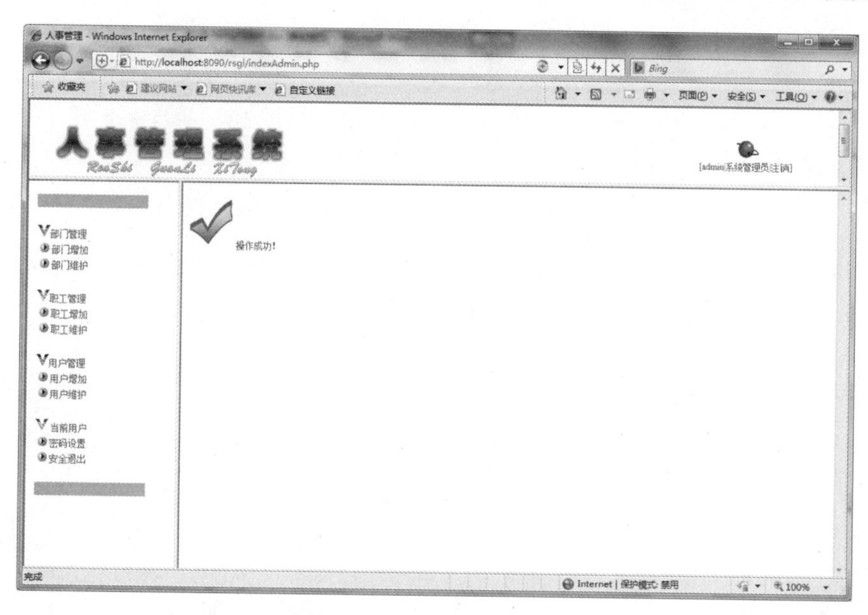

图 9-8　“操作成功”页面

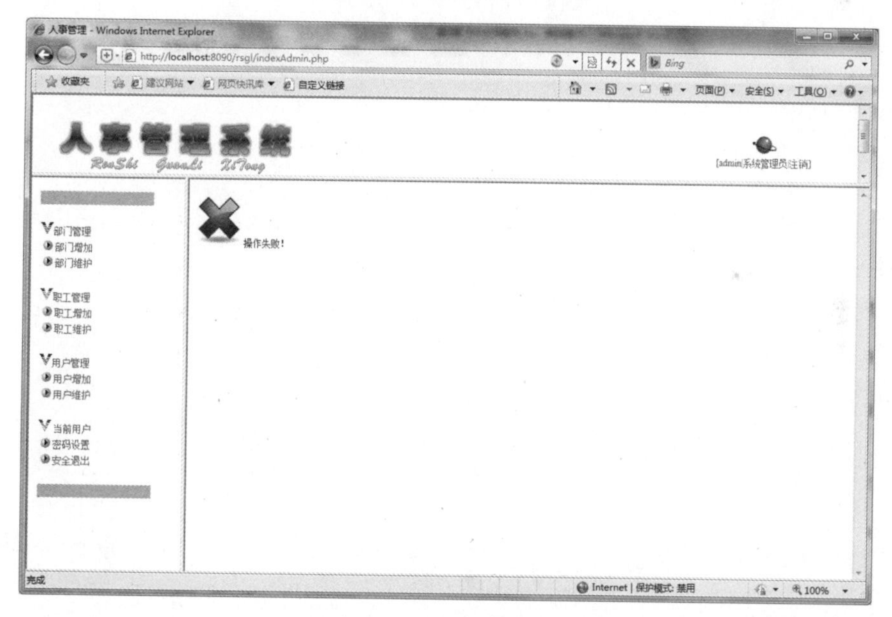

图 9-9　“操作失败”页面

密码设置功能的实现过程如下所述。

(1) 在站点根目录下创建一个新的 PHP 页面 userSetPwd.php。其代码如下：

```
<?php
$username=@$_COOKIE['username'];
$usertype=@$_COOKIE['usertype'];
if (!$username||!$usertype){
    header("Location:noAuthority.php");
    die();
}
```

```
?>
<html>
<head>
<meta http-equiv="Content-Type" content="text/html; charset=utf-8" />
<title>系统用户—密码设置</title>
<link rel="stylesheet" href="./stylesheet.css" type="text/css"></link>
<SCRIPT LANGUAGE="javascript">
function checkform(){
    if (document.form.password.value==""){
        alert("请输入密码！");
        document.form.password.focus();
        return false;
    }
    return true;
}
</SCRIPT>
</head>
<body>
<?php
$username=@$_COOKIE['username'];
$usertype=@$_COOKIE['usertype'];
?>
<div align="center">
<b>密码设置</b><br>
<br>
<form action="" method="post" name="form">
<table align="center" width="350" style="border: thin dashed rgb(0, 128, 128);">
<tr>
<td style="width: 30%;"> </td>
<td style="width: 70%;"> </td>
</tr>
<tr>
<td align="right">
用户名:
</td>
<td>
<input name="username" type="text" disabled="disabled" value="<?php echo
$username; ?>" size="10" maxlength="10">
</td>
</tr>
<tr>
<td align="right">
密码:
</td>
<td>
<input name="password" type="password" size="20" maxlength="20">
</td>
</tr>
<tr>
<td> </td>
```

```
<td>
<input name="username0" type="hidden" value="<?php echo $username; ?>">
</td>
</tr>
<tr>
<td align="center" colspan="2">
    <input name="submit" type="submit" value="确定" onClick="return
checkform();">
    <input name="reset" type="reset" value="重置">
    <input name="cancel" type="button" value="取消" onClick="javascript:
location='home.php';">
</td>
</tr>
</table>
</form>
</div>
<?php
if (@$_POST["submit"]=="确定"){
    $username0=$_POST["username0"];
    $password=$_POST["password"];
    include "connectdb.php";
   $sql="update users set password='$password' where username='$username0'";
    if (mysql_query($sql,$conn))
        header("Location:success.php");
    else
        header("Location:error.php");
    }
?>
</body>
</html>
```

(2) 在站点根目录下创建一个新的 PHP 页面 success.php。该页面为“操作成功”页面，代码如下：

```
<html>
  <head>
    <meta http-equiv="Content-Type" content="text/html; charset=utf-8" />
    <title>操作信息</title>
    <link rel="stylesheet" href="./stylesheet.css" type="text/css"></link>
  </head>
  <body>
    <img src="./images/LuRight.jpg">
    <FONT color="green">操作成功！</FONT>
  </body>
</html>
```

(3) 在站点根目录下创建一个新的 PHP 页面 error.php。该页面为“操作失败”页面，代码如下：

```
<html>
  <head>
    <meta http-equiv="Content-Type" content="text/html; charset=utf-8" />
```

```
    <title>操作信息</title>
    <link rel="stylesheet" href="./stylesheet.css" type="text/css"></link>
  </head>
  <body>
    <img src="./images/LuWrong.jpg">
    <FONT color="red">操作失败！</FONT>
  </body>
</html>
```

2. 安全退出

在系统主界面中单击“安全退出”链接(或“注销”链接)，将直接关闭系统的主界面，并重新打开如图 9-4 所示的“系统登录”页面。

为实现安全退出功能，只需在站点根目录下创建一个新的 PHP 页面 logout.php 即可。其代码如下：

```
<?php
$username=@$_COOKIE['username'];
$usertype=@$_COOKIE['usertype'];
if (!$username||!$usertype){
    header("Location:noAuthority.php");
    die();
}
?>
<html>
<head>
<meta http-equiv="Content-Type" content="text/html; charset=utf-8" />
<title>人事管理-安全退出</title>
<link rel="stylesheet" href="stylesheet.css" type="text/css"></link>
</head>
<body>
<?php
setcookie("username","",time()-3600);
setcookie("usertype","",time()-3600);
header("Location:login.php");
?>
</body>
</html>
```

9.3.8 用户管理功能的实现

用户管理功能包括用户的增加与维护，而用户的维护又包括用户的查询、修改、删除与密码重置。本系统规定，用户管理功能只能由系统管理员使用。

1. 用户增加

在系统主界面中单击“用户增加”链接，若当前用户为普通用户，将打开相应的“您无此操作权限”页面；反之，若当前用户为系统管理员，将打开如图 9-10 所示的“用户增加”页面。在其中输入用户名并选定相应的用户类型后，再单击“确定”按钮，若能成功添加用户，将显示相应的“操作成功”页面；否则，将显示相应的“操作失败”页面。

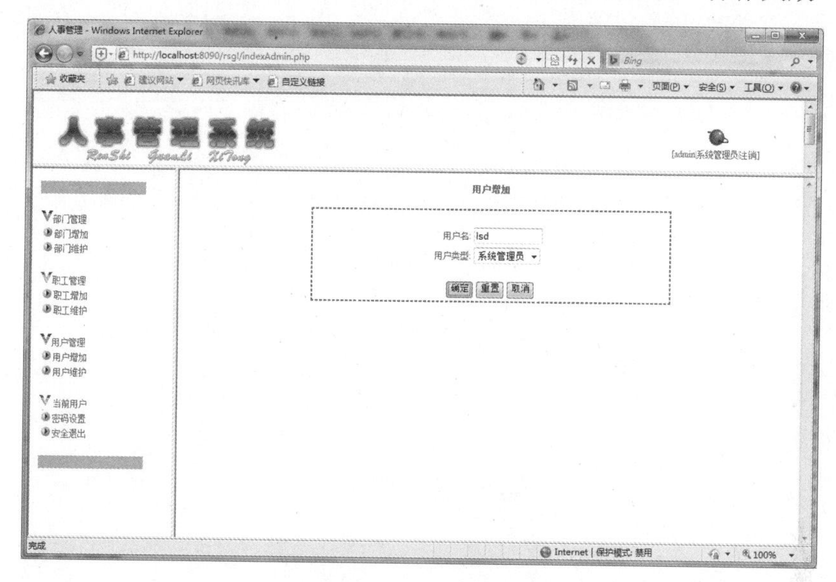

图 9-10　“用户增加”页面

本系统要求用户名必须唯一。在“用户增加”页面的“用户名”文本框中输入用户名并让其失去焦点，若所输入的用户名已经存在，则会打开如图 9-11 所示的“用户名已经存在”提示对话框，以及时提醒用户。

图 9-11　“用户名已经存在”提示对话框

用户增加功能的实现过程如下所述。

(1) 在站点根目录下创建一个新的 PHP 页面 userAdd.php。其代码如下：

```
<?php
$username=@$_COOKIE['username'];
$usertype=@$_COOKIE['usertype'];
if (!$username||!$usertype||$usertype!="系统管理员"){
    header("Location:noAuthority.php");
    die();
}
?>
<html>
<head>
<meta http-equiv="Content-Type" content="text/html; charset=utf-8" />
<title>系统用户</title>
<link rel="stylesheet" href="./stylesheet.css" type="text/css"></link>
<script type="text/javascript">
function GetXmlHttpObject(){
    var XMLHttp=null;
    try{
        XMLHttp=new XMLHttpRequest();
    }
    catch (e){
```

```
        try{
            XMLHttp=new ActiveXObject("Msxml2.XMLHTTP");
        }
        catch (e){
            XMLHttp=new ActiveXObject("Microsoft.XMLHTTP");
        }
    }
    return XMLHttp;
}
function UserQuery(){
    XMLHttp=GetXmlHttpObject();
    var username0=document.getElementById("username0").value;
    if(username0==""){
        window.alert("用户名不能为空!");
    }else{
        var url="userCheck.php";
        var poststr="username0="+username0;
        XMLHttp.open("POST",url,true);
        XMLHttp.setRequestHeader("Content-Type","application/x-www-form-
urlencoded");
        XMLHttp.send(poststr);
        XMLHttp.onreadystatechange=function(){
            if (XMLHttp.readyState==4&&XMLHttp.status==200){
                if(XMLHttp.responseText=="1"){
                    window.alert("用户名已经存在!");
                }else if(XMLHttp.responseText=="0"){
                    window.alert("用户名尚未使用!");
                }
            }
        }
    }
}
</script>
<SCRIPT LANGUAGE="javascript">
function checkform(){
    if (document.form.username0.value==""){
        alert("请输入用户名! ");
        document.form.username0.focus();
        return false;
    }
    return true;
}
</SCRIPT>
</head>
<body>
<div align="center">
<b>用户增加</b>
<br />
<br />
<form action="" method="post" name="form">
```

```
<table style="border: thin dashed #008080;" width="500" align="center">
<tr>
<td style="width: 45%"> </td>
<td style="width: 55%"> </td>
</tr>
<tr>
<td align="right">
用户名:
</td>
<td>
<input name="username0" type="text" size="10" maxlength="10"
onBlur="UserQuery()">
</td>
</tr>
<tr>
<td align="right">
用户类型:
</td>
<td>
<select name="usertype0">
<option value="系统管理员">系统管理员</option>
<option value="普通用户">普通用户</option>
</select>
</td>
</tr>
<tr>
<td> </td>
<td> </td>
</tr>
<tr>
<td align="center" colspan="2">
<input name="submit" type="submit" value="确定" onClick='return
checkform();'>
<input name="reset" type="reset" value="重置">
<input name="cancel" type="button" value="取消" onClick="javascript:
location='home.php';">
</td>
</tr>
</table>
</form>
</div>
<?php
if (@$_POST["submit"]=="确定"){
    $username0=$_POST["username0"];
    $usertype0=$_POST["usertype0"];
    $password0=$username0;  //新用户的密码与用户名相同
    include "connectdb.php";
    $sql="insert into users(username,password,usertype)";
    $sql=$sql." values('$username0','$password0','$usertype0')";
    if (mysql_query($sql,$conn))
```

```
        header("Location:success.php");
    else
        header("Location:error.php");
}
?>
</body>
</html>
```

(2) 在站点根目录下创建一个新的 PHP 页面 userCheck.php。其代码如下：

```
<?php
$username0=$_POST['username0'];
header('Content-Type:text/html;charset=utf-8');
include "connectdb.php";
$sql="select * from users where username='$username0'";
$result=mysql_query($sql);
$row=mysql_fetch_array($result);
if($row)
    echo "1";
else
    echo "0";
?>
```

2. 用户维护

在系统主界面中单击“用户维护”链接，若当前用户为普通用户，将打开相应的“您无此操作权限！”页面；反之，若当前用户为系统管理员，将打开如图 9-12 所示的“用户列表”页面。该页面以分页的方式显示出系统的有关用户记录(在此为每页显示 2 个用户记录)，并支持按用户名对系统用户进行模糊查询，同时提供了增加新用户以及对各个用户进行修改、删除或密码重置操作的链接。其中，“增加”链接的作用与系统主界面中的“用户增加”链接是一样的。

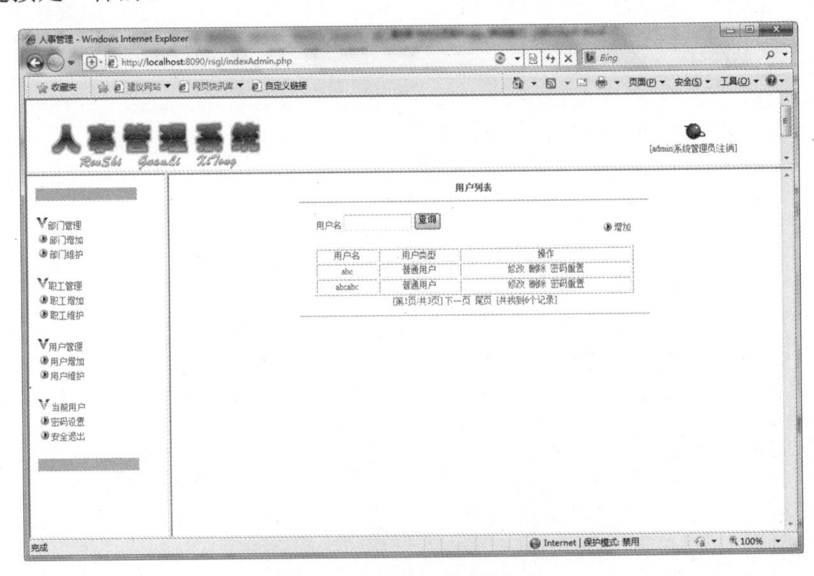

图 9-12 “用户列表”页面

为查询用户，只需在“用户列表”页面的“用户名”文本框中输入相应的查询条件，然后再单击“查询”按钮即可(如图 9-13 所示)。

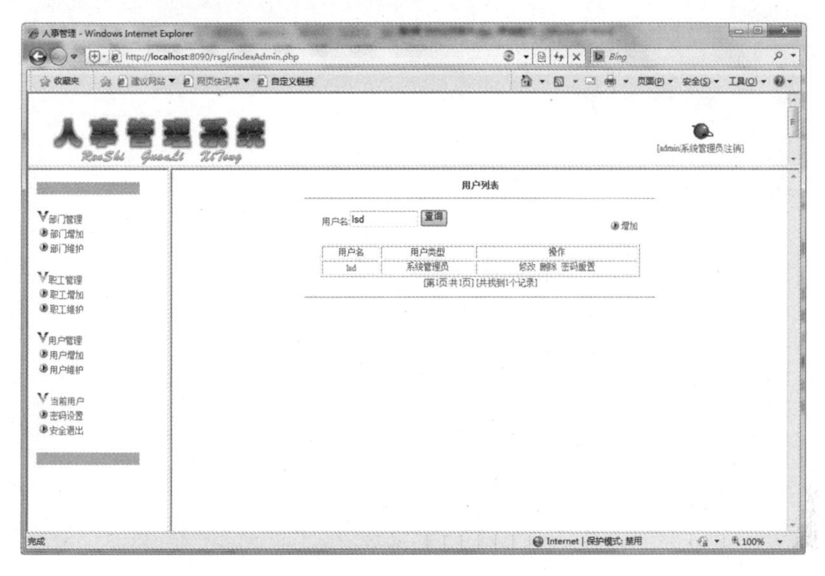

图 9-13　查询用户

为修改用户，只需在用户列表中单击相应用户后的“修改”链接，打开如图 9-14 所示的“用户修改”页面，并在其中进行相应的修改，最后再单击“确定”按钮即可。若能成功修改指定的用户，将显示相应的“操作成功”页面；否则，将显示相应的“操作失败”页面。需要注意的是，在本系统中，用户名是不能修改的。

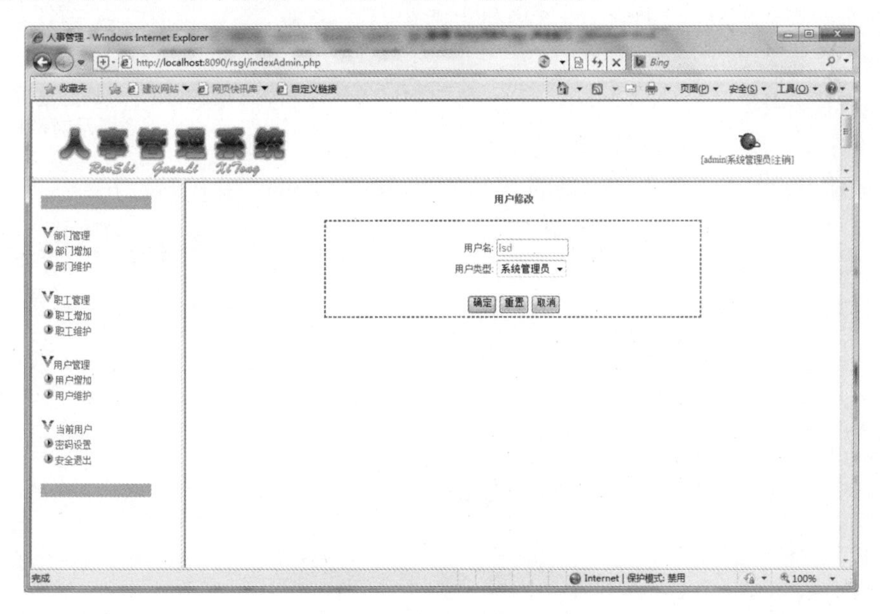

图 9-14　“用户修改”页面

为删除用户，只需在用户列表中单击相应用户后的“删除”链接，打开如图 9-15 所示的“用户删除”页面，然后再单击“确定”按钮即可。若能成功删除指定的用户，将显示相应的“操作成功”页面；否则，将显示相应的“操作失败”页面。

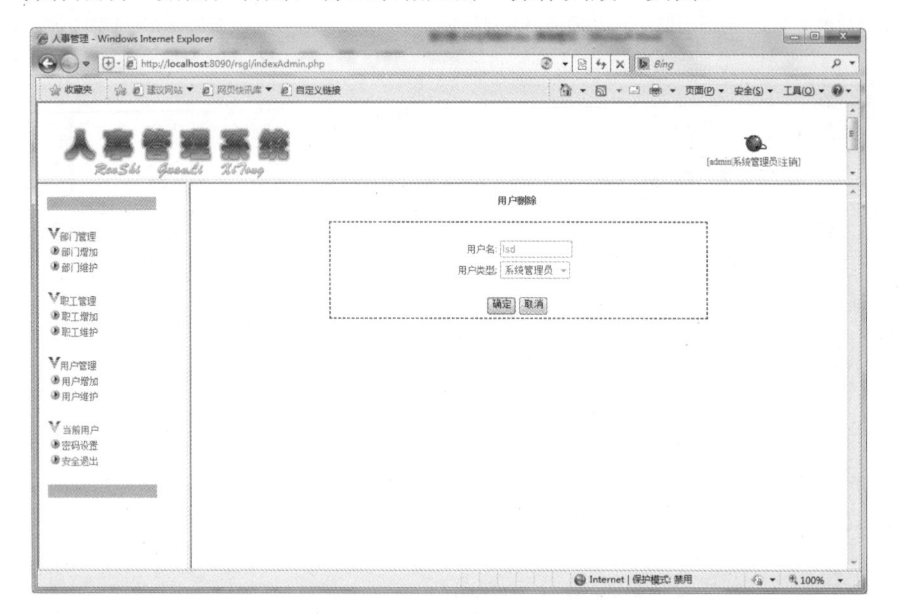

图 9-15　“用户删除”页面

为重置用户的密码，只需在用户列表中单击相应用户后的“密码重置”链接，并在随之打开的如图 9-16 所示的“确定重置密码吗”提示对话框中单击“确定”按钮即可。若能成功重置指定用户的密码，将显示相应的“操作成功”页面；否则，将显示相应的“操作失败”页面。为简单起见，在本系统中，重置密码就是将指定用户的密码修改为用户名本身。

图 9-16　“确定重置密码吗”提示对话框

用户维护功能的实现过程如下所述。

(1) 在站点根目录下创建一个新的 PHP 页面 userList.php。其代码如下：

```
<?php
$username=@$_COOKIE['username'];
$usertype=@$_COOKIE['usertype'];
if (!$username||!$usertype||$usertype!="系统管理员"){
    header("Location:noAuthority.php");
    die();
}
?>
<html>
<head>
<meta http-equiv="Content-Type" content="text/html; charset=utf-8" />
<title>系统用户</title>
<link rel="stylesheet" href="./stylesheet.css" type="text/css"></link>
</head>
<body>
<?php
```

```
$username0=@$_GET["username0"];
$pageno=@trim($_GET['pageno']);
include "connectdb.php";
$username00="%".$username0."%";
$sql="select username,usertype from users";
$sql.=" where username like '$username00' order by username";
$result=mysql_query($sql,$conn);
$rows=mysql_num_rows($result);  //总记录数
if ($rows==0)  {
    echo "没有满足条件的记录！";
    die();
}
$pagesize=2;  //每页的记录数(在此暂设为 2，通常应设为 10)
$pagecount=ceil($rows/$pagesize);  //总页数
//$pageno 的值为当前页的页号
if (!isset($pageno)||$pageno<1)
    $pageno=1;
if ($pageno>$pagecount)
    $pageno=$pagecount;
$offset=($pageno-1)*$pagesize;
mysql_data_seek($result,$offset);
?>
<div align="center">
<b>用户列表</b><br />
<table width="500" border="0">
<tr><td><hr /></td></tr>
<tr>
<td>
<table width="450" align="center" border="0">
<tr>
<td>
<form action="" method="get">
用户名:<input type="text" name="username0" value="<?php echo $username0; ?>"
size="10" maxlength="10"/>
<input type="submit" value="查询"/>
</form>
</td>
<td align="right">
<img alt="" src="./images/LuArrow.gif" align="absmiddle">
<a href="userAdd.php" target="rightFrame">增加</a>
</td>
</tr>
</table>
<table width="450" align="center" border="1">
<tr align="center">
<td>用户名</td><td>用户类型</td><td>操作</td>
</tr>
<?php
$i=0;
while($row=mysql_fetch_array($result)){
```

```
?>
    <tr align="center">
    <td><?php echo $row['username']; ?></td>
    <td><?php echo $row['usertype']; ?></td>
    <td align="center">
     <a href="userUpdate.php?username0=<?php echo $row['username']; ?>">
修改</a>
     <a href="userDelete.php?username0=<?php echo $row['username']; ?>">
删除</a>
     <a href="userResetPwd.php?username0=<?php echo $row['username']; ?>"
onClick="if(!confirm('确定重置密码吗？'))return false;else return true;">密
码重置</a>
    </td>
    </tr>
<?php
     $i=$i+1;
     if ($i==$pagesize)
         break;
}
mysql_free_result($result);
mysql_close($conn);
?>
</table>
<div align="center">
[第<?php echo $pageno; ?>页/共<?php echo $pagecount; ?>页]
<?php
$href=$_SERVER['PHP_SELF']."?username0=".urlencode($username0);
if ($pageno<>1){
?>
    <a href="<?php echo $href; ?>&pageno=1">首页</a>
    <a href="<?php echo $href; ?>&pageno=<?php echo $pageno-1; ?>">上一页</a>
<?php
}
if ($pageno<>$pagecount){
?>
    <a href="<?php echo $href; ?>&pageno=<?php echo $pageno+1; ?>">下一页</a>
    <a href="<?php echo $href; ?>&pageno=<?php echo $pagecount; ?>">尾页</a>
<?php
}
?>
[共找到<?php echo $rows; ?>个记录]
</div>
</td>
</tr>
<tr><td><hr /></td></tr>
</table>
</div>
</body>
</html>
```

(2) 在站点根目录下创建一个新的 PHP 页面 userUpdate.php。其代码如下：

```
<?php
$username=@$_COOKIE['username'];
$usertype=@$_COOKIE['usertype'];
if (!$username||!$usertype||$usertype!="系统管理员"){
    header("Location:noAuthority.php");
    die();
}
?>
<html>
<head>
<meta http-equiv="Content-Type" content="text/html; charset=utf-8" />
<title>系统用户</title>
<link rel="stylesheet" href="./stylesheet.css" type="text/css"></link>
<SCRIPT LANGUAGE="javascript">
function checkform(){
    if (document.form.username0.value==""){
        alert("请输入用户名！");
        document.form.username0.focus();
        return false;
    }
    return true;
}
</SCRIPT>
</head>
<body>
<?php
$username0=trim($_GET['username0']);
include "connectdb.php";
$sql="select username,usertype from users where username='$username0'";
$result=mysql_query($sql,$conn);
$row = mysql_fetch_array($result);
if (!$row){
    echo "无此用户!";
    die();
}
$username0=$row['username'];
$usertype0=$row['usertype'];
?>
<div align="center">
<b>用户修改</b>
<br />
<br />
<form action="" method="post" name="form">
<table style="border: thin dashed #008080;" width="500" align="center">
<tr>
<td style="width: 45%"> </td>
<td style="width: 55%"> </td>
</tr>
<tr>
<td align="right">
```

```
用户名：
</td>
<td>
<input name="username0" type="text" disabled="disabled" value="<?php echo
$username0; ?>" size="10" maxlength="10">
</td>
</tr>
<tr>
<td align="right">
用户类型：
</td>
<td>
<select name="usertype0">
<option value="系统管理员" <?php if ($usertype0=="系统管理员") { ?>
selected="selected" <?php } ?>>系统管理员</option>
<option value="普通用户"  <?php if ($usertype0=="普通用户") { ?>
selected="selected" <?php } ?>>普通用户</option>
</select>
</td>
</tr>
<tr>
<td> </td>
<td>
<input name="username00" type="hidden" value="<?php echo
$username0; ?>">
</td>
</tr>
<tr>
<td align="center" colspan="2">
<input name="submit" type="submit" value="确定" onClick='return checkform();'>
<input name="reset" type="reset" value="重置">
<input name="cancel" type="button" value="取消" onClick="javascript:
location='home.php';">
</td>
</tr>
</table>
</form>
</div>
<?php
if (@$_POST["submit"]=="确定"){
    $username00=$_POST["username00"];
    $usertype0=$_POST["usertype0"];
    include "connectdb.php";
    $sql="update users set usertype='$usertype0' where username='$username00'";
    if (mysql_query($sql,$conn))
        header("Location:success.php");
    else
        header("Location:error.php");
}
?>
</body>
</html>
```

(3) 在站点根目录下创建一个新的 PHP 页面 userDelete.php。其代码如下：

```
<?php
$username=@$_COOKIE['username'];
$usertype=@$_COOKIE['usertype'];
if (!$username||!$usertype||$usertype!="系统管理员"){
    header("Location:noAuthority.php");
    die();
}
?>
<html>
<head>
<meta http-equiv="Content-Type" content="text/html; charset=utf-8" />
<title>系统用户</title>
<link rel="stylesheet" href="./stylesheet.css" type="text/css"></link>
</head>
<body>
<?php
$username0=trim($_GET['username0']);
include "connectdb.php";
$sql="select username,usertype from users where username='$username0'";
$result=mysql_query($sql,$conn);
$row = mysql_fetch_array($result);
if (!$row){
    echo "无此用户!";
    die();
}
$username0=$row['username'];
$usertype0=$row['usertype'];
?>
<div align="center">
<b>用户删除</b>
<br />
<br />
<form action="" method="post" name="form">
<table style="border: thin dashed #008080;" width="500" align="center">
<tr>
<td style="width: 45%"> </td>
<td style="width: 55%"> </td>
</tr>
<tr>
<td align="right">
用户名:
</td>
<td>
<input name="username0" type="text" disabled="disabled" value="<?php echo
$username0; ?>" size="10" maxlength="10">
</td>
</tr>
<tr>
<td align="right">
```

```
用户类型:
</td>
<td>
<select name="usertype0" disabled>
<option value="系统管理员" <?php if ($usertype0=="系统管理员") { ?>
selected="selected" <?php } ?>>系统管理员</option>
<option value="普通用户"  <?php if ($usertype0=="普通用户") { ?>
selected="selected" <?php } ?>>普通用户</option>
</select>
</td>
</tr>
<tr>
<td> </td>
<td>
<input name="username00" type="hidden" value="<?php echo
$username0; ?>">
</td>
</tr>
<tr>
<td align="center" colspan="2">
<input name="submit" type="submit" value="确定">
<input name="cancel" type="button" value="取消" onClick="javascript:
location='home.php';">
</td>
</tr>
</table>
</form>
</div>
<?php
if (@$_POST["submit"]=="确定"){
    $username00=$_POST["username00"];
    include "connectdb.php";
    $sql="delete from users where username='$username00'";
    if (mysql_query($sql,$conn))
        header("Location:success.php");
    else
        header("Location:error.php");
}
?>
</body>
</html>
```

(4) 在站点根目录下创建一个新的 PHP 页面 userResetPwd.php。其代码如下：

```
<?php
$username=@$_COOKIE['username'];
$usertype=@$_COOKIE['usertype'];
if (!$username||!$usertype||$usertype!="系统管理员"){
    header("Location:noAuthority.php");
    die();
}
?>
<html>
```

```
<head>
<meta http-equiv="Content-Type" content="text/html; charset=utf-8" />
<title>系统用户—密码重置</title>
<link rel="stylesheet" href="./stylesheet.css" type="text/css"></link>
</head>
<body>
<?php
$username0=$_GET["username0"];
$password=$username0;  //将密码设为用户名
include "connectdb.php";
$sql="update users set password='$password' where username='$username0'";
if (mysql_query($sql,$conn))
    header("Location:success.php");
else
    header("Location:error.php");
?>
</body>
</html>
```

9.3.9　部门管理功能的实现

部门管理功能包括部门的增加与维护，而部门的维护又包括部门的查询、修改与删除。本系统规定，部门管理功能只能由系统管理员使用。

1. 部门增加

在系统主界面中单击“部门增加”链接，若当前用户为普通用户，将打开相应的“您无此操作权限”页面；反之，若当前用户为系统管理员，将打开如图 9-17 所示的“部门增加”页面。在其中输入部门的编号与名称后，再单击“确定”按钮，若能成功添加部门，将显示相应的“操作成功”页面；否则，将显示相应的“操作失败”页面。

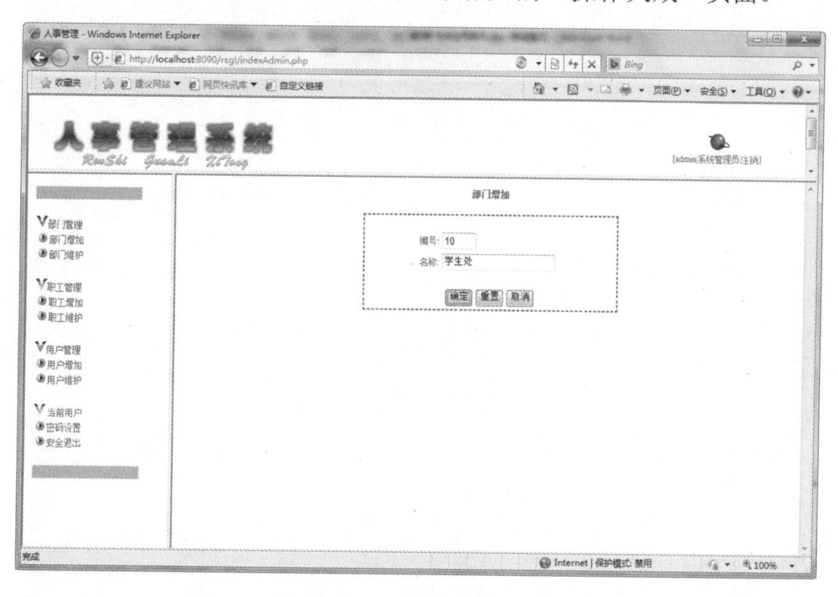

图 9-17　“部门增加”页面

本系统要求部门编号必须唯一。在“部门增加”页面的“编号”文本框中输入部门编号并让其失去焦点，若所输入的部门编号已经存在，则会打开如图 9-18 所示的“编号已经存在”提示对话框，以及时提醒用户。

图 9-18 “编号已经存在”提示对话框

部门增加功能的实现过程如下所述。

(1) 在站点根目录下创建一个新的 PHP 页面 bmAdd.php。其代码如下：

```
<?php
$username=@$_COOKIE['username'];
$usertype=@$_COOKIE['usertype'];
if (!$username||!$usertype||$usertype!="系统管理员"){
    header("Location:noAuthority.php");
    die();
}
?>
<html>
<head>
<meta http-equiv="Content-Type" content="text/html; charset=utf-8" />
<title>部门</title>
<link rel="stylesheet" href="./stylesheet.css" type="text/css"></link>
<script type="text/javascript">
function GetXmlHttpObject(){
    var XMLHttp=null;
    try{
        XMLHttp=new XMLHttpRequest();
    }
    catch (e){
        try{
            XMLHttp=new ActiveXObject("Msxml2.XMLHTTP");
        }
        catch (e){
            XMLHttp=new ActiveXObject("Microsoft.XMLHTTP");
        }
    }
    return XMLHttp;
}
function BmQuery(){
    XMLHttp=GetXmlHttpObject();
    var bmbh=document.getElementById("bmbh").value;
    if(bmbh==""){
        window.alert("编号不能为空!");
    }else{
        var url="bmCheck.php";
        var poststr="bmbh="+bmbh;
        XMLHttp.open("POST",url,true);
        XMLHttp.setRequestHeader("Content-Type","application/x-www-form-
urlencoded");
        XMLHttp.send(poststr);
```

```
        XMLHttp.onreadystatechange=function(){
            if (XMLHttp.readyState==4&&XMLHttp.status==200){
                if(XMLHttp.responseText=="1"){
                    window.alert("编号已经存在!");
                }else if(XMLHttp.responseText=="0"){
                    window.alert("编号尚未使用!");
                }
            }
        }
    }
}
</script>
<SCRIPT LANGUAGE="javascript">
function checkform(){
    if (document.form.bmbh.value==""){
        alert("请输入编号! ");
        document.form.bmbh.focus();
        return false;
    }
    if (document.form.bmmc.value==""){
        alert("请输入名称! ");
        document.form.bmmc.focus();
        return false;
    }
    return true;
}
</SCRIPT>
</head>
<body>
<div align="center">
<b>部门增加</b>
<br />
<br />
<form action="" method="post" name="form">
<table style="border: thin dashed #008080;" width="350" align="center">
<tr>
<td style="width: 30%"> </td>
<td style="width: 70%"> </td>
</tr>
<tr>
<td align="right">
编号:
</td>
<td>
<input name="bmbh" type="text" size="2" maxlength="2"
onBlur="BmQuery()">
</td>
</tr>
<tr>
<td align="right">
```

```
名称:
</td>
<td>
<input name="bmmc" type="text" size="20" maxlength="20">
</td>
</tr>
<tr>
<td> </td>
<td> </td>
</tr>
<tr>
<td align="center" colspan="2">
<input name="submit" type="submit" value="确定" onClick='return checkform();'>
<input name="reset" type="reset" value="重置">
<input name="cancel" type="button" value="取消" onClick="javascript:
location='home.php';">
</td>
</tr>
</table>
</form>
</div>
<?php
if (@$_POST["submit"]=="确定"){
    $bmbh=$_POST["bmbh"];
    $bmmc=$_POST["bmmc"];
    include "connectdb.php";
    $sql="insert into bmb(bmbh,bmmc)";
    $sql=$sql." values('$bmbh','$bmmc')";
    if (mysql_query($sql,$conn))
        header("Location:success.php");
    else
        header("Location:error.php");
}
?>
</body>
</html>
```

(2) 在站点根目录下创建一个新的 PHP 页面 bmCheck.php。其代码如下：

```
<?php
$bmbh=$_POST['bmbh'];
header('Content-Type:text/html;charset=utf-8');
include "connectdb.php";
$sql="select * from bmb where bmbh='$bmbh'";
$result=mysql_query($sql);
$row=mysql_fetch_array($result);
if($row)
    echo "1";
else
    echo "0";
?>
```

2. 部门维护

在系统主界面中单击“部门维护”链接，若当前用户为普通用户，将打开相应的“您无此操作权限”页面；反之，若当前用户为系统管理员，将打开如图 9-19 所示的“部门列表”页面。该页面以分页的方式显示出系统的有关部门记录(在此为每页显示 2 个部门记录)，并支持按编号对部门进行模糊查询，同时提供了增加新部门以及对各个部门进行删除或修改操作的链接。其中，“增加”链接的作用与系统主界面中的“部门增加”链接是一样的。

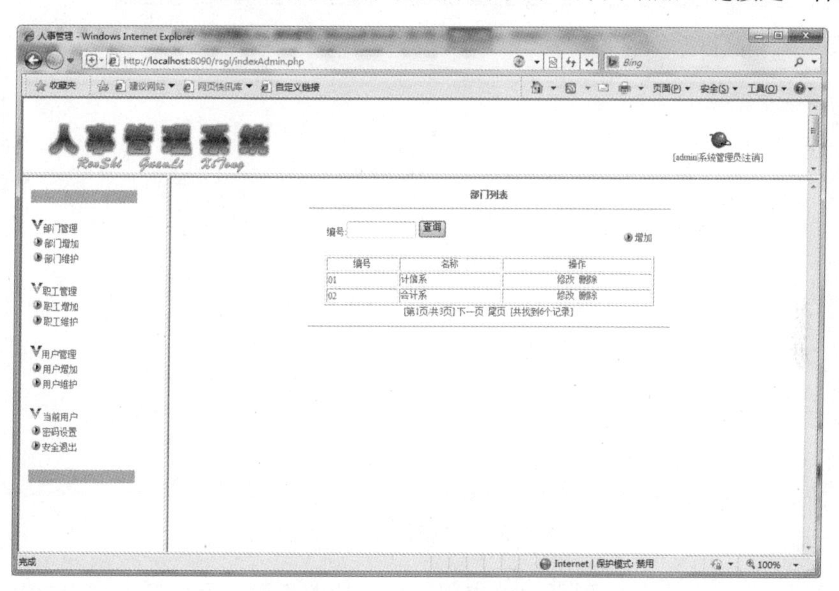

图 9-19 “部门列表”页面

为查询部门，只需在“部门列表”页面的“编号”文本框中输入相应的查询条件，然后再单击“查询”按钮即可(如图 9-20 所示)。

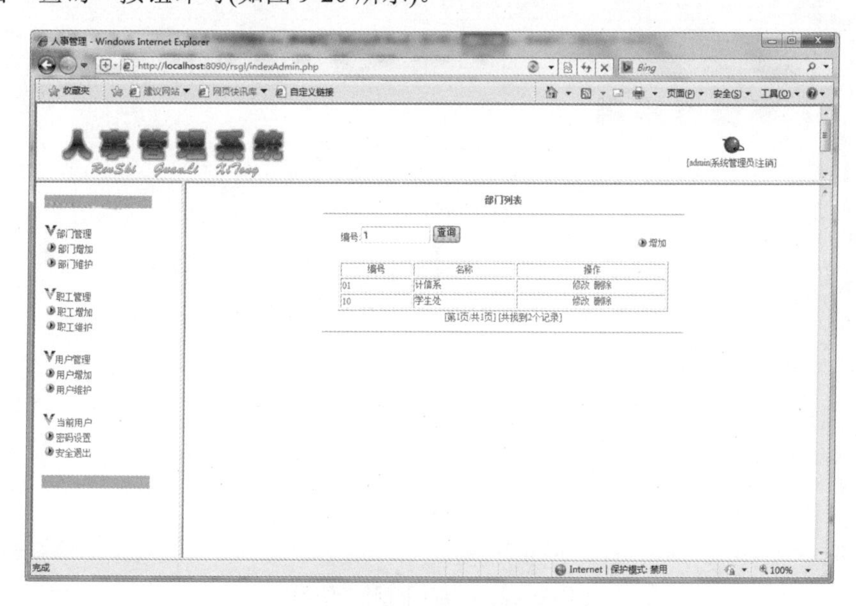

图 9-20 部门查询

为修改部门，只需在部门列表中单击相应部门后的“修改”链接，打开如图 9-21 所示的“部门修改”页面，并在其中进行相应的修改，最后再单击“确定”按钮即可。若能成功修改指定的部门，将显示相应的“操作成功”页面；否则，将显示相应的“操作失败”页面。需要注意的是，在本系统中，部门的编号是不能修改的。

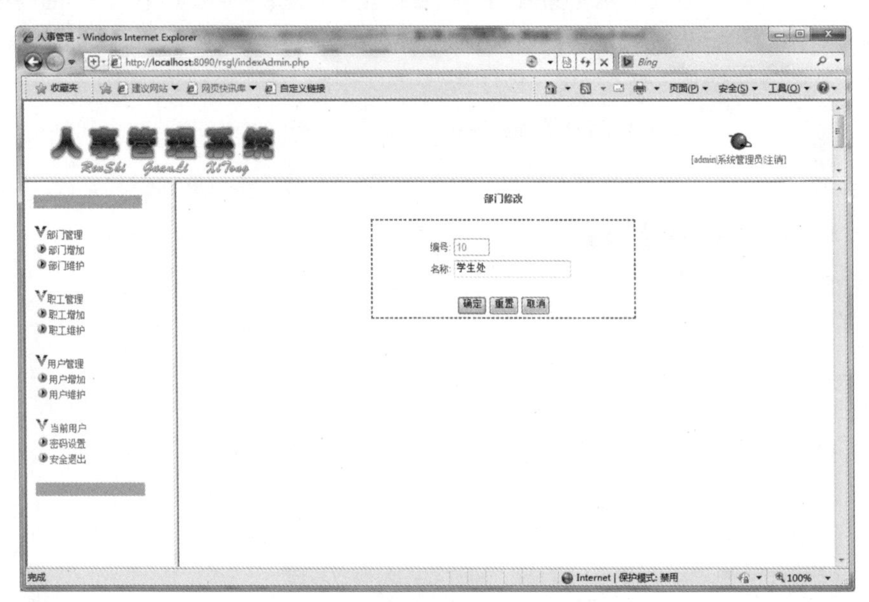

图 9-21　“部门修改”页面

为删除部门，只需在部门列表中单击相应部门后的“删除”链接，打开如图 9-22 所示的“部门删除”页面，然后再单击“确定”按钮即可。若能成功删除指定的部门，将显示相应的“操作成功”页面；否则，将显示相应的“操作失败”页面。

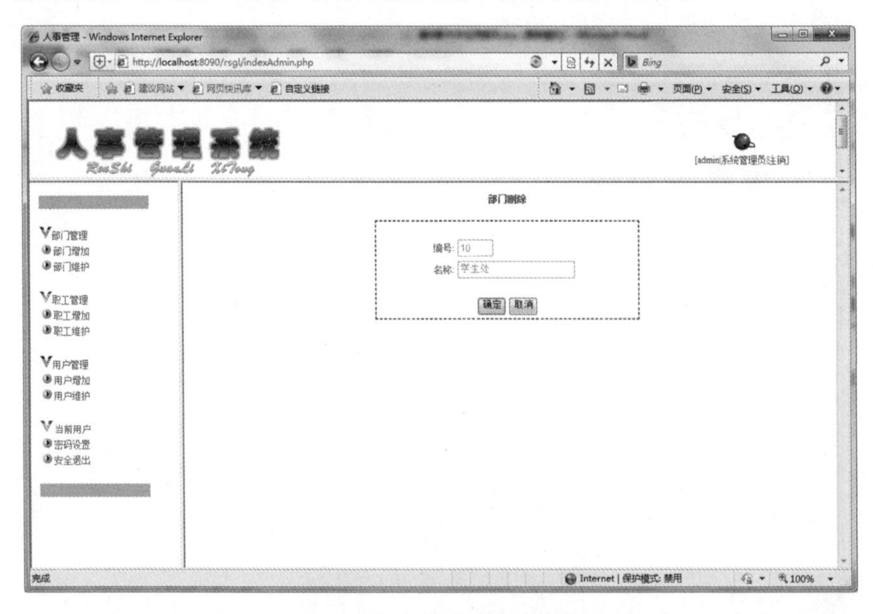

图 9-22　“部门删除”页面

部门维护功能的实现过程如下所述。

(1) 在站点根目录下创建一个新的 PHP 页面 bmList.php。其代码如下：

```
<?php
$username=@$_COOKIE['username'];
$usertype=@$_COOKIE['usertype'];
if (!$username||!$usertype||$usertype!="系统管理员"){
    header("Location:noAuthority.php");
    die();
}
?>
<html>
<head>
<meta http-equiv="Content-Type" content="text/html; charset=utf-8" />
<title>部门</title>
<link rel="stylesheet" href="./stylesheet.css" type="text/css"></link>
</head>
<body>
<?php
$bmbh=@$_GET["bmbh"];
$pageno=@trim($_GET['pageno']);
include "connectdb.php";
$bmbh0="%".$bmbh."%";
$sql="select bmbh,bmmc from bmb";
$sql.=" where bmbh like '$bmbh0' order by bmbh";
$result=mysql_query($sql,$conn);
$rows=mysql_num_rows($result);  //总记录数
if ($rows==0){
    echo "没有满足条件的记录！";
    die();
}
$pagesize=2;  //每页的记录数(在此暂设为 2，通常应设为 10)
$pagecount=ceil($rows/$pagesize);  //总页数
//$pageno 的值为当前页的页号
if (!isset($pageno)||$pageno<1)
    $pageno=1;
if ($pageno>$pagecount)
    $pageno=$pagecount;
$offset=($pageno-1)*$pagesize;
mysql_data_seek($result,$offset);
?>
<div align="center">
<b>部门列表</b><br />
<table width="500" border="0">
<tr><td><hr /></td></tr>
<tr>
<td>
<table width="450" align="center" border="0">
<tr>
<td>
```

```
<form action="" method="get">
编号:<input type="text" name="bmbh" value="<?php echo $bmbh; ?>"
size="10" maxlength="10"/>
<input type="submit" value="查询"/>
</form>
</td>
<td align="right">
<img alt="" src="./images/LuArrow.gif" align="absmiddle">
<a href="bmAdd.php" target="rightFrame">增加</a>
</td>
</tr>
</table>
<table width="450" align="center" border="1">
<tr align="center">
<td>编号</td><td>名称</td><td>操作</td>
</tr>
<?php
$i=0;
while($row=mysql_fetch_array($result)){
?>
    <tr>
    <td><?php echo $row['bmbh']; ?></td>
    <td><?php echo $row['bmmc']; ?></td>
    <td align="center">
    <a href="bmUpdate.php?bmbh=<?php echo $row['bmbh']; ?>">修改</a>
    <a href="bmDelete.php?bmbh=<?php echo $row['bmbh']; ?>">删除</a>
    </td>
    </tr>
<?php
    $i=$i+1;
    if ($i==$pagesize)
     break;
}
mysql_free_result($result);
mysql_close($conn);
?>
</table>
<div align="center">
[第<?php echo $pageno; ?>页/共<?php echo $pagecount; ?>页]
<?php
$href=$_SERVER['PHP_SELF']."?bmbh=".urlencode($bmbh);
if ($pageno<>1){
?>
    <a href="<?php echo $href; ?>&pageno=1">首页</a>
    <a href="<?php echo $href; ?>&pageno=<?php echo $pageno-1; ?>">上一页</a>
<?php
}
if ($pageno<>$pagecount){
?>
    <a href="<?php echo $href; ?>&pageno=<?php echo $pageno+1; ?>">下一页</a>
    <a href="<?php echo $href; ?>&pageno=<?php echo $pagecount; ?>">尾页</a>
```

```
<?php
}
?>
[共找到<?php echo $rows; ?>个记录]
</div>
</td>
</tr>
<tr><td><hr /></td></tr>
</table>
</div>
</body>
</html>
```

(2) 在站点根目录下创建一个新的 PHP 页面 bmUpdate.php。其代码如下：

```
<?php
$username=@$_COOKIE['username'];
$usertype=@$_COOKIE['usertype'];
if (!$username||!$usertype||$usertype!="系统管理员"){
    header("Location:noAuthority.php");
    die();
}
?>
<html>
<head>
<meta http-equiv="Content-Type" content="text/html; charset=utf-8" />
<title>部门</title>
<link rel="stylesheet" href="./stylesheet.css" type="text/css"></link>
<SCRIPT LANGUAGE="javascript">
function checkform(){
    if (document.form.bmbh.value==""){
        alert("请输入编号！");
        document.form.bmbh.focus();
        return false;
    }
    if (document.form.bmmc.value==""){
        alert("请输入名称！");
        document.form.bmmc.focus();
        return false;
    }
    return true;
}
</SCRIPT>
</head>
<body>
<?php
$bmbh=trim($_GET['bmbh']);
include "connectdb.php";
$sql="select bmbh,bmmc from bmb where bmbh='$bmbh'";
$result=mysql_query($sql,$conn);
$row = mysql_fetch_array($result);
```

```
if (!$row){
    echo "无此部门!";
    die();
}
$bmbh=$row['bmbh'];
$bmmc=$row['bmmc'];
?>
<div align="center">
<b>部门修改</b>
<br />
<br />
<form action="" method="post" name="form">
<table style="border: thin dashed #008080;" width="350" align="center">
<tr>
<td style="width: 30%"> </td>
<td style="width: 70%"> </td>
</tr>
<tr>
<td align="right">
编号:
</td>
<td>
<input name="bmbh" type="text" disabled="disabled" value="<?php echo $bmbh; ?>"
size="2" maxlength="2">
</td>
</tr>
<tr>
<td align="right">
名称:
</td>
<td>
<input name="bmmc" type="text" value="<?php echo $bmmc; ?>" size="20"
maxlength="20">
</td>
</tr>
<tr>
<td> </td>
<td><input name="bmbh0" type="hidden" value="<?php echo $bmbh; ?>"></td>
</tr>
<tr>
<td align="center" colspan="2">
<input name="submit" type="submit" value="确定" onClick='return
checkform();'>
<input name="reset" type="reset" value="重置">
<input name="cancel" type="button" value="取消" onClick="javascript:
location='home.php';">
</td>
</tr>
</table>
</form>
```

```
</div>
<?php
if (@$_POST["submit"]=="确定"){
    $bmbh0=$_POST["bmbh0"];
    $bmmc=$_POST["bmmc"];
    include "connectdb.php";
    $sql="update bmb set bmmc='$bmmc' where bmbh='$bmbh0'";
    if (mysql_query($sql,$conn))
        header("Location:success.php");
    else
        header("Location:error.php");
}
?>
</body>
</html>
```

(3) 在站点根目录下创建一个新的 PHP 页面 bmDelete.php。其代码如下：

```
<?php
$username=@$_COOKIE['username'];
$usertype=@$_COOKIE['usertype'];
if (!$username||!$usertype||$usertype!="系统管理员"){
    header("Location:noAuthority.php");
    die();
}
?>
<html>
<head>
<meta http-equiv="Content-Type" content="text/html; charset=utf-8" />
<title>部门</title>
<link rel="stylesheet" href="./stylesheet.css" type="text/css"></link>
</head>
<body>
<?php
$bmbh=trim($_GET['bmbh']);
include "connectdb.php";
$sql="select bmbh,bmmc from bmb where bmbh='$bmbh'";
$result=mysql_query($sql,$conn);
$row = mysql_fetch_array($result);
if (!$row){
    echo "无此部门!";
    die();
}
$bmbh=$row['bmbh'];
$bmmc=$row['bmmc'];
?>
<div align="center">
<b>部门删除</b>
<br />
<br />
<form action="" method="post" name="form">
```

```
<table style="border: thin dashed #008080;" width="350" align="center">
<tr>
<td style="width: 30%"> </td>
<td style="width: 70%"> </td>
</tr>
<tr>
<td align="right">
编号:
</td>
<td>
<input name="bmbh" type="text" disabled="disabled" value="<?php echo $bmbh; ?>"
size="2" maxlength="2">
</td>
</tr>
<tr>
<td align="right">
名称:
</td>
<td>
<input name="bmmc" type="text" disabled value="<?php echo $bmmc; ?>" size=
"20" maxlength="20">
</td>
</tr>
<tr>
<td> </td>
<td><input name="bmbh0" type="hidden" value="<?php echo $bmbh; ?>"></td>
</tr>
<tr>
<td align="center" colspan="2">
<input name="submit" type="submit" value="确定">
<input name="cancel" type="button" value="取消" onClick="javascript:
location='home.php';">
</td>
</tr>
</table>
</form>
</div>
<?php
if (@$_POST["submit"]=="确定"){
    $bmbh0=$_POST["bmbh0"];
    include "connectdb.php";
    $sql="delete from bmb where bmbh='$bmbh0'";
    if (mysql_query($sql,$conn))
        header("Location:success.php");
    else
        header("Location:error.php");
}
?>
</body>
</html>
```

9.3.10 职工管理功能的实现

职工管理功能包括职工的增加与维护，而职工的维护又包括职工的查询、修改与删除。本系统规定，职工管理功能可由系统管理员或普通用户使用。

1. 职工增加

在系统主界面中单击“职工增加”链接，将打开如图 9-23 所示的“职工增加”页面。在其中输入相应的职工信息后，再单击“确定”按钮，若能成功添加职工，将显示相应的“操作成功”页面；否则，将显示相应的“操作失败”页面。

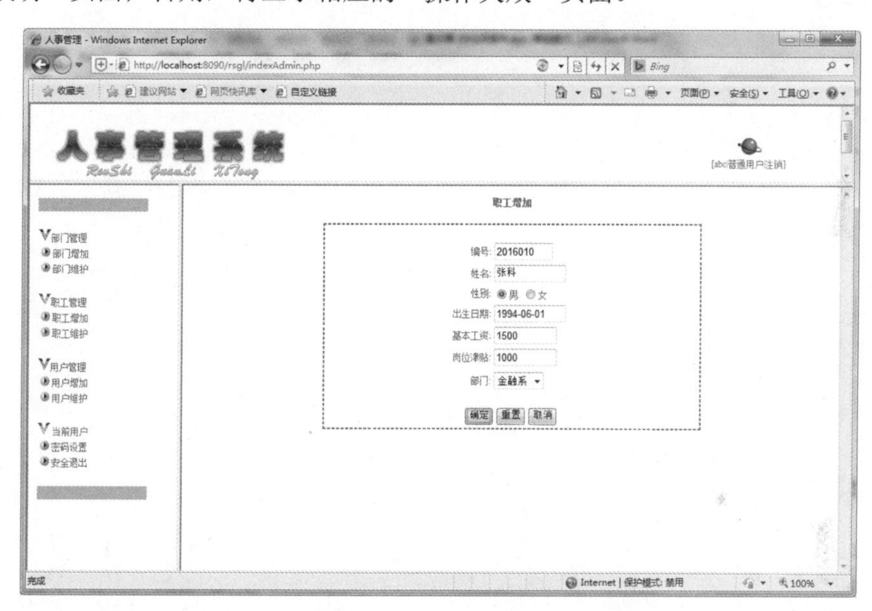

图 9-23 “职工增加”页面

本系统要求职工编号必须唯一。在“职工增加”页面的“编号”文本框中输入职工编号并让其失去焦点，若所输入的职工编号已经存在，则会打开如图 9-24 所示的“编号已经存在”提示对话框，以及时提醒用户。

图 9-24 “编号已经存在”提示对话框

职工增加功能的实现过程如下所述。

(1) 在站点根目录下创建一个新的 PHP 页面 zgAdd.php。其代码如下：

```
<?php
$username=@$_COOKIE['username'];
$usertype=@$_COOKIE['usertype'];
if (!$username||!$usertype){
    header("Location:noAuthority.php");
    die();
}
?>
```

```
<html>
<head>
<meta http-equiv="Content-Type" content="text/html; charset=utf-8" />
<title>职工</title>
<link rel="stylesheet" href="./stylesheet.css" type="text/css"></link>
<script type="text/javascript">
function GetXmlHttpObject(){
    var XMLHttp=null;
    try{
        XMLHttp=new XMLHttpRequest();
    }
    catch (e){
        try{
            XMLHttp=new ActiveXObject("Msxml2.XMLHTTP");
        }
        catch (e){
            XMLHttp=new ActiveXObject("Microsoft.XMLHTTP");
        }
    }
    return XMLHttp;
}
function ZgQuery(){
    XMLHttp=GetXmlHttpObject();
    var bh=document.getElementById("bh").value;
    if(bh==""){
        window.alert("编号不能为空!");
    }else{
        var url="zgCheck.php";
        var poststr="bh="+bh;
        XMLHttp.open("POST",url,true);
        XMLHttp.setRequestHeader("Content-Type","application/x-www-form-
urlencoded");
        XMLHttp.send(poststr);
        XMLHttp.onreadystatechange=function(){
            if (XMLHttp.readyState==4&&XMLHttp.status==200){
                if(XMLHttp.responseText=="1"){
                    window.alert("编号已经存在!");
                }else if(XMLHttp.responseText=="0"){
                    window.alert("编号尚未使用!");
                }
            }
        }
    }
}
</script>
<SCRIPT LANGUAGE="javascript">
function checkform(){
    if (document.form.bh.value==""){
        alert("请输入编号! ");
        document.form.bh.focus();
```

```
        return false;
    }
    if (document.form.xm.value==""){
        alert("请输入姓名！");
        document.form.xm.focus();
        return false;
    }
    if (document.form.csrq.value==""){
        alert("请输入出生日期！");
        document.form.csrq.focus();
        return false;
    }
    return true;
}
</SCRIPT>
</head>
<body>
<div align="center">
<b>职工增加</b>
<br />
<br />
<form action="" method="post" name="form">
<table style="border: thin dashed #008080;" width="500" align="center">
<tr>
<td style="width: 45%"> </td>
<td style="width: 55%"> </td>
<tr>
<td align="right">
编号:
</td>
<td>
<input name="bh" type="text" size="7" maxlength="7" onBlur="ZgQuery()">
</td>
</tr>
<tr>
<td align="right">
姓名:
</td>
<td>
<input name="xm" type="text" size="10" maxlength="10">
</td>
</tr>
<tr>
<td align="right">
性别:
</td>
<td>
<input name="xb" type="radio" value="男" checked="CHECKED">男
<input name="xb" type="radio" value="女">女
</td>
```

```
</tr>
<tr>
<td align="right">
出生日期:
</td>
<td>
<input name="csrq" type="text" size="10" maxlength="10">
</td>
</tr>
<tr>
<td align="right">
基本工资:
</td>
<td>
<input name="jbgz" type="text" value="0.0" size="8" maxlength="8">
</td>
</tr>
<tr>
<td align="right">
岗位津贴:
</td>
<td>
<input name="gwjt" type="text" value="0.0" size="8" maxlength="8">
</td>
</tr>
<tr>
</tr>
<tr>
<td align="right">
部门:
</td>
<td>
<select name="bm">
<?php
include "connectdb.php";
$sql="select bmbh,bmmc from bmb order by bmbh";
$result=mysql_query($sql,$conn);
while($row=mysql_fetch_array($result)) {
?>
    <option value="<?php echo $row['bmbh']; ?>"><?php echo
$row['bmmc']; ?></option>
<?php
}
mysql_free_result($result);
mysql_close($conn);
?>
</select>
</td>
</tr>
<tr>
```

```
<td> </td>
<td> </td>
</tr>
<tr>
<td align="center" colspan="2">
<input name="submit" type="submit" value="确定" onClick='return checkform();'>
<input name="reset" type="reset" value="重置">
<input name="cancel" type="button" value="取消" onClick="javascript:
location='home.php';">
</td>
</tr>
</table>
</form>
</div>
<font color="red"><div id="msg" align="center"></div></font>
<?php
if (@$_POST["submit"]=="确定"){
    $bh=$_POST["bh"];
    $xm=$_POST["xm"];
    $xb=$_POST["xb"];
    $bm=$_POST["bm"];
    $csrq=$_POST["csrq"];
    $jbgz=$_POST["jbgz"];
    $gwjt=$_POST["gwjt"];
    include "connectdb.php";
    $sql="insert into zgb(bh,xm,xb,bm,csrq,jbgz,gwjt)";
    $sql=$sql." values('$bh','$xm','$xb','$bm','$csrq',$jbgz,$gwjt)";
    if (mysql_query($sql,$conn))
        header("Location:success.php");
    else
        header("Location:error.php");
}
?>
</body>
</html>
```

(2) 在站点根目录下创建一个新的 PHP 页面 zgCheck.php。其代码如下：

```
<?php
$bh=$_POST['bh'];
header('Content-Type:text/html;charset=utf-8');
include "connectdb.php";
$sql="select * from zgb where bh='$bh'";
$result=mysql_query($sql);
$row=mysql_fetch_array($result);
if($row)
    echo "1";
else
    echo "0";
?>
```

2. 职工维护

在系统主界面中单击“职工维护”链接，将打开如图 9-25 所示的“职工列表”页面。该页面以分页的方式显示出系统的有关职工记录(在此为每页显示 2 个职工记录)，并支持按编号与所在部门对职工进行模糊查询，同时提供了增加新职工以及对各个职工进行删除或修改操作的链接。其中，“增加”链接的作用与系统主界面中的“职工增加”链接是一样的。

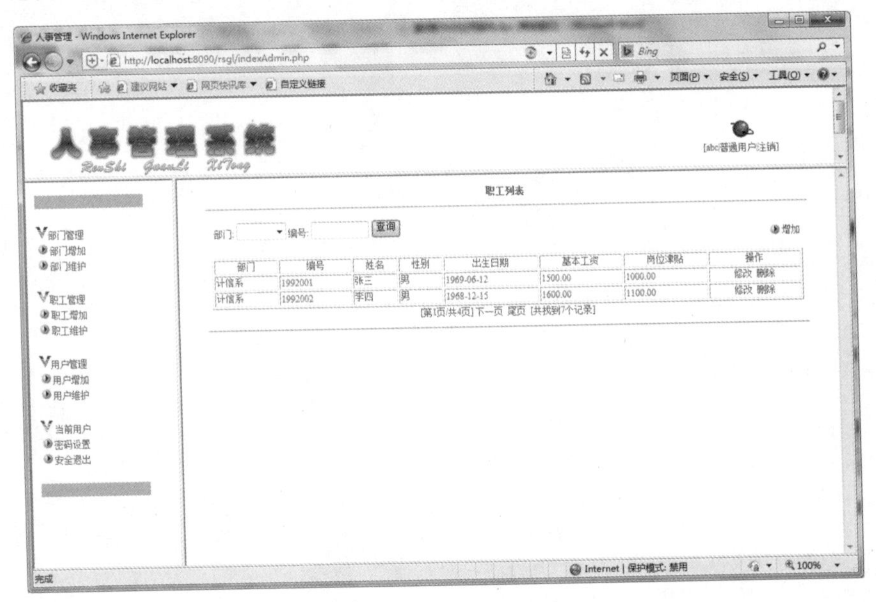

图 9-25 “职工列表”页面

为查询职工，只需在“职工列表”页面的“编号”文本框中输入相应的查询条件，或在“部门”下拉列表中选中相应的部门，然后再单击“查询”按钮即可(如图 9-26 所示)。

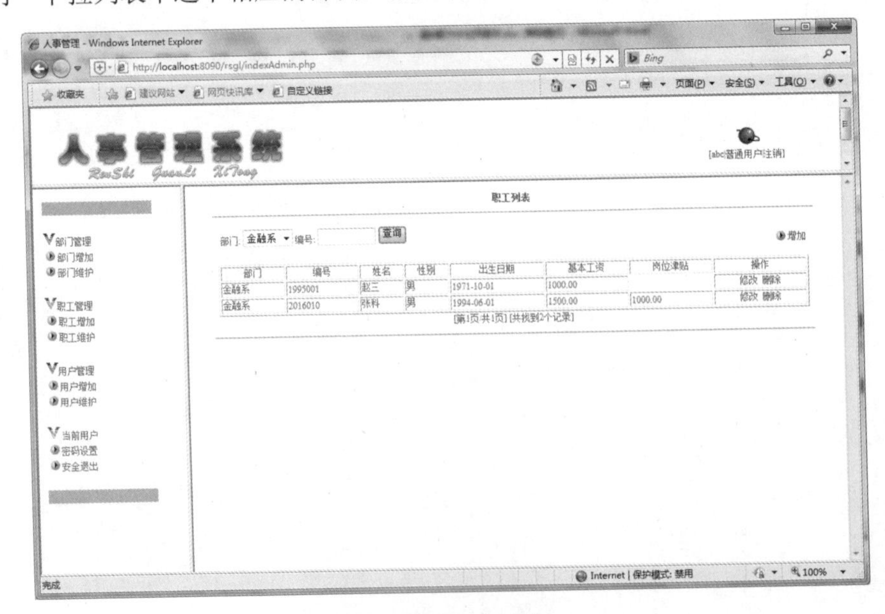

图 9-26 职工查询

为修改职工，只需在职工列表中单击相应职工后的“修改”链接，打开如图 9-27 所示的“职工修改”页面，并在其中进行相应的修改，最后再单击“确定”按钮即可。若能成功修改指定的职工，将显示相应的“操作成功”页面；否则，将显示相应的“操作失败”页面。需要注意的是，在本系统中，职工的编号是不能修改的。

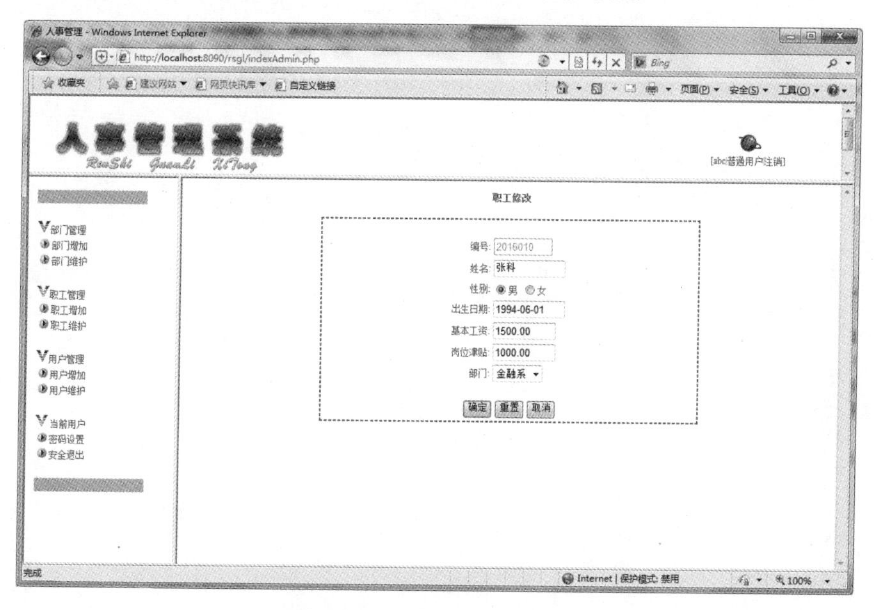

图 9-27　“职工修改”页面

为删除职工，只需在职工列表中单击相应职工后的“删除”链接，打开如图 9-28 所示的“职工删除”页面，然后再单击“确定”按钮即可。若能成功删除指定的职工，将显示相应的“操作成功”页面；否则，将显示相应的“操作失败”页面。

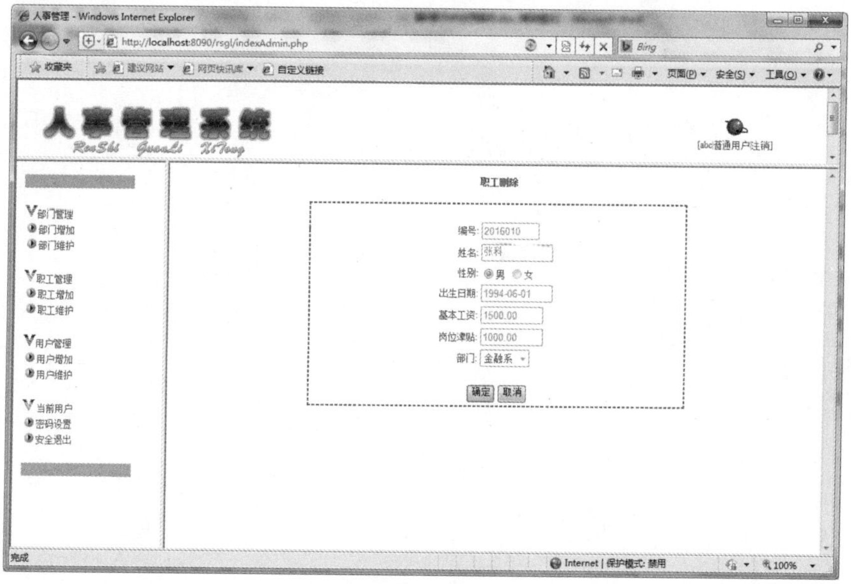

图 9-28　职工删除

职工维护功能的实现过程如下所述。

(1) 在站点根目录下创建一个新的 PHP 页面 zgList.php。其代码如下：

```
<?php
$username=@$_COOKIE['username'];
$usertype=@$_COOKIE['usertype'];
if (!$username||!$usertype){
    header("Location:noAuthority.php");
    die();
}
?>
<html>
<head>
<meta http-equiv="Content-Type" content="text/html; charset=utf-8" />
<title>职工</title>
<link rel="stylesheet" href="./stylesheet.css" type="text/css"></link>
</head>
<body>
<?php
$bmbh=@$_GET["bmbh"];
$bh=@$_GET["bh"];
$pageno=@trim($_GET['pageno']);
include "connectdb.php";
$bmbh0="%".$bmbh."%";
$bh0="%".$bh."%";
$sql="select bh,xm,xb,bmb.bmmc as bmmc,csrq,jbgz,gwjt from zgb,bmb";
$sql.=" where zgb.bm=bmb.bmbh and bm like '$bmbh0' and bh like
'$bh0'order by bh";
$result=mysql_query($sql,$conn);
$rows=mysql_num_rows($result);  //总记录数
if ($rows==0){
    echo "没有满足条件的记录！";
    die();
}
$pagesize=2;  //每页的记录数(在此暂设为 2，通常应设为 10)
$pagecount=ceil($rows/$pagesize);  //总页数
//$pageno 的值为当前页的页号
if (!isset($pageno)||$pageno<1)
    $pageno=1;
if ($pageno>$pagecount)
    $pageno=$pagecount;
$offset=($pageno-1)*$pagesize;
mysql_data_seek($result,$offset);
?>
<div align="center">
<b>职工列表</b><br />
<table width="800" border="0">
<tr><td><hr /></td></tr>
<tr>
<td>
```

```
<table width="780" align="center" border="0">
<tr>
<td>
<form action="" method="get">
部门：
<select name="bmbh">
<option value=""></option>
<?php
$sql0="select bmbh,bmmc from bmb order by bmbh";
$result0=mysql_query($sql0,$conn);
while($row0=mysql_fetch_array($result0)){
?>
    <option value="<?php echo $row0['bmbh']; ?>" <?php if ($row0['bmbh']==$bmbh)
{ ?>selected<?php } ?>><?php echo $row0['bmmc']; ?></option>
<?php
}
mysql_free_result($result0);
?>
</select>
编号：
<input type="text" name="bh" value="<?php echo $bh; ?>" size="7" maxlength="7"/>
<input type="submit" value="查询"/>
</form>
</td>
<td align="right">
<img alt="" src="./images/LuArrow.gif" align="absmiddle">
<a href="zgAdd.php" target="rightFrame">增加</a>
</td>
</tr>
</table>
<table width="780" align="center" border="1">
<tr align="center">
<td>部门</td><td>编号</td><td>姓名</td><td>性别</td><td>出生日期</td><td>基本
工资</td><td>岗位津贴</td><td>操作</td>
</tr>
<?php
$i=0;
while($row=mysql_fetch_array($result)){
?>
    <tr>
    <td><?php echo $row['bmmc']; ?></td>
    <td><?php echo $row['bh']; ?></td>
    <td><?php echo $row['xm']; ?></td>
    <td><?php echo $row['xb']; ?></td>
    <td><?php echo empty($row['csrq'])||$row['csrq']=="0000-00-
00"||$row['csrq']=="0000-00-00 00:00:00"?" ":date('Y-m-
d',strtotime($row['csrq'])); ?></td>
    <td><?php echo $row['jbgz']; ?></td>
    <td><?php echo $row['gwjt']; ?></td>
    <td align="center">
```

```
    <a href="zgUpdate.php?bh=<?php echo $row['bh']; ?>">修改</a>
    <a href="zgDelete.php?bh=<?php echo $row['bh']; ?>">删除</a>
    </td>
    </tr>
<?php
    $i=$i+1;
    if ($i==$pagesize)
        break;
}
mysql_free_result($result);
mysql_close($conn);
?>
</table>
<div align="center">
[第<?php echo $pageno; ?>页/共<?php echo $pagecount; ?>页]
<?php
$href=$_SERVER['PHP_SELF']."?bmbh=".urlencode($bmbh)."&bh=".urlencode($bh);
if ($pageno<>1){
?>
    <a href="<?php echo $href; ?>&pageno=1">首页</a>
    <a href="<?php echo $href; ?>&pageno=<?php echo $pageno-1; ?>">上一页</a>
<?php
}
if ($pageno<>$pagecount){
?>
    <a href="<?php echo $href; ?>&pageno=<?php echo $pageno+1; ?>">下一页</a>
    <a href="<?php echo $href; ?>&pageno=<?php echo $pagecount; ?>">尾页</a>
<?php
}
?>
[共找到<?php echo $rows; ?>个记录]
</div>
</td>
</tr>
<tr><td><hr /></td></tr>
</table>
</div>
</body>
</html>
```

(2) 在站点根目录下创建一个新的 PHP 页面 zgUpdate.php。其代码如下：

```
<?php
$username=@$_COOKIE['username'];
$usertype=@$_COOKIE['usertype'];
if (!$username||!$usertype){
    header("Location:noAuthority.php");
    die();
}
?>
<html>
```

```
<head>
<meta http-equiv="Content-Type" content="text/html; charset=utf-8" />
<title>职工</title>
<link rel="stylesheet" href="./stylesheet.css" type="text/css"></link>
<SCRIPT LANGUAGE="javascript">
function checkform(){
    if (document.form.bh.value==""){
        alert("请输入编号！");
        document.form.bh.focus();
        return false;
    }
    if (document.form.xm.value==""){
        alert("请输入姓名！");
        document.form.xm.focus();
        return false;
    }
    if (document.form.csrq.value==""){
        alert("请输入出生日期！");
        document.form.csrq.focus();
        return false;
    }
    return true;
}
</SCRIPT>
<body>
<?php
$bh=trim($_GET['bh']);
include "connectdb.php";
$sql="select * from zgb where bh='$bh'";
$result=mysql_query($sql,$conn);
$row = mysql_fetch_array($result);
if (!$row){
    echo "无此职工!";
    die();
}
$bh=$row['bh'];
$xm=$row['xm'];
$xb=$row['xb'];
$bm=$row['bm'];
$bh=$row['bh'];
$csrq=$row['csrq'];
$jbgz=$row['jbgz'];
$gwjt=$row['gwjt'];
?>
<div align="center">
<b>职工修改</b>
<br />
<br />
<form action="" method="post" name="form">
<table style="border: thin dashed #008080;" width="500" align="center">
<tr>
```

```
<td style="width: 45%"> </td>
<td style="width: 55%"> </td>
</tr>
<tr>
<td align="right">
编号:
</td>
<td>
<input name="bh" type="text" disabled="disabled" value="<?php echo $bh; ?>"
size="7" maxlength="7">
</td>
</tr>
<tr>
<td align="right">
姓名:
</td>
<td>
<input name="xm" type="text" value="<?php echo $xm; ?>" size="10" maxlength=
"10">
</td>
</tr>
<tr>
<td align="right">
性别:
</td>
<td>
<input name="xb" type="radio" value="男" <?php if ($xb=="男")
{ ?>checked<?php } ?>>男
<input name="xb" type="radio" value="女" <?php if ($xb=="女")
{ ?>checked<?php } ?>>女
</td>
</tr>
<tr>
<td align="right">
出生日期:
</td>
<td>
<input name="csrq" type="text" value="<?php echo empty($csrq)||$csrq==
"0000-00-00"||$csrq=="0000-00-00 00:00:00"?"":date('Y-m-d',strtotime($csrq));
?>" size="10" maxlength="10">
</td>
</tr>
<tr>
<td align="right">
基本工资:
</td>
<td>
<input name="jbgz" type="text" value="<?php echo $jbgz; ?>" size="8"
maxlength="8">
</td>
```

```
</tr>
<tr>
<td align="right">
岗位津贴:
</td>
<td>
<input name="gwjt" type="text" value="<?php echo $gwjt; ?>" size="8"
maxlength="8">
</td>
</tr>
<tr>
<td align="right">
部门:
</td>
<td>
<select name="bm">
<option value=""></option>
<?php
$sql0="select bmbh,bmmc from bmb order by bmbh";
$result0=mysql_query($sql0,$conn);
while($row0=mysql_fetch_array($result0)){
?>
   <option value="<?php echo $row0['bmbh']; ?>" <?php if ($row0['bmbh']==$bm)
{ ?>selected<?php } ?>><?php echo $row0['bmmc']; ?></option>
<?php
}
mysql_free_result($result0);
?>
</select>
</td>
</tr>
<tr>
<td> </td>
<td><input name="bh0" type="hidden" value="<?php echo $bh; ?>"></td>
</tr>
<tr>
<td align="center" colspan="2">
<input name="submit" type="submit" value="确定" onClick='return
checkform();'>
<input name="reset" type="reset" value="重置">
<input name="cancel" type="button" value="取消" onClick="javascript:
location='home.php';">
</td>
</tr>
</table>
</form>
</div>
<?php
if (@$_POST["submit"]=="确定"){
    $bh0=$_POST["bh0"];
```

```
    $xm=$_POST["xm"];
    $xb=$_POST["xb"];
    $bm=$_POST["bm"];
    $csrq=$_POST["csrq"];
    $jbgz=$_POST["jbgz"];
    $gwjt=$_POST["gwjt"];
    include "connectdb.php";
    $sql="update zgb set xm='$xm', xb='$xb', bm='$bm', csrq='$csrq',
jbgz=$jbgz, gwjt=$gwjt";
    $sql=$sql." where bh='$bh0'";
    if (mysql_query($sql,$conn))
        header("Location:success.php");
    else
        header("Location:error.php");
}
?>
</body>
</html>
```

(3) 在站点根目录下创建一个新的 PHP 页面 zgDelete.php。其代码如下：

```
<?php
$username=@$_COOKIE['username'];
$usertype=@$_COOKIE['usertype'];
if (!$username||!$usertype){
    header("Location:noAuthority.php");
    die();
}
?>
<html>
<head>
<meta http-equiv="Content-Type" content="text/html; charset=utf-8" />
<title>职工</title>
<link rel="stylesheet" href="./stylesheet.css" type="text/css"></link>
<body>
<?php
$bh=trim($_GET['bh']);
include "connectdb.php";
$sql="select * from zgb where bh='$bh'";
$result=mysql_query($sql,$conn);
$row = mysql_fetch_array($result);
if (!$row){
    echo "无此职工!";
    die();
}
$bh=$row['bh'];
$xm=$row['xm'];
$xb=$row['xb'];
$bm=$row['bm'];
$bh=$row['bh'];
$csrq=$row['csrq'];
```

```
$jbgz=$row['jbgz'];
$gwjt=$row['gwjt'];
?>
<div align="center">
<b>职工删除</b>
<br />
<br />
<form action="" method="post" name="form">
<table style="border: thin dashed #008080;" width="500" align="center">
<tr>
<td style="width: 45%"> </td>
<td style="width: 55%"> </td>
</tr>
<tr>
<td align="right">
编号:
</td>
<td>
<input name="bh" type="text" disabled="disabled" value="<?php echo $bh; ?>"
size="7" maxlength="7">
</td>
</tr>
<tr>
<td align="right">
姓名:
</td>
<td>
<input name="xm" type="text" disabled value="<?php echo $xm; ?>"
size="10" maxlength="10">
</td>
</tr>
<tr>
<td align="right">
性别:
</td>
<td>
<input name="xb" type="radio" disabled value="男" <?php if ($xb=="男")
{ ?>checked<?php } ?>>男
<input name="xb" type="radio" disabled value="女" <?php if ($xb=="女")
{ ?>checked<?php } ?>>女
</td>
</tr>
<tr>
<td align="right">
出生日期:
</td>
<td>
<input name="csrq" type="text" disabled value="<?php echo empty($csrq)||
$csrq=="0000-00-00"||$csrq=="0000-00-00 00:00:00"?"":date('Y-m-d',
strtotime($csrq)); ?>" size="10" maxlength="10">
```

```
</td>
</tr>
<tr>
<td align="right">
基本工资:
</td>
<td>
<input name="jbgz" type="text" disabled value="<?php echo $jbgz; ?>"
size="8" maxlength="8">
</td>
</tr>
<tr>
<td align="right">
岗位津贴:
</td>
<td>
<input name="gwjt" type="text" disabled value="<?php echo $gwjt; ?>"
size="8" maxlength="8">
</td>
</tr>
<tr>
<td align="right">
部门:
</td>
<td>
<select name="bm" disabled>
<option value=""></option>
<?php
$sql0="select bmbh,bmmc from bmb order by bmbh";
$result0=mysql_query($sql0,$conn);
while($row0=mysql_fetch_array($result0)) {
?>
    <option value="<?php echo $row0['bmbh']; ?>" <?php if
($row0['bmbh']==$bm) { ?>selected<?php } ?>><?php echo
$row0['bmmc']; ?></option>
<?php
}
mysql_free_result($result0);
#mysql_close($conn);
?>
</select>
</td>
</tr>
<tr>
<td> </td>
<td><input name="bh0" type="hidden" value="<?php echo $bh; ?>"></td>
</tr>
<tr>
<td align="center" colspan="2">
<input name="submit" type="submit" value="确定">
```

```
<input name="cancel" type="button" value="取消" onClick="javascript:
location='home.php';">
</td>
</tr>
</table>
</form>
</div>
<?php
if (@$_POST["submit"]=="确定"){
    $bh0=$_POST["bh0"];
    include "connectdb.php";
    $sql="delete from zgb where bh='$bh0'";
    if (mysql_query($sql,$conn))
        header("Location:success.php");
    else
        header("Location:error.php");
}
?>
</body>
</html>
```

本 章 小 结

本章以一个简单的人事管理系统为例，分析了系统的基本需求与用户类型，完成了系统的功能模块设计与数据库结构设计，并采用 PHP+MySQL 模式加以实现。通过本章的学习，应了解 Web 应用系统开发的主要过程，并进一步掌握相关的 PHP 应用开发技术。

思 考 题

1. 如何判断用户是否已成功登录系统？
2. 在系统中如何控制用户的操作权限？
3. 一个系统通常应包含哪几个模块？
4. 系统中的各个模块一般应包含哪几项功能？
5. 如何完善本章所实现的人事管理系统的功能？

附录　实验指导

实验 1　PHP 应用开发环境的搭建

实验 2　PHP 的基本应用

实验 3　PHP 的交互设计

实验 4　PHP 的状态管理

实验 5　PHP 内置函数的应用

实验 6　MySQL 数据库与 SQL 语句的使用

实验 7　PHP 的数据库操作

实验 8　PHP 与 Ajax 的综合应用

实验 9　PHP 应用系统的设计与实现

参 考 文 献

[1] 郑阿奇. PHP 实用教程[M]. 2 版. 北京：电子工业出版社，2014.

[2] 唐四薪. PHP Web 程序设计与 Ajax 技术[M]. 北京：清华大学出版社，2014.

[3] 卢守东. ASP.NET 应用开发实例教程[M]. 北京：清华大学出版社，2019.

[4] 卢守东. JSP 应用开发案例教程[M]. 北京：清华大学出版社，2020.

[5] PHP 手册[EB/OL]. https://www.php.net/manual/zh/index.php.